化学工业出版社"十四五"普通高等教育规划教材·风景园林与园林类

风景园林
计算机辅助设计

于志会　周金梅　杨　波　主编

化学工业出版社

·北京·

内容简介

《风景园林计算机辅助设计》共分为风景园林平面设计AutoCAD 2018、三维设计SketchUp 2018和Lumion8.0，以及风景园林设计图后期制作Photoshop CS6、Adobe Illustrator CS6、Adobe InDesign CC 2019六个模块，具体由16个项目、43个任务组成。本书从风景园林景观图纸表现的实际需求出发，以实际操作为主线，理论知识贯穿其中，其目的是让学生在学习中练习，在练习中学习，熟练掌握上述六个软件的操作方法，迅速提高岗位技能。

本书每章为读者提供了项目任务中的操作演示资源库（发送信息到157109650@qq.com申请获取），供教师教学和学生学习时使用。

本书可以作为高等院校风景园林、景观设计、环境艺术设计、室内设计、建筑设计等专业学生的教材，也可作为景观设计、环境艺术设计等相关行业的设计人员以及相关园林设计爱好者的自学参考书。

图书在版编目（CIP）数据

风景园林计算机辅助设计/于志会，周金梅，杨波主编．—北京：化学工业出版社，2022.3（2024.2重印）
化学工业出版社“十四五”普通高等教育规划教材．风景园林与园林类
ISBN 978-7-122-40595-1

Ⅰ．①风…　Ⅱ．①于…　②周…　③杨…　Ⅲ．①园林设计-计算机辅助设计-应用软件-高等学校-教材　Ⅳ．①TU986.2-39

中国版本图书馆CIP数据核字（2022）第007054号

责任编辑：尤彩霞
责任校对：宋　玮　　　　装帧设计：关　飞

出版发行：化学工业出版社（北京市东城区青年湖南街13号　邮政编码100011）
印　　装：涿州市般润文化传播有限公司
787mm×1092mm　1/16　印张$16^1/_2$　字数412千字　　2024年2月北京第1版第2次印刷

购书咨询：010-64518888　　售后服务：010-64518899
网　　址：http://www.cip.com.cn
凡购买本书，如有缺损质量问题，本社销售中心负责调换。

定　　价：79.00元　

前　言

随着风景园林行业的空前快速发展，计算机辅助设计的相关软件也逐步升级并受到设计者的青睐。

《风景园林计算机辅助设计》在编写上从简单实例出发，图文并茂，以提高学生的兴趣和求知欲为目的，使学生通过本书的学习，掌握相关计算机辅助设计绘图软件的使用，逐步达到能够独立运用园林设计的基本理论、基础知识、基本技能，借助计算机表达设计意图。

本书分为风景园林平面设计AutoCAD 2018、三维设计SketchUp 2018和Lumion8.0，以及风景园林设计图后期制作Photoshop CS6、Adobe Illustrator CS6、Adobe InDesign CC 2019六个模块，详细介绍了六个软件的实际操作技能及软件之间的文件传递方法。

本书突出技能操作，将计算机辅助设计技术与风景园林设计有机地结合在一起，以培养学生的实际应用能力为目的，以必需、够用为度，只选取各种软件对风景园林设计绘图有用的部分进行介绍，通过实例的制作讲解，让学生在较短的时间内了解和掌握风景园林计算机辅助设计的工作程序。为了便于学生学习，本书每章为讲授此课的教师和学习该课程的学生提供了项目任务中的操作演示资源库（发送信息到157109650@qq.com申请获取），供教师教学和学生学习时使用。

本书编写人员分工如下：模块一、二、三由于志会（北华大学）编写，模块四、五由周金梅（吉林农业科技学院）编写，模块六由杨波（吉林农业科技学院）编写，全书由王旭和（吉林市园林管理中心）审。

由于编者水平有限，书中难免有遗漏和不妥之处，还望读者予以指正。

编者

2021年10月于吉林

目 录

模块一
AutoCAD 2018 软件与平面图绘制

AutoCAD 2018已广泛应用于很多设计领域，如建筑设计、结构设计、室内装饰设计、水电设计、园林设计等领域，AutoCAD 2018软件的应用，提高了绘图效率，并且修改特别方便。本模块将以常见的园林案例为载体，进行项目式教学安排，并提供常见园林设计案例。

项目一
AutoCAD 2018 核心命令使用要点

本项目主要介绍AutoCAD 2018的工作界面、图形文件的基本操作、系统选项设置、图层的创建与设置、绘图辅助功能的使用、视图操作等，这些都是在真正开始绘图前需要熟悉和掌握的知识。

任务1　AutoCAD 2018 工作界面

任务目标

1.认识AutoCAD 2018软件，熟悉AutoCAD 2018的工作界面。

2.能够对绘图区进行颜色调整。

3.能够按绘图需要调整十字光标大小及颜色。

任务解析

启动AutoCAD 2018后，打开其工作界面并自动新建Drawing1.dwg图形文件。界面显示为“草图与注释”工作空间。AutoCAD 2018的工作界面包括应用程序按钮、快速访问工具栏、标题栏、交互信息工具栏、菜单栏、绘图区、模型布局选项卡、功能选项卡、命令行、状态栏、滚动条等部分。

1.标题栏

绘图窗口最上端为标题栏，显示AutoCAD 2018的图标和软件名称、版本号、操作文件名称，如图1-1所示，为新建、打开、保存、另存为、打印、放弃、重做等按钮。

图1-1 标题栏

2.菜单浏览器与菜单栏

（1）菜单浏览器

按钮为界面左上角图标。鼠标左键单击该按钮，展开菜单浏览器下拉列表，如图1-2所示。用户可执行新建、打开、保存、打印CAD文件等基本常用功能；用户还可以在图形使用工具中执行图形维护，如核查、清理、修复、打开图形修复管理器。菜单浏览器上的搜索工具，可查询应用程序菜单、快速访问工具栏、当前加载的功能区、定位命令、功能区面板名称和其功能区控件。菜单浏览器会显示最近打开过的文档，且这些文档可以通过 按已排序列表 选项变换不同的排列或显示方式。

图1-2 菜单浏览器

（2）菜单栏

绘图窗口上端紧邻标题栏的为菜单栏，如图1-3所示。默认情况下，菜单栏为隐藏状态，当在命令行设置变量MENUBAR值为1时（默认为0），即可显示菜单栏，还可以从快速访问工具栏上的下三角点开来显示菜单栏。

文件(F) 编辑(E) 视图(V) 插入(I) 格式(O) 工具(T) 绘图(D) 标注(N) 修改(M) 参数(P) 窗口(W) 帮助(H)

图1-3 菜单栏

3.功能区面板

功能区面板是AutoCAD 2018核心工具和命令的集合区，通过使用它可以完成绝大部分的绘图工作，包括默认、插入、视图、管理等10个主菜单，如图1-4所示。

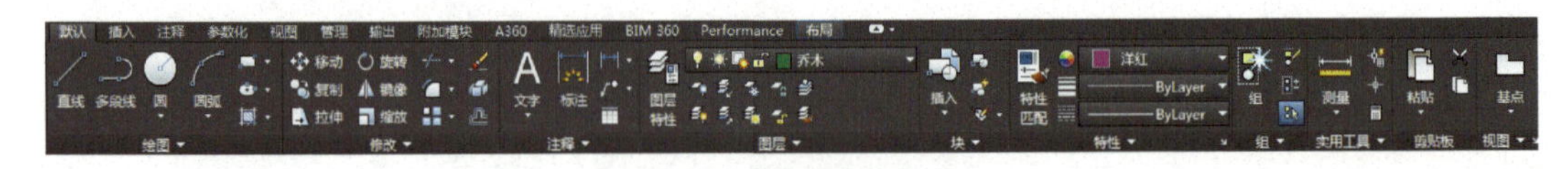

图1-4 功能区工具栏面板

4.绘图区

绘图区也称为视图窗口，即屏幕中央空白区域，是绘图的主要区域。该区域的实际尺寸无限大。绘图窗口的下方有“模型”和“布局”选项卡，鼠标左键单击其选项卡可以在模型空间和图纸空间进行切换。

（1）背景颜色的调整

选择［工具］-［选项］命令，弹出［选项］对话框，如图1-5所示。［显示］选项板中鼠标左键单击［颜色］，弹出［图形窗口颜色］对话框，如图1-6所示。鼠标左键单击右侧［颜色］选择下拉符号，进行颜色的设置。

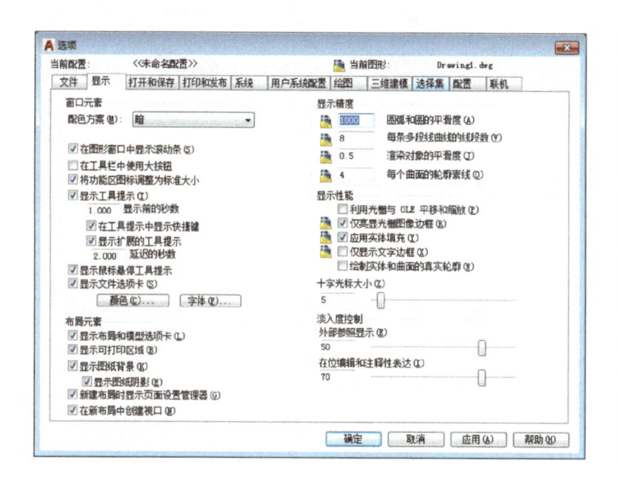

图1-5 “选项”对话框

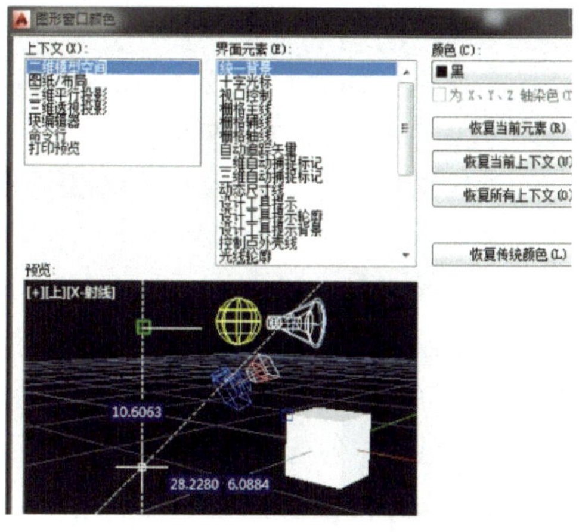

图1-6 “图形窗口颜色”对话框

说明

一般绘图背景颜色设置为黑色或白色。

（2）十字光标

绘图窗口中随着鼠标移动的是十字光标，帮助定位。十字光标的大小是可以调整的。

选择［工具］-［选项］命令，弹出［选项］对话框，鼠标左键单击［显示］，选择十字光标大小，可以进行相关调整。同时在［显示］选项板中鼠标左键单击［颜色］也能进行十字光标颜色的设置。

说明

一般十字光标大小设置为100。

（3）绘图空间

绘图区左下有“模型、布局1、布局2”三个标签。代表两种不同绘图空间，即模型空间和布局。通常绘图在模型空间中进行，布局主要用于图形的输出打印。鼠标左键单击［标签］，可以切换绘图空间。

（4）坐标系

绘图区域左下角是UCS（User Coordinate System）图

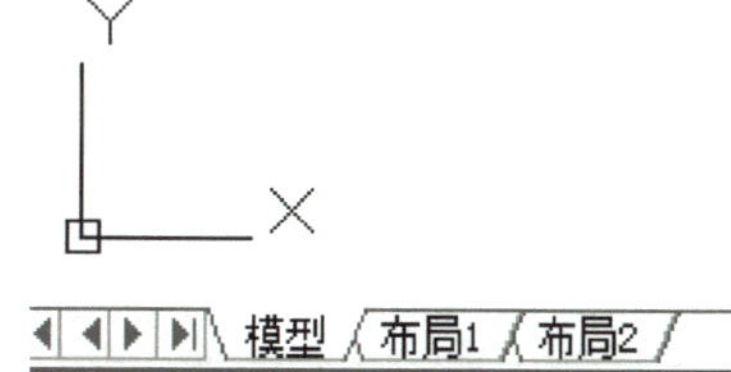

图1-7 UCS用户坐标系

标，UCS用户坐标系是用来参考当前的坐标系及坐标方向的。默认状态下UCS用户坐标系为世界坐标系，如图1-7所示。

说明

（1）UCS坐标系的修改

命令：[UCS]-[OB]-选择要对齐的线，UCS坐标系可以调整成和已知直线平行的坐标系，如图1-8所示。

命令：[UCS]-[W]，修改默认坐标系。

（2）UCS坐标系的固定

鼠标左键单击工具栏中[视图]-[显示]-[UCS坐标]，将原点关掉。

（5）滚动条

在AutoCAD 2018操作界面右侧的“滚动条”可替代鼠标滚轮的功能。操作方式如下：[菜单栏]-[工具]-[选项]-[显示]-勾选“在图形窗口中显示滚动条”。

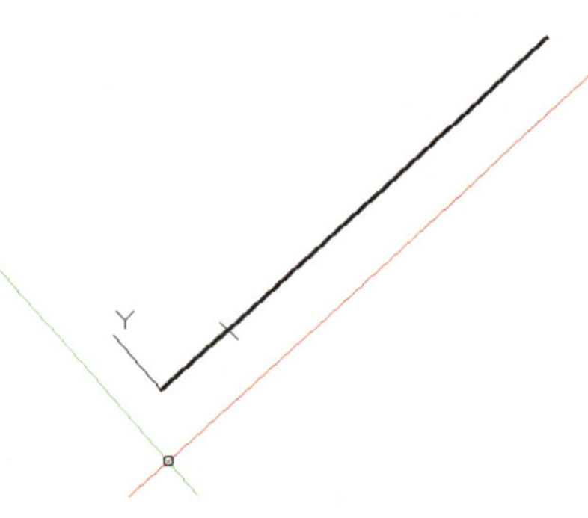

图1-8　调整后的坐标系

（6）命令行窗口

命令行位于绘图区域的下方，主要用于显示当前操作命令以及提示用户可能的操作步骤。命令行是AutoCAD 2018软件与用户进行数据交流最直观的平台。初学者应当随时关注命令行的操作提示，如图1-9所示。另外，按F2键还可以打开AutoCAD 2018文本窗口，当需要查询详细信息时，该窗口所显示的内容将非常有用。

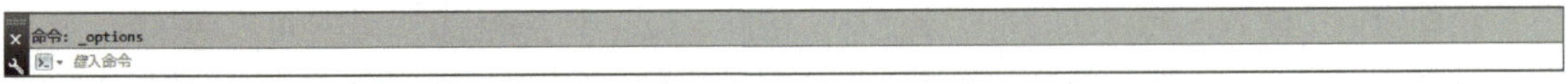

图1-9　命令行窗口

说明

[Ctrl+9]组合键可以进行命令行的隐藏和显示。

（7）状态栏

命令行的下方为状态栏，显示绘图的相关状态。如图1-10，最左侧显示坐标值的相关信息。

图1-10　状态栏

任务2　软件的基本操作

任务目标

1. 会进行文件的保存、打开与新建。
2. 掌握AutoCAD 2018工具栏、菜单栏的基本操作方法。
3. 能看懂命令行、提示行内容并能根据提示进行操作。
4. 会进行视图缩放、平移等操作。
5. 会进行选择对象操作。
6. 会使用快捷键。

任务解析

1. 图形文件管理

在AutoCAD 2018中，图形文件的基本操作包括：新建文件、打开已有文件、保存文件、关闭文件等，以及AutoCAD 2018新增的安全口令和数字签名等涉及文件管理的内容。

（1）图形文件的新建

在AutoCAD 2018中新建图形文件，用户可以采用以下几种方法。

方法1　在AutoCAD 2018界面中，鼠标左键单击左上角快速访问工具栏的“新建”按钮 。

方法2　快捷键：[Ctrl+N]。

方法3　鼠标左键单击AutoCAD 2018界面标题栏左端的 图标，在弹出的下拉菜单中鼠标左键单击“新建”按钮。

方法4　快捷键：[NEW]-[回车或空格]。

说明

AutoCAD 2018的默认文件格式一般为.dwg .dwt .dws三种。

（2）图形文件的打开

在AutoCAD 2018中打开已存在的图形文件，用户可以采用以下四种方法。

方法1　在AutoCAD 2018界面中，鼠标左键单击左上角快速访问工具栏的“打开”按钮 。

方法2　快捷键：[Ctrl+O]。

方法3　鼠标左键单击AutoCAD 2018界面标题栏左端的 图标，在弹出的下拉菜单中鼠标左键单击“打开”按钮。

方法4　快捷键：[OPEN]-[回车或空格]。

说明

文件版本兼容问题：默认AutoCAD高版本软件可以打开低版本文件，反之则不行。

（3）图形文件的保存

在AutoCAD 2018中保存当前已打开的图形文件，用户可以采用以下四种方法。

方法1　在AutoCAD 2018界面中，鼠标左键单击左上角快速访问工具栏的“保存”按钮。

方法2　快捷键：[Ctrl+S]。

方法3　鼠标左键单击AutoCAD 2018界面标题栏左端的图标，在弹出的下拉菜单中鼠标左键单击“保存”按钮。

方法4　快捷键：[SAVE]-[回车或空格]。

说明

若图形文件是第一次保存的话，弹出的对话框为“图形另存为”，如图1-11。

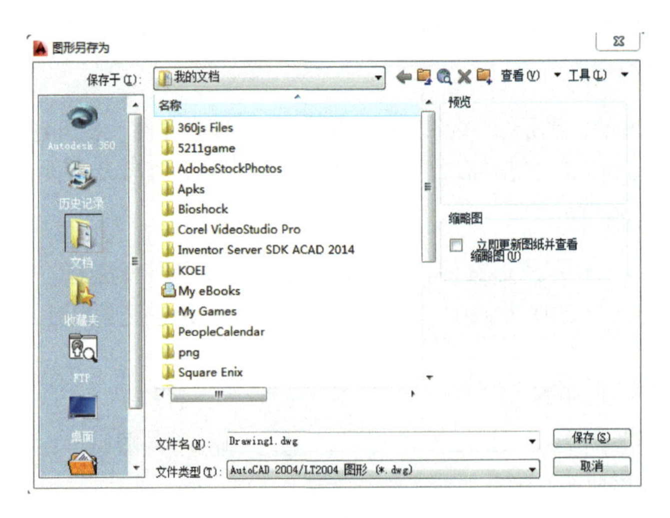

图1-11　“图形另存为”对话框

提示

在绘图过程中我们有时为了使保存的原有文件不被破坏，需要对过程文件进行另存处理。方法一般有以下几种。

方法1　在AutoCAD 2018界面中，鼠标左键单击左上角快速访问工具栏的“另存为”按钮。

方法2　快捷键：[Ctrl+Shift+S]。

方法3　鼠标左键单击AutoCAD 2018界面标题栏左端的图标，在弹出的下拉菜单中鼠标左键单击“另存为”按钮。

文件自动保存的设置如下：

选择[工具]-[选项]，鼠标左键单击[打开和保存]选项板，在“另存为”选项框中将默认的“AutoCAD 2018图形（dwg）”改为较低版本的“AutoCAD 2000/LT2000图形（dwg）”，这样每次默认保存为较低版本，避免因绘图文件太大而打不开的情况发生。

① 键盘按快捷键［Ctrl+Shift+S］，弹出“图形另存为”对话框，鼠标左键单击右上侧的“工具”按钮，在弹出的下拉菜单中选择“安全选项”命令，系统弹出“安全选项”对话框，如图1-12所示。

② 在弹出的“安全选项”中填写想要设置的密码，并鼠标左键单击“确定”按钮后，系统将弹出“确认密码”对话框，再次输入密码后鼠标左键单击“确定”按钮。如图1-13所示。

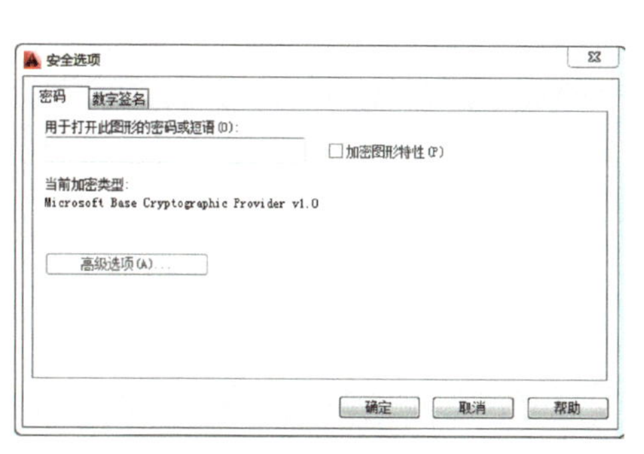

图1-12 “安全选项”对话框

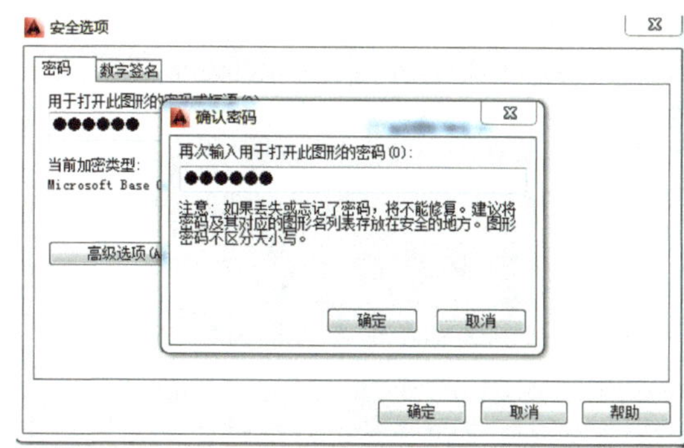

图1-13 设置密码选项

(4) 图形文件的关闭

在AutoCAD 2018中，关闭当前视图中的图形文件，一般有以下四种方法。

方法1 在AutoCAD 2018软件环境中鼠标左键单击右上角的“关闭”按钮。

方法2 快捷键：［Alt+F4］或［Ctrl+Q］。

方法3 鼠标左键单击AutoCAD 2018界面标题栏左端的图标，在弹出的下拉菜单中鼠标左键单击“关闭”按钮。

方法4 快捷键：［QUIT］或［EXIT］-［回车或空格］，关闭软件及当前文件。

(5) 多文档操作

在AutoCAD 2018中具有多个文档操作特性。快捷键［Ctrl+Tab］可快速切换AutoCAD 2018中的多个文档。

(6) 创建样板文件

操作方法如下。

菜单栏：执行［新建］命令后，系统会出现“选择样板”对话框，如图1-14所示。选择合适的AutoCAD 2018样板后鼠标左键单击打开，即可在该样板下绘图。

AutoCAD 2018样板是固定的制图格式，扩展名为.dwt格式。绘图时，可选择AutoCAD 2018中已有的样板文件，也可以重新设置样板文件中的格式，另存为.dwt格式的新样板文件，

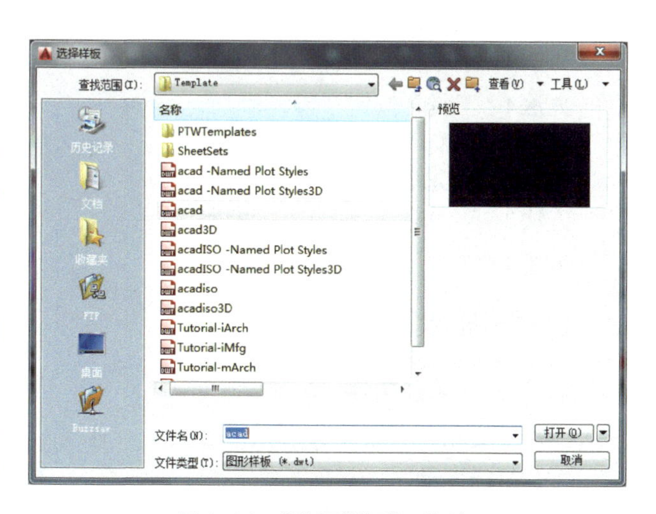

图1-14 “选择样板”对话框

将来制图需要时，可随时调用。

2.基本命令输入

（1）启动和结束命令的方法

启动命令通常有三种方法：鼠标左键单击菜单栏、工具栏或命令行。用户可以根据习惯选择适当的方式。

演示

启用“直线”命令

菜单栏：[绘图]-[直线]。

工具栏：鼠标左键单击图标。

命令行：L-回车键或空格键。

当需要结束命令时，可通过以下方式终止命令：

鼠标右键-确认；

回车键、空格键；

ESC键。

（2）命令的重复、撤销、放弃、重做

①命令的重复

方法1　[回车或空格]。

方法2　在绘图区鼠标右键单击，选择“重复×××命令”。

②命令的撤销

在操作过程中，如果要退出正在运行的命令，可以按“Esc”键快速退出该命令。在执行完一个命令时，也可以按回车键退出。

③命令的放弃

方法1　快捷键：[U]-[回车或空格]。

方法2　快捷键：[Ctrl+Z]。

方法3　菜单栏：[编辑]-[放弃]。

方法4　工具栏按钮：。

④命令的取消放弃操作

方法1　快捷键：[Ctrl+Y]。

方法2　菜单栏：[编辑]-[重做]。

方法3　工具栏命令按钮：。

3.图形显示操作

（1）使用鼠标操作

滚轮：滚动——缩放对象。

按住鼠标拖动——平移对象。

双击鼠标滚轮——将所有对象全部显示在平面中。

鼠标左键：主要为拾取功能，用户可用于单击界面上的菜单、工具栏按钮等。

鼠标右键：相当于“Enter”键，可用于重复、结束、撤销当前命令等，系统也会根据当前绘图状态而提供不同的菜单选项。

缩放与平移有如下操作方法。

① 缩放视图：通过缩放视图，可以放大缩小图形文件在屏幕显示的尺寸大小，而图形的实际尺寸并不改变。AutoCAD 2018缩放视图操作方式主要有以下3种。

方法1　鼠标：滚动鼠标滚轮。

方法2　命令行：Z/Zoom。

方法3　菜单栏：执行［视图］-［缩放］命令。

② 平移图形：通过平移视图，可以观察到图形不同部分。操作方式主要有以下3种。

方法1　鼠标：按住鼠标滚轮移动鼠标。

方法2　命令行：P/Pan。

方法3　菜单栏：执行［视图］-［平移］命令。

（2）图形对象的选择方法

在AutoCAD 2018中，选择图像对象的方法有很多种，可以通过鼠标左键单击对象点选方式，也可通过矩形窗口框选的方式，还可通过菜单快速选择进行选取。

① 点选方式　通过鼠标左键单击的方式选择图形。将十字光标的拾取框移动至要选择的物体上方，单击鼠标左键可以选中对象。图形变为虚线状态表示已经被选中，同时在图形上会出现若干蓝色小方框及夹点。

② 框选方式　通过鼠标左键拖动形成矩形框来选择图形，主要有以下两种方式。

方法1　左上到右下选框：在屏幕中确定第一点并鼠标左键单击，向右下拉动选框，鼠标左键单击第二个角点完成选择。要求：各图形要全部包含在矩形选框之中。

方法2　右下到左上选框：在屏幕中确定第一点并鼠标左键单击，向左上拉动选框，鼠标左键单击第二个角点完成选择。要求：只要和选框有相交的图形都可以被选中。

③ 菜单快速选择　总共有以下3种方式。

方法1　在AutoCAD 2018的绘图区域鼠标右键单击，从弹出的快捷菜单中选择“快速选择”。

方法2　菜单栏：［工具］-［快速选择］。

方法3　快捷方式：［QSELCT］-［回车或空格］。

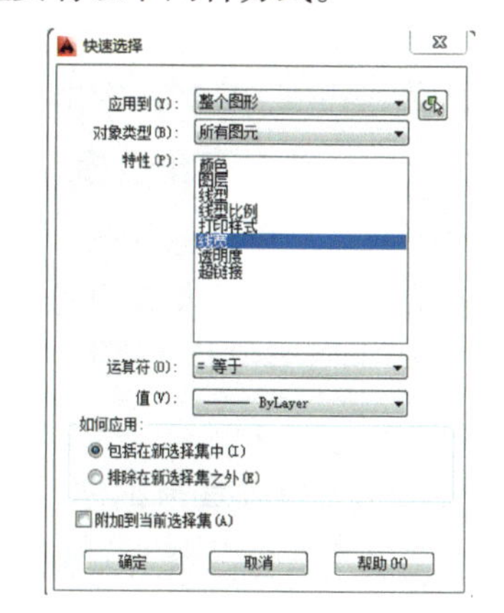

图1-15　“快速选择”对话框

弹出［快速选择］对话框，可按照对象类型、特性信息等分类选择，如图1-15所示。如按照颜色、图层、图块选择图形。

说明

增加或减少选择操作如下。

增加选择：在已经选择的物体基础上，鼠标左键依次单击需要增加选择的图形。

减少选择：按住键盘Shift键，鼠标左键依次单击已被选择的图形，则取消该图形。

（3）**刷新视图**

在进行缩放的过程中，AutoCAD 2018可能会出现图形精度不够，表现为曲线或圆形的物体变成带有棱角的多边形。此时可采用［重生成］命令来刷新视图。操作方式如下。

菜单栏：执行［视图］-［重生成］或［全部重生成］命令。

快捷键：Re-回车或空格。

任务3　绘图环境设置

任务目标

1.掌握AutoCAD 2018软件中坐标的输入方法。

2.掌握辅助绘图工具的使用技巧。

3.能够按照设计要求进行绘图环境的设置。

4.掌握图层的设置与使用。

5.掌握图纸设计绘制流程。

任务解析

1.坐标输入

坐标系是确定物体位置最准确的手段，了解不同的坐标系特点对于准确高效地绘图至关重要。AutoCAD 2018的坐标主要有以下五种。

（1）**绝对直角坐标**

绝对直角坐标的输入方法是以坐标原点（0，0）为基点来定位其他所有点的，通过输入（x，y）坐标来确定点的位置。AutoCAD 2018二维绘图，Z轴为0。如绘制线段，输入［L］-［回车或空格］，输入坐标点（200，300），即可以确定以原点为坐标系的坐标（200，300）的点。

（2）**相对直角坐标**

以某点为参照点，输入相对位置来确定点的位置。表达方式为："@x，y"。如"@200，300"表示输入了一点相对于前一点在X轴方向右移200、Y轴方向上移300。

（3）**极坐标**

通过指定点距固定点之间的距离和角度进行表达。表达方式为："@长度<角度"。

（4）**极轴坐标方式**

在绘图过程中，打开极轴功能（快捷键F10），鼠标右键单击按钮，鼠标左键单击"正在追踪设置"选项，在出现的［草图设置］对话框中，勾选启用［极轴追踪］功能，并设置"增量角"，同时，在［对象捕捉追踪设置］中勾选"用所有极轴角设置追踪"。如图1-16所示，设置增量角为60°，执行绘制直线命令，当直线与X轴的夹角为60°时，屏幕上出现一条虚线，并有角度和距离的提示，输入距离值"40"，即可得到一条长为40、与X轴夹角为60°

的直线。

（5）动态输入方式

鼠标左键单击按钮，打开动态输入功能。命令行提示输入点时，光标附近显示提示信息并拉出“虚线”，提示指定下一个点或坐标，此时可以用光标控制方向，在键盘上输入相应的距离，得到下一个点，如图1-17所示。

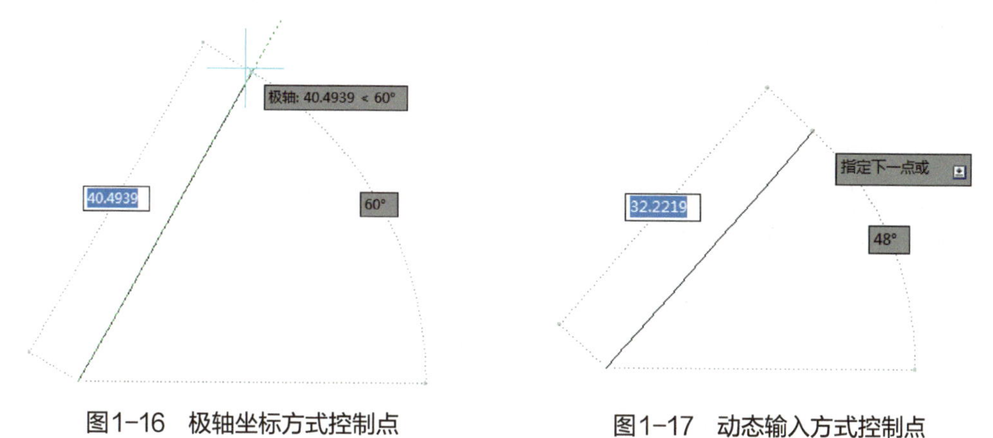

图1-16　极轴坐标方式控制点　　图1-17　动态输入方式控制点

2. 辅助绘图工具

在绘制或修改图形对象时，可以通过使用系统提供的绘图辅助功能提高精确度与效率。“绘图辅助工具”主要包括正交、栅格、捕捉、极轴追踪、动态输入等，如图1-18所示。下面简略介绍几个比较常用的辅助绘图工具。

图1-18　辅助绘图工具

（1）“正交”模式

“正交”模式可以方便地约束光标，绘制出水平线和垂直线，特别是绘制构造线时特别有用。用户可以通过以下两种方法进行启动。

方法1　快捷键：[F8]。

方法2　状态栏：“正交”模式按钮。

说明

“正交”模式将光标限制在水平或垂直轴上。“正交”模式和“极轴追踪”不能同时打开。因此“正交”模式打开时，会自动关闭极轴追踪。如果再次打开极轴追踪，AutoCAD 2018将关闭“正交”模式。

（2）极轴追踪

在AutoCAD 2018中使用极轴追踪可以让光标按指定角度进行移动。

① 启用或关闭极轴追踪　快捷键：[F10]。

② 极轴角的设置

方法1　[工具]-[绘图设置]。

方法2　快捷键：[DS]-[回车或空格]。

在打开的 [草图设置] 对话框中鼠标左键单击 [极轴追踪]，启动 [极轴追踪]-[增量角]，如图1-19所示。

（3）对象捕捉模式

在使用AutoCAD 2018进行图形绘制过程中为了保证绘图的准确性需使用对象捕捉模式。

① 启用或关闭对象捕捉模式

方法1　快捷键：[F3]。

方法2　状态栏："对象捕捉"按钮 。

② 对象捕捉模式设置

方法1　菜单栏：[工具]-[绘图设置]。

方法2　快捷键：[OS]-[回车或空格]。

方法3　状态栏：对象捕捉图标上单击鼠标右键，选择[设置]选项。

在弹出的[草图设置]对话框中，可以根据需求勾选合适的对象捕捉模式，如图1-20所示。

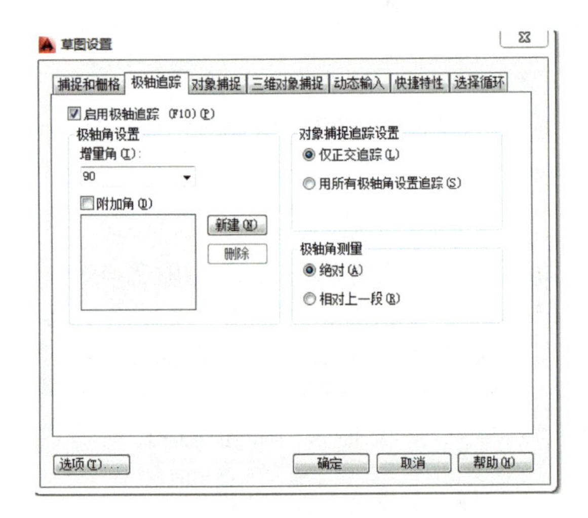

图1-19 "极轴追踪"对话框

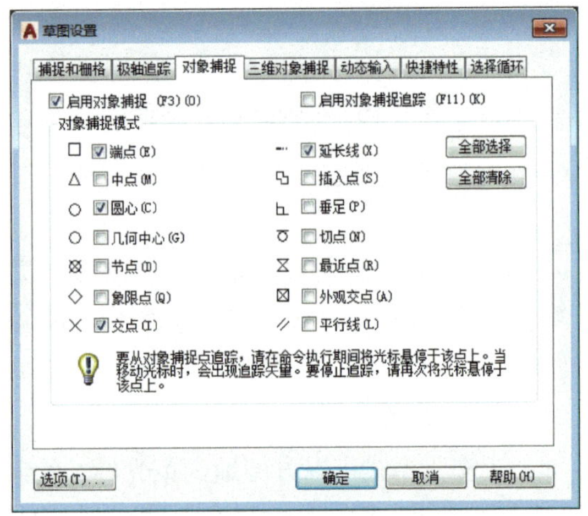

图1-20 "对象捕捉"对话框

③ 使用"临时捕捉"快捷菜单　在绘图区按Shift或Ctrl+鼠标右键，可以调出临时捕捉快捷菜单。该方法供临时使用，只能选择一种捕捉模式，且只对当前一次捕捉操作有效，如图1-21所示。

（4）捕捉与栅格

捕捉功能用于设定光标移动的间距。栅格是一种帮助定位的网格，类似于手工绘图用的方格坐标纸。

① 捕捉与栅格的启用与关闭

方法1　快捷键：捕捉模式[F9]，栅格显示与关闭[F7]。

方法2　状态栏： 为对象捕捉按钮， 为栅格显示按钮。

② 栅格大小的设置

方法1　[工具]-[绘图设置]。

方法2　快捷键：[DS]-[回车或空格]。

在打开的[草图设置]对话框中设置[捕捉间距]和[栅格间距]，如图1-22所示。

图1-21 “临时捕捉”快捷菜单

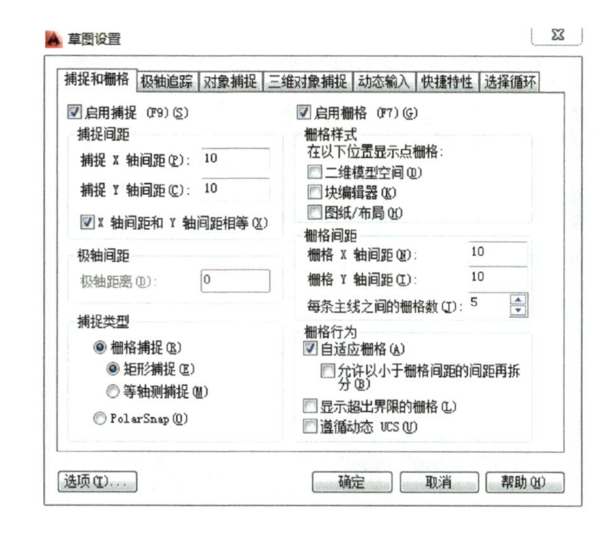

图1-22 “捕捉和格栅”对话框

（5）动态输入

动态输入功能可以直接在光标位置显示尺寸、角度及提示参数等信息，如图1-23所示。当某条命令活动时，工具栏提示将为用户提供输入的位置。

方法1　快捷键：[F12]。

方法2　状态栏：为动态输入按钮。

说明

“启用指针输入”：启用指针输入后，在工具提示中会动态地显示出光标坐标值。当AutoCAD 2018提示输入点时，用户可以在工具提示中输入坐标值，不必通过命令行输入。

鼠标左键单击“指针输入”选项组中的“设置”按钮，AutoCAD 2018弹出“指针输入设置”对话框（图1-24）。用户可以通过此对话框设置工具提示中点的显示格式以及何时显示工具提示设置。

“可能时启用标注输入”：用于确定是否启用标注输入。启用标注输入后，当AutoCAD 2018提示输入第二个点或距离时，会分别动态显示出标注提示、距离值以及角度值的工具提示（图1-25），同样，此时可以在工具提示中输入对应的值，而不必通过命令行输入值。

注意：如果同时打开指针输入和标注输入，则标注输入有效时会取代指针输入。

鼠标左键单击“标注输入”选项组中的“设置”按钮，AutoCAD 2018弹出“标注输入的设置”对话框（图1-26），可以通过此对话框进行相关设置。

“设计工具提示外观”：用于设计工具提示的外观，如工具提示的颜色、大小等。

（6）显示/隐藏线宽

显示/隐藏线宽启动方式：鼠标左键单击状态栏上的“显示/隐藏线宽”按钮。

线宽的设置：在AutoCAD 2018状态栏上的按钮处单击鼠标右键，从弹出的快捷菜单中选择“设置”或输入快捷键［LW］。如图1-27所示。

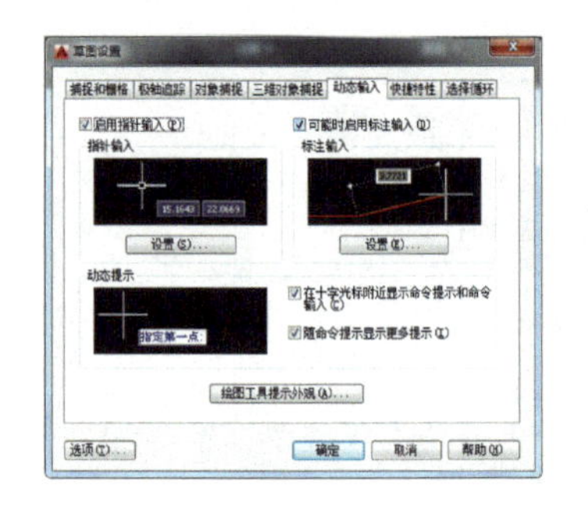

图1-23 “动态输入”选项板

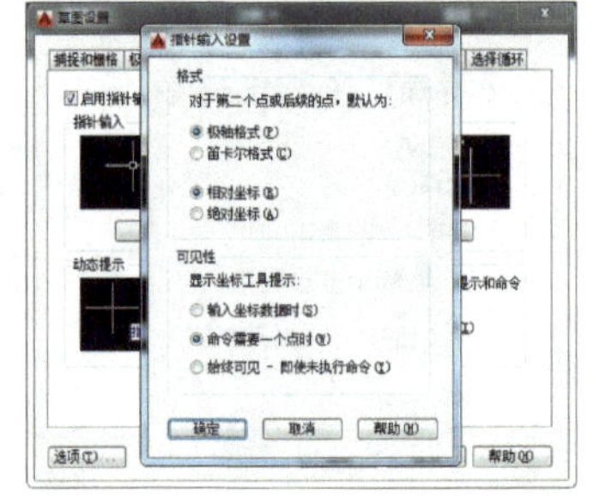

图1-24 “指针输入设置”对话框

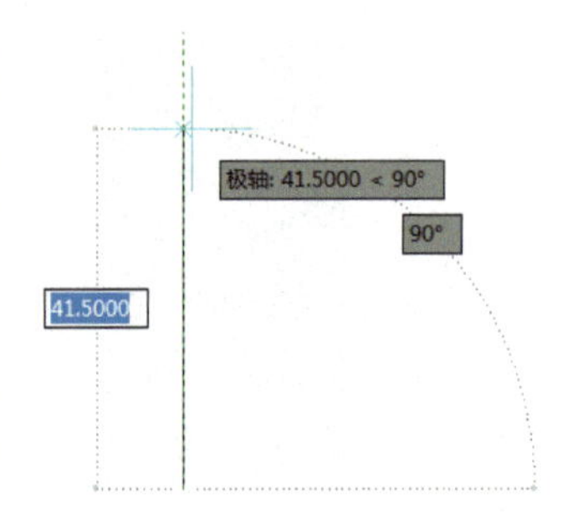

图1-25 动态输入实例

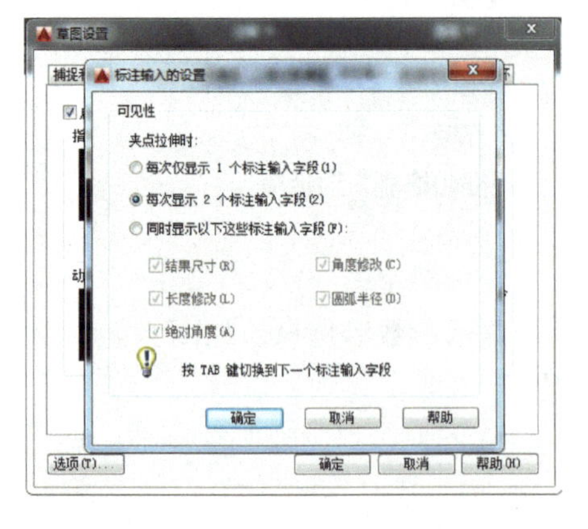

图1-26 “标注输入的设置”对话框

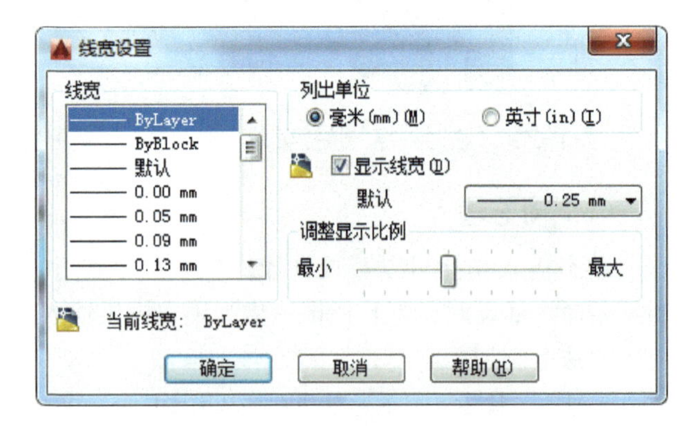

图1-27 “线宽设置”对话框

说明

线宽显示可用线宽值。

①当前线宽：显示当前线宽。要设置当前线宽，请从线宽列表中选择一种线宽然后选择“确定”。

②单位：指定线宽是以毫米显示还是以英寸显示。

③显示线宽：控制线宽是否在当前图形中显示。

④方向控制：鼠标左键单击“方向控制”按钮，显示如图1-28所示对话框，可进行方向控制。

⑤默认：控制图层的默认线宽。初始的默认线宽是0.01mm或0.25mm

⑥调整显示比例：在“模型”选项卡上，线宽以像素为单位显示。用以显示线宽的像素宽度与打印所用的实际像素宽度数值是成比例的。如果使用高分辨率的显示器，则可以调整线宽的显示比例，从而更好地显示不同的线宽宽度。

3.绘图单位和图形边界设置

（1）绘图单位设置

方法1 命令行：UN/UNITS/DDUNITS。

方法2 菜单栏：单击［格式］-［单位］命令。

执行上述命令后，打开“图形单位”对话框，如图1-29所示，可设置相关参数。

说明

① 长度与角度：设置长度与角度的单位和精度。

② 插入时的缩放单位：控制使用工具选项板拖入当前图形的块的测量单位。

③ 输出样例：显示用当前单位和角度设置的例子。

④ 光源：控制当前图形中光度控制光源的强度测量单位。

⑤ 方向控制：鼠标左键单击“方向控制”按钮，显示如图1-28所示对话框，可进行方向控制。

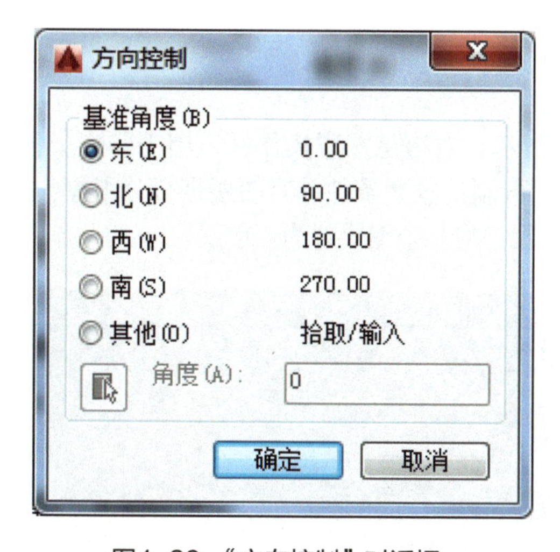

图1-28 “方向控制”对话框

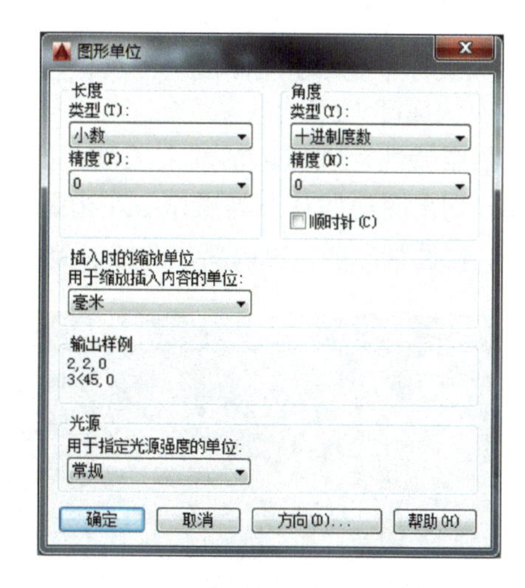

图1-29 “图形单位”对话框

（2）图形边界设置

方法1 命令行：LIMITS。

方法2 菜单栏：单击［格式］-［图形界限］命令。

演示

设置A3图纸

① 命令行输入命令：LIMITS。

② 重新设置模型空间界限。

③ 指定左下角点［开（ON）/关（OFF）］：默认原点为左下角点。

④ 指定右上角点<420.000，297.000>：420，297输入右上角坐标后按回车键。

4.图层管理

图层是AutoCAD 2018绘图时的基本操作，特别是对于园林设计图而言，它可以对园林图形以素材等内容进行分类管理。在一幅图中，可以根据需要创建任意数量的图层，并为每个图层指定相应的名称。当绘制新图时，系统自动建立一个默认图层，即0图层。0图层不可以重新命名，也不可以被删除。除0图层外，其余图层需要自定义，并可以为每个图层分别制定不同的颜色、线型和线宽等属性。在绘图过程中，可以随时将指定的图层设置为当前图层，以便在该图层中绘制图形，并可以根据需要打开、关闭、锁定或冻结某一图层。

（1）图层分类

① 按园林要素的内容分：将其分成道路、建筑、小品、水体、乔木、灌木、地被等图层。

② 按图层的特征分：将其分成粗实线、中实线、细实线、点画线、细线等。

（2）图层特性管理器

启动图层特性管理器的方法有以下3种：

① 从菜单栏中选取［格式］-［图层］。

② 鼠标左键单击“图层”工具栏左侧的按钮。

③ 快捷键［LA］。

图层特性管理器包括两个区域，如图1-30所示。右边是图层操作区，用于新建、删除、修改、列出图层的状态等操作；左边是过滤区，可制定过滤条件并对图层进行分组操作。通过图层特性管理器，可以新建图层、删除某个图层，将某个图层置为当前层。

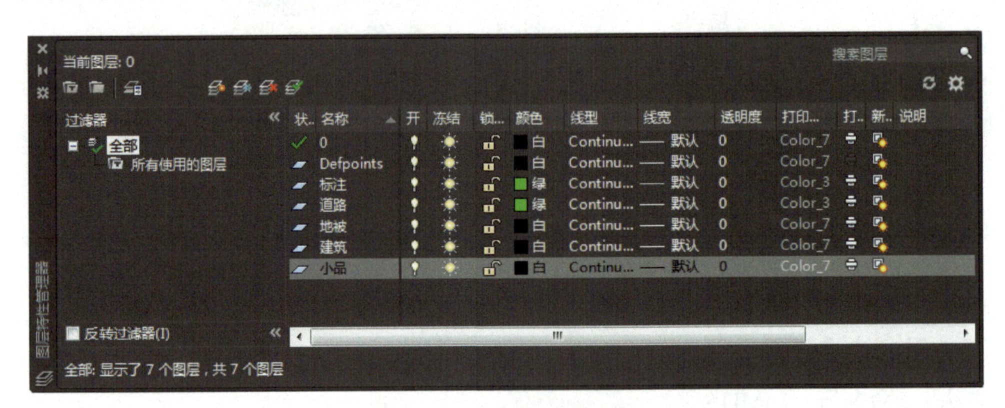

图1-30 图层特性管理器

> **注意**
>
> 只有没有任何图形的图层才能删除，有些删除不了的顽固图层可以通过菜单［文件］-［绘图实用程序］-［清理］命令删除。

① 0图层 AutoCAD 2018的缺省图层为“0”层，如果用户对象打开AutoCAD 2018软件，绘图后不建立自己的图层，所绘制的图形都在“0”层上。“0”层不能被删除，一般不要在“0”图层上绘制。

在图层特性管理器中可以设定每个图层的状态。表1-1为图层状态图标的含义。

表1-1 图层状态图标

图标						
状态	图层可见	图层不可见	解冻图层	冻结图层	解锁图层	锁定图层

② 设置图层的颜色　图层特性管理器的图层默认为白色。鼠标左键单击图层的颜色小方块，在弹出的“选择颜色”选项卡中重新设定图层的颜色。为图层设定颜色，方便查看图纸和输出图纸。

③ 设置图层的线型及比例　鼠标左键单击图层特性管理器中图层的线型，打开［线型］对话框，如图1-31，鼠标左键单击［加载］，在列表中选择一个合适的线宽，然后鼠标左键单击［确定］即可。

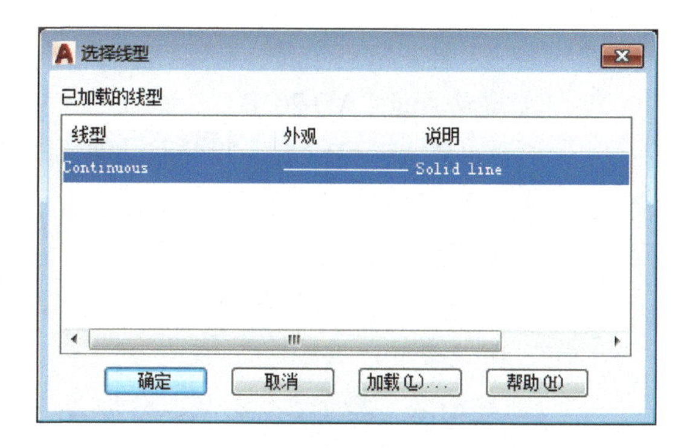

图1-31 “选择线型”对话框

修改线型比例的方法是：通过单击菜单［格式］-［线型］，调出［线型管理器］对话框，在［全局比例因子］中设置。线型的全局比例因子一般由公式：1/（图形输出比例*2）来计算，如：在一个输出比例1 ∶ 100的图中设定全局比例因子=1/（1/100*2）=50。

④ 设置图层的线宽　鼠标左键单击图层特性管理器中图层的线宽值，打开［线宽］对话框，在列表中选择一个合适的线宽，然后鼠标左键单击［确定］即可。为图层指定线宽，在该图层绘制的图线将以指定的线宽绘制，可以直接供打印图纸用。如果打印图纸时采用的是根据不同的颜色打印线的宽度，采用系统默认的值即可。

注意

要使设定的线宽在绘图时直接显示在屏幕上，鼠标左键单击☰，打开状态栏［线宽］显示开关。

演示

AutoCAD 2018 图纸设计流程

本项目以一个小广场平面图为例，如图1-32所示，演示常规设计流程，让读者在开始学习之前对AutoCAD 2018常规设计流程有一个基本的认识。设计的简要过程如下。

图1-32　小广场平面图例图

（1）启动AutoCAD 2018

启动AutoCAD 2018后，用样板文件创建一个新图。

（2）绘图环境设置

① 单位设定　将主单位改为毫米。

② 图形界限设定　根据所画场地大小设定为20000×15000。

（3）图层设置

① 新建图层　增加5个图层，分别为“园路”“小品”“边框”“填充”“植物配置”。

② 为各图层设定颜色。

③ 为各图层设定线型。

（4）绘制图形

按1 ：1的比例绘制图形。

（5）图案填充

填充工具完成草坪、道路、花境等图案填充。

（6）植物种植设计

按布局要求布置乔灌木及花卉。

（7）尺寸标注

利用尺寸标注工具完成关键点尺寸标注。

（8）输入文字

利用文字工具输入图名。

（9）设置图纸布局

在布局空间中按比例布局设置。

（10）保存绘图文件

利用保存命令［Ctrl+S］保存绘制的文件。

项目二

园林景观设计要素的绘制

本项目将详细介绍一处园门建筑图纸的绘制方法和技巧，包括平面图和立面图，如图2-1所示，同时介绍一下园林景观地形、园林植物的绘制。通过本项目，使用者可以进一步熟悉AutoCAD 2018中的各项主要工具和命令，并掌握常用的图纸绘制步骤。

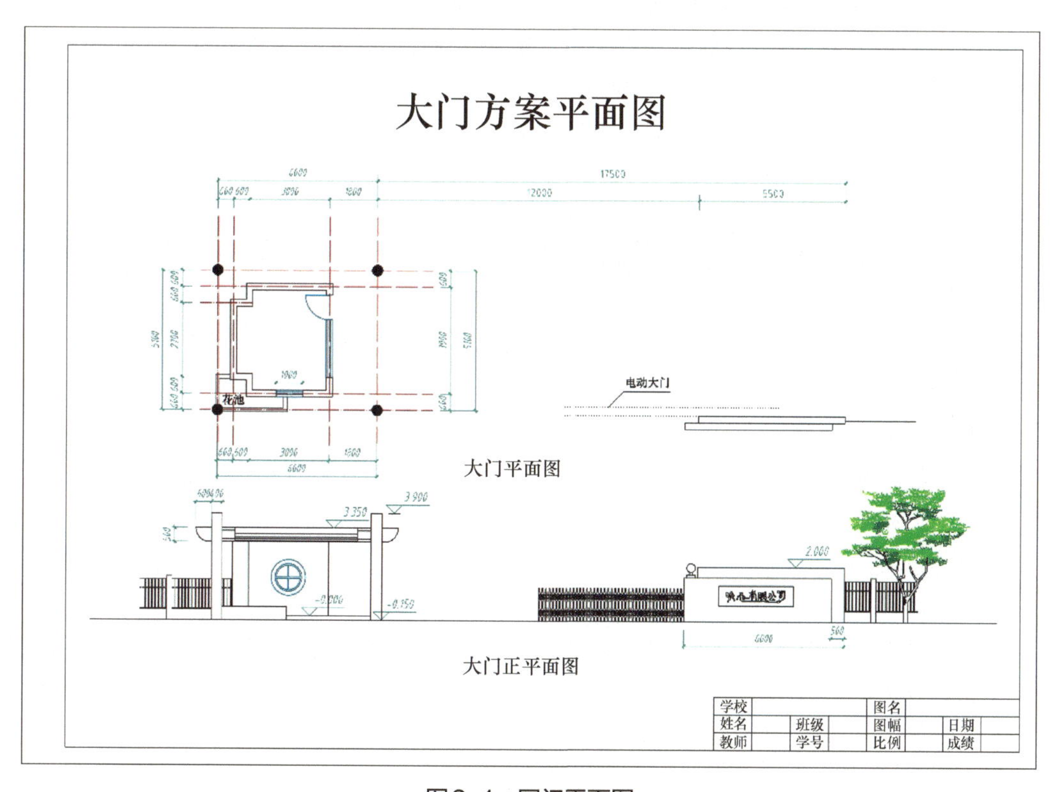

图2-1　园门平面图

任务1　绘制园林建筑小品

任务目标

1. 能够利用多线命令绘制建筑墙线。
2. 能够根据图纸设置尺寸标注样式。

3. 能够利用直线、偏移、修剪等命令完成园门平面图的绘制。

4. 能够利用线型标注及连续标注命令完成园门平面图、立面图的标注。

任务解析

通过建筑平面图的绘制，能够对建筑平面图图纸绘制有较全面的了解，同时掌握绘图步骤。

1. 园门建筑平面图绘制

任务实施

（1）设置绘图环境

① 确定单位　鼠标左键单击［格式］菜单，选中［单位］/［Units］命令，会弹出“图形单位”对话框并在该对话框中进行设置。本项目以“毫米”为单位。

② 设置绘图区域的大小　鼠标左键单击［格式］菜单，选中［图形界限］/［Limits］命令，系统默认的绘图区域是A3图纸大小，即420*297。

命令：Limits。

重新设置模型空间界限：

① 指定左下角点或［开/关］，<0，0>：回车。

② 指定右下角点<420，297>：根据图形幅度范围输入右上角点的坐标，如本例可输入坐标值（7000，7000）。

③ 绘图区域鼠标左键单击［视图］-［缩放］-［全部］命令或输入快捷键［Z］-［回车］-［A］-［回车］，使图形全屏显示。

（2）园门平面图绘制

① 绘制定位轴线　快捷键［XL］-［回车］，分别画两条相互垂直的构造线。如图2-2所示。

说明

定位轴线是标定房屋中的墙、柱等承重构件位置的线，它是施工时定位放线及构件安装的依据，是反应开间、进深的标志尺寸，常与上部构件的支撑长度相吻合。通常采用细点画线表示。

② 按图2-3中指定距离偏移，完成定位轴线绘制。

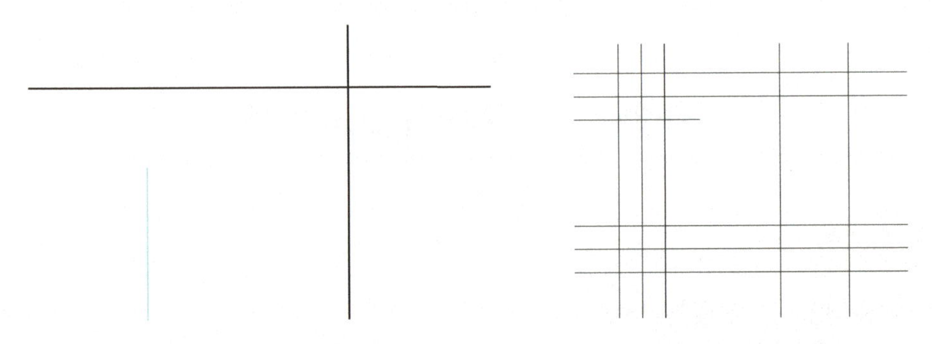

图2-2　轴线起始线　　　　图2-3　定位轴线

③ 修改轴线颜色、线型、线型比例及线宽。如图2-4所示。

④ 绘制墙线　设置多线样式。

本项目涉及两种多线样式。园门墙，两条间距为240的平行线；花坛墙，两条间距为120的平行线。

操作步骤如下：

鼠标左键单击［格式］菜单-［多线样式］命令，打开“多线样式”对话框。

在“多线样式”对话框中鼠标左键单击［修改］按钮，打开“修改多线样式”对话框。

在“修改多线样式”对话框中进行如下设置，如图2-5所示。

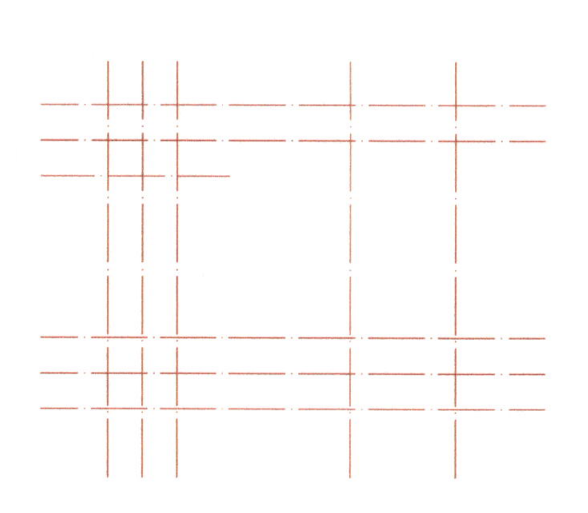

图2-4　墙体中心线

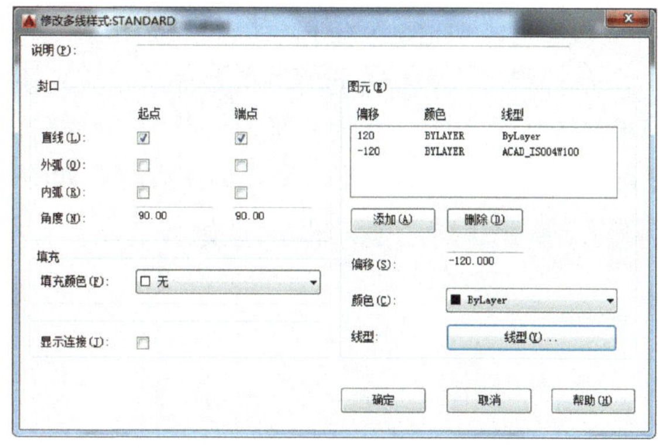

图2-5　“修改多线样式”对话框

a.绘制墙线：首先选择“墙线”图层为当前图层，然后鼠标左键单击状态栏上的“极轴”“对象捕捉”“对象追踪”按钮。

鼠标左键单击［绘图］菜单-［多线］命令或输入快捷键［ML］。此时命令行提示如下：

当前设置：对正=上，比例=20.00，样式=STANDARD。

输入J，指定对正方式为无（Z）；输入S，指定比例为1.00。

按照轴线点绘制墙体并鼠标左键双击所绘制墙线，进行多线修改。效果如图2-6所示。

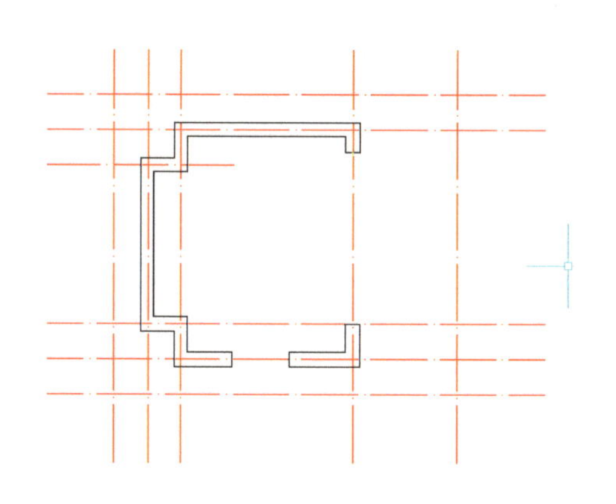

图2-6　墙线绘制

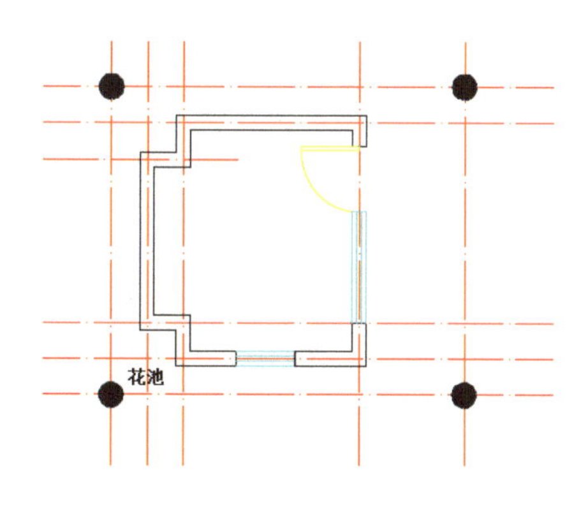

图2-7　门窗和柱体绘制

b.绘制门窗和柱体：在图中相应位置利用直线、矩形及圆弧命令绘制门窗，门宽度为900；命令圆环（快捷键［DO］）设置内径为0，外径为400，绘制柱体，如图2-7所示。

c.绘制花坛墙线：鼠标左键单击［绘图］-［多线］命令或输入快捷键［ML］。设置当前比例为0.5，按照图纸进行绘制。

多线样式修改：多线是一种特殊的线型，正常的修剪、延伸等命令不能用。通常在需要修改的多线处鼠标左键双击，打开“多线编辑工具”对话框，分别选择相应的修改方式，对多线做相应编辑。如图2-8所示。

⑤ 文字注释　鼠标左键单击文字工具A文字或输入快捷键［T］，选择文字样式为“宋体”，文字大小为“600”，输入注释文字。

⑥ 标注尺寸　鼠标左键单击按钮或输入快捷键［D］，进入标注样式管理器，鼠标左键单击修改按钮。将“箭头和符号”改为“建筑标记”，“调整”中“全局比例”改为40。鼠标左键单击确定，关闭按钮，完成标注设置。如图2-9所示。

图2-8　“多线编辑工具”对话框

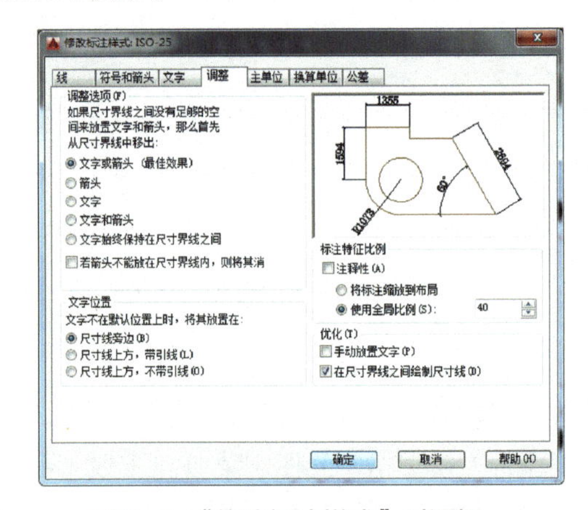

图2-9　“修改标注样式”对话框

分别使用［标注］菜单-［线性］命令、［连续］命令进行标注，如图2-10所示。

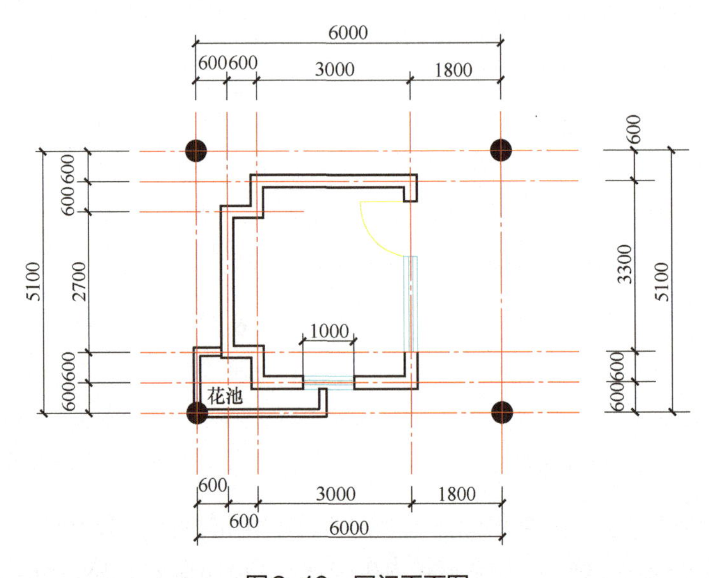

图2-10　园门平面图

2. 园门建筑立面图绘制

本任务以绘制公园大门立面图为例，介绍建筑施工图中平面图形对应的立面图绘制方法和技巧。通过图纸绘制的学习，可以掌握绘制建筑立面图的绘制方法和步骤。

任务实施

绘制园门立面图时，要以平面图作为参考。

① 绘制地平线　复制园门平面图中垂直的5根轴线。在轴线下端适当位置绘制长为13500、宽为20的多段线，作为地平线。

② 绘制园门立面立柱　在图纸的空白处，绘制尺寸为400×3900的矩形，依次移动并复制到左右两侧轴的相应位置。如图2-11所示。

③ 绘制园门底座　按标高以地平线为基础，分别向上偏移150、350，并修剪。如图2-12所示。

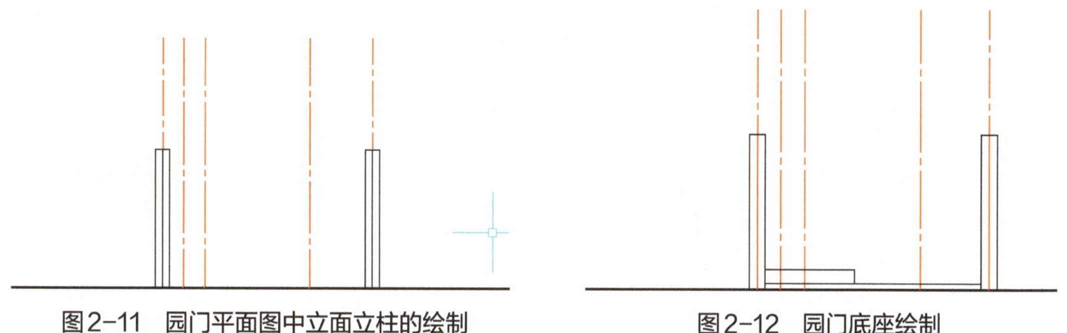

图2-11　园门平面图中立面立柱的绘制

图2-12　园门底座绘制

④ 绘制园门棚顶　按标高以地平线为基础，继续向上偏移2850、3350，两侧柱子偏移600并修剪。圆弧（快捷键［A］）绘制屋顶两侧。偏移170、120、110、100，修剪并完成中间棚顶。如图2-13所示。

⑤ 绘制园门窗　绘制圆窗，半径分别为645、500、450。连接圆内部象限点，修剪，如图2-14所示。

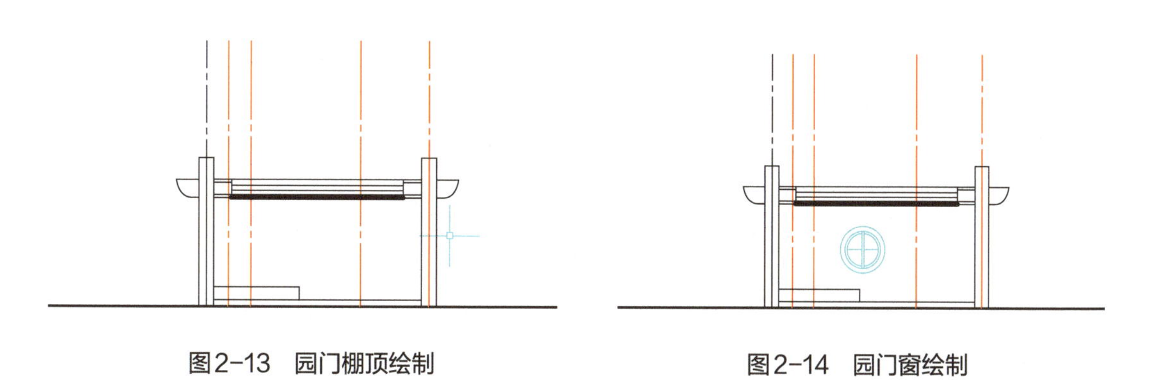

图2-13　园门棚顶绘制

图2-14　园门窗绘制

⑥ 绘制多段线　绘制园门左侧围墙，完成园门立面图。如图2-15所示。

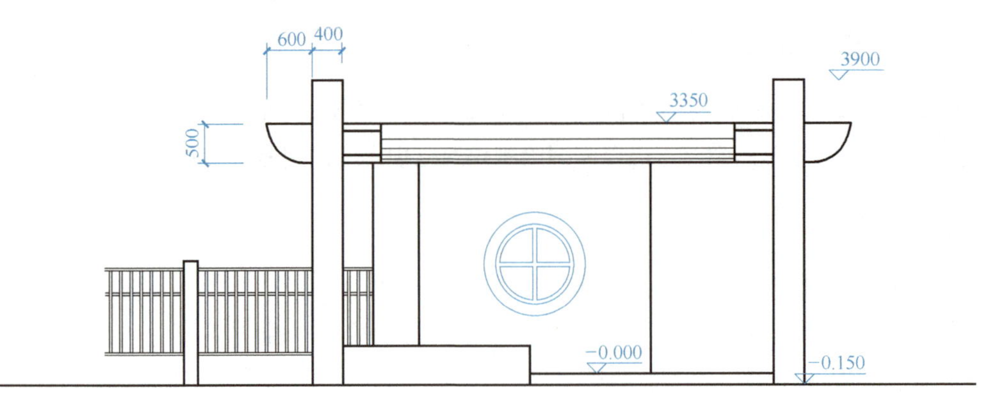

图2-15　园门立面图

知识链接

一、国家制图标准中建筑规范的使用

在各类园林设计平面图中，建筑物需要反映其所在位置、形状、朝向、建筑之间的相对位置以及与周围相关环境的关系。平面图中园林建筑的表现方法主要有以下三种。

1.轮廓法

绘制园林建筑的外形轮廓线，主要用于小比例的总体规划图、导游示意图和总平面图，重在简洁地反映建筑的布局关系。

2.坡顶法

坡顶法主要用于顶部为坡顶的园林建筑，能够清楚地反映建筑屋顶形式和坡向特征，较为形象化。中坡屋顶建筑应用较多的总体规划图和总平面图经常应用此法。

3.平剖法

平剖法是用假设的水平面将园林建筑物剖切开，下半部分的水平投影所得的视图，不仅能够表现出建筑的位置、形状和布局关系，还能表达建筑内部的简单结构。主要用于大比例的园林平面图、建筑单体设计平面图。注意：建筑结构图中的墙体常用多线命令来绘制。

二、多线（MLINE）的使用

多线是由一系列相互平行的直线组成的复合线。功能是同时绘制多条相互平行的直线段，是一个整体。常用于绘制建筑图中的墙体等相关平行线的图形。

1.多线样式的设置

绘制多线之前，一般需要根据实际情况对其偏移等样式进行设置。如果设置“相对轴线对称的240mm砖墙”样式，方法如下。

菜单栏中［格式］-［多线样式］，弹出的［多线样式］对话框如图2-16，鼠标左键单击［新建］按钮；打开［创建新的多线样式］对话框，在“新样式名”文本框中指定新样式名称为“240”，鼠标左键单击［继续］按钮，如图2-17；在弹出的［新建多线样式：240］对话框中设置相关参数，“图元”选项中偏移的数值可以修改为相对于轴线距离的120，-120，如图2-18。鼠标左键单击［确定］结束设置。

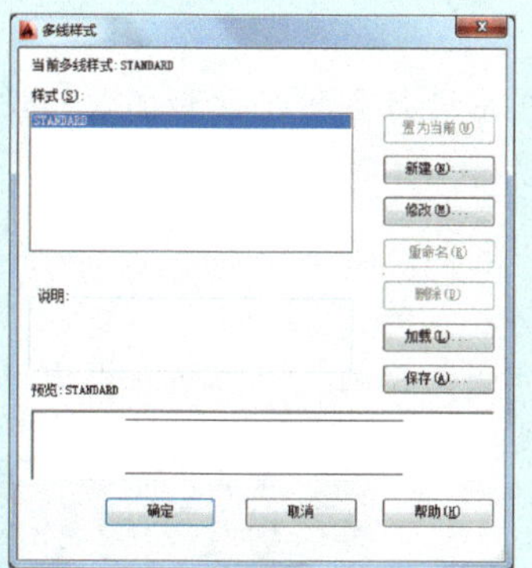

图2-16 “多线样式”对话框

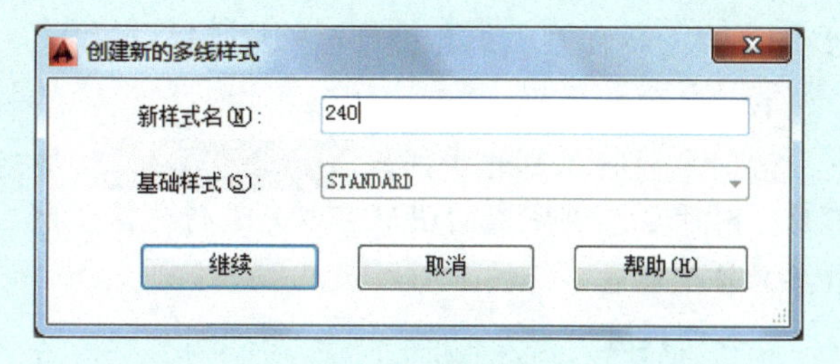

图2-17 “创建新的多线样式”对话框

2. 多线的绘制

(1) 命令的启动方法

菜单栏：[绘图]-[多线]。

快捷键：[ML(MLINE)]-[回车]。

(2) 具体操作

输入快捷键命令[ML]-[回车]；输入S[回车]，设定绘图比例为“1”[回车]；输入ST[回车]，输入设定的多线样式名称“240”[回车]；视图内指定一点，鼠标左键单击即可依次绘制线宽为240mm的多线；如果最后一点确定完后输入C，可以闭合多线样式。

注意：

[对正J]确定如何在指定的点之间绘制多线，对正的类型包括上、无和下三种方式。

[比例S]控制多线的全局宽度。该比例不影响线型比例。这个比例基于在多线样式定义中建立的宽度。比例因子为2绘制多线时，其宽度是样式定义的宽度的两倍。

[样式ST]指定已加载的样式名或创建的多线库文件中已定义的样式名。

3. 多线编辑

完成多段线的绘制之后，要对图形进行修正。主要是对于十字接头、丁字接头等的调整。

鼠标左键双击要修改的多线，出现如图2-19所示对话框，选择相应的修改方式，拾取框选择相应修改的两条多线，完成多线修改。

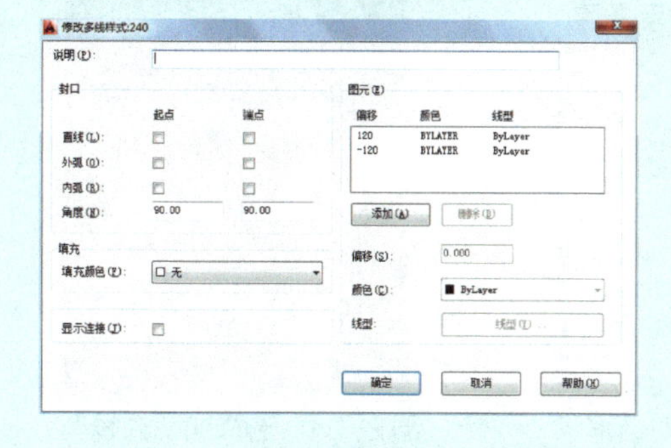

图2-18 “修改多线样式”对话框

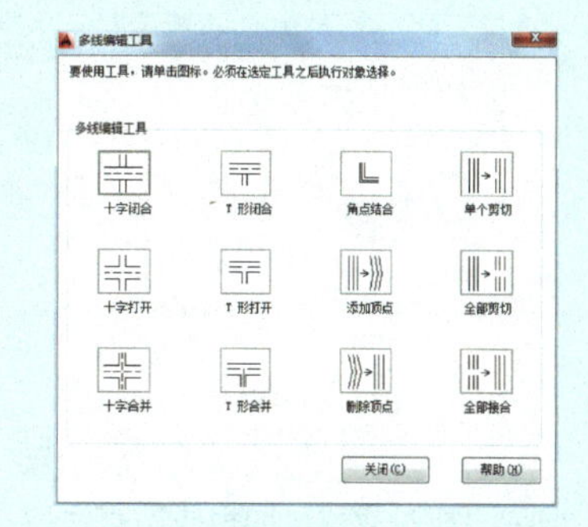

图2-19 “多线编辑工具”对话框

三、对象特性设置及修改

在AutoCAD 2018中，绘制完图形后一般还需要对图形进行各种特性和参数的设置修改，以便进一步完善和修正图形来满足工程制图和实际加工的需要。一般通过［特性］-［样式］-［图层］工具栏对对象特性进行设置。

1.对象颜色设置

在对象特性工具栏中选择 ByLayer ，使用“颜色控制”下拉列表框中选择颜色。对于已绘制完成的图形可以先进行选择，然后通过列表单独修改颜色，如图2-20所示。

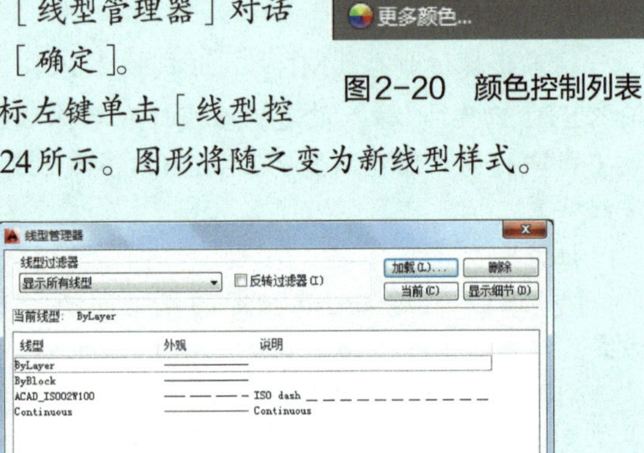

图2-20　颜色控制列表

2.线型设置

① 在对象特性工具栏中选择 ByLayer 下拉列表框中的“其他”选项，如图2-21所示。

② 在弹出的［线型管理器］对话框中，鼠标左键单击［加载］按钮，如图2-22所示。在弹出的［加载或重载线型］对话框中，从可用线型列表中选择一种线型，如图2-23所示。鼠标左键单击［确定］按钮。返回［线型管理器］对话框，拾取刚加载的线型，鼠标左键单击［确定］。

③ 图形中选择要变换的图形，鼠标左键单击［线型控制］下拉列表中刚加载的线型，如图2-24所示。图形将随之变为新线型样式。

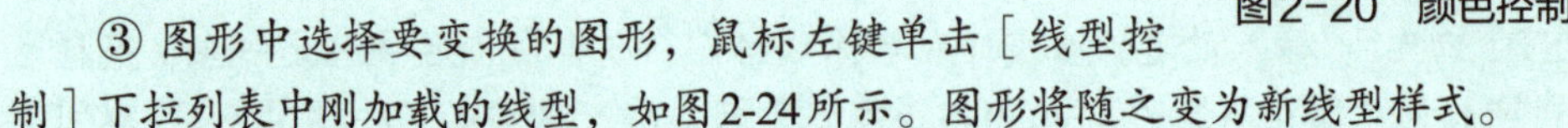

图2-21　线型控制下拉列表

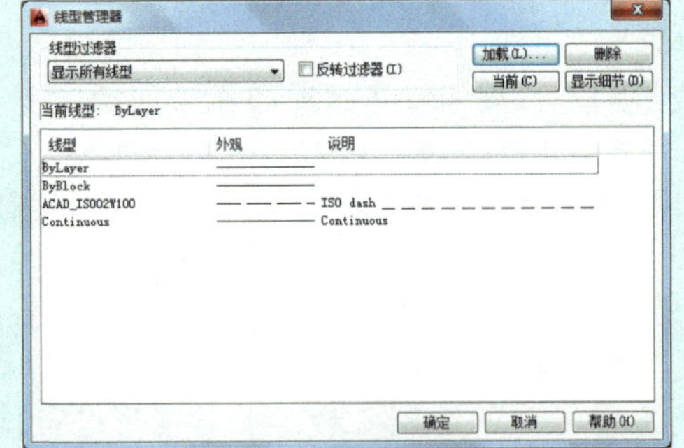

图2-22　“线型管理器”对话框

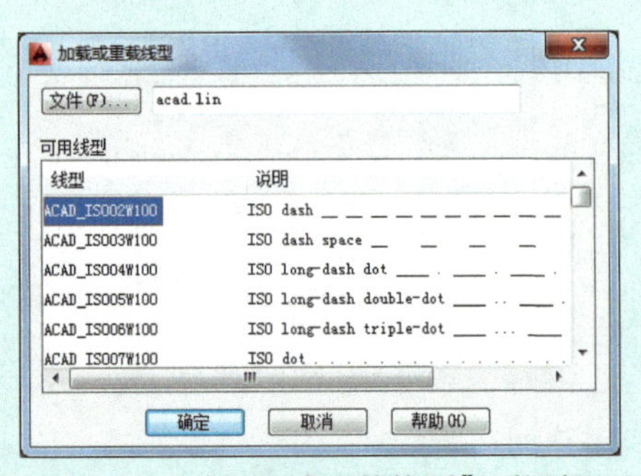

图2-23　“加载或重载线型”对话框

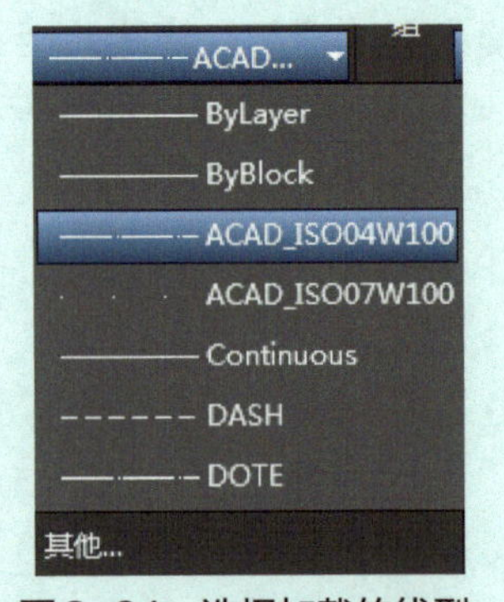

图2-24　选择加载的线型

3.调整线型比例

在AutoCAD 2018定义的各种线型中，除了CONTINUOUS线型外，每种线型都是由线段、空格、点或文本所构成的序列。设置的绘图界限与缺省的绘图界限差别较大时，在屏幕上显示或输出的线型会不符合园林制图的要求，此时需要调整线型比例。

① 在［线型管理器］对话框中，鼠标左键单击右上角的［显示细节］按钮，将显示“详细信息”选项，如图2-25所示。

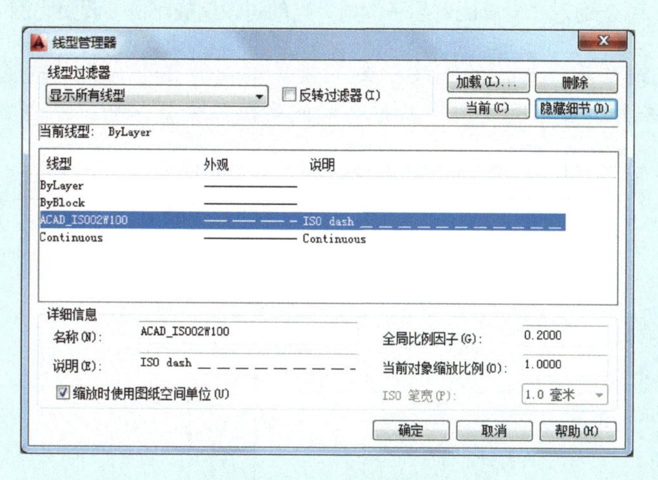

图2-25　线型管理器

②［详细信息］栏内有“全局比例因子”和“当前对象缩放比例”调整线型比例。“全局比例因子”可以调整新建和现有对象的线型比例（“全局比例因子”快捷键为LTS）。如图2-26所示分别显示了线型比例为1、2、3的结果。

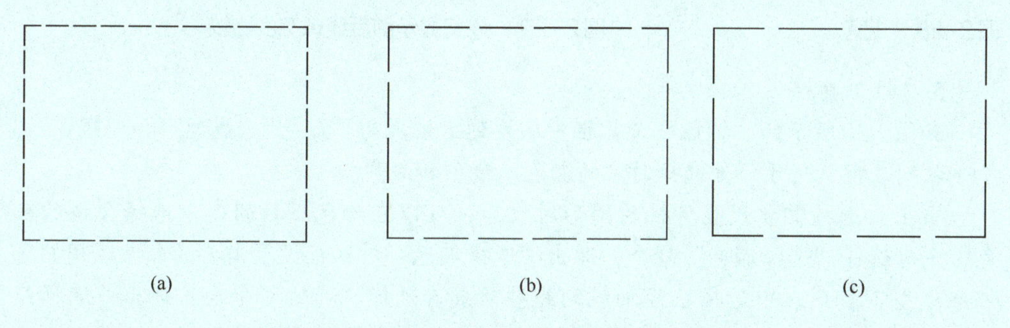

图2-26　“全局比例因子”变化比例显示结果

“当前对象缩放比例”可以调整新建对象的线型比例。图2-27中左侧矩形显示了“全局比例因子”为1，右侧矩形显示当前对象缩放比例改为2后的结果，注意右侧图形要在修改完数值后重新绘制。

4.调整并显示线型宽度

① 选择［对象特性］工具栏的［线宽控制］，弹出“线宽”对话框，如图2-28所示，可根据需要任意选择相应的线宽。

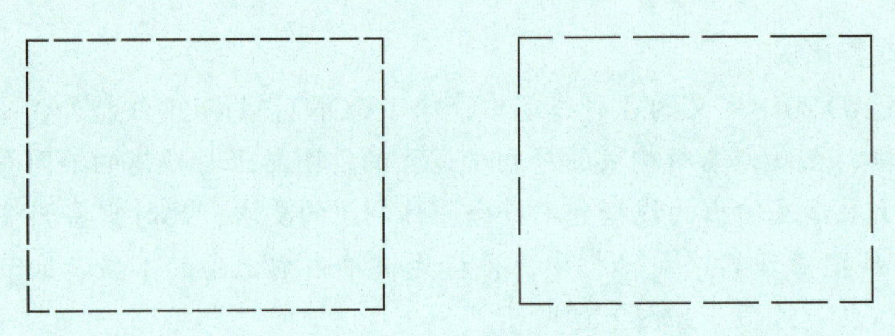

图2-27 “全局比例因子”与“当前对象缩放比例”调整比例

② 调整完线宽后，物体的宽度不会直接显示在屏幕中，而且线宽在模型空间和图纸空间的显示效果并不相同。它在模型空间是以像素显示的，而在布局空间则是以精确的打印宽度进行显示的。

鼠标左键单击屏幕左下角的“状态栏”内[线宽]按钮显示线宽即可。如图2-29所示变化。

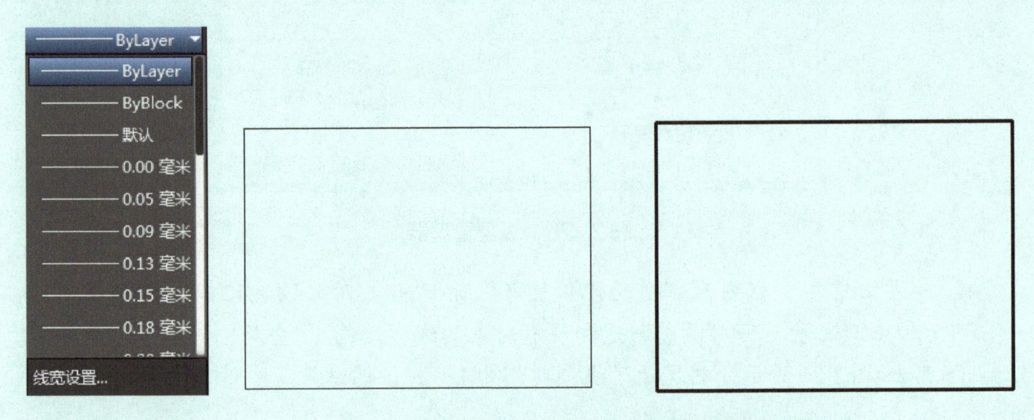

图2-28 线宽

图2-29 线宽显示前后线条宽度比较

5.特性工具栏

如图2-30所示的“特性”工具栏中从左到右依次为“颜色”“线型”和“线宽”3个下拉列表框，用于设置选择对象的颜色、线型和线宽。

当用户选择需要设置特性的图形对象后，可以在颜色下拉列表中选择合适的颜色，或者选择“选择颜色”命令，弹出“选择颜色”对话框设置需要的颜色。用户可以在线型下拉列表中选择已经加载的线型，或者选择“其他”命令，弹出“选择线型”对话框设置需要的线型；可以在线宽下拉列表中选择合适的线宽，设置需要的宽度。

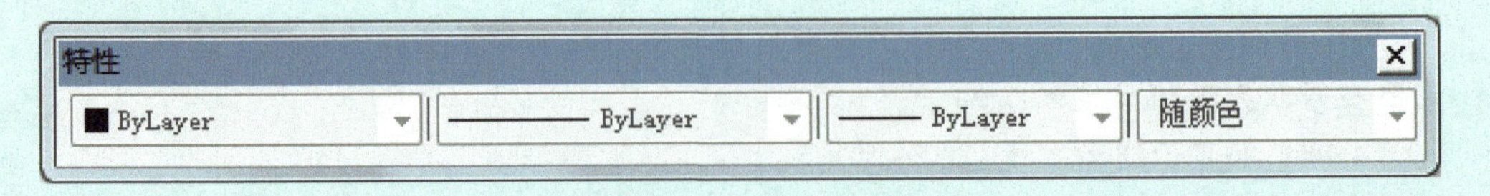

图2-30 “特性”工具栏

6.样式工具栏

“样式”工具栏默认是打开的，如图2-31所示。“样式”工具栏中有“文字”“标注”“表格”和“多重引线”4个样式下拉列表，可以设置文字对象、标注对象、表格对象和多重引线的样式。在创建文字、标注、表格和多重引线之前，可以分别在文字样式、标注样式、表格样式或多重引线下拉列表中选择相应的样式，创建的对象就会采用当前列表中指定的样式。同样，用户也可以对创建完成的文字、标注、表格或多重引线重新指定样式，方法是选择需要修改样式的对象，在样式列表中选择合适的样式即可。

7.图层工具栏

“图层”工具栏默认是打开的，如图2-32所示。通过“图层”工具栏可以切换当前图层，可以修改选择对象的所在图层，可以控制图层的打开和关闭、冻结和解冻、锁定和解锁等。用户在图层下拉列表中选择合适的图层，即可将该图层置为当前图层，在绘图区选择需要改变图层的对象，在图层下拉列表中选择目标图层即可改变选择对象所在图层。

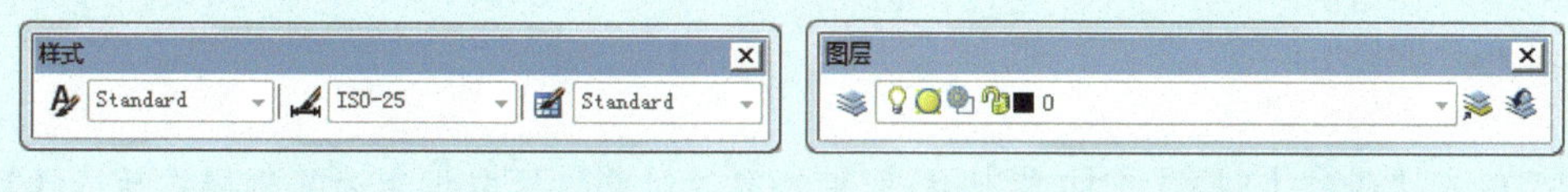

图2-31 “样式”工具栏　　　图2-32 “图层”工具栏

8.特性选项板

“特性”选项板用于列出所选定对象或对象集的当前特性设置，通过“特性”选项板可以修改任何可以通过指定新值进行修改的图形特性。默认情况下，“特性”选项板是关闭的。在未指定对象时，可以通过在菜单栏选择［工具］-［选项板］-［特性］命令，打开［特性］选项板，如图2-33所示，选项板只显示当前图层的基本特性、三维效果、图层附着的打印样式表的名称、查看特性以及关于UCS的信息等。

当在绘图区选定一个对象时，可以通过单击鼠标右键，在弹出的快捷菜单中选择“特性”命令打开特性选项板，选项板显示选定图形对象的参数特性，图2-34所示的

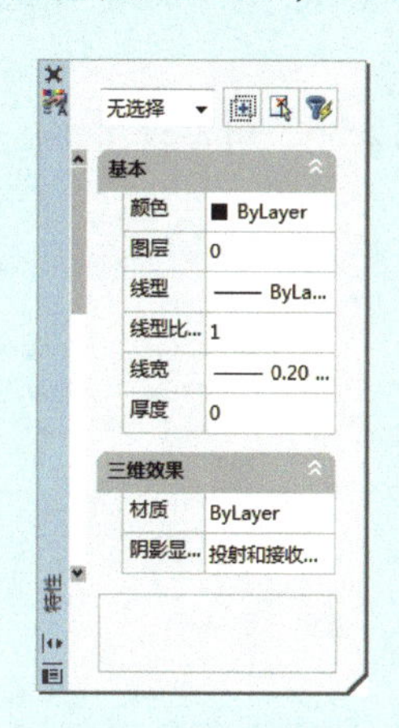

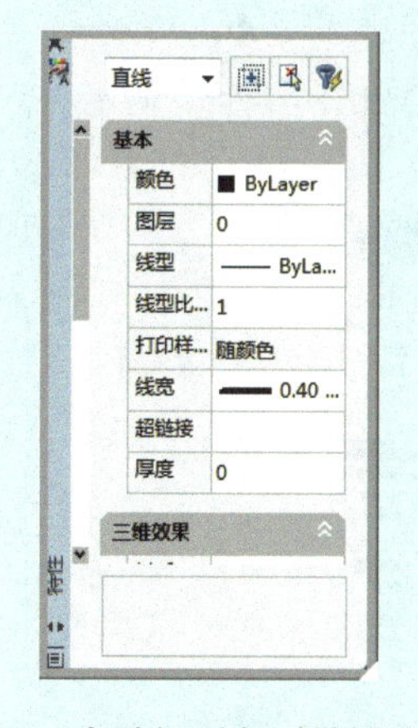

图2-33 无选择对象时特性选项板状态　　图2-34 有选择对象时特性选项板状态

为选定一个直线时特性选项板的参数状态。如果选择多个对象，则“特性”选项板显示选择集中所有对象的公共特性。

9.特性匹配

完成图2-35中（a)、(b）的变换。

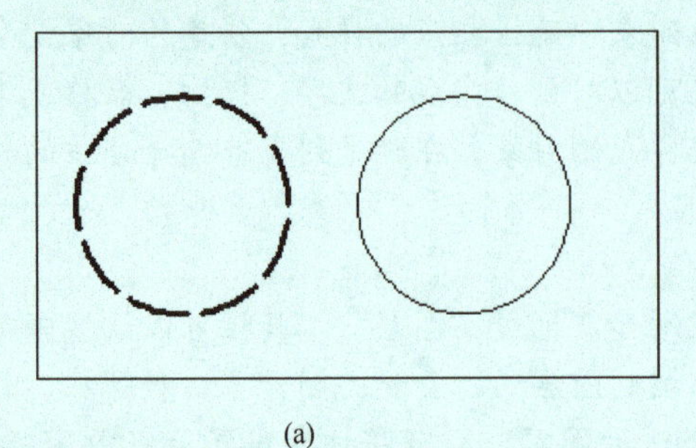

(a)

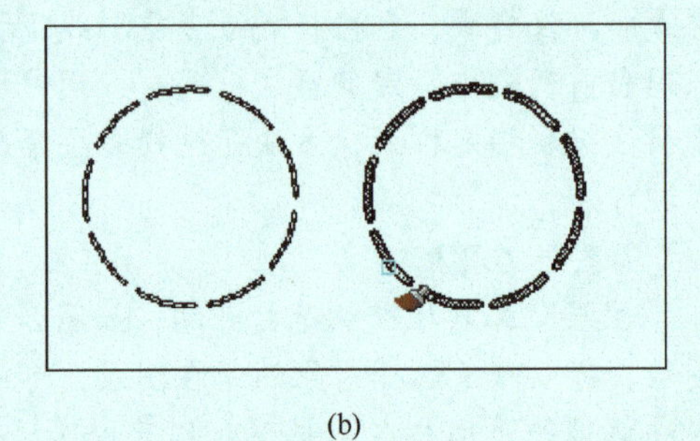

(b)

图2-35　特性匹配

任务实施

输入快捷键［MA］-［回车］，拾取框拾取源对象，拾取框变为笔刷样式后选择目标对象，即可改变图层的特性。如图2-35所示。

说明

特性匹配是将选定对象的特性应用于其他对象。修改特性工具使用特别广泛，可应用的特性类型包含颜色、图层、线型比例、线宽、打印样式、透明度和其他指定的特性。

四、文字标注

1.文字样式的设置

① 命令行：STYLE或DDSTYLE；菜单栏：［格式］-［文字样式］；工具栏：［文字］-“文字样式”。

AutoCAD 2018打开“文字样式”对话框，如图2-36、图2-37所示。

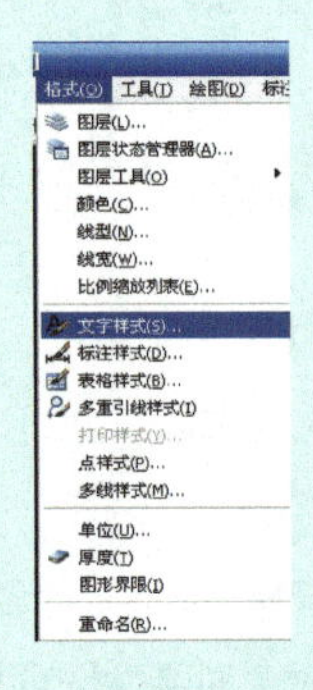

图2-36　菜单打开

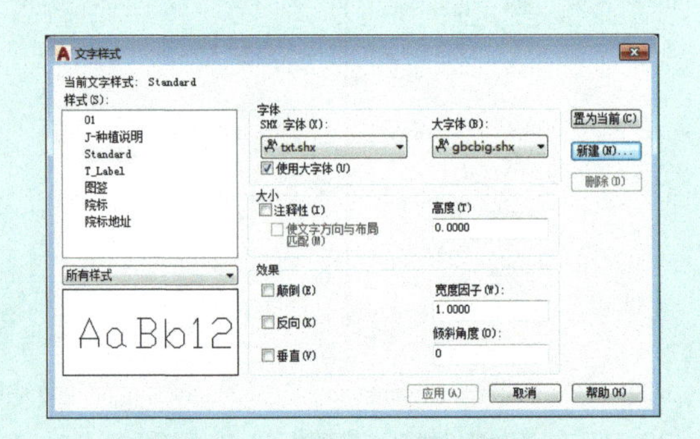

图2-37　“文字样式”对话框

② 在对话框中可以新建和修改文字样式，如图2-38。

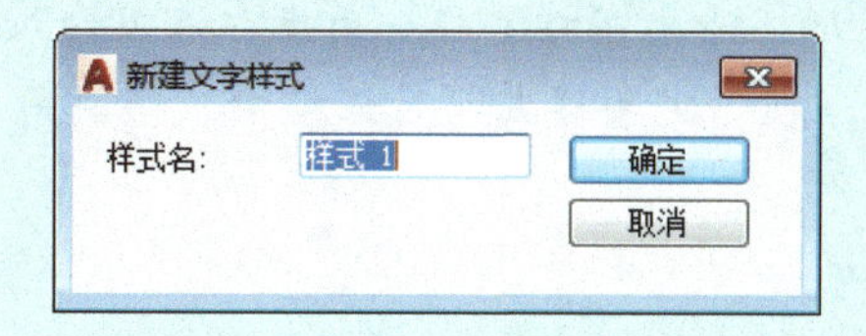

图2-38 “新建文字样式”对话框

说明

样式：可以选择当前文字样式。

新建：用于新建文字样式。文字样式名可以由用户指定，新建的样式使用当前样式设置。

2. 文本输入

（1）单行文本输入

① 命令行 TEXT或DTEXT（简写DT）；菜单栏：[绘图]-[文字]-[单行文字]；工具栏：[文字]-[单行文字] 。

② 选择相应的菜单项或在命令行输入TEXT命令后回车，AutoCAD 2018提示：

③ 当前文字样式：Standard；当前文字高度：0.2000。

④ 指定第一角点：指定第一角点 在此提示下直接在作图屏幕上鼠标左键点取一点作为文本的起始点，如果缺省，文字按左下角对齐。

⑤ 指定对角点或［高度（H）/对正（J）/行距（L）/旋转（R）/样式（S）/宽度（W）］。

说明

① 输入文字 可以用输入法进行输入，也可以用Windows的剪贴板复制文本到命令行上。也可创建多行文本，只是这种多行文本每一行是一个对象，因此不能对多行文本同时进行操作，但可以单独修改每一单行的文字样式、字高、旋转角度和对齐方式等。

② 对正 在上面的提示下输入J，用来确定文本的对齐方式，对齐方式决定文本的哪一部分与所选的插入点对齐。如图2-39所示。

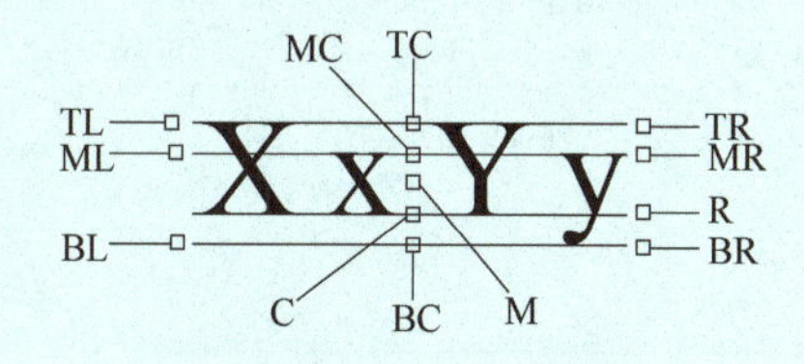

图2-39 文本的对齐方式

rotate

图2-40 文本的倾斜排列

③ 样式 在命令行直接指定当前使用的文字样式。

④ 指定文字的旋转角度　为文字指定旋转角度。可以输入数字或者用鼠标左键单击点取两点的角度作为回应，在“文字样式”对话框中“倾斜角度”输入15，输入文字后如图2-40所示。

提示

用TEXT命令创建文本时，在命令行输入的文字同时显示在屏幕上，而且在创建过程中可以随时改变文本的位置，只要将光标移到新的位置单击鼠标左键，则当前行结束，随后输入的文本在新的位置出现。用这种方法可以把多行文本标注到屏幕的任何地方。

（2）多行文本输入

① 命令行　MTEXT（简写T）；菜单栏：[绘图]-[文字]-[多行文字]；工具栏：[绘图]-[多行文字] A 或 [文字]-[多行文字] A。

② 选择相应的菜单项或鼠标左键单击相应的工具按钮，或在命令行输入MTEXT命令后回车。

③ 当前文字样式　“Standard”；当前文字高度：1.9122。

④ 指定第一角点：指定矩形框的第一个角点。

⑤ 指定对角点或[高度（H）/对正（J）/行距（L）/旋转（R）/样式（S）/宽度（W）]。

说明

主要选项说明如下。

① 指定第一角点　指定多行文字矩形边界的第一角点。

② 指定对角点　指定多行文字矩形边界的对角点。直接在屏幕上鼠标左键单击点取一个点作为矩形框的第二个角点，AutoCAD 2018以这两个点为对角点形成一个矩形区域，其宽度作为将来要标注的多行文本的宽度，而且第一个点作为第一行文本顶线的起点。响应后AutoCAD 2018打开如图2-41所示的多行文字编辑器，可利用此编辑器输入多行文本并对其格式进行设置。

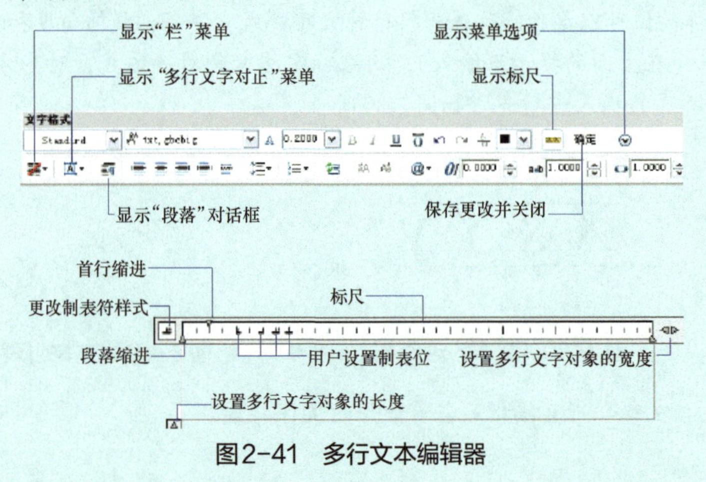

图2-41　多行文本编辑器

（3）文字格式

指定多行文字矩形边界的对角点后，弹出“文字格式”对话框，在此对话框中对文字进行编辑。可以在输入文本之前设置文本的特性，也可以改变已输入文本的特性。

（4）文字的编辑和修改

① 命令 DDEDIT↙。

② 选择注释对象或［放弃（U）］ 选择想要修改的文本，同时光标变为拾取框。鼠标左键单击对象，如果选取的文本是用TEXT命令创建的单行文本，则亮显该文本，此时可对其进行修改；如果选取的文本是用MTEXT命令创建的多行文本，选取后则打开多行文字编辑器，可根据各项设置或内容进行修改。

也可以通过“特性”对话框来编辑和修改文字及属性。选择要修改的文字，AutoCAD 2018打开“特性”选项板，如图2-42所示。利用该选项板可以方便地修改文本的内容、颜色、线型、位置、倾斜角度等属性。

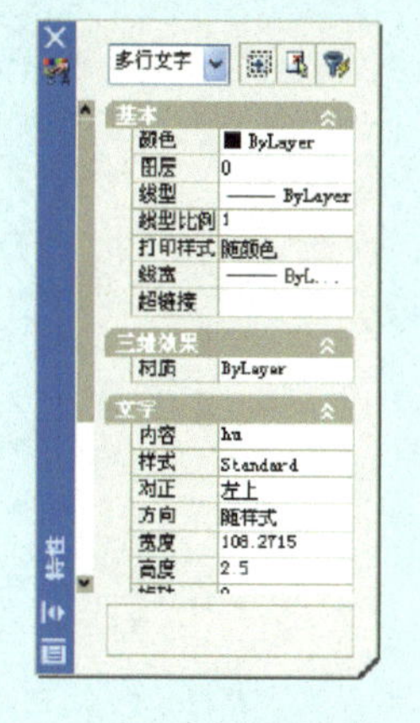

图2-42 “特性”对话框

五、尺寸标注操作步骤

1.新建或修改尺寸标注样式

在进行尺寸标注之前，要建立尺寸标注的样式。如果用户不建立尺寸标注样式而直接进行标注，系统使用默认名称为Standard的样式。如果用户认为使用的标注样式某些设置不合适，也可以修改标注样式。

① 命令行 DIMSTYLE；菜单栏：［格式］-［标注样式］或［标注］-［标注样式］；工具栏：［标注］-［标注样式］。

② AutoCAD 2018打开“标注样式管理器”对话框，如图2-43所示。利用此对话框可方便直观地设置和浏览尺寸标注样式，包括建立新的标注样式、修改已存在的样式、设置当前尺寸标注样式、样式重命名以及删除一个已存在的样式等。

主要选项简介如下。

新建：新建一种标注样式。鼠标左键单击 新建(N)... 按钮，将弹出如图2-44所示的“创建新标注样式”对话框。

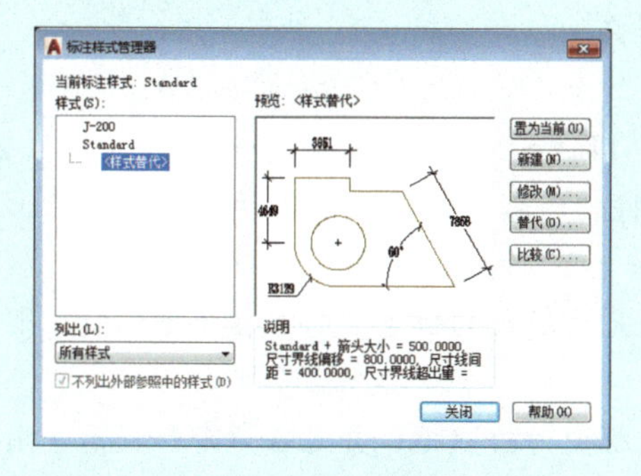

图2-43 “标注样式管理器”对话框

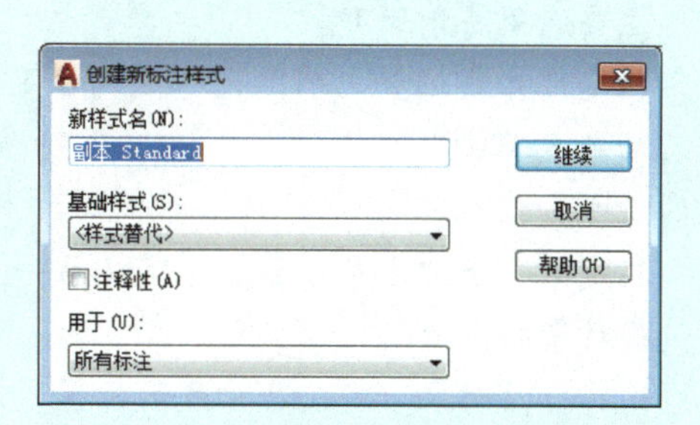

图2-44 “创建新标注样式”对话框

修改：修改选择的标注样式。鼠标左键单击 修改(M)... 按钮后，将弹出如图2-45所示“替代当前样式”对话框，可以在对话框中设定标注样式的各种参数。

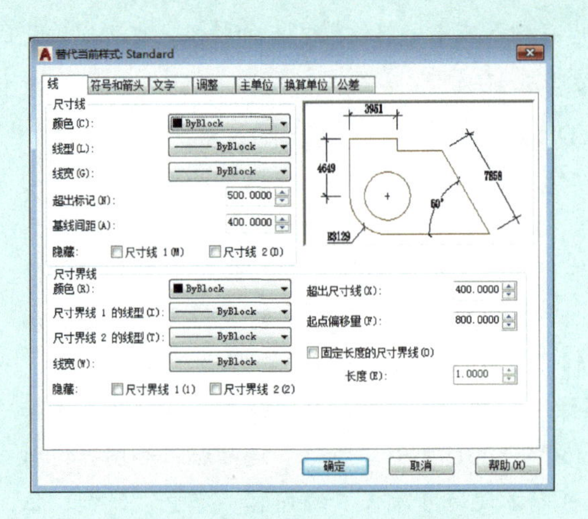

图2-45 “替代当前样式”对话框

样式：图2-45列表显示了目前图形中已设定的标注样式。

预览：图2-45显示被选择样式的图形预览。

列出：可以选择在“样式”列表框（图2-43）中列出“所有样式”或者只列出“正在使用的样式”。

设置当前：将所选择样式设置为当前样式，在随后的标注中，将采用该样式标注尺寸。另外，将已有的标注样式设置为当前样式也可以通过“标注”工具栏的下拉列表进行选择。

2.标注尺寸

正确地进行尺寸标注是设计绘图工作中非常重要的一个环节，AutoCAD 2018提供了方便快捷的尺寸标注方法，可通过执行命令实现，也可利用菜单或工具栏实现。

（1）线性尺寸标注

① 命令行 DIMLINEAR(缩写DIMLIN)；菜单栏：[标注]-[线性]；工具栏：[标注]-[线性]。

② 指定第一条尺寸界线原点或<选择对象>。

主要选项简介如下。

指定尺寸线位置：确定尺寸线的位置。用户可移动鼠标选择合适的尺寸线位置，然后回车或单击鼠标左键，AutoCAD 2018将自动测量所标注线段的长度并标注出相应的尺寸。

指定第一条尺寸界线原点：定义第一条尺寸界线的位置。若直接按回车键，则出现选择对象的提示。

选择标注对象：定义尺寸线的位置。光标变为拾取框，并且在命令行提示：用拾取框点取要标注尺寸的线段。

多行文字：用多行文字编辑器确定尺寸文本。默认值用“< >”来表示，用户可以将其删除，也可以在其前后增加其他文字。

如图2-46为线性尺寸标注实例。

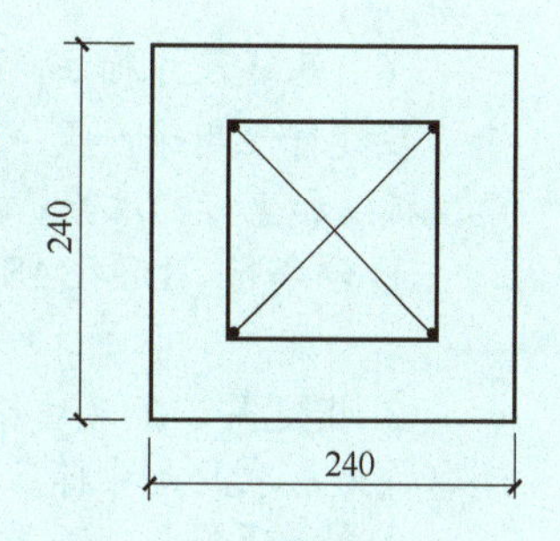

图2-46 线性尺寸标注实例

（2）对齐尺寸标注

① 命令行 DIMALIGNED；菜单栏：[标注]-[对齐]；工具栏：[标注]-[对齐]。

② 指定第一条尺寸界线原点或<选择对象> 这种命令标注的尺寸线与所标注轮廓线平行，标注的是起始点到终点之间的距离尺寸。

（3）角度尺寸标注

① 命令行 DIMANGULAR；菜单栏：[标注]-[角度]；工具栏：[标注]-[角度]。

② 选择圆弧、圆、直线或<指定顶点>操作如下。

若是圆，则指定角的第二个端点：（选取另一点，该点可在圆上，也可不在圆上）指定标注弧线位置或[多行文字（M）/文字（T）/角度（A）]。

若是两条直线，则选择第二条直线：（选取另外一条直线）指定标注弧线位置或[多行文字（M）/文字（T）/角度（A）]。

主要选项简介如下。

选择圆弧、圆、直线：选择角度标注的对象。如果直接按回车键，则为指定顶点确定标注角度。

指定顶点：指定角度的顶点和两个端点来确定角度。

指定标注弧线位置：定义弧线尺寸线摆放位置。

如图2-47分别为标注角度（左）和标注两条直线的夹角（右）。

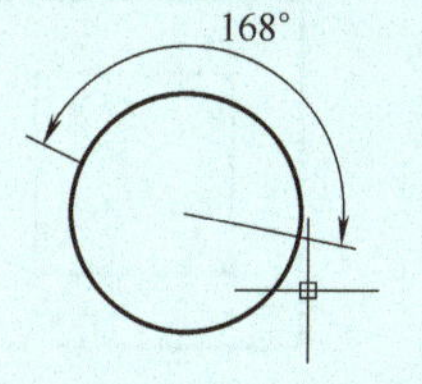

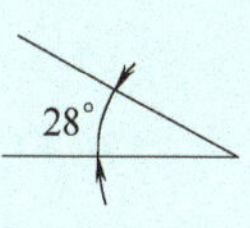

图2-47 角度尺寸标注实例

（4）直径尺寸标注

① 命令行 DIMDIAMETER；菜单栏：[标注]-[直径]；工具栏：[标注]-[直径]。

② 选择圆弧或圆 选择要标注直径的圆或圆弧。

指定尺寸线位置或[多行文字（M）/文字（T）/角度（A）]：确定尺寸线的位置或选择某一选项。

用户可以选择“多行文字（M）”项、“文字（T）”项或“角度（A）”项来输入、编辑尺寸文本或确定尺寸文本的倾斜角度，也可以直接确定尺寸线的位置，标注出指定圆或圆弧的直径。

（5）半径尺寸标注

① 命令行 DIMRADIUS；菜单栏：[标注]-[半径]；工具栏：[标注]-[半径]。

② 选择圆弧或圆 选择要标注半径的圆或圆弧。

如直径尺寸标注。

（6）基线尺寸标注

基线标注用于产生一系列基于同一条尺寸界线的尺寸标注，适用于长度尺寸标注、角度标注和坐标标注等。在使用基线标注方式之前，应该先标注出一个相关的尺寸。

① 命令行 DIMBASELINE；菜单栏：[标注]-[基线]；工具栏：[标注]-[基线]。

② 指定第二条尺寸界线原点或[放弃（U）/选择（S）]<选择> 选择基准标注，选取作为基准的尺寸标注。

主要选项简介如下。

指定第二条尺寸界线原点：直接确定另一个尺寸的第二条尺寸界线的起点，AutoCAD 2018提示：选择基准标注（选取作为基准的尺寸标注），基线标注的效果如图2-48所示。

（7）连续尺寸标注

连续标注又叫尺寸链标注，用于产生一系列连续的尺寸标注，后一个尺寸标注均把前一个标注的第二条尺寸界线作为它的第一条尺寸界线。适用于长度尺寸标注、角度标注和坐标标注等。在使用连续标注方式之前，应该先标注出一个相关的尺寸。

① 命令行 DIMCONTINUE；菜单栏：[标注]-[连续]；工具栏：[标注]-[连续]。

② 指定第二条尺寸界线原点或[放弃（U）/选择（S）]<选择> 选择连续标注：在此提示下的各选项与基线标注中完全相同。连续标注的效果如图2-49所示。

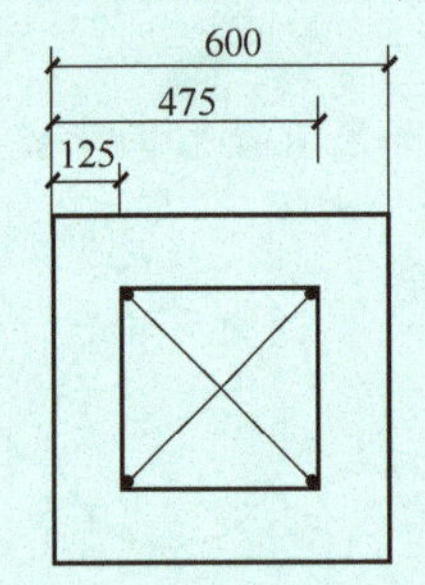

图2-48 基线标注实例

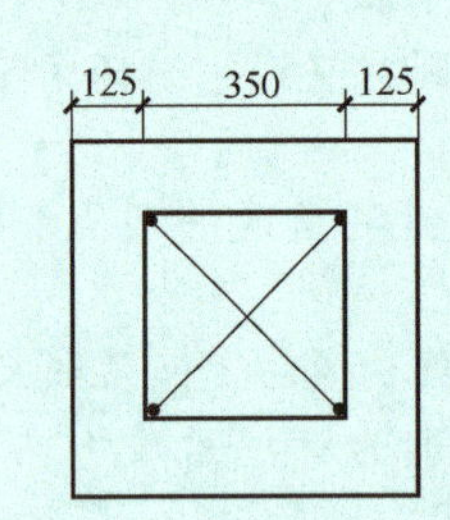

图2-49 连续标注实例

（8）快速引线标注

QLEADER命令可快速生成指引线及注释，而且可以通过命令行优化对话框进行用户自定义，由此可以消除不必要的命令行提示，取得较高的工作效率。

① 命令行 QLEADER。

② 指定第一个引线点或[设置（S）]<设置>。

任务2 园林景观地形

任务目标

1. 了解园林景观地形在园林设计中的应用。

2. 掌握样条曲线命令的基本操作方法。
3. 学会园林地形图的绘制。

任务解析

1. 园林景观地形的作用

园林地形是园林绿地的重要组成要素，对丰富园林绿地的竖向景观、创造不同的空间形式及功能环境起着重要作用。地形是园林绿地的骨架，能满足不同园林功能要求的需要，可以起到分隔空间、控制视线、改善小气候、丰富视觉景观等作用。地形在园林中的形态多自由变化，平面及立面形态以不规则曲线形状为主，在计算机辅助设计绘图中，地形多使用“样条曲线”“徒手画线”等命令来绘制。

2. 样条曲线绘制

园林设计中有许多自由曲线，可以用样条曲线命令绘制，如地形、道路、水体等。
执行样条曲线命令的方式有以下几种：
①[绘图]-[样条曲线]。
② 在命令行输入 SPL 回车。
③ 鼠标左键单击修改工具栏上的按钮 。
主要选项简介如下。
对象（O）：将已存在的拟合样条曲线多段线转换为等价的样条曲线。
第一点：定义样条曲线的起始点。
下一点：定义样条曲线的一般点。
方式（M）：控制是使用拟合点还是使用控制点来创建样条曲线。

任务实施

1. 绘图环境设置

系统绘图环境的设置参见模块一项目一任务 3。

2. 园林景观地形绘制

某游园要在一长 15m、宽 8.5m 的地段内设计一个自然式小土山，高度在 1.5m 左右，地形东缓西陡，等高差为 0.3m，绘制其地形图。

（1）绘制方格网

绘制如图 2-50 所示方格网，每格边长为 500。

（2）绘制等高线

首先要考虑好假山的地形形态变化，然后从零高程等高线开始依次从下向上绘制各高程等高线图，绘图过程中充分利用方格网定位的优势绘图。
命令：SPL 回车

当前设置：方式—控制点阶数=3
指定第一个点，捕捉并拾取点1
......
指定下一点，捕捉并拾取点16
指定下一点，输入C回车，闭合样条曲线
依次绘制高程为0.25、0.50、0.75、1.00、1.25、1.50的等高线，如图2-51所示。

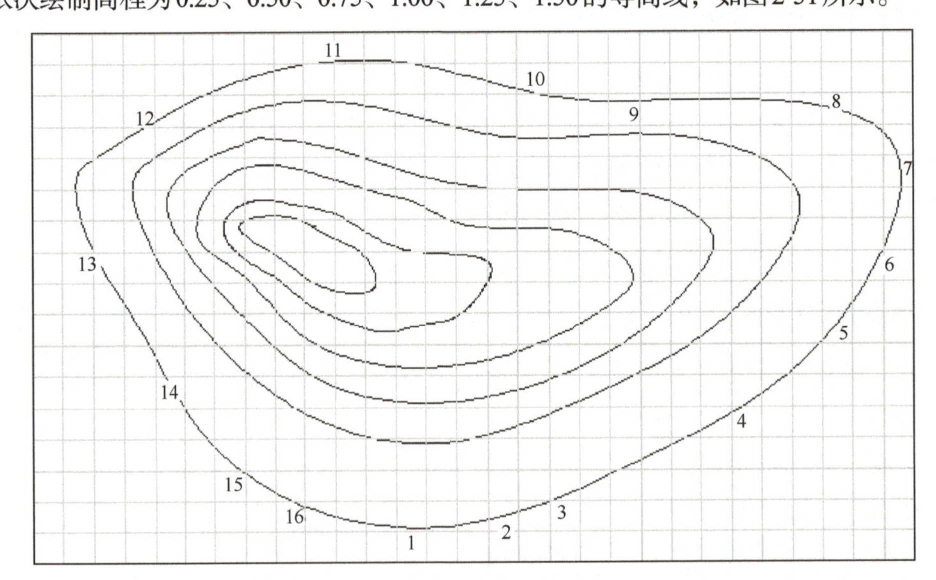

图2-50　绘制方格网

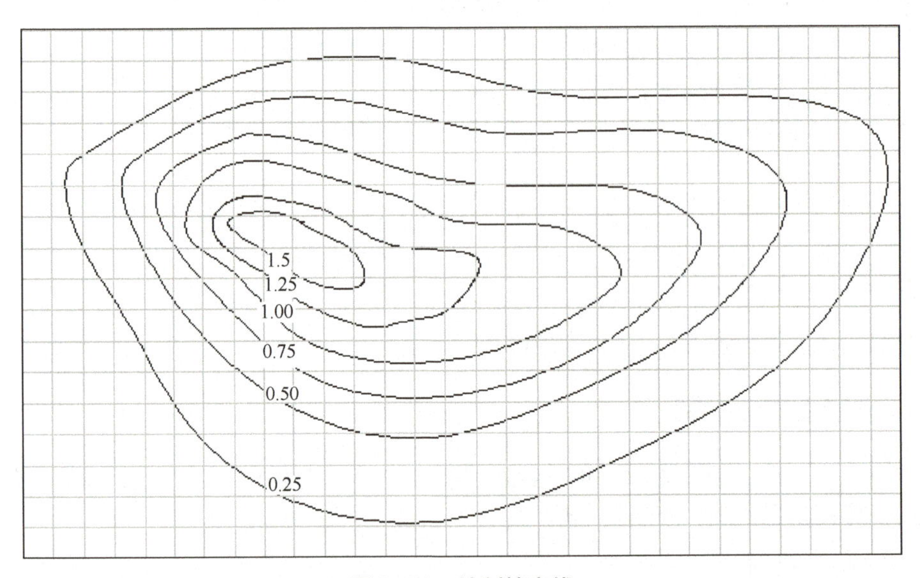

图2-51　绘制等高线

（3）调整等高线

用“夹点编辑”调整等高线各控制点，使其图形更显自然。

（4）标注等高线高程

① 修剪等高线　为了更清晰地表现地形，等高线要标注高程，高程数字处等高线应断

开，数字字头朝向山头，排列整齐。周围平整地面高程为 ±0.00。

命令行：输入TR两次回车

当前设置：投影=UCS，边=延伸

选择剪切边…

选择对象，选择方格网第9、10纵轴

选择要修剪的对象，或按住Shift键选择从外围数起的第一条等高线

……

依次修剪相应的线条。见图2-51。

② 书写等高线高程

命令行：输入T回车

当前文字样式："Standard"；文字高度：2.5000；注释性：否

指定第一角点：捕捉等高线左端点

指定对角点：捕捉等高线右端点

在弹出的【文字格式】对话框中，文字样式设置为"宋体"，文字高度设置为"150"，鼠标左键单击符号按钮 @▾ 插入"±"号，输入高程数字"0.00"，鼠标左键单击［确定］按钮，平整地面高程书写完毕。同样输入其他高程。

绘制好的地形图如图2-51所示。

任务3　园林植物绘制

任务目标

1.掌握园林平面树例的绘制。

2.掌握图块命令、复制命令的基本操作方法。

3.学会运用云线绘制灌木丛。

4.学会运用点的定数等分和定距等分进行不规则园路植物栽植。

任务解析

在园林建筑与小品、园林地形、园林植物、道路与广场等园林构成要素中，植物是最重要的元素之一，是宏观上调控园林整体性空间的根本元素。

1.园林植物的分类

园林植物按生物学特性可分为乔木、灌木、草本植物、藤本植物；按观赏特性可分为观花、观果、赏叶、观形植物；按在园林中用途可分为庭荫植物、行道树、园景树、花灌木、藤本植物、绿篱、地被植物等。

在绘制图纸时，乔木、灌木可以用单独的树例表达，草坪可以用填充的方式来表现，其他元素包括乔木、灌木的丛植方式，可以用云线绘制出其轮廓线。

2.园林植物元素的表达

在种植设计图上，没有具体要求使用哪一种图例符号表示哪一种植物。为了避免误解，

通常在一张图上一种符号只能代表一种植物。为了便于图纸交流，设计公司可以建立一个自己的图例库，详细规定图例符号所表示的树种，这样在绘制时，公司内部的图例符号一致，图纸交流和整合起来就会容易很多。

（1）乔木的表示方法

一般要求乔木用单株的符号表示。中心小圆表示种植点，外部轮廓表示乔木冠幅，一般乔木冠幅可以选择3.5～4m。

（2）灌木的表示方法

单株灌木的表示方法和单株乔木的表示方法没有明显的区别，只是冠幅略小一些，一般可以选用1.5～2.0m的冠幅（图2-52）。

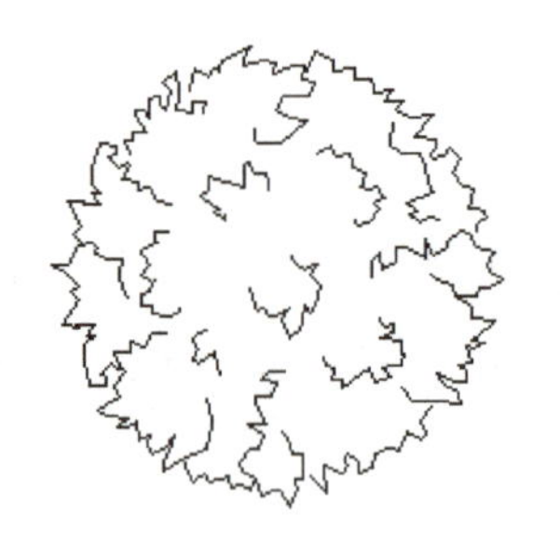

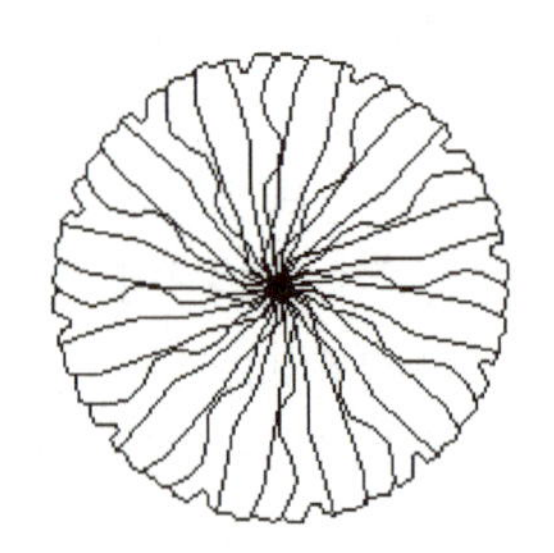

图2-52　灌木的表示方法

（3）乔木丛、灌木丛和竹林的表示方法

大比例的园林图纸或者成片栽植的园林乔木、灌木和竹林，一般绘制树木的轮廓线，用树丛的符号表示。树木轮廓线一般采用云线绘制。

① 线命令输入方式　有三种：[绘图]-[修订云线]；或在命令行输入REVC回车；或鼠标左键单击绘图工具栏上的按钮。

② 主要选项的含义

弧长：指定云线中弧线的长度，最大弧长不能大于最小弧长的3倍。

对象：指定要转换为云对象的对象，利用直线或者曲线所绘制的封闭或不封闭的图形都可以转换为云线。

样式：云线有“普通”与“手绘”两种，手绘的每段弧线的终止宽度默认为15个单位。

（4）模纹、地被的表示方法

在园林图中模纹和地被往往要先绘制出模纹的外轮廓线，再用填充命令填充不同的图案，来区分栽种植物的不同。

（5）草坪的表示方法

草坪是园林绿化的重要组成部分。在AutoCAD 2018中，绘制草坪主要是先绘制出草坪的轮廓，再对其进行图案填充。

如果想绘制出草坪从外向内逐渐稀疏的渐变效果，可以采用分层填充的方法。首先绘制出草坪的轮廓线，再向内偏移复制或者绘制出分层辅助线，鼠标左键单击［图案填充］按钮，用“选择对象”的方法确定填充边界。选择“AR-SAND”完成外侧区域的填充，再用同样方法完成内侧的分层填充，结果如图2-53所示。删除或隐藏草坪轮廓线内侧的分层辅助线，得到渐变的草坪效果，如图2-54所示。

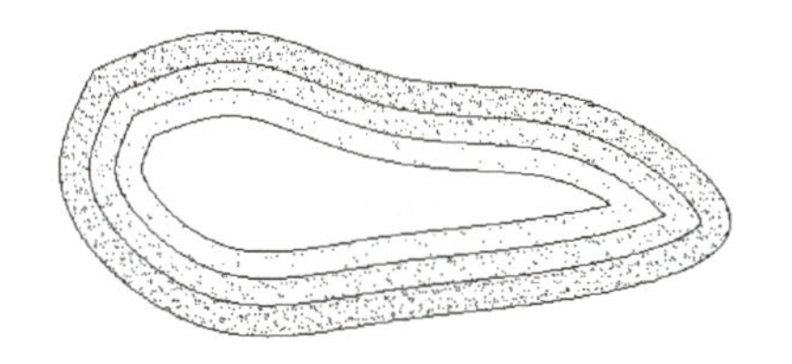

图2-53　草坪分层填充

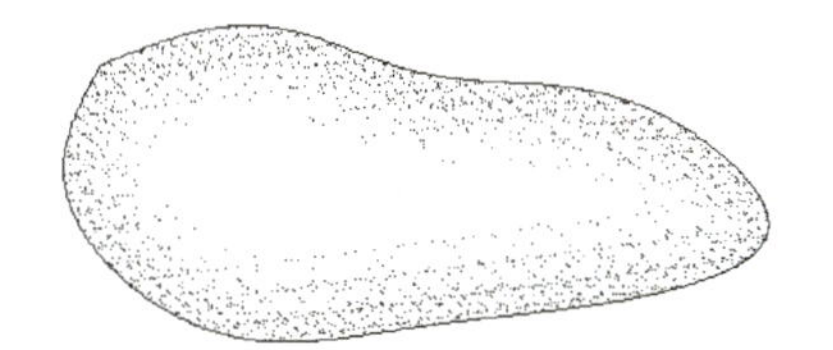

图2-54　草坪渐变效果

3.图块的定义和插入

在绘制图纸的过程中，如果图形对象需要反复多次使用，一般要将其定义为图块。定义成图块的图形一方面使用起来比较方便，另一方面也减小了图形文件的大小。

（1）图块的定义

①定义图块的方法　有三种，命令行：输入B回车；菜单栏：[绘图]-[块]-[创建]；鼠标左键单击绘图工具栏上的按钮 。

执行创建块命令后，弹出如图2-55所示“块定义”对话框。

②主要选项含义

名称：定义块的名称，鼠标左键单击右边的下拉箭头可以查看当前图形中的所有图块名称。

拾取点：在绘图区内鼠标左键单击指定图块的基点。图块基点是指插入该图块时的基准点。如果图上有明确的坐标，也可以直接在X、Y、Z三个文本框中输入基点坐标。

选择对象：鼠标左键单击按钮 后，可在绘图区选择所需图形作为块中包含的对象。

 ：用“快速选择”方式指定图块中包含的对象。

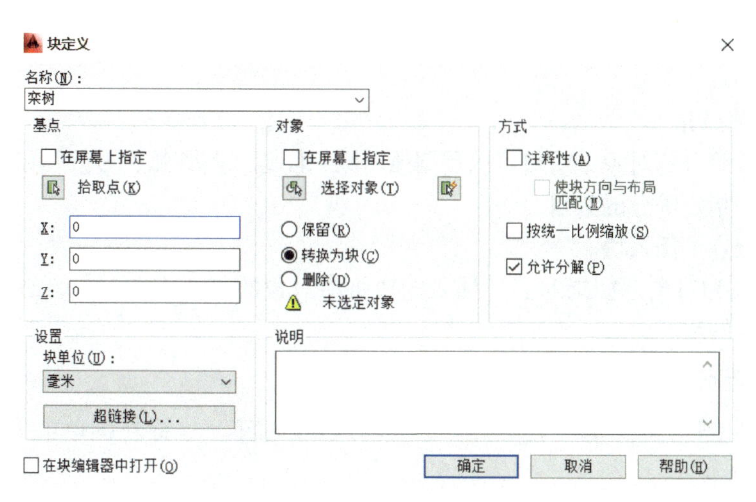

图2-55　“块定义”对话框

（2）图块的插入

图块创建完成后，可以将图块插入到图形中使用。

①插入图块的方法　有三种，命令行：输入I回车；菜单栏：[绘图]-[块]-[插入]；鼠

标左键单击绘图工具栏上的按钮。

执行该命令后，将弹出如图2-56所示的“插入”对话框。

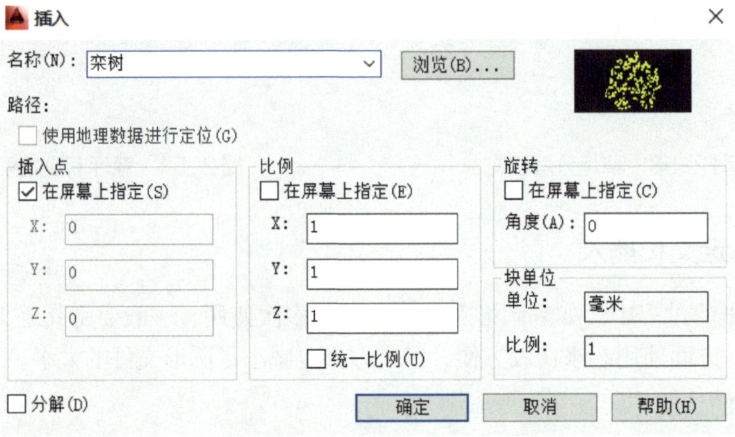

图2-56 “插入”对话框

② 主要选项含义

名称：用下拉文本框可选择插入的块名。

比例：一般全部默认为1，如果插入到新的文件中比例不合适，再用缩放命令。

4. 定数和定距等分

定数等分和定距等分命令可以在图形对象的定数等分处或定距等分外插入点或图块，可以用于等分的图形对象包括圆弧、圆、椭圆、椭圆弧、多段线和样条曲线。

（1）定数等分

① 启动定数等分的方法　有两种方法：输入DIV回车；鼠标左键单击菜单栏［绘图］-［点］-［定数等分］。

② 主要选项简介

选择要定数等分的对象：对象可以是圆弧、圆、椭圆、椭圆弧、多段线和样条曲线。

线段数目：指定等分的数目。

块：在等分点上插入块。

是否对齐块和对象：如果对齐，插入的块将沿对象的切线方向对齐，必要时会旋转块，否则不旋转插入的块。

（2）定距等分

① 启动定距等分的方法　有两种方法：输入ME回车；鼠标左键单击菜单栏［绘图］-［点］-［定距等分］。

② 主要选项简介

线段长度：指定等分的长度。

任务实施

本次任务为园林树木图块的绘制及插入。

1.绘制落叶树——梓树树例图块

以梓树平面图例（图2-57）绘制为任务，了解落叶乔木图例制作。

绘制中用到的命令：圆、圆弧、旋转、镜像、直线、阵列、填充。

（1）绘图环境设置

执行［文件］-［新建］命令，建立一个新文件，将其保存为“梓树”。

鼠标左键单击［格式］-［单位］命令，设定图形单位为“毫米”。

（2）绘制图例图形

绘制半圆及直径线，利用旋转、镜像及阵列命令完成。绘制过程如图2-58～图2-60所示，最终绘制结果见图2-57。

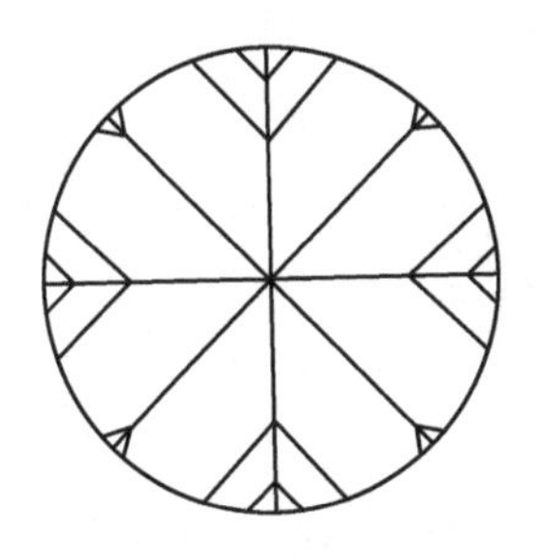

图2-57　梓树平面树例

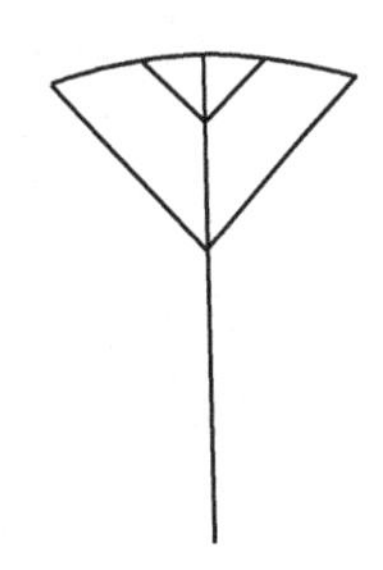

图2-58　图块阵列单元绘制

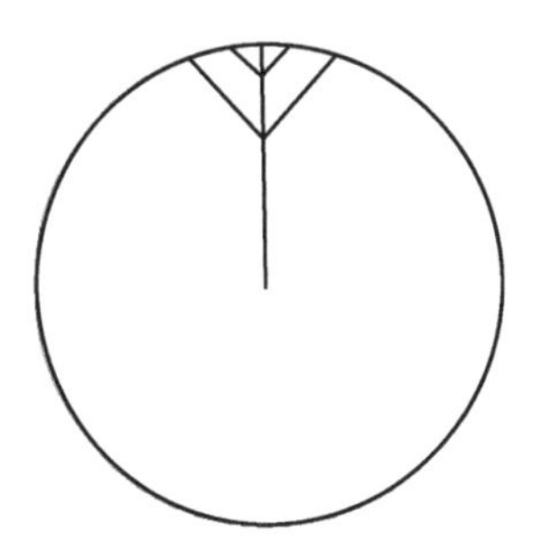

图2-59　阵列后效果

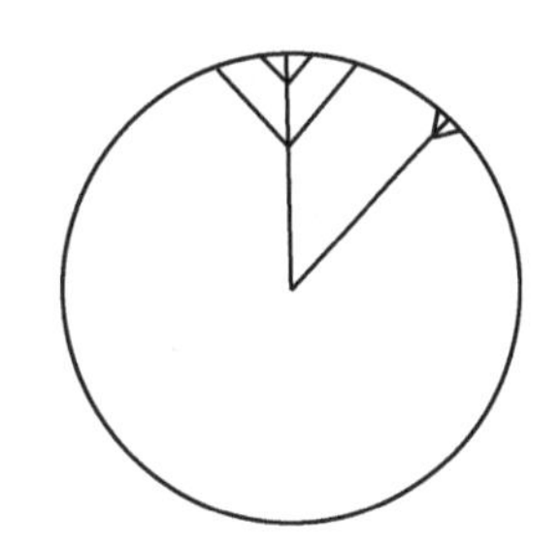

图2-60　绘制植物图例分枝

（3）定义为图块

启动［定义块］命令，弹出“块定义”对话框，块名称定义为“梓树”，鼠标左键单击树例圆心为基点，选择树例上所有的图形对象，将块单位修改为“毫米”，鼠标左键单击“确定”完成梓树块的定义。选择树例，可以看到定义块前后的变化。

2.图块的插入（植物的种植）

启动［插入块］命令，弹出“插入块”对话框，在名称栏的下拉列表中找到所要的块，鼠标左键单击［确定］按钮，即回到绘图界面，在合适的位置插入图块，即完成一棵植物的栽植。

知识链接

1. 阵列

在AutoCAD 2018中有3种阵列方式，即矩形阵列、环形阵列、路径阵列。阵列是一种特殊的复制模式。

（1）矩形阵列

① 快捷键REC，绘制一200×100的矩形。

② 选择对象后会出现如图2-61所示的画面，各作用标注如图2-61所示。

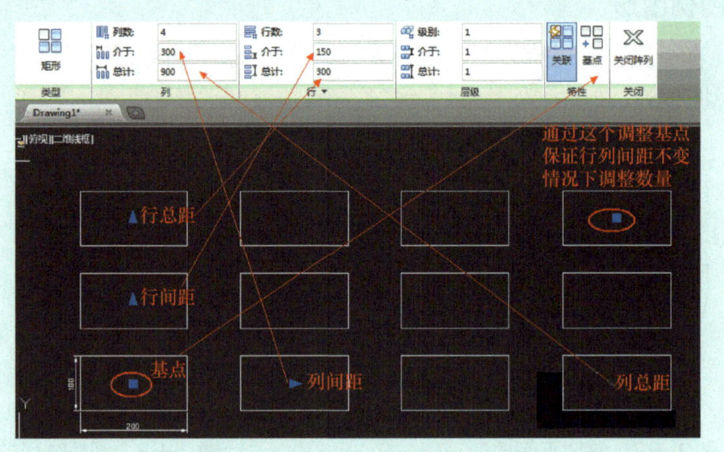

图2-61 矩形阵列

说明

a. 基点的调整需根据具体情况调整，目的是便于操作控制。

b. 图2-61显示了行和列的使用，那级别是什么意思呢？级别实质上是一个三层概念，也就是说可以在三维里面进行阵列。

c. 关联与不关联的区别

不关联：阵列后每个对象是独立的，可以分别删除各对象。

关联：阵列后所有对象是一个整体，可以用阵列编辑进行再次编辑。任选其中任一对象都可以选中整体阵列。以后其他命令也有关联与不关联，道理是一样的。

③ 创建好阵列后，可以对其进行编辑。其中最主要的就是轴角度。通过点阵列夹点的动态菜单设置轴角度，通过调整轴角度，可以得到倾斜的阵列。如图2-62、图2-63所示。

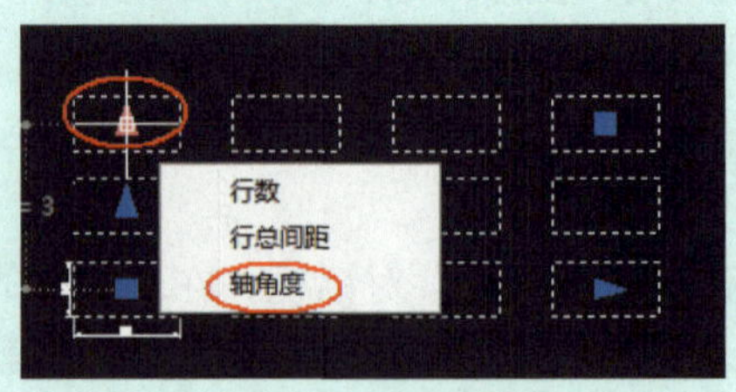

图2-62 轴角度

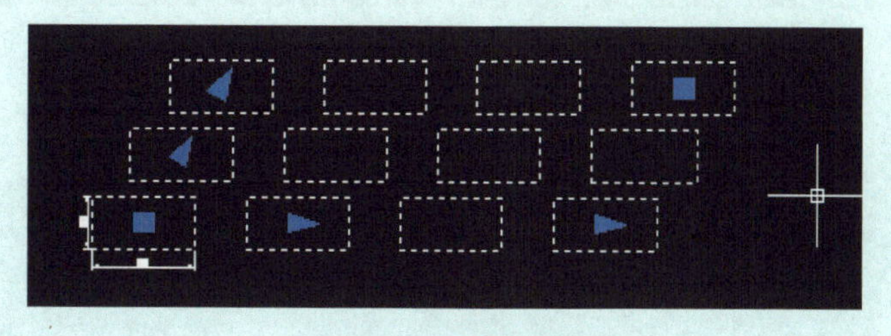

图2-63 调整轴角度

（2）环形阵列

① 绘制一半径100的圆 鼠标左键单击修改工具栏按钮，鼠标左键单击选择阵列对象，鼠标右键单击确认。指定阵列的中心点，如图2-64所示。

② 输入阵列数量，如图2-65所示。

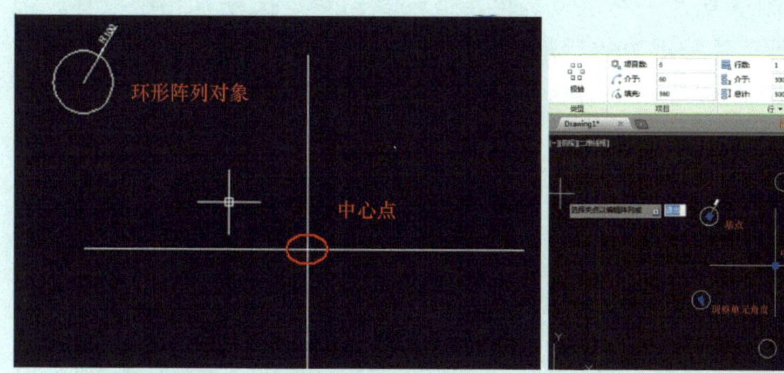

图2-64 指定阵列中心点

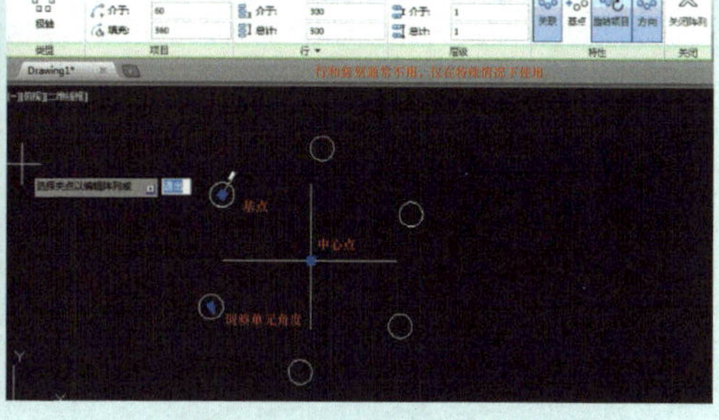

图2-65 输入阵列数量

说明

旋转项目与不旋转项目的区别如图2-66所示。

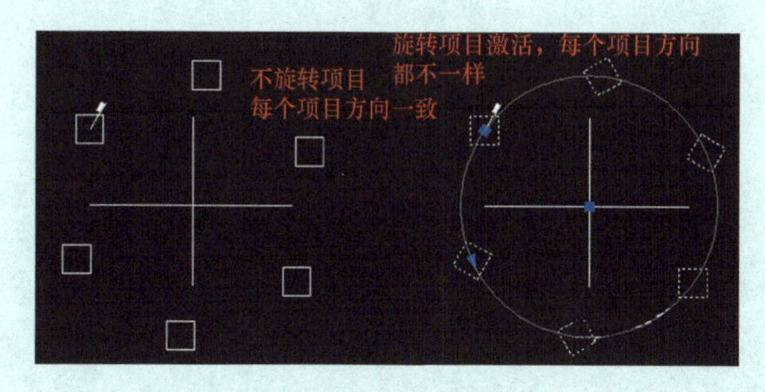

图2-66 区别

（3）路径阵列

① 沿某条路径［可能是直线、曲线（包括圆、圆弧）、多段线、样条线］分布对象。这里以一个矩形样条线分布来分析，如图2-67所示。

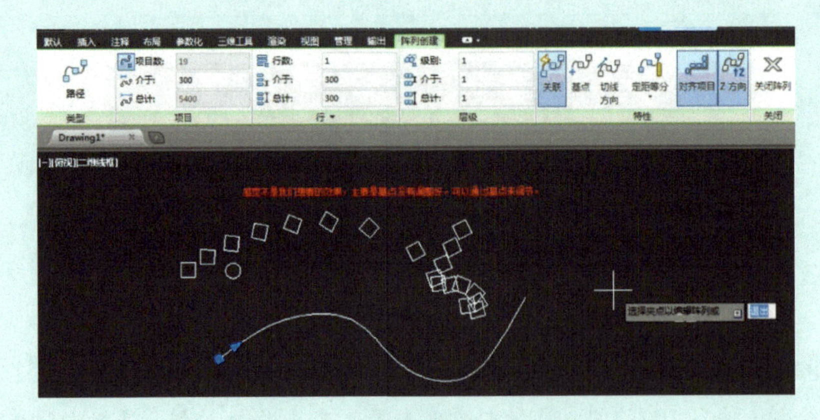

图2-67　沿某条路径分布对象

② 项目间的间距调节　主要有两种方式：一种是定数等分，一种是定距等分。这个与前面讲等分点和测量点是一个道理。现在假设我们希望仅分布10个项目。首先切换到定数等分。参数设置如图2-68所示。

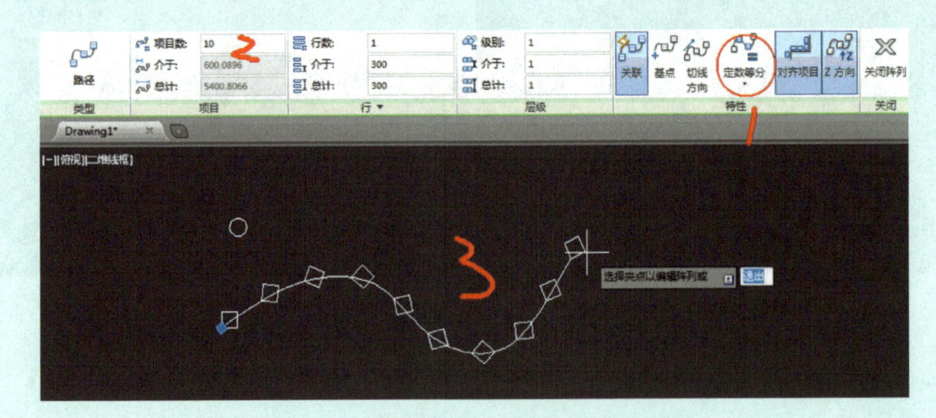

图2-68　参数设置

③ 定距等分。按如图2-69所示步骤设置完成定距等分。

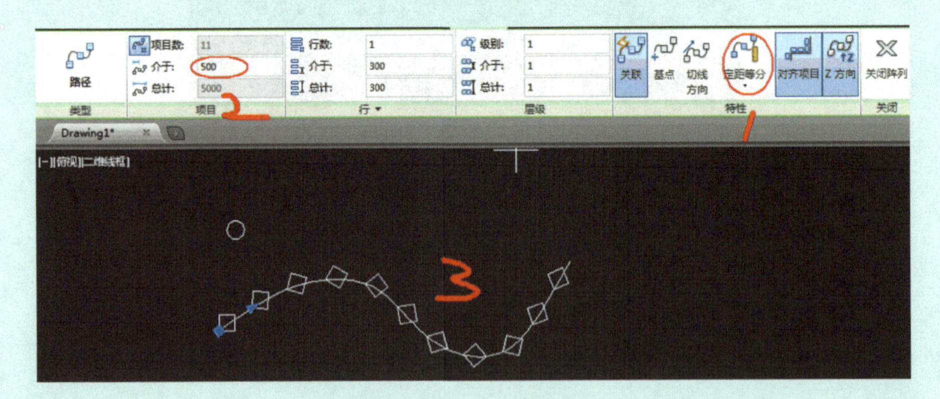

图2-69　定距等分

④ 有时希望对象与曲线方向一致，这时可以使用切线方向，如图2-70所示。

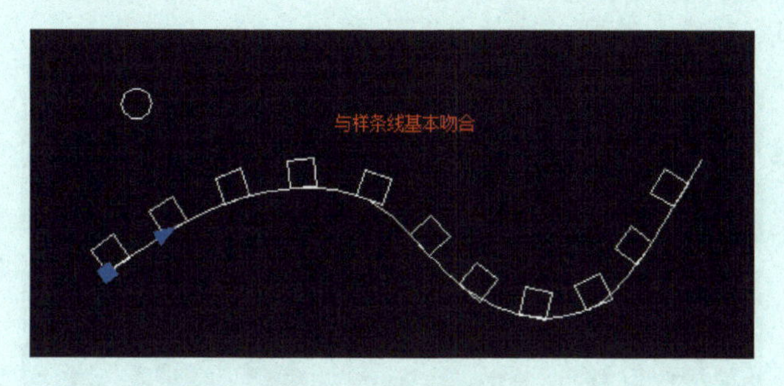

图2-70　切线方向

2.修订云线

打开AutoCAD 2018软件，进入到软件的界面。然后在其中的工具栏中找到“修订云线”工具按钮。有3种方式：一种是确定一个起点直接绘制；一种是将图纸中的图形转变为修订云线；第三种是手绘方式，但也是直接的绘制，只是看起来像自己用笔画出来的一样，这样绘制出来的线条有粗有细。

① 使用其中的直接绘制，那么确定一个起点开始绘制就行了，如图2-71所示。绘制完成如图2-72所示。

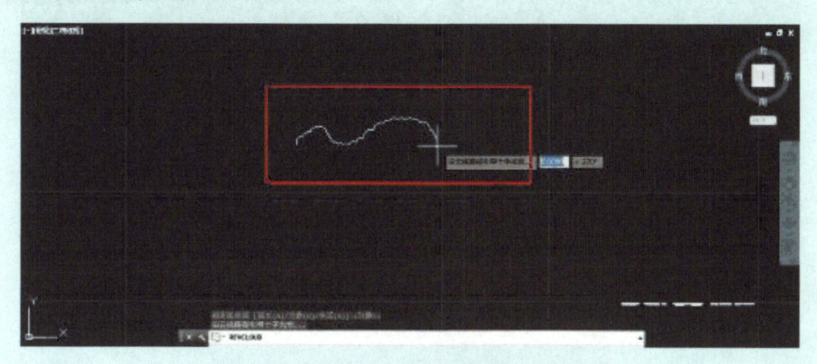

图2-71　直线绘制

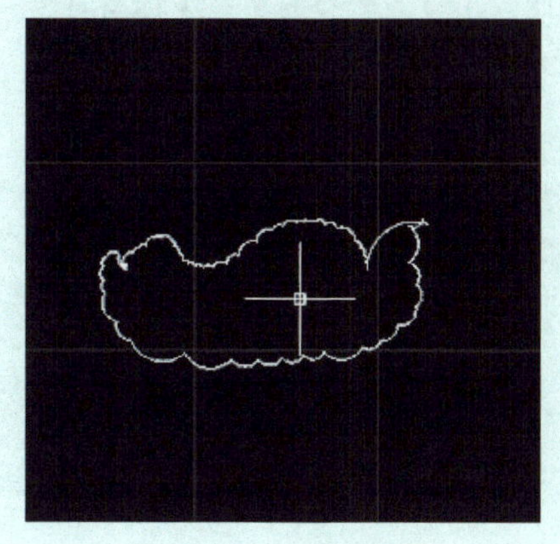

图2-72　绘制完成

② 将图纸中的矩形图形转变为修订云线　鼠标左键单击，输入命令“O”，鼠标左键单击矩形、回车，转变之后如图2-73所示。

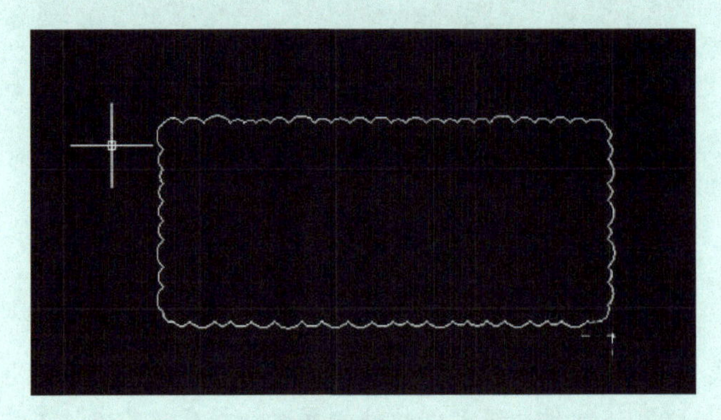

图2-73　矩形图形转变为修订云线

③ 手绘方式绘制云线　鼠标左键单击，输入命令“S”，效果（可以看到线条有粗有细，感觉像手绘一样的效果）如图2-74所示。

图2-74　手绘制云线效果

3.块的使用

① 打开AutoCAD 2018，用直线命令L画一个标高符号，再用单行或多行文本标上数字。如图2-75所示。

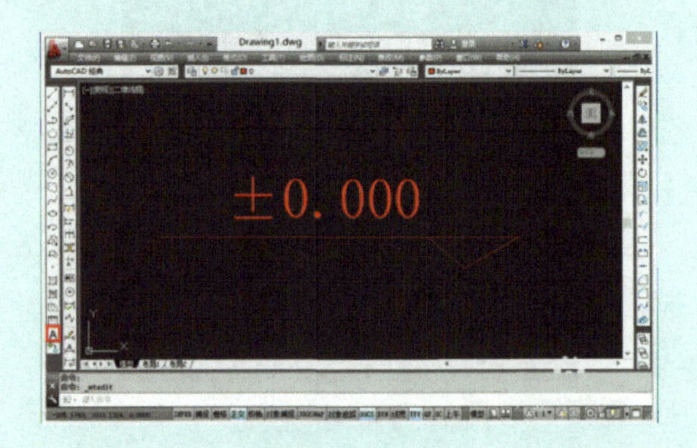

图2-75　标高

② 输入快捷键B（块定义）。填上名称，鼠标左键单击选中对象，单击［确定］，如图2-76所示。

③ 快捷键I插入块。如图2-77所示。

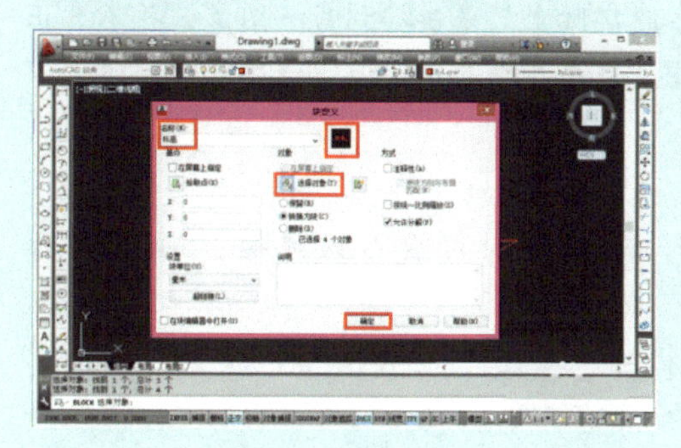

图2-76 块定义

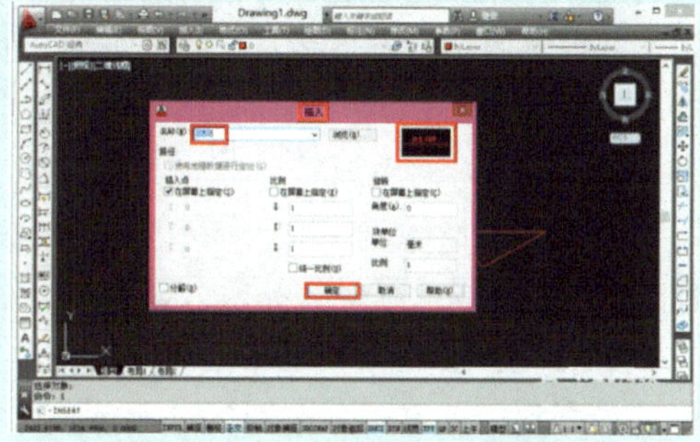

图2-77 插入块

④ 输入B，选定基点，在相应位置鼠标左键单击即可。如图2-78所示。修改标高数据的话，只需鼠标左键双击块，就会弹出一个编辑自定义块窗口，如图2-79所示。单击［确定］，进入块编辑器，然后鼠标左键双击数字就可以改了。如图2-80所示。

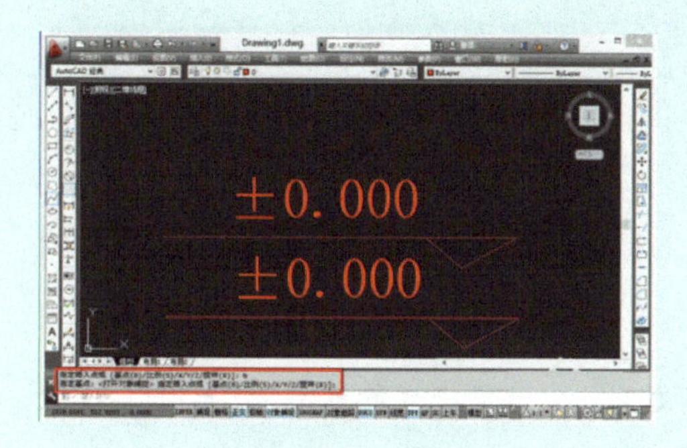

图2-78 选基点

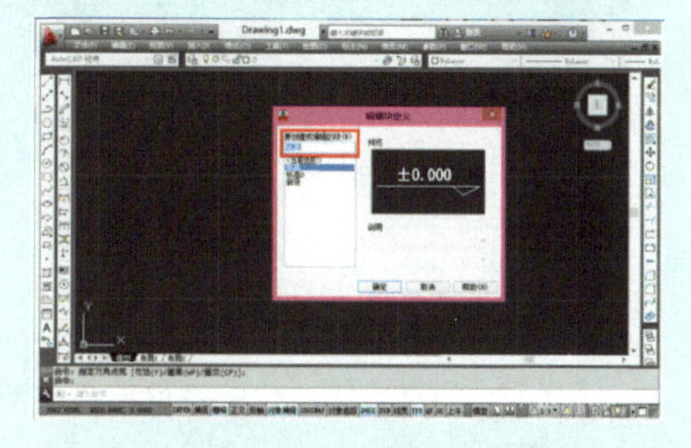

图2-79 修改标高

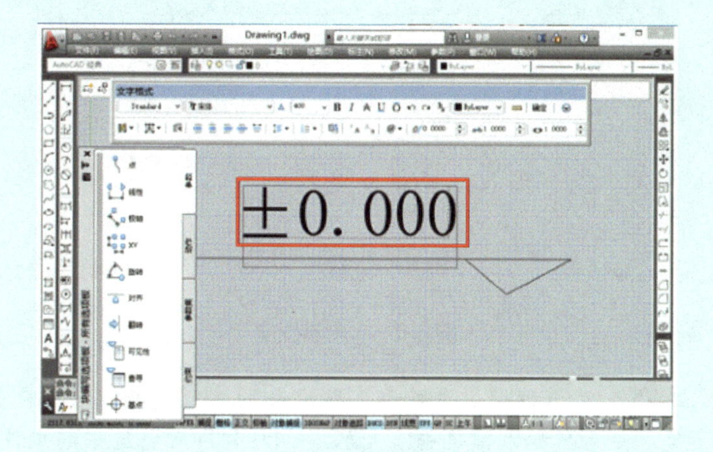

图2-80 块编辑

4.外部参照

外部参照是指当前图形以外可用作参照的信息，例如可以将其他图形文件中的图形作为外部参照附着到当前图形中，并且可以随时在当前图形中反映参照图形修改后的效果。外部参照与块不同，附着的外部参照实际上只是链接到另一图像，并不真正插入到当前图形，而块却与当前图形中的信息保存在一起。所以，使用外部参照可以节省存储空间。

（1）附着外部参照

① 执行 插入(I)→“外部参照“命令，或在命令行输入快捷键［IM］。弹出 外部参照选项板，如图2-81所示。

② 鼠标左键单击该选项板工具栏中的“附着DWG”按钮，弹出 选择参照文件 对话框，如图2-82所示。

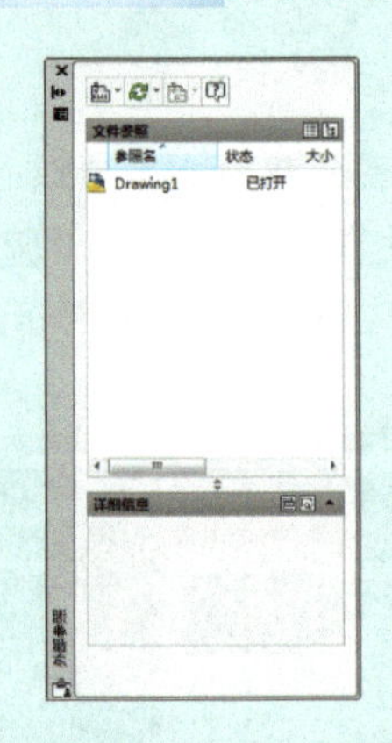

图2-81 外部参照对话框

图2-82 选择参照文件

③ 在 选择参照文件 对话框中选择参照文件，然后鼠标左键单击 打开(O) 按钮，弹出 附着图像 对话框，如图2-83所示。

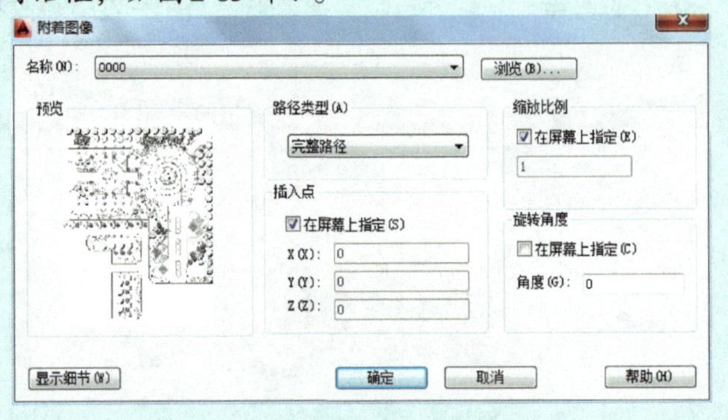

图2-83 附着图像

④ 在 附着图像 对话框中设置外部参照文件的参照类型、路径类型、插入点、比例和旋转角度，最后鼠标左键单击 确定 按钮即可将选中的文件以外部参照的形式插入到当前图形中。

(2) 插入DWG和DWF参照底图

在AutoCAD 2018中新增加了插入DWG和DWF参照底图的功能，该功能和附着外部参照的功能相同，选择 插入(I)→[DWG参照]-[DWF参照底图]命令，即可在当前图形中插入参照底图。

说明

DWF格式文件是一种从DWG文件创建的高度压缩文件，它易于在WEB上发布和查看，是基于矢量格式创建的压缩文件。用户打开和传输压缩的DWG文件的速度要比AutoCAD 2018的DWG格式图形文件快。此外，DWF文件支持实时平移和缩放以及对图层显示和命名视图显示的控制。

(3) 参照管理器

参照管理器可以独立于AutoCAD 2018运行，帮助用户对计算机中的参照文件进行编辑和管理。使用参照管理器，用户可以修改保存参照路径而不必打开AutoCAD 2018图形文件。选择 开始 → 所有程序(P) ▶ →Autodesk→AutoCAD 2018-Simplified Chinese→“参照管理器”命令，打开“参照管理器”窗口，如图2-84所示。在该窗口的图形列表框中选中参照图形文件后，在该窗口右边的列表框中就会显示该参照文件的类型、状态、文件名、参照名、保存路径等信息。用户可以利用该窗口中的工具栏对选中的参照文件的信息进行修改。

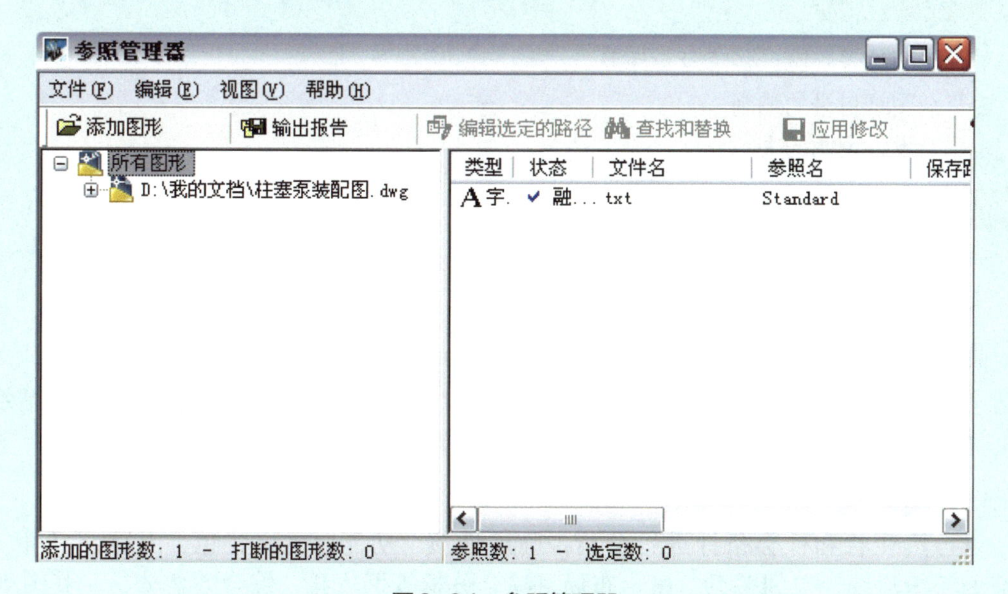

图2-84 参照管理器

项目三

绘制园林景观设计施工图

园林设计图的种类较多，依据其内容和用途，大致可分为园林景观设计图、园林建筑设计图、竖向设计图、假山施工图、园路工程施工图、园林种植设计图等，对于较大体量的建筑，可独立成图。使用AutoCAD 2018绘制上述图形的过程基本相同。本项目主要通过综合实例的绘制，重点介绍在AutoCAD 2018中绘制园林设计平面图和园林工程施工图的基本操作方法。为提高图纸绘制的高效性和规范性，本项目使用了T20天正建筑V3.0结合AutoCAD 2018完成，读者在练习的过程中可根据实际需要自行安装天正建筑软件。

任务1　绘制园林景观施工图封面、目录、设计说明

任务目标

1.熟悉园林景观设计各阶段及任务。

2.学会图纸目录的编制。

3.学会设计说明的书写。

任务解析

1.园林景观设计图纸的类型

园林景观设计一般分为方案设计、初步设计、施工图设计三个阶段。各阶段的设计文件包括：封面、扉页（施工图阶段可不要）、设计文件目录、设计说明书、设计图纸（包括效果图）、投资估算书（概算书）。

（1）方案设计

对自然现状和社会条件进行分析，确定性质、功能、风格特色、内容、容量，明确交通组织流线、空间关系、植物布局，综合分析管网安排，综合效益分析。其图纸主要有位置图、用地范围图、现状分析图、总平面图、功能分区图、竖向图、建筑及园林小品布局图、道路交通图、植物配置图、综合设施管网图、重点景区平面图、效果图等。

（2）初步设计

确定平面，道路广场铺装形状、性质，山形水系、竖向，明确植物分区、类型，确定

建筑内部功能、位置、体量、形象、结构类型，园林景观小品的体型、体量、材料、色彩等，以备进行工程概算。其图纸包括总平面图、放线图、竖向图、植物种植图、道路铺装及部分详图索引平面、重点部位详图、建筑与构筑物及小品平立剖图、园林设备图、园林电气图等。

（3）施工图设计

标明平面位置尺寸，竖向，放线依据，工程做法，植物种类、规格、数量、位置，综合管线的路线、管径及设备选型，能进行工程预算。其图样有总平面图、放线图、竖向图、种植设计图、道路铺装及详图索引平面、子项详图、建筑与构筑物及小品施工详图、园林设备图、园林电气图等。

本项目主要讲解施工图设计阶段的园林图纸绘制。

2.园林景观施工图纸封面

园林景观施工图纸的封面可以按照设计院统一制作的模板打印，具体内容包括项目编号、项目名称、项目地址、编制年月等。

3.园林景观施工图纸目录内容

园林景观施工图纸目录应包括序号、图号、图名、图幅及备注等。序号应从“1”开始，依次编排，不得从“0”开始。图纸编号一般以专业为单位进行编写，如总图“Z”，详图“LD”，给排水“SS”，电施“DS”，植物种植“PL”。图幅即选定的图纸大小，备注一般是图纸需要设定打印比例。

4.园林景观施工图设计说明

① 设计依据　由主管部门批准园林景观初步设计文件、文号及采用的标准图集。

② 工程概括　包括建设地点、名称、景观设计性质、设计范围面积。

③ 材料说明　有共同性的，如混凝土、砌体材料、金属材料编号、型号；木材防腐、油漆；石材等材料要求。可统一说明或在图纸上标注。

④ 防水、防潮做法说明。

⑤ 种植设计说明　种植土要求；种植场地平整要求；苗木选择要求；植物种植要求、季节施工要求；屋顶种植的特殊要求；其他需要说明的内容。

⑥ 新材料、新技术做法及特殊造型要求。

⑦ 其他需要说明的问题。

任务实施

1.绘制封面

矩形命令，快捷键REC，绘制长594、宽420的矩形。输入X，回车。输入O，回车，鼠标左键分别单击矩形四个边，分别往里偏移，左侧25，其余三个边10。TR修剪掉多余的线，并将偏移的四个边加宽0.5。文字命令或快捷键T，输入施工图的名称及日期，并根据图纸大小调整文字高度。如图3-1所示。

2.绘制图纸目录

（1）启动表格命令

鼠标左键单击绘图工具栏上的，或在命令行中输入“TB”回车，启动表格命令，打开如图3-2所示的“插入表格”对话框。

（2）设置表格行列数目

如图3-2所示，选择插入方式为“指定窗口”，行数和列数分别为15、6。列宽及行高均默认，鼠标左键单击［确定］按钮，在图纸的适当位置单击鼠标左键，按<ESC>键，取消多行文字的输入，如图3-3所示。

重庆园博园大连园景观设计工程
绿化施工图集
（展示区）

出　图　日　期：　2021.01

图3-1　图纸封面

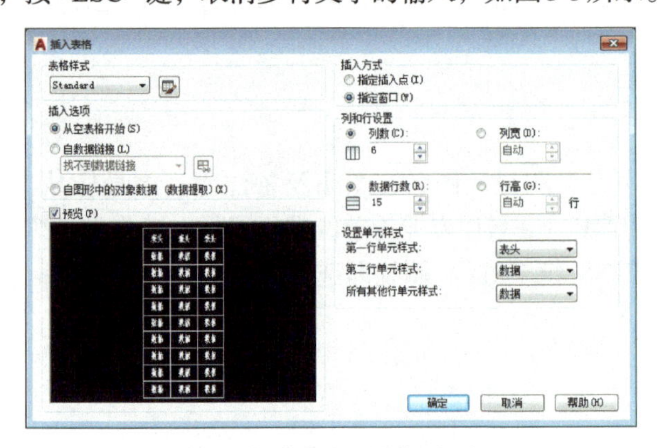

图3-2　“插入表格”对话框

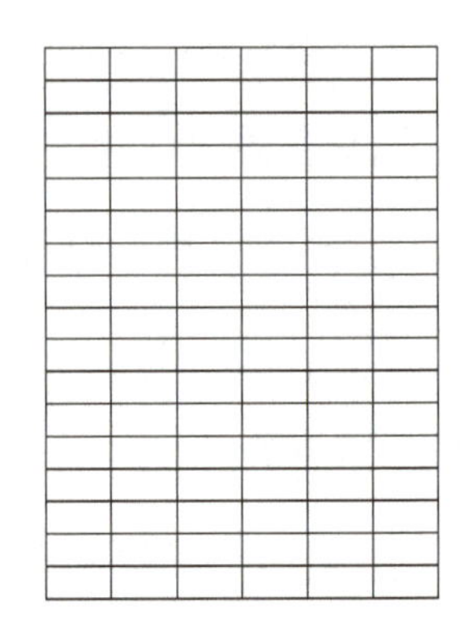

图3-3　插入的表格

（3）调整表格列宽

在需要调整列宽表格处单击鼠标左键，选择左右蓝色点通过拖曳调整宽度。

（4）输入文字

选中表格，鼠标左键双击某一单元格，打开多行文字输入对话框，在文字样式中选择文字字体、文字高度，输入单元格文字，鼠标左键单击［确定］按钮。按同样的方法，完成所有单元格文字的填写。

（5）输入图纸目录的标题

鼠标左键单击A按钮或命令行输入单行文字命令“DT”并回车，按命令行提示完成标题文字的输入-图纸目录。最终结果如图3-4所示。

3.绘制施工图说明

（1）标题文字的书写

标题文字的书写方式与“图纸目录”的书写方式一样，这里标题文字字高改为1000，文字内容为“第八届园博会大连园景观园林工程种植设计说明”。

图纸目录

大连六环景观建筑设计院有限公司

S.R.A. Design & Research Institute

共1页 第1页

设计编号	201108		工程名称	第八届园博会大连园景观园林工程		版本号	YBLH-08001
专业	园林		设计阶段	施工图	完成日期 2021.01.22		
序号	图别	图号	图纸名称			图纸规格	备注
1	绿施	LS-01	种植设计说明			A1	
2	绿施	LS-02	施工技术详图			A2	
3	绿施	LS-03	树木造型示意图			A2	
4	绿施	LS-04	植物材料表			A2	
5	绿施	LS-05	种植总平面图			A2	
6	绿施	LS-06	乔、灌木种植图			A2	
7	绿施	LS 07	地被种植图			A2	
8	绿施	LS-08	地形标高图			A2	
制表人			路光楠	归档日期			

图3-4 图纸目录

（2）设计说明

附录二附图1

设计说明的内容分成几项，每项中还有若干小项，由此，文字分成三次输入。鼠标左键单击绘图工具栏中的A，或在命令行中输入“MT”，打开多行文字对话框，将文字高度设置为350，输入如附录二附图1所示设计说明文字。依次类推，输入设计说明文字。结果如附录二附图1所示。

任务2 绘制园林景观设计总平面图

任务目标

1. 掌握实际园林设计平面图绘图环境的设置。
2. 掌握模板文件的使用。
3. 熟练绘制或调用园林图例及符号。
4. 能够编写园林设计平面图的图例表。
5. 学会正确标注园林平面图的图名及比例尺。
6. 能够绘制园林设计平面图。

任务解析

1. 园林设计总平面图的绘制内容及用途

园林设计总平面图是表现规划范围内所有内容的图纸，即所有造园要素布局位置的水平投影图。它是园林设计最基本、最重要的图纸，能够较全面地反映园林设计的总体思想及设计意图，是绘制其他园林设计图纸（如种植设计图、地形设计图等）即施工、放线、管理的主要依据。

2.园林设计总平面图中各造园要素的表达方法

园林设计总平面图中造园要素主要有地形、园林建筑与小品、水体、山石、道路与广场、植物。由于园林设计平面图的比例较小，设计者不可能将构思中的各种造园要素以其真实形状表达于图纸上，而是采用一些经国家统一制定的或约定俗成的简单而形象的图例来表达。

（1）地形

地形是造园的基础，是园林的骨架，是在一定范围内包括岩石、地貌、气候、水文、动植物等要素的自然综合体。在造园过程中，对地形进行适当的处理，可以更加合理地安排景观要素，形成更为丰富多变的层次感。地形在表现形式上有平地（广场、建筑用地等）、坡地（跳台，瀑布、梯步道路、微地形的树林草地等）、台地（不同高程的平台）、掇山、置石等。除掇山、置石外，地形的高低变化及其分布情况通常用等高线表示。设计地形等高线用细实线绘制，原地形等高线用细虚线绘制，设计总平面图中等高线可以不注高程。

（2）园林建筑及小品

在大比例图纸中，对有门窗的建筑，可采用通过窗台以上部位的水平剖面图来表示，对没有门窗的建筑，采用通过支撑柱部位的水平剖面图来表示，用粗实线画出断面轮廓，用中实线画出其他可见轮廓。此外，也可采用屋顶平面图来表示（仅适用于坡屋顶和曲面屋顶），用粗实线画出外轮廓，用细实线画出屋面。对花坛、花架等建筑小品用细实线画出投影轮廓。在小比例（1 ∶ 10000 以上）图纸中，只需用粗实线画出水平投影外轮廓线，建筑小品可不画。

（3）水体

水体一般用两条线表示，外面的一条表示水体边界线（即驳岸线），用特粗实线绘制；里面的一条为等深线，用细实线绘制。

（4）山石

山石均采用其水平投影轮廓线概括表示，以粗实线绘出边缘轮廓，以细实线概括绘出皴纹。

（5）道路与广场

道路用细实线画出路缘，对铺装路面也可按设计图案简略示出。

平面图上的广场通常具有一定的形状，并设计绘制有铺装与道路的区分，铺装可以是单一的，也可以是由不同材质拼成图案。

（6）植物

园林植物的平面图以植物平面图例来表示。在平面图上要尽量区分出针叶树、阔叶树、乔木、灌木、常绿树、落叶树、树丛、规整绿篱、草花、草坪。树冠的投影，要按照成龄以后的树冠大小画。

3.园林设计平面图尺寸标注方法

设计平面图中定位方式有两种：一种是根据原有景物定位，标注新设计的主要景物与原有景物之间的相对距离；另一种是采用直角坐标网定位。直角坐标网有建筑坐标网和测量坐标网两种标注方式。建筑坐标网是以工程范围内的某一点为“零”点，再按一定距离画出网格，水平方向为B轴，垂直方向为A轴，便可确定网格坐标。测量坐标网是根据造园所在地的测量基准点的坐标，确定网格的坐标，水平方向为x轴，垂直方向为y轴。坐标网格用细实线绘制。

4.指北针或风玫瑰图

在平面图上注明北方向。

风玫瑰图：表示该地区风向情况的示意图，分16个方向，是根据该地区多年统计的各个方向的风吹次数的百分数绘制的。风玫瑰图常与指北针合并画在一起。风玫瑰图中的粗实线表示全年风频情况，最长线表示该地区的主导风向。

5.比例或比例尺

在平面图上标注图名的同时需要标注比例，依据比例可以得知园林的实际尺度大小，常用的绘图比例为1 ∶ 200、1 ∶ 250、1 ∶ 500、1 ∶ 1000等。

平面图与实际尺寸不成整比时，常在图上画出比例尺来表示平面图的比例大小。

6.图例表

图例表用来说明图中一些自定义图例的对应含义，常见的图例包括平面树例及平面图上设计内容的说明。

7.园林景观设计总平面图的绘制步骤

由于规划设计的面积、内容有所不同，在绘制总平面图时所采取的方法也不同，面积较小或地形地貌较简单或规划设计内容较单一时，采取以下绘制步骤。

①建立绘图环境。

②根据提供的尺寸进行绿地范围放线。

③绘制道路广场、建筑小品、山石水体、绿化等造园要素。

④标注及景点说明。

⑤添加文字说明、比例、指北针或风玫瑰图等细节。

⑥进行打印设置，图纸输出。

附录二附图2

任务实施

打开附录二附图2“第八届园博会大连园景观园林”种植总平面图，下面通过描图方式完成总平面图及索引图、铺装材料设计图、园林种植设计等图纸的具体绘制过程的讲解。

1.插入大连园景观设计方案图

打开AutoCAD 2018，快捷键［IM］，弹出［选择参照文件］对话框，如图3-5所示。选择

"附录二附图2/第八届园博会大连园景观景观园林种植总平面图"，鼠标左键单击［打开］按钮。在［附着图像］对话框中，如图3-6所示，路径类型选择［相对路径］，鼠标左键单击［确定］。AutoCAD 2018绘图界面中，在视图内指定插入点，如输入（0，0），确定原点位置为插入点，［回车］，插入图片，按照与原图1 ∶ 1的关系插入，图片文件导入完成，如图3-7所示。导入图片以后，结合画面效果，输入快捷键Z［回车］-A［回车］，画面将以全屏显示。

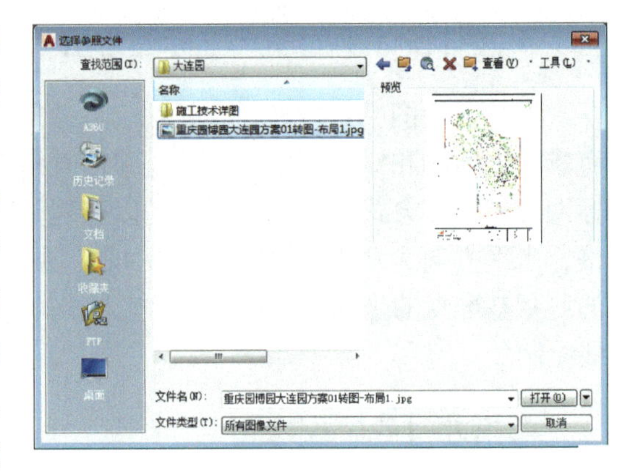

图3-5 "选择参照文件"对话框

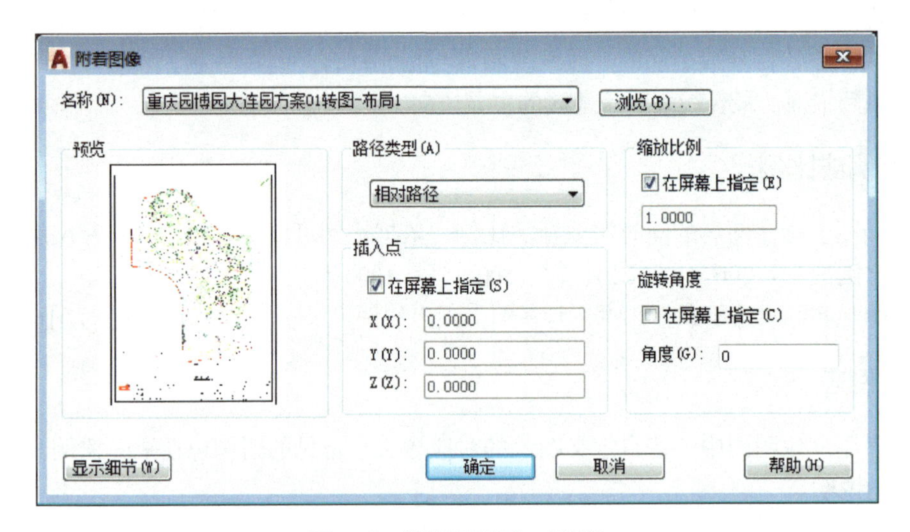

图3-6 "附着图像"对话框

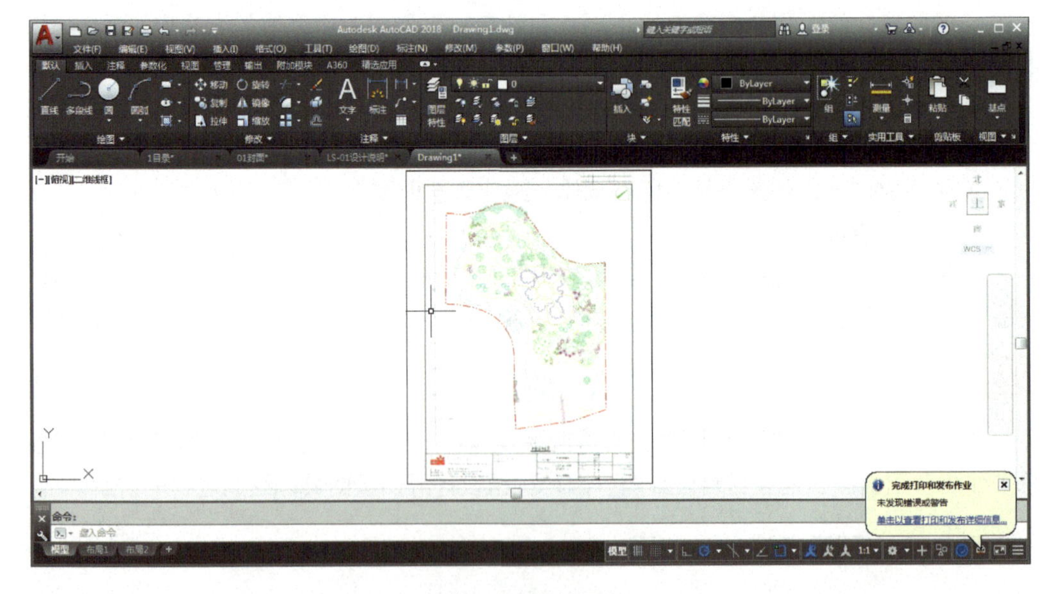

图3-7 图片导入

2.图形大小调整

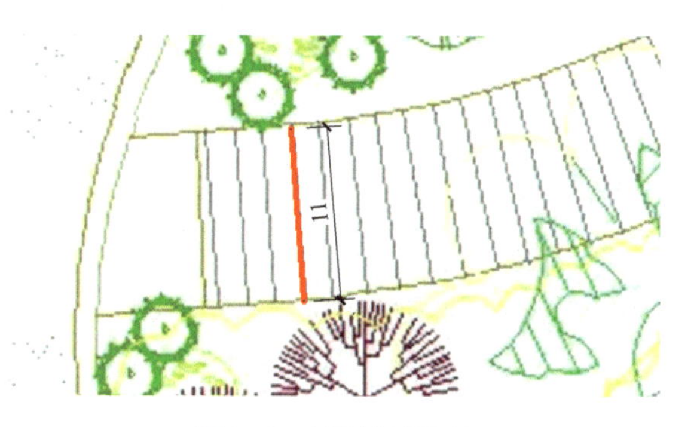

图3-8　绘制参照物体

导入的图片目前只是手绘草稿的尺寸，画面比例大小不能确定，因此，应该首先确定图纸比例关系。已知木栈道宽度为1500mm，鉴于该园林平面图较小，建议绘图比例设定为1 ：1。

在图中木栈道位置绘制直线，作为参照物体，并选择“直线标注”命令标注出尺寸为11mm，效果如图3-8所示。

选择缩放命令或输入快捷键“SC”［回车］，鼠标左键单击选择所有物体（包括底图），单击鼠标右键确认；鼠标左键单击原点位置选择基点，输入R［回车］，命令行输入指定参照长度数值11，［回车］；然后输入新的线段长度为1500mm，［回车］。输入快捷键Z［回车］-A［回车］，画面将以全屏显示。

3.图层设置

根据总平面图表达的内容，打开图层特性管理器，创建以下图层：道路、景观建筑、小品、水景、设备、乔木、灌木、地被、标注、中心线、铺装、辅助层，并设置图层的颜色、线型和线宽，如图3-9所示。

名称	开	冻...	锁..	颜色	线型	线宽	透明度	打...	打	新	说明
中心线				红	Continu...	0.18 ...	0	Col...			
小品				洋红	Continu...	0.25 ...	0	Col...			
文字				白	Continu...	默认	0	Col...			
网格				白	Continu...	0.18 ...	0	Col...			
图符				蓝	Continu...	默认	0	Col...			
水景				青	Continu...	0.18 ...	0	Col...			
设备				26	Continu...	0.30 ...	0	Col...			
乔木				104	Continu...	0.18 ...	0	Col...			
铺装				178	Continu...	0.18 ...	0	Col...			
景观建筑				白	Continu...	0.30 ...	0	Col...			
灌木				112	Continu...	0.18 ...	0	Col...			
辅助层				红	Continu...	默认	0	Col...			
地被				80	Continu...	0.18 ...	0	Col...			
道路				蓝	Continu...	0.25 ...	0	Col...			
标注				114	Continu...	0.18 ...	0	Col...			
标高				87	Continu...	0.18 ...	0	Col...			
0				白	Continu...	默认	0	Col...			

图3-9　设置图层

提示

设置各图层相关颜色为临时用的颜色，全部绘制完成后统一修改为最终颜色。

4.绘制并编辑完成园林绿地框架

结合学习的线段、多边形、复制、修剪、延伸、倒角和偏移等各种绘制及编辑命令绘制图形。“道路”图层置为当前，样条曲线、直线、圆命令绘制道路、广场及框架。如图3-10所示。

注意

在修剪或延伸操作中，当边界对象与修剪对象不相交，或者边界对象与要延伸对象的延长线不相交时，可以将修剪或延伸操作中的边界模式设置为延伸模式。

5.地形绘制

这里的地形，是指用等高线表示的地形高低变化的图样。园林景观制图中，等高线通常采用样条曲线绘制。

根据地形在图3-11中网格的位置，利用样条曲线命令［SPL］，然后输入［C］-［回车］，闭合曲线，使得整个曲线比较光滑。同样，绘制出所有地形等高线，结果见图3-11。

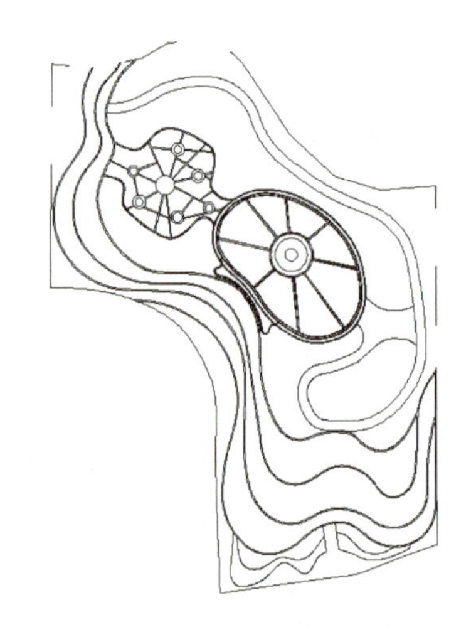

图3-10　道路、广场绘制

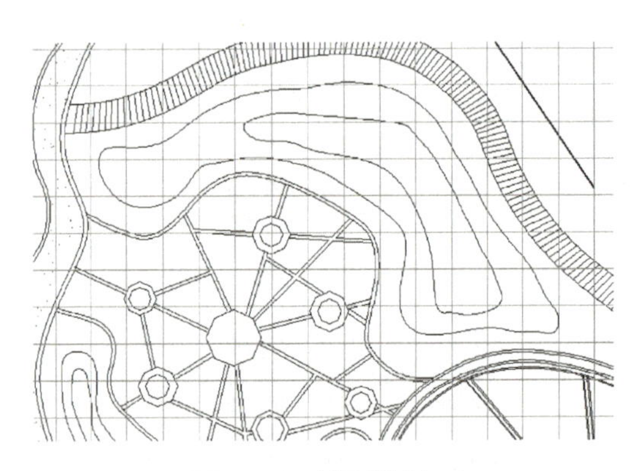

图3-11　地形绘制

6.绘制木栈道

绘制园路，利用样条曲线命令SPL及路径阵列命令AR绘制木栈道铺装，也可利用命令中的“定数等分”来绘制，结果见图3-12。

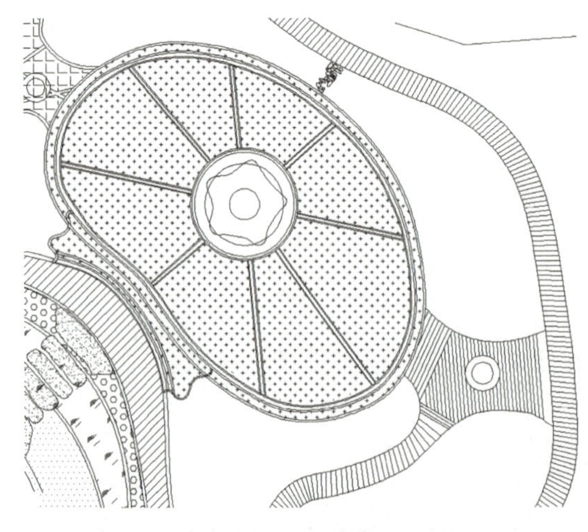

图3-12　木栈道绘制

7.绘制园林铺装

园林铺装主要指道路与广场处的铺装，采用绘图命令中的图案填充命令，或者AutoCAD 2018的绘图与修改操作绘制造型复杂的铺装图案。选择铺装区域时，一般以选择对象（围成封闭区域的直线或曲线）的方式选择填充对象，当所选对象不能围成封闭区域时，可以利用多段线绘制一封闭区域。

（1）绘制广场铺装

本例中所有大的广场铺装均采用石材铺装。

当铺装边界不闭合时，需要利用多段线绘制以闭合边界，本例中广场、道路、草坪均需绘制铺装边界。

图层工具栏中，将“铺装”图层置为当前，命令行输入多段线命令［PL］，或鼠标左键单击绘图工具栏中的，按照命令行提示，完成上述广场边界的绘制。

输入图案填充命令［H］，打开图案填充对话框，选择相应填充图案，“边界”选项中以“添加：选择对象”的方式选择边界。广场、道路的铺装绘制同上述，结果如图3-13所示。

（2）绘制园路铺装

园路铺装的方法与广场相似，一般先绘制或调整好铺装边界，然后选择合适图案及比例尺进行填充。

输入图案填充命令［H］，选择“自定义”类型，鼠标左键单击自定义图案［M］后的…，选项中以“添加：选择对象”的方式选择边界，结果如图3-14所示。

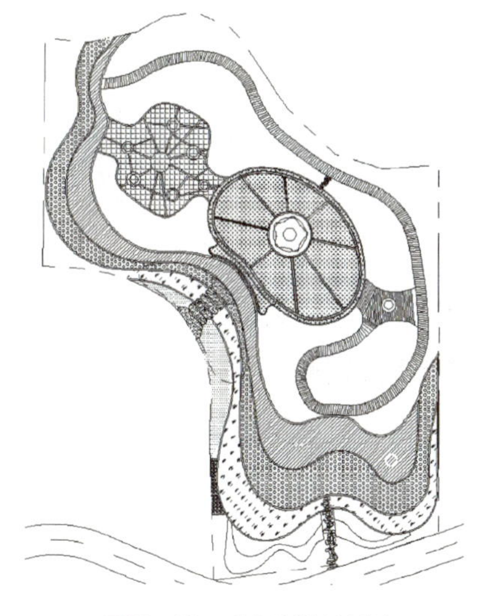

图3-13　广场铺装绘制

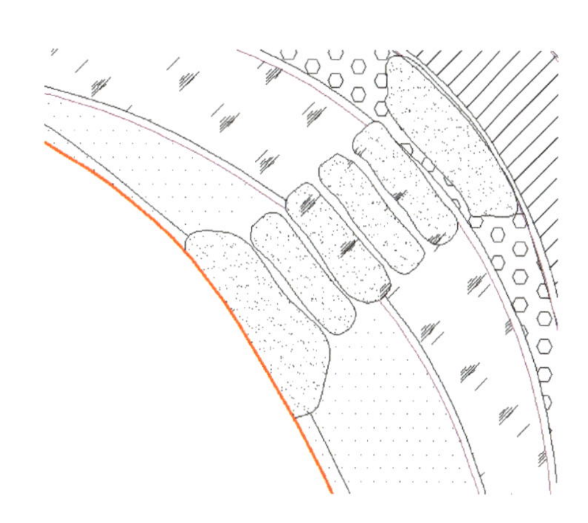

图3-14　园路铺装绘制

8.植物种植绘制

绘制植物时，根据设计要求，首先将所需植物定义成图例图块，并绘制植物图例表，然后利用多重复制、阵列复制、缩放等绘图命令，根据植物的生长特性和艺术手法将其种植到游园的合适位置，为便于后期植物种植设计平面图的绘制，应该分别将乔木、灌木、地被植物放置在相应的图层上。

（1）乔木种植绘制

设置当前图层为“乔木”层，复制枫香树图例到西广场树池处，缩放调整其冠幅大小，采用多重复制命令［CO］，将其复制到相应位置。同样的做法，完成其他乔木的绘制，结果如图3-15所示。

（2）灌木种植绘制

灌木的绘制同乔木类似，灌木一般不做行道树，对于丛生花灌木进行丛植时，首先绘制其种植范围。然后用图案填充纹理，具体绘制步骤略，结果如3-16所示。

图3-15 乔木绘制

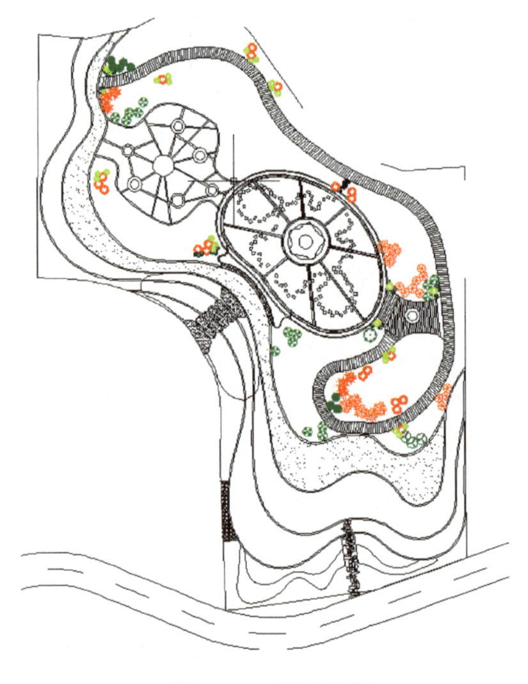

图3-16 灌木绘制

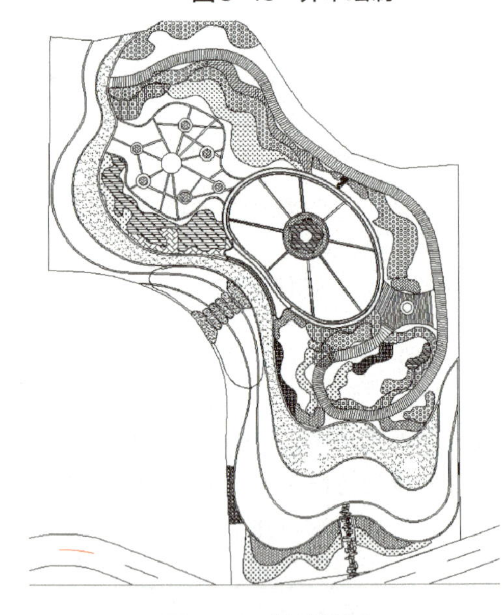

图3-17 地被绘制

（3）地被植物绘制

地被植物绘制一般采用图案填充方式。将当前图层设置为“地被”层，采用云线命令或者多段线命令分别绘制草花或草的种植范围，然后进行相应图案填充，结果如图3-17所示。

9.添加设施

设施的添加方法与植物的添加方法类似，首先绘制好设施的图例图块，然后以复制、阵列命令绘制添加。设施添加结果如图3-18所示。

10.添加图名、比例、指北针或风玫瑰图等细节

图名位于图的正下方，图名的下边一般绘制一条粗实线与一条细实线，用于标注名字的范围，图名的右下角注写比例（如果整张图采用相同的比例，可以将比例注写在标题栏中，此处可以略写），比例数字的底线与图名的底线取平。

指北针绘制在图纸右上角位置，位于标注层，利用圆与多段线绘制。最终结果如图3-18所示。

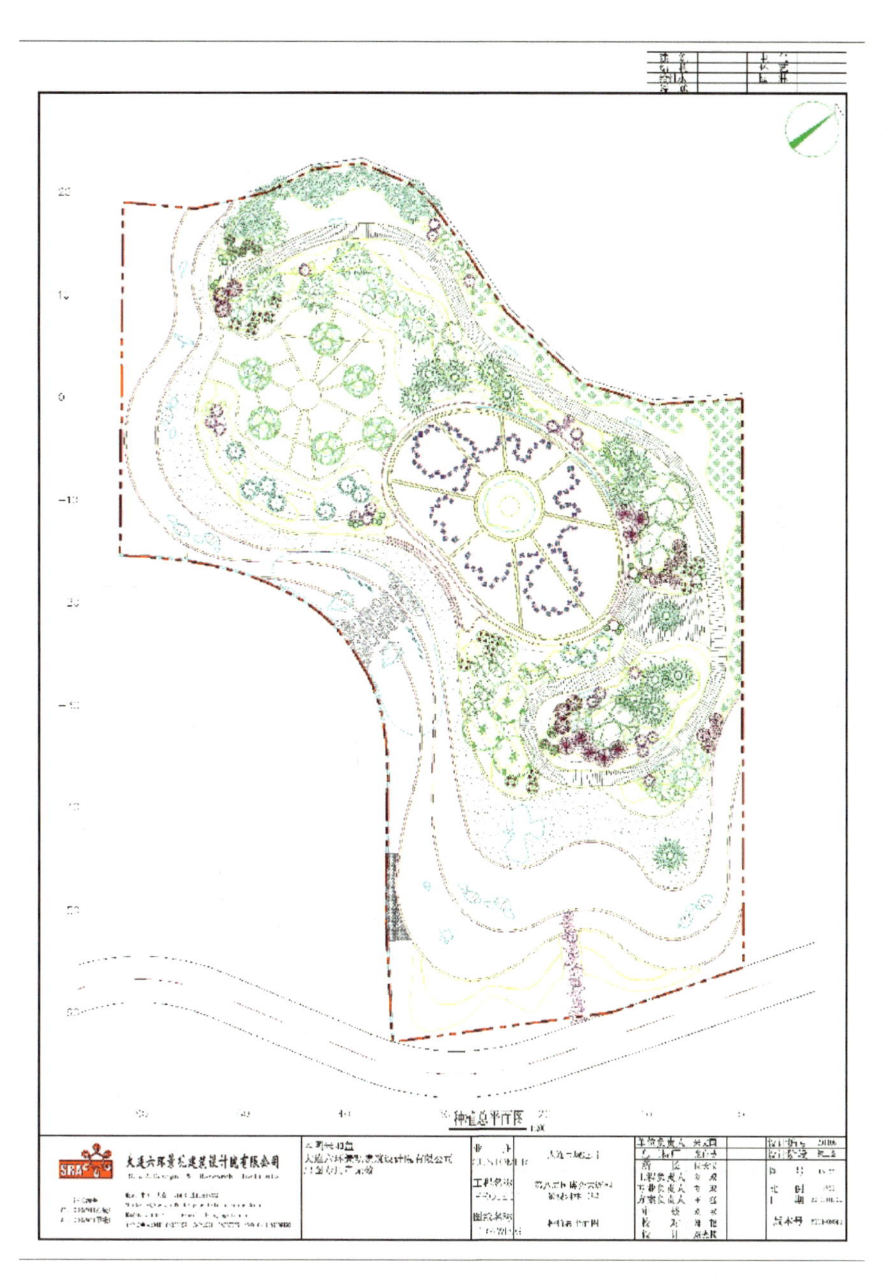

图3-18　大连园景观设计平面图

任务3　绘制园林景观竖向变化高程图

任务目标

1.学会绘制完整的竖向设计图。

2.掌握关键高程点的控制。

任务解析

1.竖向设计内容

竖向设计主要是指在一块场地上进行垂直于水平面方向的布置和处理。

2.竖向设计的三种表示方法

（1）设计标高法

设计标高法也称高程箭头法，该方法根据地形图上所指的地面高程，确定道路控制点（起止点、交叉点）与变坡点的设计标高和建筑室内外地坪的设计标高，以及场地内地形控制点的标高，并将其标注在图样上。设计道路的坡度及坡向，反映为以地面排水符号（即箭头）表示不同地段、不同坡面地表水的排水方向。

（2）设计等高线法

用等高线表示设计地面，如道路、广场、停车场和绿地等的地形设计情况。设计等高线法表达地面设计标高清楚明了，能较完整地表达任何一块设计用地的高程情况。

（3）局部剖面法

该方法可以反映重点地段的地形情况，如地形的高度、材料的结构、坡度、相对尺寸等，用此方法表达场地总体布局时，台阶分布、场地设计标高及支挡构筑物设置情况最为直接。

园林景观竖向设计中多使用前两种竖向设计方法。

任务实施

1.绘制高程点

在园林工程竖向设计中，主要进行高程点、等高线及坡度的绘制。高程点是指图样上某一部位的高度，用标高符号表示，分相对标高和绝对标高，其表示方法不同（图3-19、图3-20）。

在标高符号上绘制相应引线及数字即为该点高程点的标注，如图3-21所示。

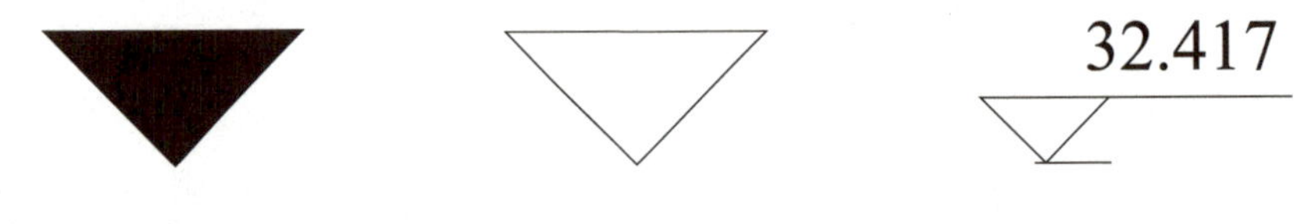

图3-19　绝对标高符号　　图3-20　相对标高符号　　图3-21　高程点标注

2.绘制等高线

等高线是表示高程必不可少的一个部分，在园林景观工程施工图纸中，表示山坡、谷底等多需要用等高线来表示。纯粹的等高线不能表示标高，除等高线外，还需要标注标高值。

详细绘制方法参见模块一项目二任务2。

3.绘制坡度

坡度具有指向性，从一个方向指往另一个方向，箭头所指方向为较低点，园林景观工程建设中坡度多与排水相关。箭头和坡度数构成了完整的坡度表示方法（图3-22）。

坡度的绘制方法相对比较简单，现就图3-22进行坡度表示方法的绘制。

i=1.5%

图3-22 坡度表示方法

命令：[PL]回车。

指定起点：鼠标左键在起点处单击；

指定下一个点，在水平极轴追踪下，输入3500回车；

指定下一个点，输入[w]回车；

指定起点宽度，输入150回车；

指定端点宽度，输入0回车；

指定下一个点，回车；

利用单行文字：[T]回车，输入文字：i=1.5%，完成图3-22的绘制。

根据园林工程中的竖向设计等资料计算出各相应点的标高，绘制好各高程点、等高线及坡度即可获得竖向设计图。

4.绘制大连园园林景观竖向设计图

（1）复制图纸及图符、指北针，修改标题栏文字

利用多重复制［CO］操作，复制“景观设计总平面”的图纸、图符及标题栏文字。

鼠标左键单击标题栏中的“景观设计总平面”，修改成“竖向设计”，完成图纸及图符的绘制。

（2）复制总平面图

将“乔木”“灌木”“地被”“铺装”“辅助线”“小品”图层关掉，复制到当前图形。

（3）绘制与标注高程及坡度

将“标高”图层设置为当前图层。

本竖向设计图绘制的最终结果见附录二附图3（操作步骤提示：利用多重复制、旋转等完成）。

附录二附图3

任务4　绘制园林植物种植设计施工图

任务目标

1.学会植物图例的制作。

2.掌握植物统计表的绘制。

3.熟练掌握数量的统计及规格等部分说明。

4.熟练掌握植物标注。

任务解析

植物按照其生态习性和园林布局要求，一般分为乔木、灌木、花卉、草坪及垂直绿化种类。合理配置园林中各类植物，以发挥它们的园林功能和观赏特性，能够为园林工程的建设增色许多。所以园林植物配置是园林工程中一项非常重要的环节。

任务实施

打开文件“大连园景观设计图”。复制总平面图纸、图符及标题栏文字，并将图名改成“种植设计平面图”，图号改成“ZZ”。

1. 乔木、灌木种植设计图

附录二附图4

将图层“灌木层”设置为当前图层，调用植物图库，根据园林植物种植设计的要求将灌木类植物绘制完成。同理绘制完成乔木植物。统计乔木、灌木数量，利用天正软件中“引出标注”命令对每一种植物标记名称及数量，结果如附录二附图4。

2. 地被植物种植设计图

附录二附图5

将图层“地被层”设置为当前图层，利用图案填充命令完成地被植物的图形绘制。利用天正软件中“引出标注”命令对每一种地被植物标记名称及面积，结果如附录二附图5。

3. 绘制苗木表

（1）表格绘制

苗木统计表包含树种名称、图例、数量、规格，其中规格包含株高、胸径、冠幅、茎秆高等以及花卉及草坪的面积。

表格绘制参见模块一项目三任务1中图纸目录的绘制，也可以利用直线、阵列或者偏移辅助命令绘制，然后输入单行或者多行文字，如图3-23所示。

（2）草坪面积的统计

草坪面积的统计，基于前面草坪的绘制方法来进行，对于闭合的绿地块，一般利用对象特性工具。

鼠标左键单击［修改］-［特性］，调出特性工具栏，鼠标左键单击需要计算的闭合绿地，即可在特性栏面积中找到该绿地面积。依次找到各绿地，再相加即可。依据此法，得到本例草坪面积为1490.3m^2。

（3）花卉面积的统计

花卉面积计算与草坪面积计算是完全一致的，如玫瑰“25m^2”，沙地柏“17m^2”，金盏菊“31m^2”。

（4）乔木、灌木数量统计

乔木、灌木的数量统计主要使用特性中的快速选择命令。下面我们以白皮松为例，进行乔木、灌木数量统计任务的介绍。

植物材料表

分类	序号	图例	植物名称	学名	规格				数量	备注
					高度m	胸径cm	地径cm	冠幅m		
常绿乔木	1		雪松	*Cedrus deodara*(Roxb.)G.Don	≥6.0			3.0~3.5	14	
	2		四季桂	*Osmanthus fragrans* Lour.‘Semperflorens’	3.5~4.0		≥10	2.0~2.5	7	分枝点1.0m
	3		杜英	*Elaeocarpus decipiens* Hemsl.	6.0~6.5	≥12		2.0~2.5	3	一个主轴，分枝点3.0m
	4		多头龙柏	*Sabina chinensis*‘Kaizuca’	3.0		≥10	2.0	10	分枝点1.0m
落叶乔木	5-1		水杉	*Metasequoia glyptostroboides* Hu et Cheng	9.0~10	≥15		2.0~2.5	16	一个主轴，分枝点3.0m
	5-2		枫香树A	*Liquidambar formosana* Hance	8.0~8.5	≥30		5.0~5.5	3	分枝点3.0m
	6		枫香树B	*Liquidambar formosana* Hance	5.0~5.5	≥15		3.0~3.5	6	分枝点2.0m
	7		鹅掌楸	*Liriodendron chinense*(Hemsl.)Sarg	7.5~8.0	≥25		5.0~5.5	4	分枝点3.0m
	8		鸡爪槭	*Acer palmatum* Thunb. Var. atropurpureum Scbwer.	2.5~3.0	≥6.0		1.0~1.5	15	分枝点1.5m
	9		紫叶矮樱	*Prunus cerasifera* Ehrh.cv.Atropurpurea Jacq.	2.0~2.5		≥6.0	1.5~2.0	6	分枝点0.8m
	10		合欢	*Albizia julibrissin* Durazz.	6.0~6.5	≥15		4.0~4.5	3	分枝点2.5m
	11		白玉兰	*Magnolia denudata* Desr.	4.0~4.5	≥10		2.5~3.0	8	分枝点2.5m
	12		北美海棠	*Malus prunifolia* Borkh.	2.5~3.0		≥8.0	1.5~2.0	11	分枝点1.0m
	13		日本晚樱	*Cerasus serrulata* var.lannrsiana(Carr.)Makino	2.5~3.0	≥8		1.5~2.0	8	分枝点1.3m
常绿灌木	14		红叶石楠	*Photinia serrulata*	1.5~2.0			≥1.2	8	五个枝条
落叶灌木	15		重瓣榆叶梅	*Prunus triloba* Lindl.f.plena Dipp	2.0~2.5		≥4.0	≥1.5	11	嫁接独杆
剪形集栽	16		小龙柏	*Juniperus chinensis* cv.kaizuka	0.5			0.4	101m²	16株/m²
	17		红花檵	*Loropetalum chinense* var.rubrum Yieh	0.6			0.3	70m²	36株/m²
	18		金山绣线菊	*Spiraea X bumalda*‘Golden Mound’	0.3			0.3	32m²	36株/m²
	19		金焰绣线菊	*Spiraea X bumalda*‘Golden Flame’	0.3			0.2	81m²	42株/m²
	20		大叶黄杨	*Euonymus japonicus* Thunb.	0.3			0.3	25m²	36株/m²
	21		黄金间壁竹	*Bambusa vulgaris* Schraderex	5.0-5.5			0.7	108m²	30株/m²
	22		红叶石楠球	*Photinia serrulata*	1.0			1.0	3	
	23		金叶女贞球	*Liguststrumx vicaryi*	0.8			0.8	24	
	24		小叶黄杨球	*Ligustrum quihoui* Carr	0.6			0.6	20	
	25		红花檵木球	*Loropetalum chinense* var.rubrum Yieh	1.2			1.2	20	
宿根花卉	26		丛生福禄考	*Phlox panicalata* L.	0.3			0.3	131m²	25株/m²
	27		吉祥草	*Reineckea carnea*					205m²	36株/m²
应季草花	28		矮牵牛(蓝紫)						76m²	49株/m²
	29		草坪						632m²	暖季型草坪

图3-23　苗木统计表

附录二附图2

鼠标左键单击［修改］-［特性］，调出特性工具栏，鼠标左键单击特性工具栏中的快速选择按钮，出现快速选择栏，在对象类型中鼠标左键单击下拉三角，选择“块参照”，在“特性”中选择“名称”，“值”选择“雪松”，命令行提示“已选定14个项目”，再减掉苗木表中的图例，“雪松”的数量为14个。依次使用此方法得到其他乔木、灌木的数量，并填入苗木统计表中。

（5）植物的标注

乔木、灌木标注内容主要为名称、规格、数量，本例规格均在苗木统计表中，图样中为了更简洁清晰，仅标注名称及数量；地被植物标注内容为名称、种植面积。

4.布局与图纸空间设置

图形绘制完成后，进入图纸空间进行布局设置。绘制种植图纸时一般将所有的植物绘制在一张图上，这样便于设计时考虑乔木、灌木和地被植物之间的关系。通常情况下为方便施工管理和识图，对于较复杂的图纸，要求乔木、灌木、地被植物分别出图，可以通过图纸空间的布局设置来完成。

进入图纸空间，在“视口”中将地被植物相应图层冻结，在图框中标注相应的注释，完成“乔木、灌木种植设计图”的布局设置。使用相同步骤，完成“地被植物设计图”的布局设置。结果如附录二附图5。

5. 其他各分项设计图的绘制

附录二附图6

园林工程施工其他分项设计图的绘制方法与上述图纸一致。分项设计图包含园林建筑设计图、假山施工图、园路工程施工图、照明电气图、给排水施工图、园林小品详图等。相关成套图纸参考附录二附图6：大连园景观设计施工技术详图。

知识链接

1. 天正建筑软件

天正建筑软件是在AutoCAD的基础上进行二次开发而成，已经成为国内使用范围较广的辅助设计软件，目前绝大部分的国内建筑及园林景观设计单位都在使用它进行计算机制图。天正建筑软件相比AutoCAD，在实际使用过程中更加方便快捷，它提供了更智能的工具集合，特别是与建筑制图相关的，例如在墙体门窗的绘制、文字及尺寸的标注、图层控制及比例和文件布图等方面，都比AutoCAD更加便捷和规范。

由于天正建筑软件是基于AutoCAD进行的二次开发，因此它的运行必须依托于AutoCAD进行，而工作界面也只是在AutoCAD的界面基础上增加了天正建筑工具条。在实际使用时，首先要正确安装AutoCAD软件，然后再安装对应版本天正建筑软件，打开天正建筑软件时，系统会自动与安装的AutoCAD软件进行关联。对于天正建筑软件工具条中的各项内容，均可以通过鼠标左键单击的方式来使用，方便快捷。因此对于天正建筑软件中的各项命令，用户可自行学习了解，本教材不再进行单独介绍。

2. 快速选择植物及数量统计

在进行园林设计平面图绘制时，不同树种会采用不同的图例表示，如果要统计的苗木是以具有属性的块形式存在的，那么就可以采用块属性的数据提取来进行数据统计了。如果要统计出一种以块形式存在的苗木数量，利用［FI］命令方法可以快速实现数量统计。

① 命令：快捷键［FI］。

② 打开“素材库中CAD源文件/重庆园博园大连园方案”文件，执行快捷键［FI］，弹出“对象选择过滤器”对话框，如图3-24所示。鼠标左键单击 [添加选定对象 <]，在图形中鼠标左键单击要查询的树木。在弹出的“对象选择过滤器”中删除所有信息，只留块名。如图3-25所示。

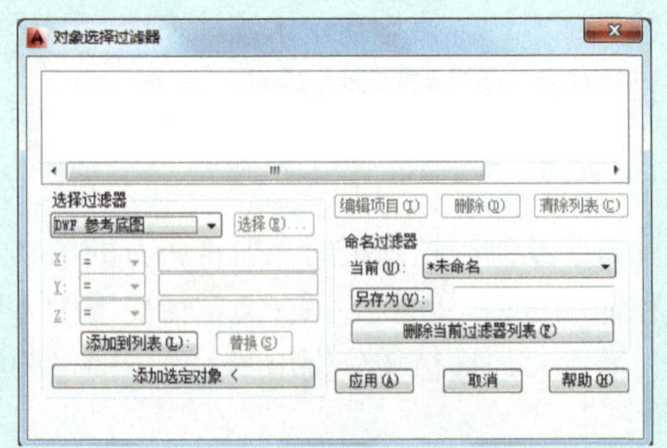

图3-24 对象选择过滤器

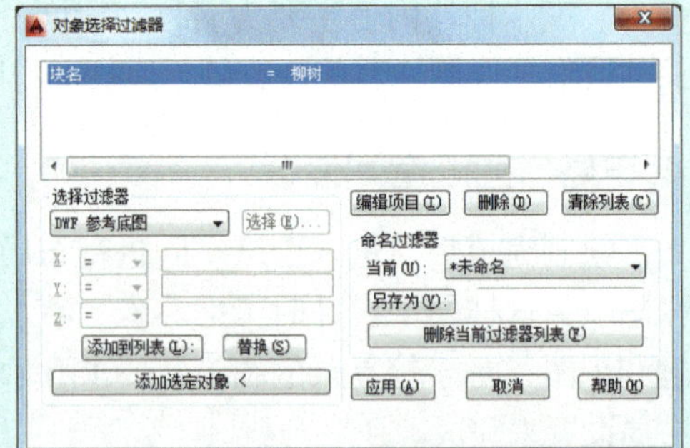

图3-25 删除信息

③ 鼠标左键单击“对象选择过滤器”中 应用(A) ，在屏幕上选择所有图形，鼠标右键单击确定。回到AutoCAD 2018绘图窗口，可看到信息栏提示“已选择37个对象”。如图3-26所示。用同样的方法还可以统计其他苗木的数量。

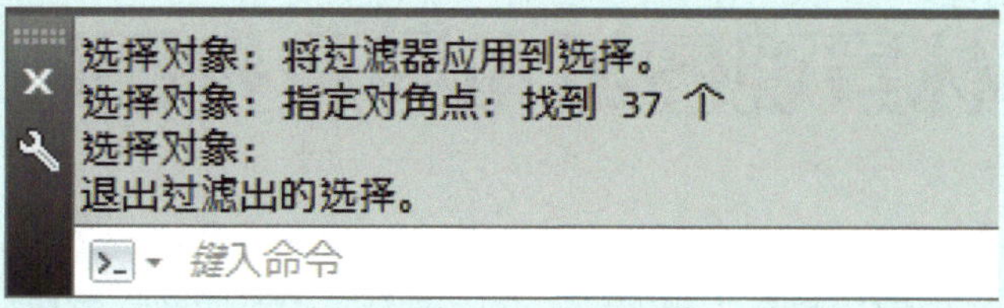

选择对象：将过滤器应用到选择。
选择对象：指定对角点：找到 37 个
选择对象：
退出过滤出的选择。
键入命令

图3-26 树木统计数量

3.查询工具

AutoCAD 2018中专门提供了可以查询距离、面积、质量特性、坐标点、时间、状态、变量等的工具。绘图过程中常常需要对图纸进行确认和鉴定，少不了［查询］命令的运用。

（1）点坐标查询

命令：(简写：ID)；菜单［工具］-［查询］-［点坐标］。

（2）距离查询

命令：DIST（简写：DI）；菜单［工具］-［查询］-［距离］。

主要选项含义如下。

指定第一点：指定距离测定的起始点。

指定第二点：指定距离测定的结束点。

（3）测量面积

命令：AREA（简写：AA）；菜单［工具］-［查询］-［面积］。

主要选项含义如下。

第一个角点：指定欲计算面积的多边形区域第一个角点，随后指定其他角点，回车后结束角点输入，自动封闭指定的角点并计算面积和周长。

对象：选择一对象来计算其面积和周长。如果对象不是封闭的，系统则会自动封闭该对象后再测量其面积。

加：进入相加模式，在测量结果中加上对象或围出的区域面积和周长。

减：进入相减模式，在测量结果中减去对象或围出的区域面积和周长。

提示

对于由简单直线、圆弧组成的复杂封闭图形，不能直接执行AREA命令计算图形面积。必须先使用菜单［绘图］-［边界］命令给要计算面积的图形创建一个面域或多段线对象，再执行查询面积命令，在命令提示时选择“对象（O）”选项，根据提示选择刚刚建立的面域图形，AutoCAD 2018将自动计算面积、周长。

项目四

园林景观图纸布局及打印输出

使用AutoCAD 2018完成整套工程图的绘制之后，通常要按照规定比例通过打印机打印成白图或者硫酸图，并进行蓝图的晒制，用于该项工程的施工或者通过打印管理器生成一份电子图纸，用于其他的设计任务。

AutoCAD 2018为满足绘制工程施工图的需要，提供了模型空间、布局空间，用户在模型空间绘制，进而在布局空间中组织图纸的输出，这样能够提高工作效率，有利于图纸的规范化。本项目主要介绍图形布局与输出的相关知识，包括设置图纸尺寸、打印比例、数据输出等内容。

任务1　园林景观图纸布局

任务目标

1.学会切换模型空间与布局空间。
2.学会布局空间中图框、图纸插入。
3.学会布局空间中图纸比例设置。

任务解析

AutoCAD 2018中，布局可以模拟打印模型空间的图纸，精确地显示需要打印图纸的比例、布置方式、线宽、色彩等设置和输出前的效果。

任务实施

（1）新建文件，输入命令“UNITS”，设置单位为毫米，并按1 ∶ 1绘制A3图框。如图4-1所示。

（2）打开并选择“售楼处”景观设计图，通过创建布局视口的操作布置“总平面图”（A3）、“种植施工说明”（A3）、“乔木、灌木种植图”（A3）、“绿篱及地被种植图”（A3）。

（3）鼠标左键单击布局 布局1 按钮，进入图纸空间，鼠标左键单击菜单栏中［插入］按钮，在路径中找到“A3图框”，如图4-2所示，鼠标左键单击［确定］，在图纸空间灰色空白处单击鼠标左键，完成图框插入，并根据需要复制3个“A3图框”，如图4-3所示。

（4）启用“视口”命令如下

菜单：鼠标左键单击［视图］-［视口］“单个视口”按钮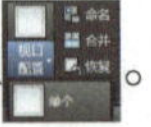。

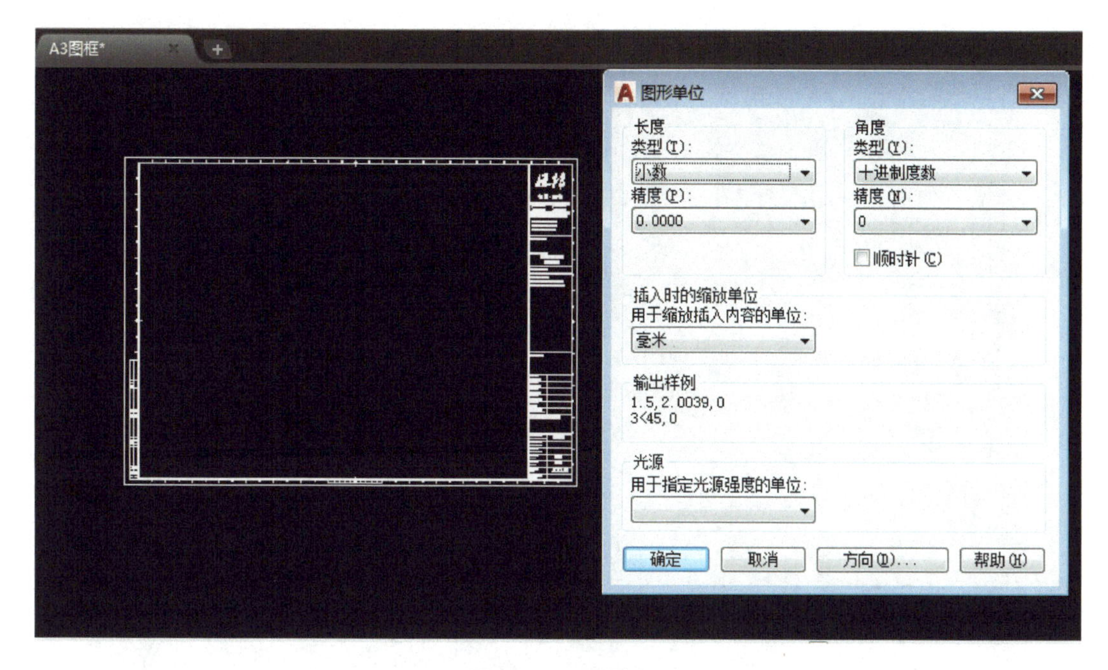

图4-1　A3图框

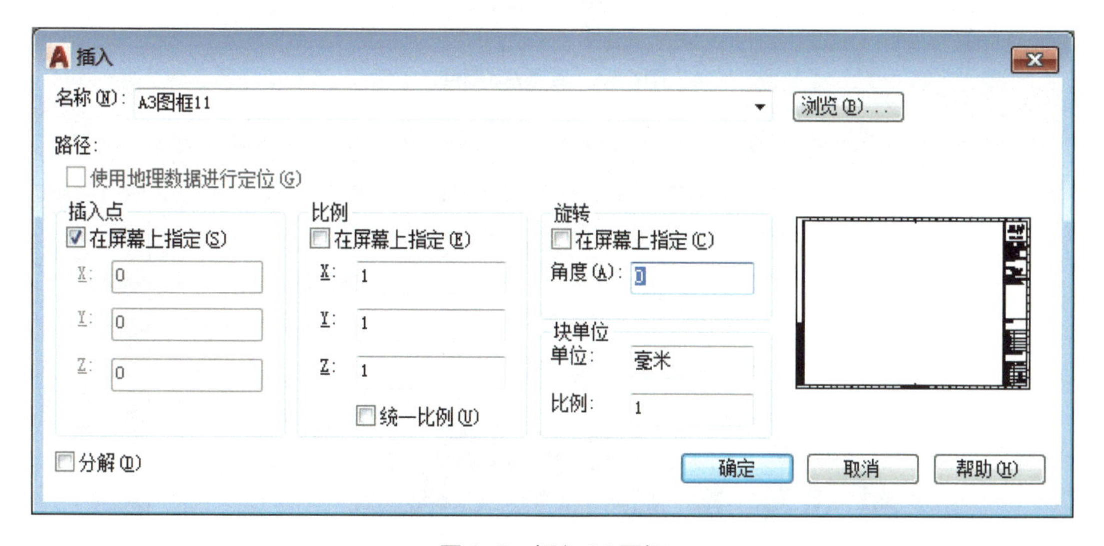

图4-2　插入A3图框

功能区“布局”选项上鼠标左键单击“布局视口”面板-[矩形视口]按钮 矩形 。

（5）鼠标左键单击视口工具栏上的矩形视口图标，在A3图框范围内拉出一个新的视口，显示整个图形。鼠标移动到视口内双击左键，进入视口空间，鼠标左键单击“视口”工具栏 1:100 图标，在比例设置中的下拉列表中选择1 ∶ 200，然后用鼠标左键平移工具将图完整平移到视口合适位置，设置好后，鼠标左键在视口外双击[确定]，完成总平面图布局，如图4-4所示。

（6）接下来使用相同的方法，布置“乔木、灌木种植图”“绿篱及地被种植图”“种植施工说明”。如图4-5所示。

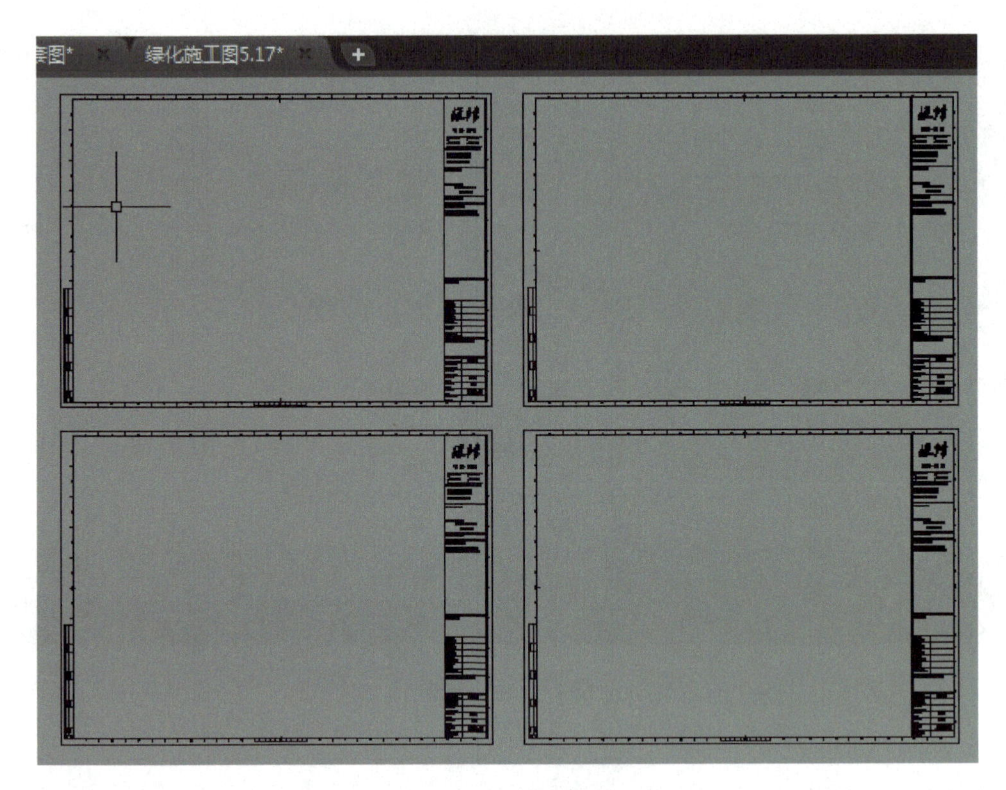

图4-3　复制A3图框

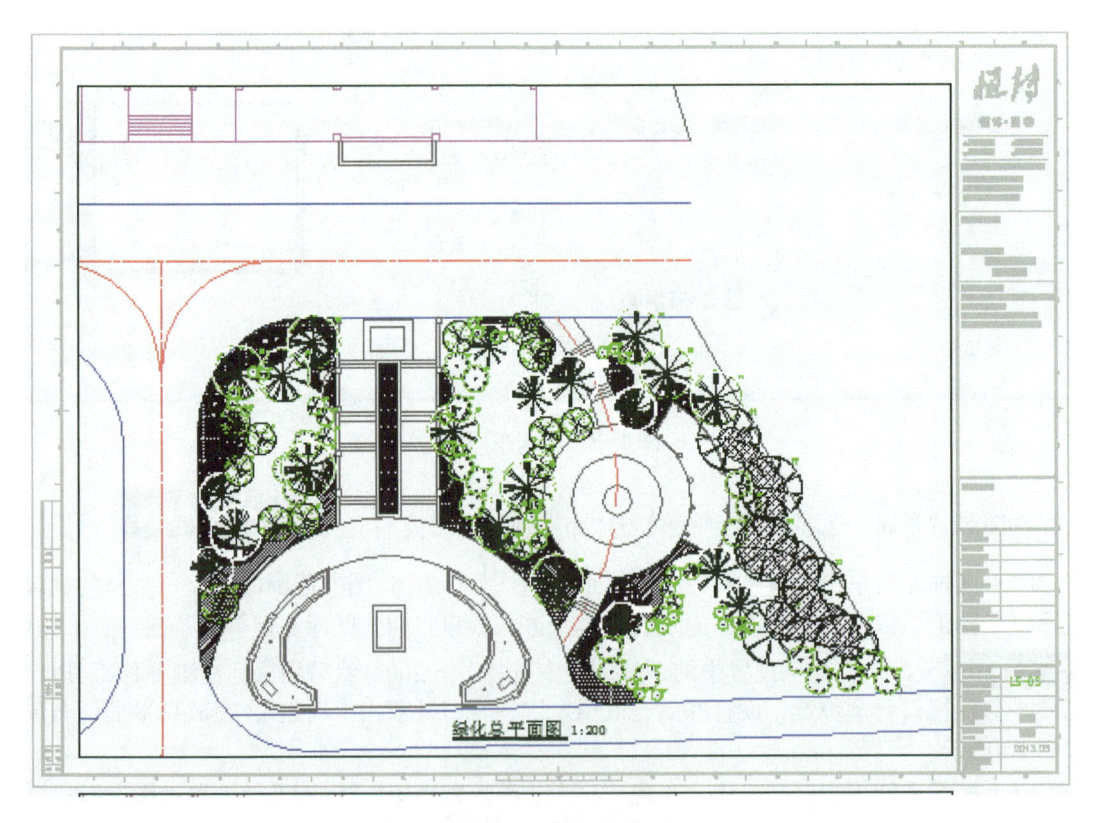

图4-4　插入视口

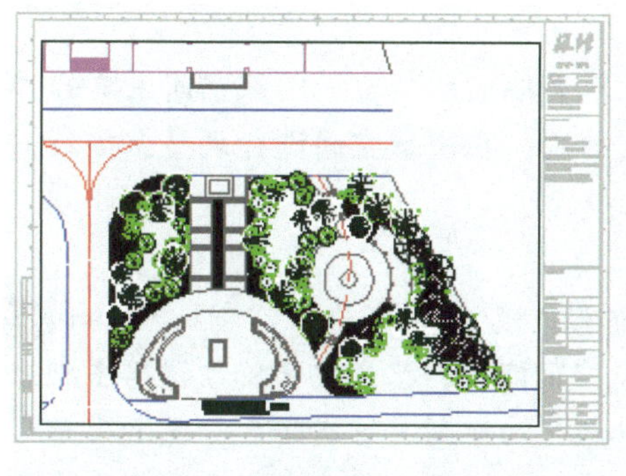
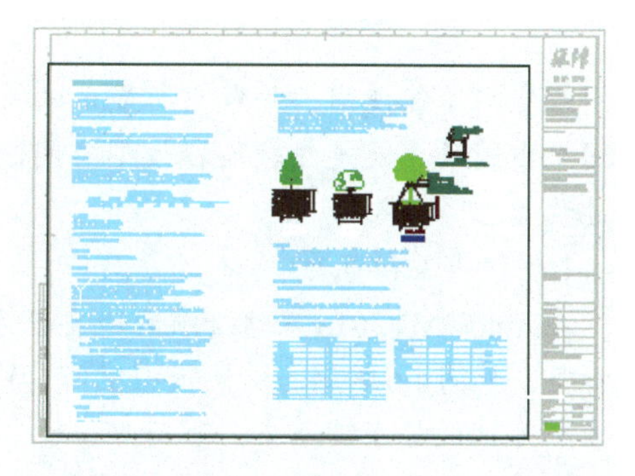
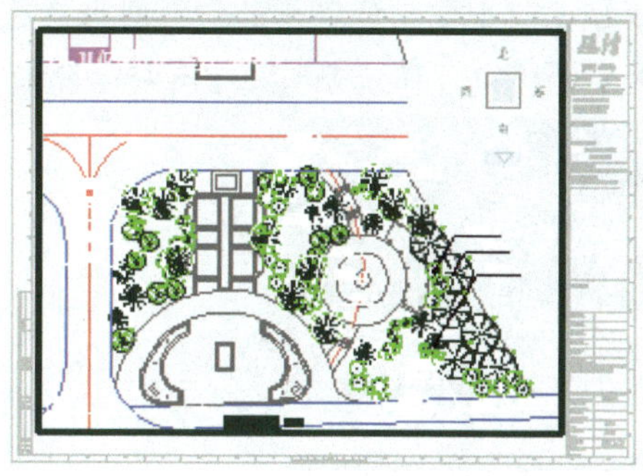
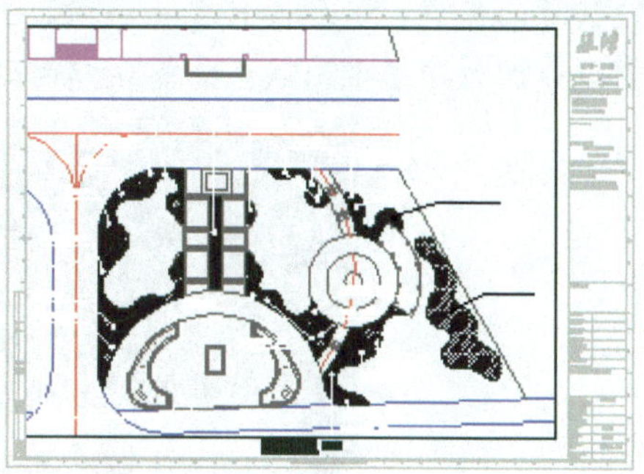

图4-5 布局设置最终图纸

提示

① 图4-5中四张图纸内的图形，实现了在同一个布局中使用不同的视口显示不同的图层，图4-5所有图形的图都一起显示，图4-5左上角显示绿化种植相关图层，这里可以通过鼠标左键单击“在当前视口中冻结或解冻”按钮，注意不能使用“图层”功能区面板上的按钮弹出的“图形特性管理器”窗口，否则会把整个视口包括模型空间内的图层显示都一起关闭，达不到在不同视口显示不同图层之目的。

② 在本次练习中仅采用了A3图幅，仅限于本例图纸空间进行图纸布局。一般园林施工图纸通常选择A2及以上图幅。同一套图纸尽量使用同一图幅，便于装订图纸。方案阶段可使用A3图幅。施工图变更中多采用A2图幅，并参照国家制图标准完成。

③ 在布局中直接标注尺寸和文字，是图纸空间中布局的重要功能，解决了在同一图幅中不同比例如何统一标注尺寸和文字的问题。要求标注和文字样式设置“全局比例”，采用比例为1 ：1，在布局中标注尺寸和文字不会在模型空间里显示，对模型空间也没有任何影响。

知识链接

图形空间可以理解为覆盖在模型空间上的一层不透明的纸，需要从图纸空间看模型空间的内容，必须进行打开“视口”操作，也就是“开窗”。图纸空间是一个二维空间，也就是在图纸空间绘制的对象虽然也有Z坐标，但是三维操作的一些相关命令在图纸空间不能使用，导致它所显示的特性跟二维空间相似。图纸空间主要的作用是用来出图的，就是把我们在模型空间绘制的图，在图纸空间进行调整、排版，这个过程称为“布局”。

1.切换模型和布局

在AutoCAD 2018窗口绘图区域左下方都有“模型”“布局1”“布局2”和 + 4个标签，如图4-6所示。切换模型空间和图纸空间布局，只需要鼠标左键单击相应的选项即可。鼠标左键单击“布局1”或“布局2”切换到图纸空间后，现示界面为系统默认页面设置，该界面只有一个视口，视口显示模型空间能显示的所有图形，通常如需要分别打印多张图纸，需要在空白处新建多个视口，在任务实施中有详细介绍。

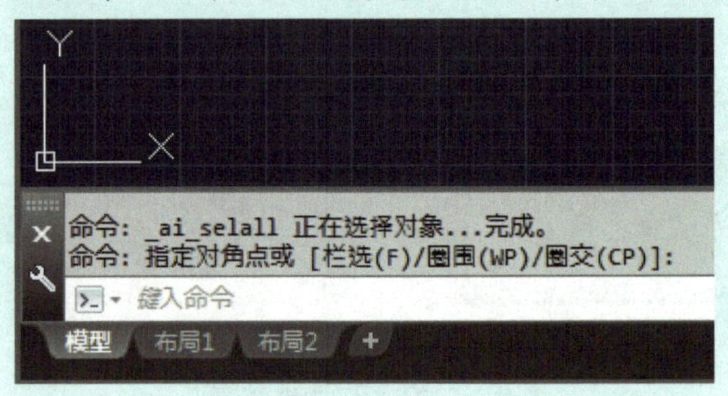

图4-6 “模型空间”与“图纸空间”选项卡

2.新建布局

命令的启动方法如下。

菜单：[插入]-[布局]-[新建布局]。

命令：LAYOUT-[回车]。

在绘图区左下角 + 标签单击鼠标左键。

使用上述命令后将新建一个布局，窗口绘图区域下方会增加一个标签，并可以根据需要重新输入名称和设置，通常采用系统默认的名称即可。

3.页面设置

鼠标左键单击[文件]-[页面设置管理器]命令，弹出如图4-7所示的对话框。鼠标左键单击[新建]按钮创建新的布局，鼠标左键单击[修改]按钮，打开“页面设置”对话框，如图4-8所示。

“页面设置”对话框中各个选项的含义如下。

①“打印机/绘图仪” 在“名称”后面的列选窗中包含用户可以使用的所有打印机或绘图仪，默认的选择是“无”。同时可以鼠标左键单击 特性(R)... 按钮，弹出“绘图仪配置编辑器”对话框，用户可以设置所在的打印机或绘图仪参数，如图4-9所示。

②“图纸尺寸” 用户可以根据需要在列表中选择合适的图纸尺寸。

③“打印区域” 打印范围有布局、窗口、范围、显示4种。一般选择“窗口”，在屏幕上制定打印区域。

④“打印偏移”(原点设置在可打印区域) 指定打印原点的坐标，一般选择默认的零坐标点或者选择“居中打印”。

⑤“打印比例” 在图纸空间打印出图采用1∶1打印比例；在模型空间则需要按照实际情况在自定义中设置打印比例。

⑥“打印样式表（画笔指定）” 打印黑白图纸，在 monochrome.ctb 中选择“monochrome.ctb”打印样式。

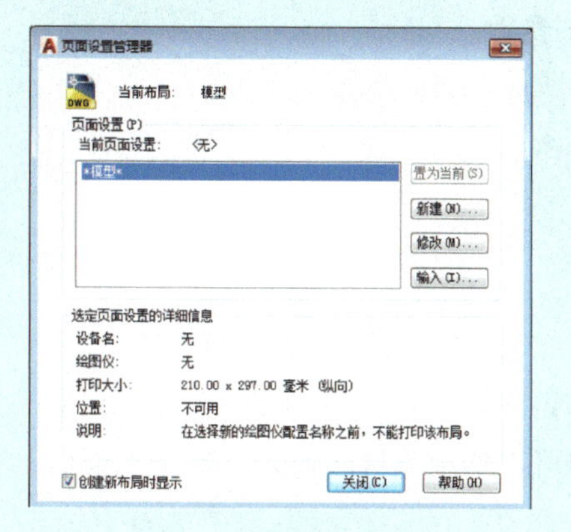

图4-7 “页面设置管理器”对话框

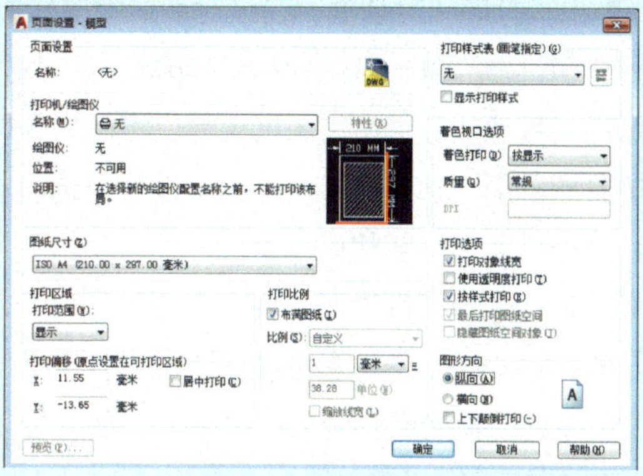

图4-8 “页面设置-模型”对话框

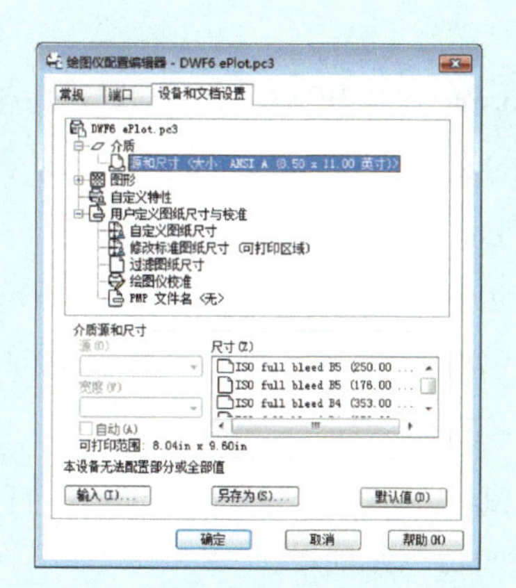

图4-9 “绘图仪配置编辑器”对话框

任务2 园林景观图纸打印及PDF格式输出

任务目标

1.学会图纸的输出打印。

2.学会PDF格式输出打印。

任务解析

AutoCAD 2018中，布局可以模拟打印模型空间的图纸，精确地显示需要打印图纸的比例、布置方式、线宽、色彩等设置和输出前的效果。

任务实施

1.园林图纸的模型空间打印

（1）打开已经绘制完成的总平面图。

（2）输入命令“CTRL+P”或菜单［文件］-［打印］或鼠标左键单击标准工具栏上的按钮，弹出［打印］对话框，在该对话框中选择如下参数。

①打印机/绘图仪　选择所需打印机。

②图纸尺寸　选择所需图纸尺寸，本图为A3图纸。

③打印范围　选择窗口，在图中进行框选。

④居中打印　一般建议选择。

⑤比例　选择图纸出图比例。

⑥打印样式表　选择彩色或黑色或者自定义样式。

以上参数设置完成后鼠标左键单击［预览］，即可得到预览打印效果。预览无误后，单击鼠标右键打印即可输出。

2. PDF格式输出

PDF（Portable Document Format，意思是“便携式文件格式”），是由Adobe Systems在1993年用于文件交换所发展出的文件格式。它的优点在于跨平台，能保留文件原有格式、开放标准，能免版税，自由开发PDF相容软件。

AutoCAD 2018能够轻松实现向PDF格式的输出，下面我们以总图为例，演示AutoCAD 2018向PDF格式的输出打印过程。

①打开已经绘制完成的总平面图。

②输入命令［Ctrl+P］，或鼠标左键单击菜单［文件］-［打印］，或鼠标左键单击标准工具条上的按钮，打开［打印机-绘图仪］对话框。

③“打印机-绘图仪”选项中选择名称为“DWG TO PDF.PC3”的打印机。

④图纸尺寸选择合适尺寸。

⑤其余选项与正常打印保持一致。

⑥预览无遗后进行打印，即可得到PDF文件。

任务3　园林景观图纸转Photoshop格式输出

任务目标

1.学会转化为EPS格式的方法。

2.学会将AutoCAD 2018文件成功输出到Photoshop。

任务解析

园林平面效果图的制作一般是由AutoCAD完成方案设计后，将设计方案输出到Photoshop中，再运用Photoshop软件完成平面效果图的制作。将设计方案由AutoCAD 2018中输出到Photoshop中的方法很多，主要有以下几种方法：屏幕抓图法、直接输出位图（BMP）法、直接输出EPS格式法、虚拟打印机法。

其中虚拟打印机法因为选择的打印机类型不同，输出效果也不一样，常见的打印机类型有PublishToWeb JPG.pc3、PublishToWeb PNG.pc3和DWG To PDF.pc3等，绘图前应该根据图纸特征选择不同的输出方法。

任务实施

1.屏幕抓图法

① 启动AutoCAD 2018，打开需要转化的图，关闭不需要的图层，并将所有可见图层的颜色都转化为同一颜色——白色。

② 鼠标左键单击［工具］-［选项］菜单命令，在弹出的对话框，选中［显示］标签，鼠标左键单击［颜色］按钮，弹出如图4-10所示对话框，再将屏幕作图区的颜色改为白色，鼠标左键单击［应用并关闭］按钮，此时屏幕作图区的底色变为白色，而原来设置为白色的图以黑色显示。

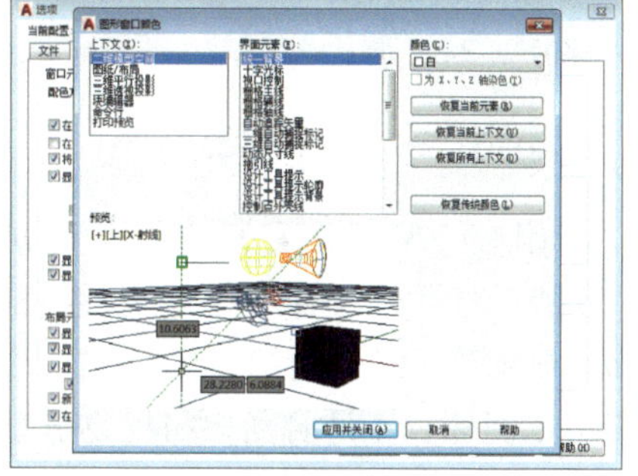

图4-10 调整背景色对话框

③ 按下键盘的［Print Screen］键，将当前屏幕以图像的形式存入剪贴板，然后关闭AutoCAD。

④ 打开Photoshop软件，使用菜单命令［文件］-［新建］（快捷键［Ctrl+N］），文件尺寸使用默认值，新建一个文件。

⑤ 快捷键［Ctrl+V］，将剪贴板中暂存的图像粘贴到当前文件之中，快捷键［C］，裁切工具减掉不用区域，单击鼠标右键，在弹出的对话框中鼠标左键单击［实际像素］，即可查看图像。

提示

此方法优点是操作简便、易于使用。缺点是只能获得固定尺寸的图像，且所获得图像大小取决于屏幕所设的分辨率，因此仅适用于小图的需要。

2.输出.bmp格式

① 鼠标左键单击［菜单］-［输出］，在弹出的对话框中，选择［文件类型］为.bmp格式，鼠标左键单击［保存］。

② 鼠标左键双击Photoshop软件，直接打开上一步保存的图像即可。单击鼠标右键，在弹出的对话框中鼠标左键单击［实际像素］，即可查看输出bmp格式法的最佳效果。

3. 输出 .eps 格式

① 快捷键Ctrl+P。

② 在“打印机-绘图仪”区域中，鼠标左键单击名称后下拉菜单，找到“PostScript Level1”选项，即 名称(M): Postscript Level 1.pc3 按钮。

③ 注意以下参数的选择

a. “打印到文件”选项一定要选择。

b. 居中打印一般建议选择。

c. 打印范围选项中，鼠标左键单击下拉菜单，选择窗口，屏幕上框选打印范围。

d. 选择布满图纸（如有比例需要的话按比例输入）。

e. 依据图纸特点选择横向或者纵向。

④ 预览打印效果。

⑤ 预览无误后，单击鼠标右键获得预览中所示对话框，鼠标左键单击［打印］即可输出得到 .eps 格式文件。

⑥ 使用Photoshop打开该文件，根据最终出图要求，选择图像的宽度、高度及分辨率，按确定按钮，完成输出。

4. 输出 *.jpg 格式法

输出 *.jpg格式法也是虚拟打印法的一种。鼠标左键单击［文件］-［打印］，打开［打印-模型］对话框。在［打印机/绘图仪］区域，打开［名称］下拉列表，选择“Poblish To Web.JPG.pc3”，参考虚拟打印，此方法操作简单，但只适合较简单的CAD文件图形，因为它不能分层打印，不适合需要将植物、铺装、填充等都要输出到Photoshop中的情况。

模块一　课程思政教学点

<table>
<tr><th>教学内容</th><th>思政元素</th><th>育人成效</th></tr>
<tr><td rowspan="3">项目一
AutoCAD 2018 核心命令使用要点
项目二
园林景观设计要素的绘制
项目三
园林景观设计施工图绘制
项目四
园林景观图纸布局及打印输出</td><td>创新精神</td><td>通过对AutoCAD 2018软件发展历程的介绍，使学生充分认识到科技创新的重要性，激发学生的学习热情和创新能力</td></tr>
<tr><td>科学态度</td><td>通过软件命令的讲解和景观设计图纸绘制示范，培养学生学习新规范、新技术的能力，培养学生严谨求实的科学态度</td></tr>
<tr><td>工作作风</td><td>通过园林专业图纸的临摹绘制，培养学生工匠精神、团队意识、吃苦耐劳等思想意识，培养学生在绘图、设计过程中注重细节、一丝不苟、精益求精的工作态度</td></tr>
</table>

模块二
SketchUp 2018 软件与三维绘图

SketchUp 2018是景观设计中最为实用的建模和效果图软件，我们可以使用它来构思方案、推敲空间，同样也可以用它来进行精确绘图和效果图的表现，而易学易用的特点也让它成为景观设计表现的一大利器。

项目五
SketchUp 2018 核心命令使用要点

本项目主要包括SketchUp 2018的基本工具、绘图工具、编辑工具、辅助工具的介绍。重点讲解在园林景观设计中使用频率较高的一些核心命令的操作方式。这些也是建立场景前需要熟悉和掌握的知识。

任务1　SketchUp 2018软件工作界面及基本工具介绍

任务目标

1.认识SketchUp 2018软件，熟悉SketchUp 2018的工作界面。

2.能够掌握基本工具的操作技巧。

任务解析

1. SketchUp 2018软件工作界面

SketchUp 2018软件工作界面主要有标题栏、菜单栏、工具栏、大工具集、默认面板、绘图区和状态栏，如图5-1所示。

（1）标题栏、菜单栏和工具栏

标题栏位于软件最上方，用于显示当前文件的名称和软件版本。

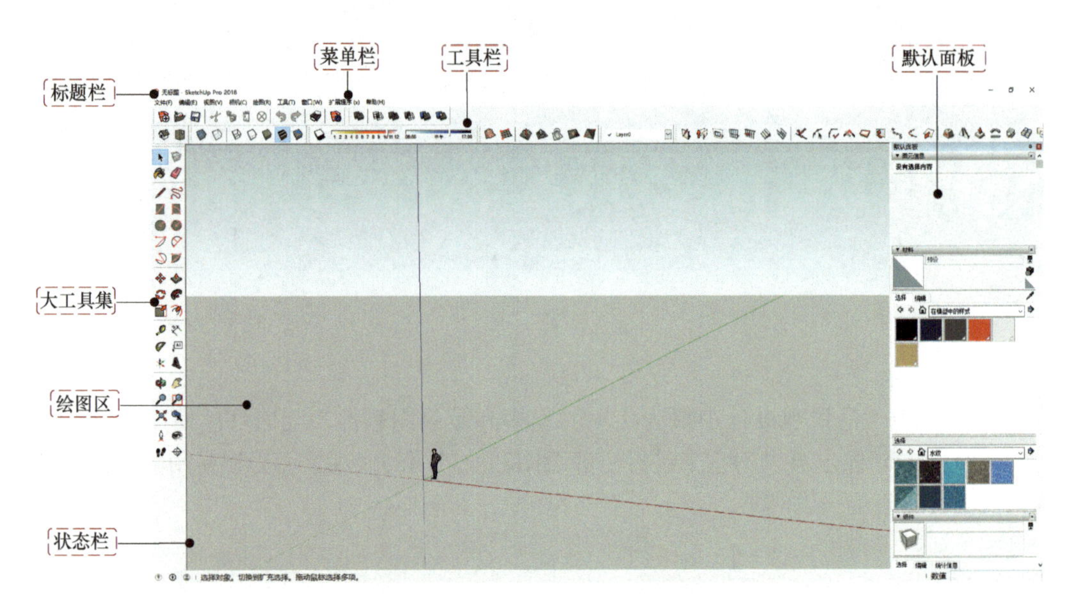

图5-1 SketchUp 2018工作界面

菜单栏包含了SketchUp 2018中能够执行的绝大部分命令，包括文件、编辑、视图、相机、绘图、工具、窗口等。

工具栏位于菜单栏下方，用户可以在菜单栏［视图］-［工具栏］中打开对话框，从中选择需要显示的工具组，也可以在工具栏的任意位置单击鼠标右键，在打开的快捷菜单中进行选择。工具栏中的工具组可以拖动至任意位置进行排列组合。

（2）大工具集

大工具集是SketchUp 2018中多种常用工具组的集合，包含了软件大部分的核心工具，如绘图工具组、编辑工具组、建筑施工工具组、视图操作工具组等，用户也可以根据需要移动大工具集的位置。

（3）默认面板

默认面板是SketchUp 2018新加入的一项功能组合，它将材料、组件、风格、图层、阴影等常见的工具面板整合到一起，使绘图过程变得更加便捷和高效。用户可以通过菜单栏［窗口］-［默认面板］来控制它的显示内容和方式。

（4）绘图区和状态栏

绘图区占据了大部分的软件界面，是用户绘图的主要工作区域，默认情况下显示为等轴视图。在其三维坐标中，红线为X轴，绿线为Y轴，蓝线为Z轴，三线交汇处为（0，0，0）坐标原点。

状态栏在用户选择工具时，会出现该工具的作用和使用方法的提示，右侧的数值输入框，可在用户切换不同的工具时，进行数值的输入，例如长度、半径、距离、角度、边数等。

2. 文件基本操作

（1）新建文件

启动SketchUp 2018后，用户可以通过鼠标左键单击菜单栏［文件］-［新建］命令，或鼠标左键单击“标准”工具栏中的“新建”按钮，或输入快捷键“Ctrl+N”进行新建模型文件。SketchUp 2018只支持单窗口操作，因此在新建文件时会关闭当前已经打开的文件。

（2）打开文件

通过鼠标左键单击菜单栏［文件］-［打开］命令，或按下“标准”工具栏中的“打开”按钮，或输入快捷键“Ctrl+O”，界面出现“打开”对话框，用户可在其中选择需要打开的文件，并鼠标左键单击“打开”按钮即可。

（3）保存文件

在对模型进行编辑完成后，用户可以通过鼠标左键单击菜单栏［文件］-［保存］命令，或单击“标准”工具栏中的“保存”按钮，或输入快捷键“Ctrl+S”，执行操作后，系统打开“另存为”对话框，在“文件名”文本框中输入要保存的文件名称，在“保存类型”下拉列表中选择要保存的版本（默认SketchUp标准文件格式为*.skp），最后鼠标左键单击“保存”。对已经保存过的文件执行“保存”命令，会自动覆盖原文件，用户也可以执行［文件］-［另存为］命令，对其进行另外保存。

提示

由于SketchUp 2018只支持单窗口操作，因此，无法在同一个窗口中打开多个模型文件，如果需要，可重复多次打开软件。

高版本的软件可以打开低版本软件中完成的模型，但低版本软件无法打开高版本软件制作的文件，使用SketchUp 2018的保存命令，可以将模型文件另存为低版本格式，也可以下载其他的SketchUp版本转换小程序来完成。

3.视图操作

与视图操作相关的工具，用户可在“大工具集”中找到，如图5-2所示。

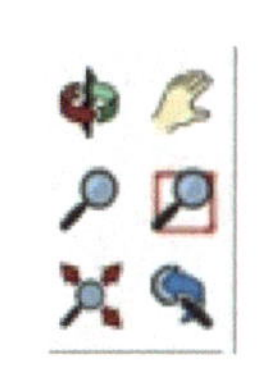

图5-2 视图操作工具

（1）视图旋转

鼠标左键单击视图操作工具中的“环绕观察”工具，或按下快捷键O，在视图中鼠标左键单击拖动。此外也可以通过按住鼠标滚轮并拖动的方式，此种方法在任何工具下均可对视图进行旋转，大大提高了工作效率。

（2）视图放大或缩小

鼠标左键单击视图操作工具中的“缩放”工具，或按快捷键Z即可使用。可使用鼠标滚轮，向上滚动滚轮为放大视图，向下滚动为缩小视图，此方式更加方便快捷。当需要对某视图局部进行放大时可以使用工具，或快捷键“Ctrl+Shift+W”，在需要放大的区域按住鼠标左键拖动窗口来进行局部放大。

另外，通过鼠标左键单击“充满视窗”工具，或快捷键“Ctrl+Shift+E”，可使整个模型放大或缩小至充满整个绘图窗口；鼠标左键单击“上一个视图”工具，可撤销视图变更操作，恢复到上一个视图显示。

（3）视图平移

若当前窗口无法显示所需模型视图时，则需要进行视图平移，可以通过鼠标左键单击

"平移"工具，或快捷键H，在窗口中鼠标左键单击并拖动进行视图平移操作。推荐的方式是按下"Shift"键的同时按下鼠标中间滚轮并拖动，与缩放和旋转结合使用，更加方便。

提示

实际建模过程中，最常用的旋转、缩放和平移视图操作只需鼠标滚轮结合"Shift"键即可完成。用户需要熟练使用鼠标滚轮来缩放视图，按住鼠标滚轮拖动来旋转视图，按住"Shift"键的同时按下鼠标滚轮拖动来平移视图。

视图操作还可以结合视图工具组快速切换等轴、俯视、前视、右视等默认视图。

4. 基本工具使用

（1）选择工具

选择工具，可以对图形、组件、群组等进行选择，选中的元素或物体会以蓝色亮显。用户可以鼠标左键单击大工具集中的选择工具，或按空格键来执行选择工具。选择工具的使用方式有很多种，主要包括鼠标左键单击选择、鼠标左键双击选择、鼠标左键三击选择、窗口选择、交叉选择、全部选择和取消选择等。

① 鼠标左键单击选择　通过鼠标左键单击，可以选择点、线、面或群组、组件等单个实体，使用时直接在所需选择的实体上鼠标左键单击即可，如图5-3所示。Ctrl+是加选，Shift+是加选或减选，箭头旁会出现"+/−"号，可以改变几何体的选择状态（已选择的物体会被取消选择，反之亦然），同时按住"Ctrl"键和"Shift"键是减选。

② 鼠标左键双击选择　通过鼠标左键双击，可以选择双击面和其相邻的边线，或选择双击线和其相连的面，使用时直接在所需选择的实体上鼠标左键双击即可，如图5-4所示。

③ 鼠标左键三击选择　通过鼠标左键三击，可以选择当前对象的全部面和线，但当群组或组件与其相连时，并不会被选中，使用时直接在所需选择的实体上鼠标左键三击即可，如图5-5所示。

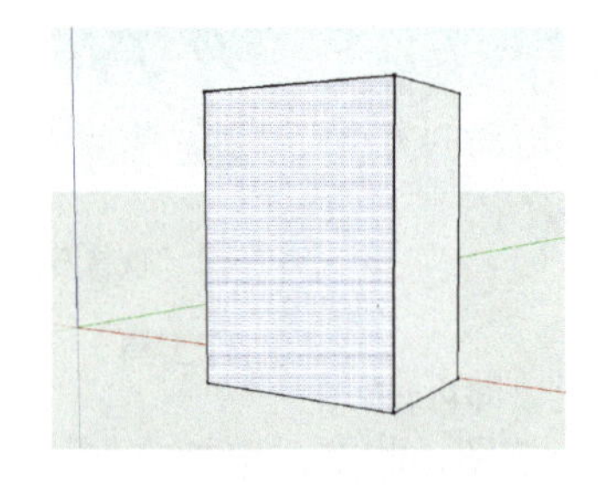

图5-3　单击选择

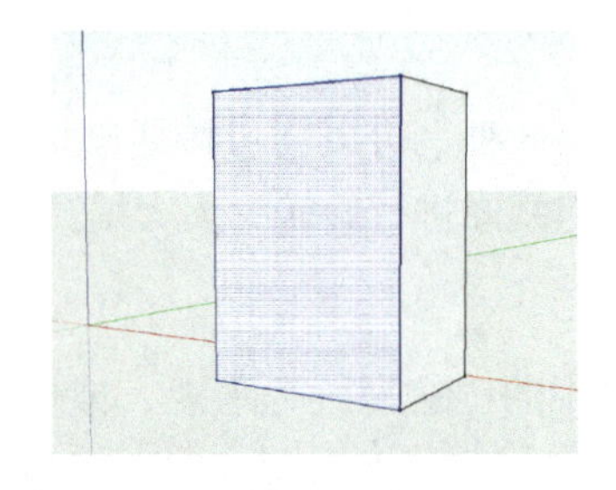

图5-4　双击选择

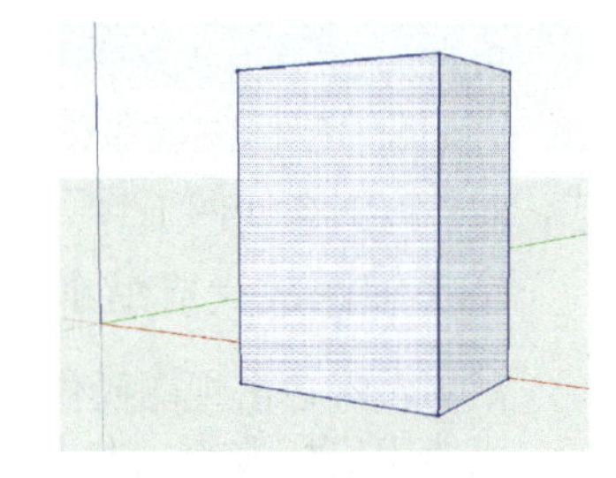

图5-5　三击选择

④ 窗口选择　使用鼠标左键单击，从左往右拖出的矩形选择框为实线，只选择完全包含在矩形选框中的实体，如图5-6所示。

⑤ 交叉选择　使用鼠标左键单击，从右往左拖出的矩形选择框为虚线，可以选择矩形选框以内的和接触到的所有实体，如图5-7所示。

⑥ 全部选择和取消选择　按下快捷键［Ctrl+A］，可对窗口中的全部对象进行选择，当需要取消选择时，按下快捷键［Ctrl+T］，或在绘图区的任何空白区域鼠标左键单击即可。

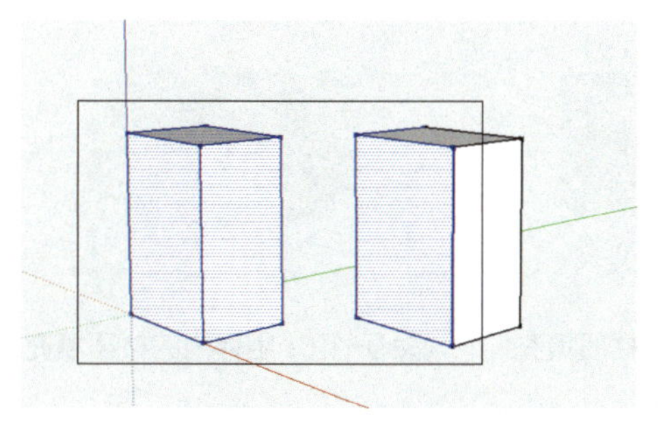

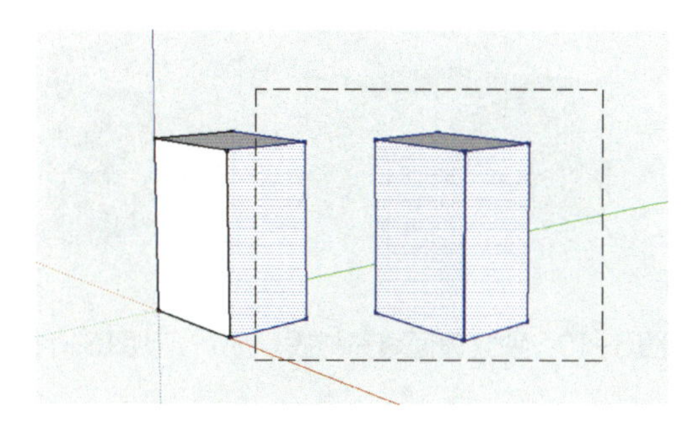

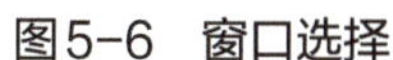

图5-6　窗口选择　　　　图5-7　交叉选择

（2）删除工具

删除工具可以直接删除绘图窗口中的边线、辅助线以及其他物体。要删除大量的线，最快的做法是用选择工具进行选择，然后按键盘上的“Delete”键删除。也可以选择“编辑”下拉菜单中的“删除”命令删除选中的物体。

（3）制作组件工具

组件，作为单个或多个物体的集合，与群组有着相同的属性和编辑方式，且具有更加高级的关联性功能，更利于批量修改和操作。

鼠标左键单击选择需要创建组件的对象，然后右键单击弹出快捷菜单，选择其中的“创建组件”，也可以在选择对象后按快捷键C，即可弹出对话框，如图5-8所示，鼠标左键单击“创建”即可完成组件的创建，如图5-9所示。

图5-8　“创建组件”对话框

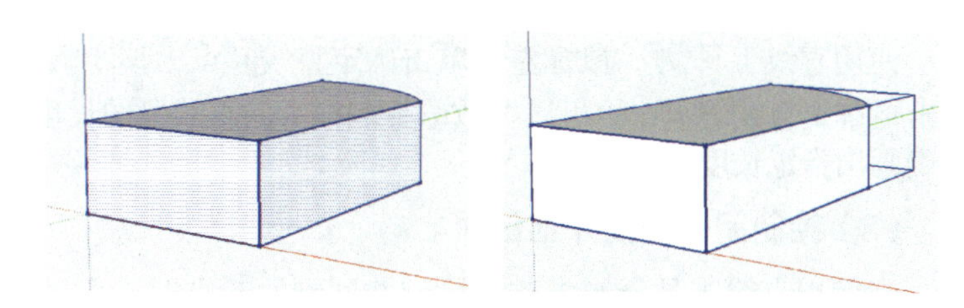

图5-9　选择并创建组件

（4）材质工具

材质工具，可以对绘图区的对象进行材质的填充，被填充的对象可以是一个面，也可以是群组或组件。

当需要对物体进行材质填充时，用户可以鼠标左键单击大工具集中的“材质”工具，或按快捷键B执行。执行命令后，用户可在工作界面右侧的“材料”默认面板中，鼠标左键单击选择所需填充的材质，然后在绘图区再鼠标左键单击所需填充的对象，即可完成材质的赋予，如图5-10所示为对象局部填充材质后的效果。

当使用材质工具，对群组或组件进行材质填充时，该群组或组件中的全部表面均会被赋予材质，如图5-11所示。当需要对其中的部分表面填充材质时，可先鼠标左键双击进入群组或组件的内部编辑，然后再进行材质填充即可，如图5-12所示。

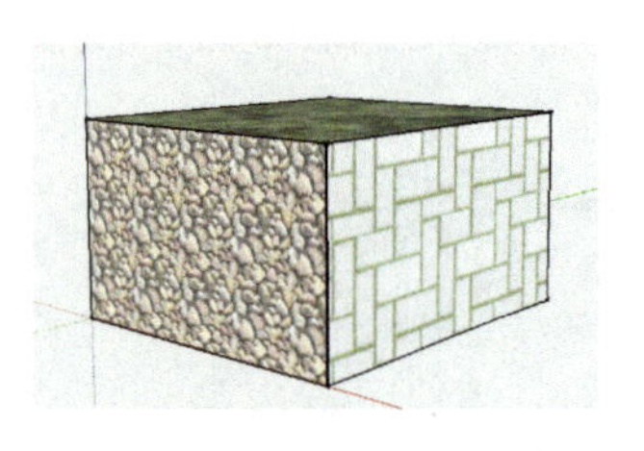

图5-10　独立表面填充材质

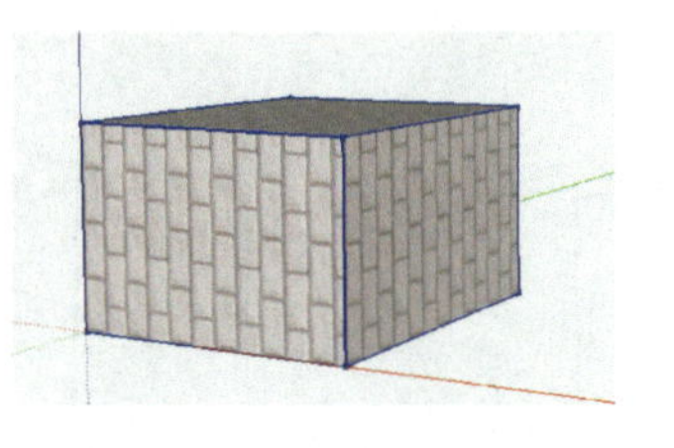

图5-11　组件材质填充

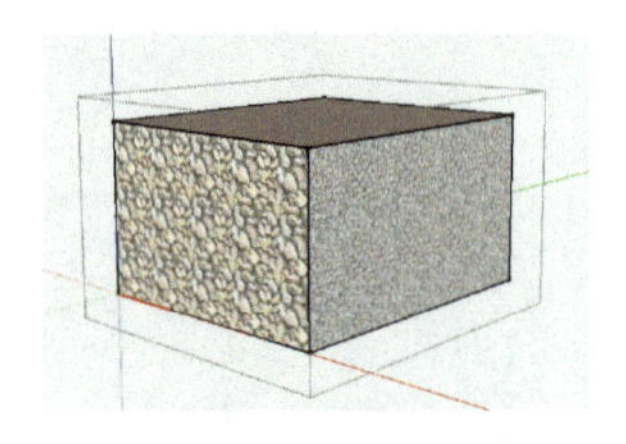

图5-12　组件内的材质填充

任务2　绘图工具

任务目标

1. 了解绘图工具的主要功能。
2. 能够掌握绘图工具的基本操作。

任务解析

1. 直线工具

直线工具，可以在平面或空间中绘制单段或多段直线段，并可用于闭合封面、分割线段和表面等。用户可以鼠标左键单击大工具集中的直线工具，或按快捷键L执行。

（1）绘制直线段

使用直线工具，鼠标左键单击确定直线起点，移动鼠标确定直线方向，再次鼠标左键单击可确定直线终点；也可以在数值控制框中输入线段的长度 长度 2000，精确画出指定长度的线段。

（2）绘制闭合线段并创建面

当使用直线工具绘制多条线段，并回到原起点时，可形成闭合的表面，如图5-13所示。此时，直线工具会完成并结束直线绘制，但工具仍处于激活状态，可继续创建其他直线。

（3）分割线段和面

在一条线段上绘制直线，这条直线段会从交点处被分割两段，如图5-14所示。在已经存在的面上绘制直线，如果该直线两个端点与面的边线相接，则会将面分割，如果不与面的边线相接，则不会产生分割，如图5-15所示。

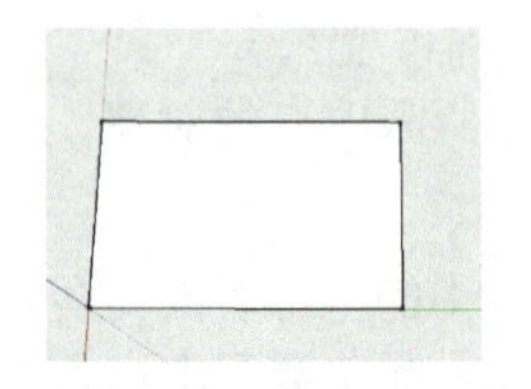

图5-13　创建面

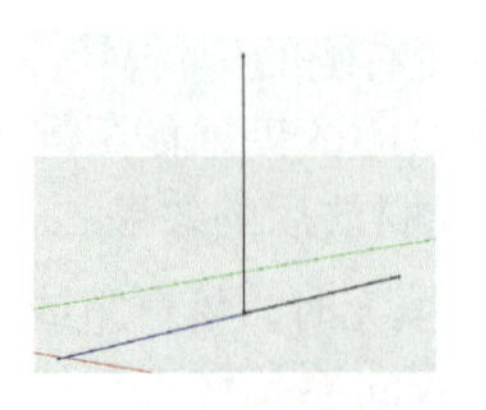

图5-14　分割线段

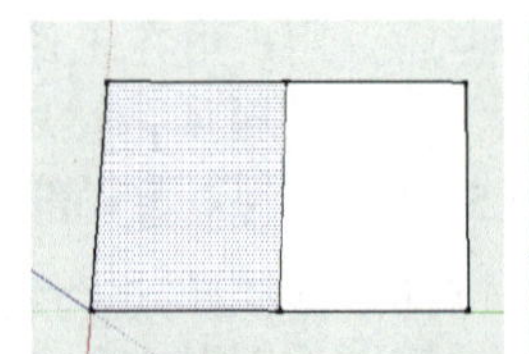

图5-15　分割面与未分割面

（4）等分线段

在线段上单击鼠标左键，在弹出的快捷菜单中，选择“拆分”，可以将线段进行平均分段，在数值控制框中输入等分数值即可，如图5-16所示。

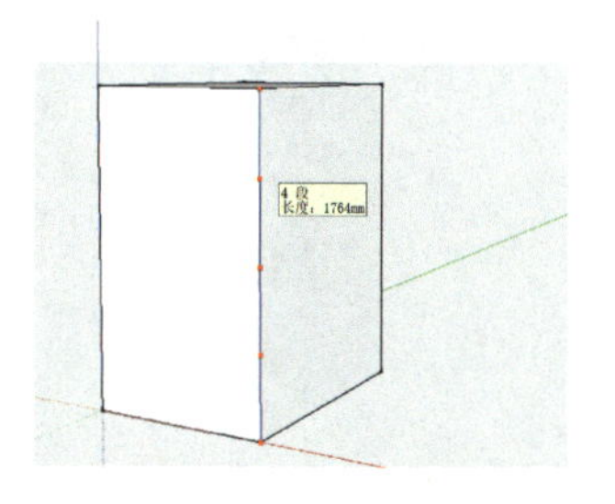

图5-16　等分线段

2.矩形工具

矩形工具，鼠标左键单击指定起始角点，移动鼠标至所需位置并鼠标左键单击指定终止角点即可完成绘制。用户可以鼠标左键单击大工具集中的矩形工具，或按快捷键R执行。

（1）绘制精确矩形

绘制矩形时，它的尺寸在数值控制框中动态显示，可以在确定第一个角点后，或者刚画好矩形之后，通过键盘输入精确的尺寸，如输入“300，500” 尺寸 300,500 ，可绘制当前默认单位长300、宽500的矩形，如图5-17所示。

（2）利用捕捉绘制矩形

在指定起始点后移动鼠标，当出现虚线并提示“正方形”时，鼠标左键单击可创建正方形，提示为“黄金分割”时，则可创建具有黄金分割比例的矩形，如图5-18所示。

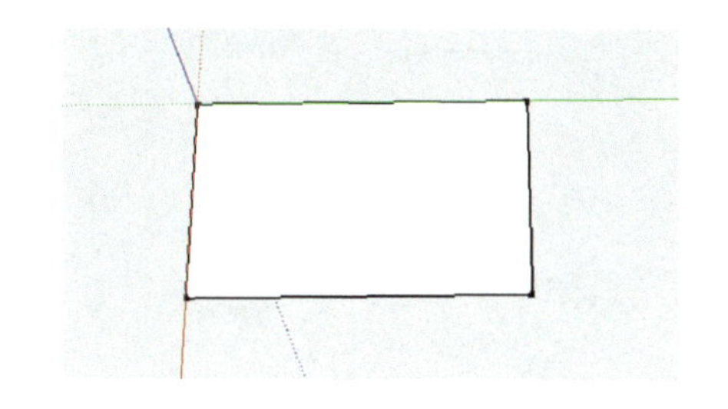

图5-17　精确矩形

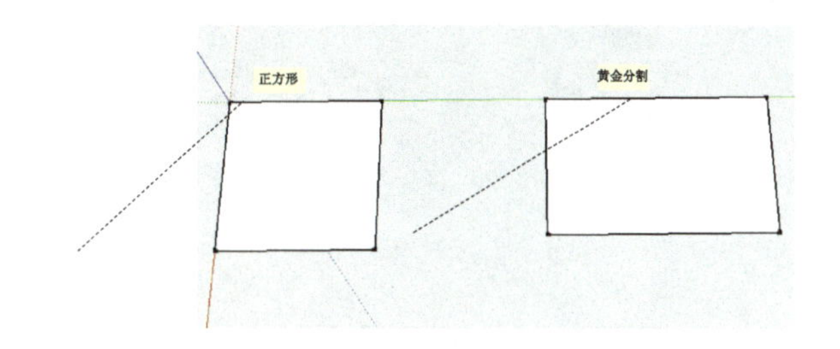

图5-18　正方形与黄金分割捕捉

3.圆形工具

圆形工具，鼠标左键单击指定圆心，移动鼠标至所需位置并鼠标左键单击指定半径即可完成绘制。用户可以鼠标左键单击大工具集中的圆形工具，或按快捷键C执行。

（1）绘制精确圆

在绘制圆时，可以在指定圆心后，输入精确的半径数值来绘制圆形。在SketchUp 2018中圆和圆弧都是由一定数量的线段组成，圆形默认是由24条线段组成，用户在绘制过程中也可以指定线段边数来控制圆的圆滑程度，例如需要绘制48条边数的圆，则在图元信息中的段输入48，如图5-19所示。

（2）利用捕捉绘制圆

在绘制圆时，可以将鼠标移动至所需绘制平面，当出现“在平面上”的文字提示时，即可绘制圆形，如图5-20所示。

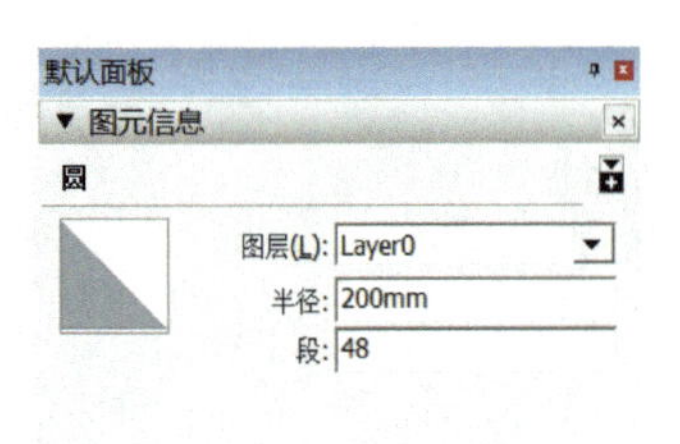

图5-19　图元信息

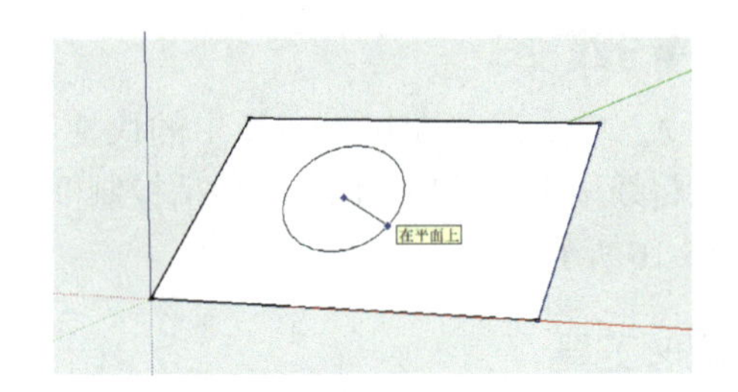

图5-20　捕捉“在平面上”

4. 多边形工具

多边形工具，在绘图区鼠标左键单击指定多边形的中心点，移动鼠标至所需位置并鼠标左键单击指定多边形半径即可完成绘制。用户可以鼠标左键单击大工具集中的多边形工具。

多边形工具默认为六边形，用户可在激活工具后输入所需边数，如图5-21所示，在段中输入8，即可绘制八边形，如图5-22所示；也可以通过快捷键“Ctrl++”来快速增加边数，“Ctrl+–”来快速减少边数。在指定多边形中心点后，用户也可以通过输入半径数值 内切圆半径 200 ，来实现精确绘制。

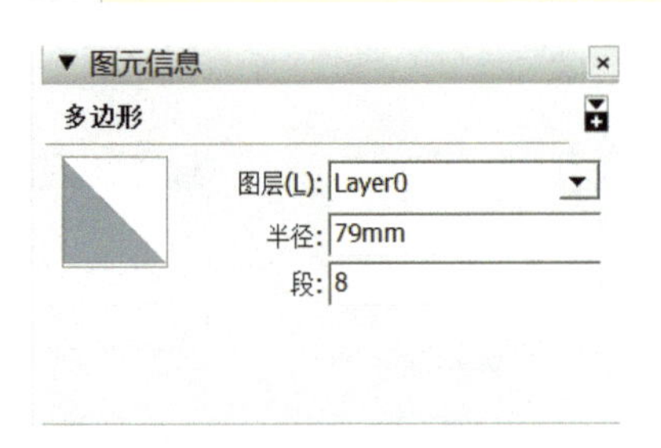

图5-21　多边形图元信息

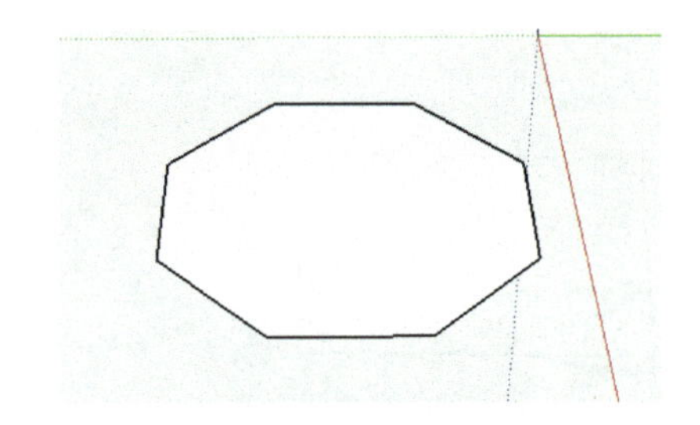

图5-22　八边形

5. 圆弧工具

在SketchUp 2018中有多种方法可以绘制圆弧，包括圆弧工具、两点圆弧工具、三点圆弧工具等，用户可根据实际绘图需要来进行选择。

（1）圆弧

圆弧工具，在绘图区任意位置鼠标左键单击指定圆弧中心点，并移动鼠标至第一个圆弧点鼠标左键单击，之后拖动鼠标绘制圆弧，在第二个圆弧点的位置鼠标左键单击即可完成绘制，如图5-23所示。用户可以鼠标左键单击大工具集中的圆弧工具。

（2）两点圆弧

两点圆弧工具，在绘图区任意位置鼠标左键单击指定圆弧起始点，移动鼠标并再次鼠标左键单击指定圆弧终点，然后移动鼠标左键单击确定弧高距离即可完成绘制，如图5-24所示。用户可以鼠标左键单击大工具集中的两点圆弧工具，或按快捷键A执行。

（3）三点圆弧

三点圆弧工具，在绘图区任意位置鼠标左键单击圆弧第一点，移动鼠标至第二个圆弧点并鼠标左键单击，之后再移动鼠标左键并单击第三个圆弧点来确定圆弧终点即可完成绘制。用户可以鼠标左键单击大工具集中的三点圆弧工具。

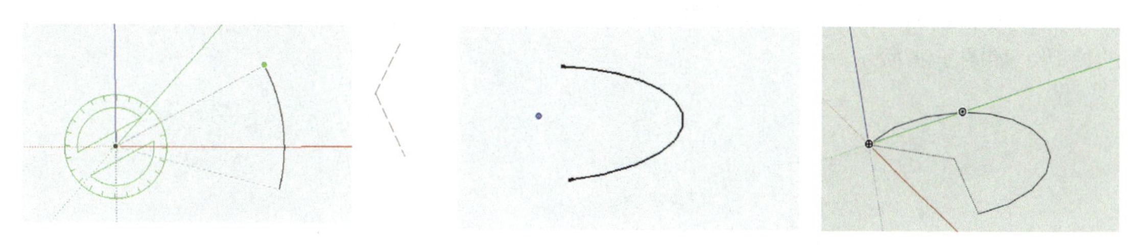

图5-23 圆弧　　图5-24 两点圆弧和三点圆弧

6.手绘线

手绘线工具，在绘图区任意位置鼠标左键单击并拖动鼠标即可进行手绘线的绘制，手绘线首尾相接时可形成闭合的曲线。

任务3 编辑工具

任务目标

1.了解编辑工具的主要功能。

2.能够掌握编辑工具的基本操作。

任务解析

1.移动工具

移动工具，可以用来移动、复制、阵列、拉伸和旋转所选对象。用户可以鼠标左键单击大工具集中的移动工具，或按快捷键M执行。

（1）移动工具的使用方式

用户既可以先选择对象，再执行移动工具，也可以先激活移动工具，再选择对象来执行。当需要移动多个对象时，可先使用选择工具对所需对象进行选择后，再移动即可。在移动过程中，可根据自动捕捉或按住“Shift”键捕捉，进行沿轴线的移动，或捕捉其他对象的关键点，进行捕捉移动。还可以在移动过程中，输入移动的距离数值，来进行精确移动。

（2）使用移动工具进行复制和阵列

当选择对象并进行移动时，可按一下“Ctrl”键，再鼠标左键单击并拖动对象，会执行复制命令。在完成第一个对象复制后，输入数字的倍数，可进行阵列复制，例如需要阵列复制8份，则输入8x。

（3）使用移动工具进行拉伸和旋转

拉伸，即当使用移动工具对几何形体中的元素进行移动时，几何形体的其余部分会相应地进行拉伸，此方式可用于物体上的点、线或面的移动，如图5-25为对立方体边线拉伸后所形成的效果。

旋转，即当选择的对象为群组或组件时，切换到移动工具后，对象的平面会有+符号显示，当鼠标靠近时，光标会变成量角器的样式，此时鼠标左键单击并拖动，即可完成对物体的旋转，如图5-26所示。

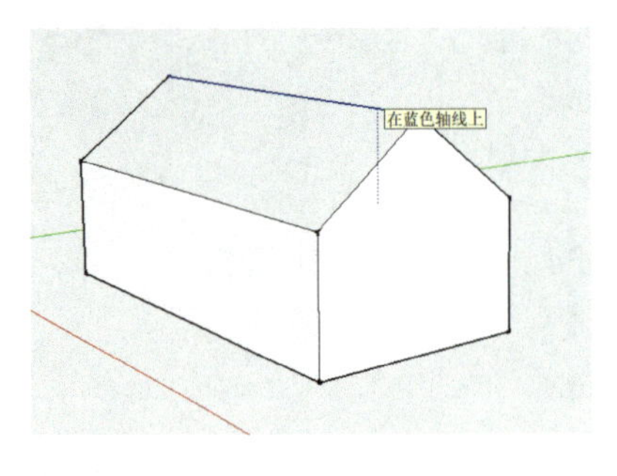

图5-25 拉伸边线

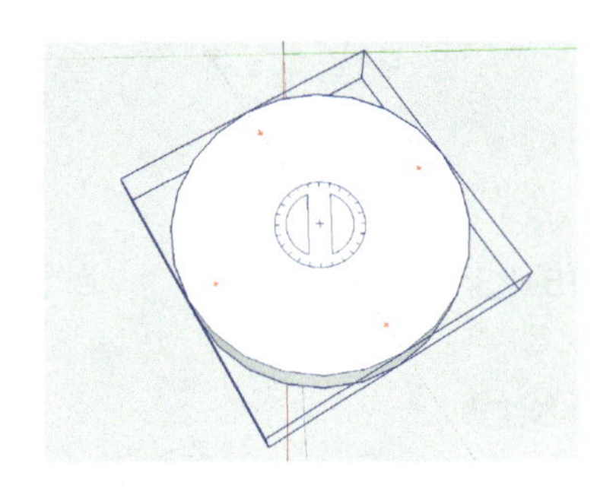

图5-26 物体旋转

2.旋转工具

旋转工具，可以对选择的对象或对象中的元素，进行旋转、复制、拉伸或扭曲等操作。用户可以鼠标左键单击大工具集中的旋转工具，或按快捷键Q执行。旋转工具在使用时，可以先选择对象再激活工具进行操作，也可以先激活工具，再选择对象进行操作。

（1）旋转对象

使用选择工具，对所需旋转的对象全部选定，然后激活旋转工具，当光标显示为量角器图形时，可鼠标左键单击任意点作为旋转中心点，如图5-27所示。之后移动鼠标到合适位置单击鼠标左键，确定旋转起始线，如图5-28所示，移动鼠标至所需的旋转角度，鼠标左键单击确认，或输入精确的数值角度，按回车键确认，即可完成对象的旋转操作，如图5-29所示。用户也可以先激活旋转工具，再选择对象同样可以完成操作。

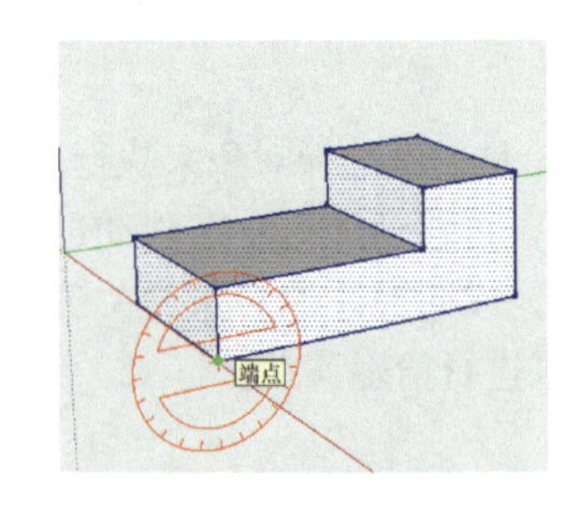

图5-27 指定旋转中心

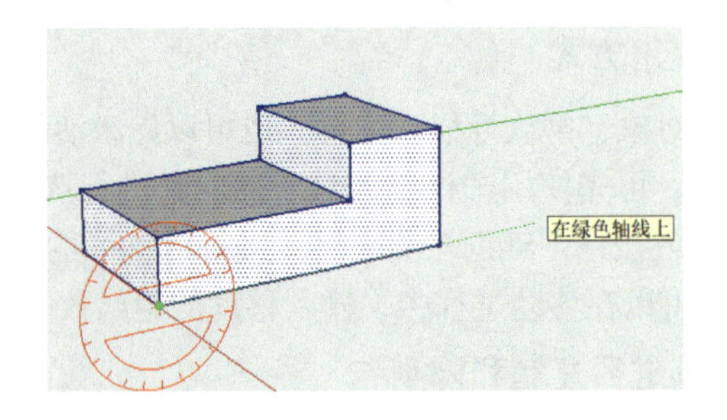

图5-28 指定旋转起始线

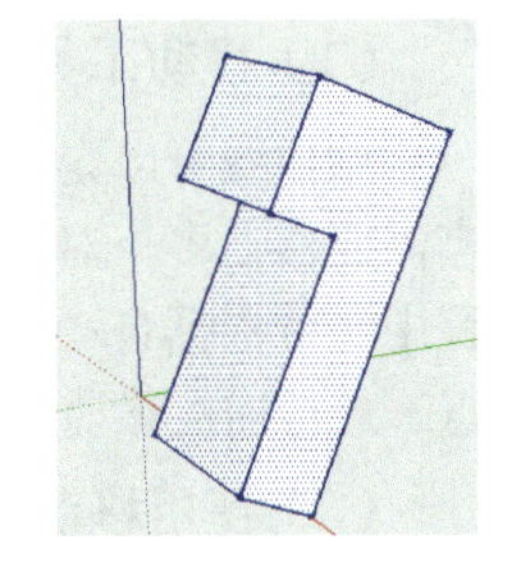

图5-29 完成旋转

（2）旋转复制和环形阵列

当选择对象并进行旋转时，可按一下“Ctrl”键，此时鼠标左键单击指定中心点和旋转线后移动，会执行旋转复制命令。在完成第一个对象复制后，输入数字的倍数，可进行环形阵列复制，例如需要旋转阵列复制5份，则输入5x。

3.缩放工具

缩放工具，可以用来对模型中的对象进行大小的缩放或拉伸等。用户可以鼠标左键单击大工具集中的缩放工具，或按快捷键“S”执行。

（1）缩放工具的使用方式

用选择工具选中要缩放的几何体元素，激活比例工具，鼠标左键单击缩放夹点并移动鼠标来调整所选几何体的大小。注意：不同的夹点支持不同的操作，数值控制框会显示缩放比例，可以在缩放之后输入个人需要的缩放比例值或缩放尺寸，如图5-30所示。

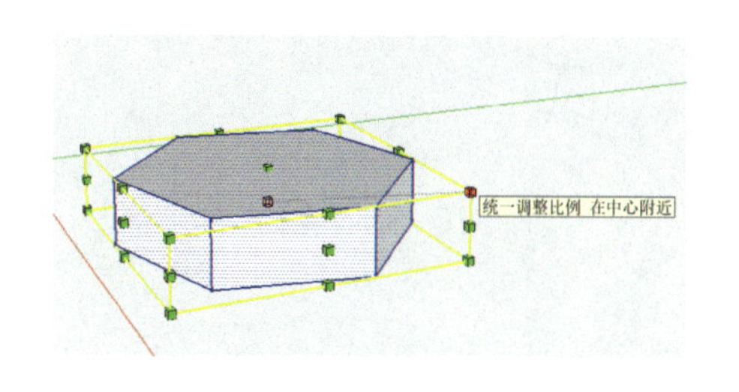

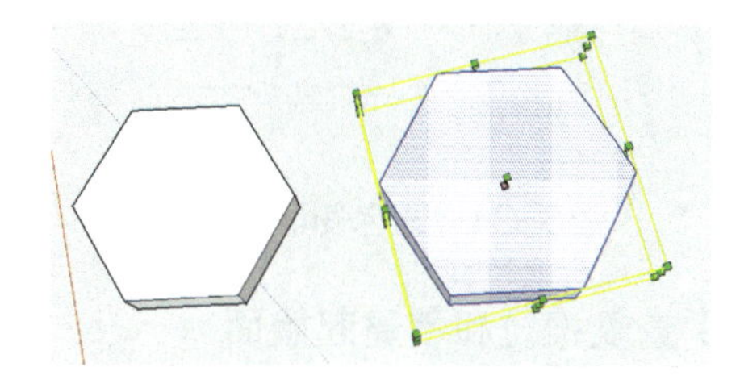

图5-30　物体缩放

（2）使用不同控制点进行等比例或非等比例缩放

在使用缩放工具时，被选择的物体上会出现多个控制点，对不同的控制点进行选择并拖动，会形成不同的缩放效果。拖动对角线控制点，可对物体进行等比例缩放，如图5-31所示。拖动边线上的控制点，可进行非等比例缩放，如图5-32所示。拖动表面上的控制点，可沿轴进行推拉缩放，如图5-33所示。

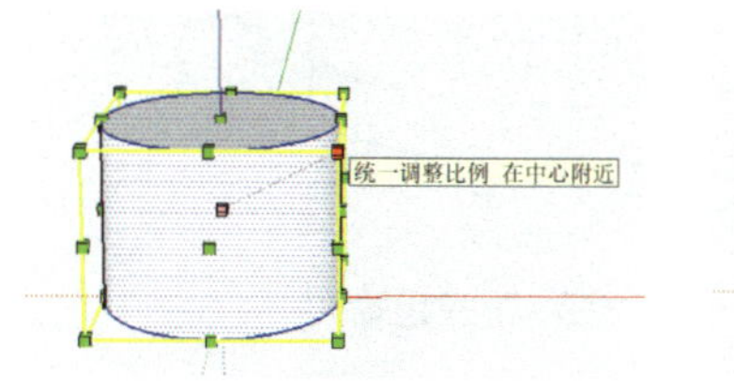

图5-31　等比例缩放

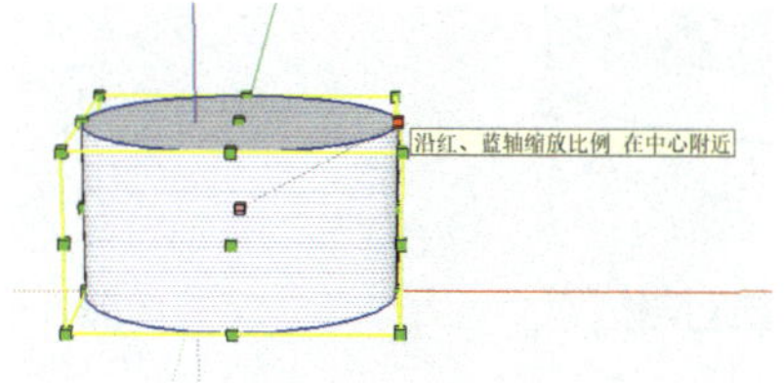

图5-32　非等比例缩放

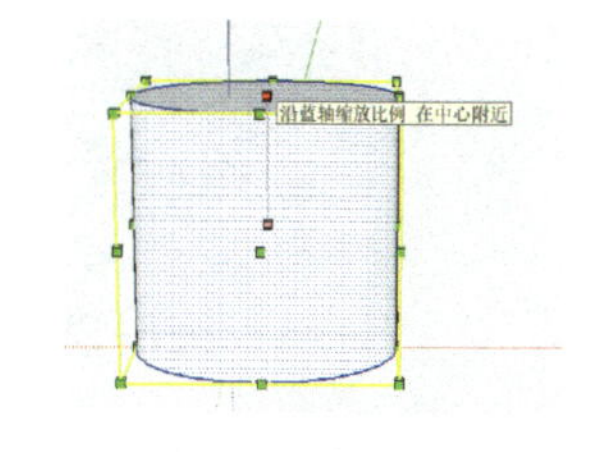

图5-33　沿轴推拉缩放

（3）精确缩放对象

在进行缩放的过程中，可以通过在数值框输入的方式来对物体进行精确的缩放。用户既可以输入数值来按照倍数进行缩放，又可以同时输入数值和单位，按照尺寸进行缩放。例如需要对物体进行等比例放大一倍时，在等比例缩放后输入2并回车确定即可；如果需要缩小到原来的一半，则输入0.5并回车确认。

4.推拉工具

推拉工具，用来对表面进行推拉来调整三维模型，还可以进行移动、挤压、减去等模型操作。用户可以鼠标左键单击大工具集中的推拉工具，或按快捷键“P”执行。

（1）推拉工具的使用方式

用户可以先激活推拉工具，再选择要推拉的表面，也可以先选择要推拉的对象，再激活工具，两种方法的执行方式类似。例如，可先按快捷键“P”切换到推拉工具，将鼠标移动至需要推拉的表面，会显示为选定状态，如图5-34所示。鼠标左键单击并拖动对象即可进行推拉操作，如图5-35所示，也可在推拉过程中输入所需数值来进行精确推拉。

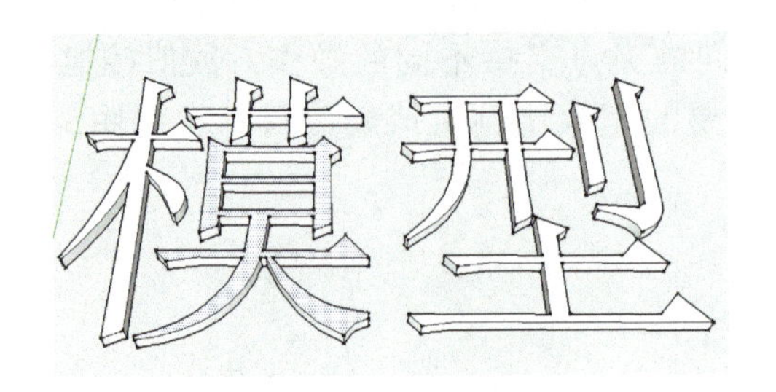

图5-34　选定表面

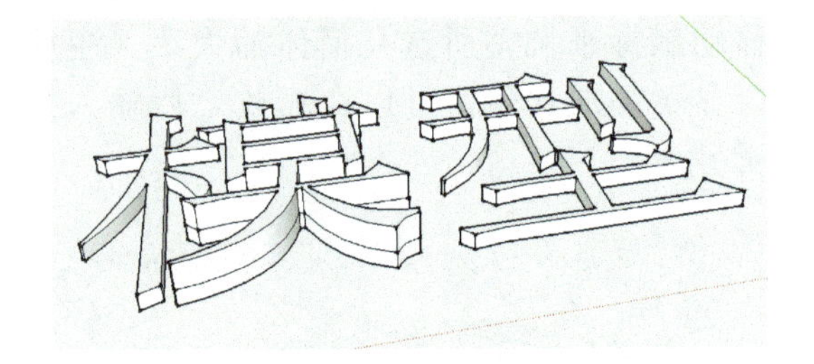

图5-35　完成推拉

（2）重复推拉和创建起始面

重复推拉，即完成一个推拉操作后，用鼠标左键直接双击其他物体表面，可重复上一次推拉操作，挤压的数值也保持一样。

当需要创建新的起始面时，可在推拉前，按一下“Ctrl”键，此时鼠标左键单击表面并拖动，即可创建新的起始面，图5-36所示为普通推拉，图5-37所示为创建新的起始面推拉所产生的不同效果。

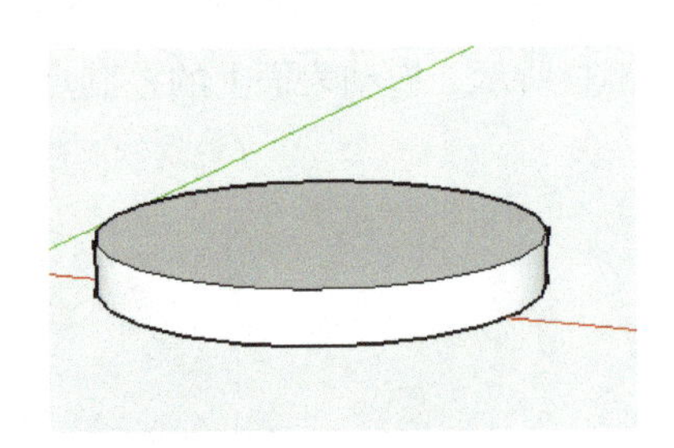

图5-36　普通推拉

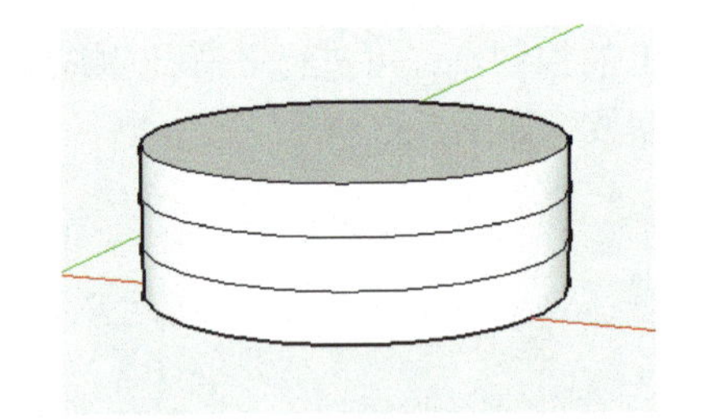

图5-37　创建新的起始面

（3）挖空或减去物体

用户可以根据需要，使用绘图工具对平面进行划分，并对划分的平面进行推拉，产生从模型中减去或挖空的效果。

5.路径跟随

路径跟随工具，可以将已知面沿特定路径进行放样，并形成三维模型，在添加模型细节时非常有用。用户可以鼠标左键单击大工具集中的路径跟随工具。

（1）路径跟随工具的使用方式

用户可以先选择特定的路径，如图5-38所示，然后激活路径跟随工具并在需要的面鼠标左键单击，即可自动完成路径跟随，如图5-39所示。用户也可以选择特定的面来代替路径，激活路径跟随工具并在所需面上鼠标左键单击，完成自动路径跟随。

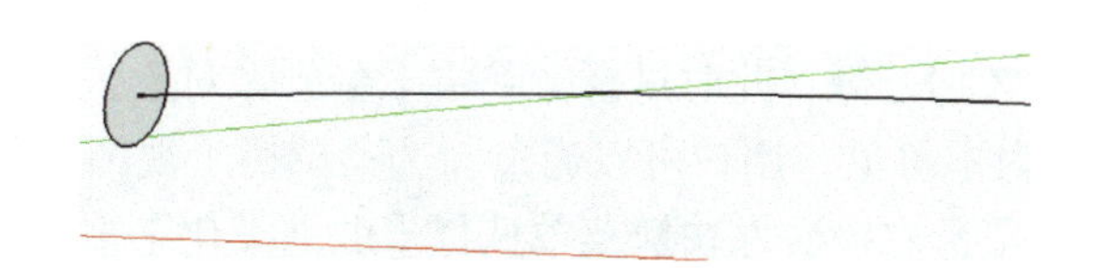

图5-38　选择路径

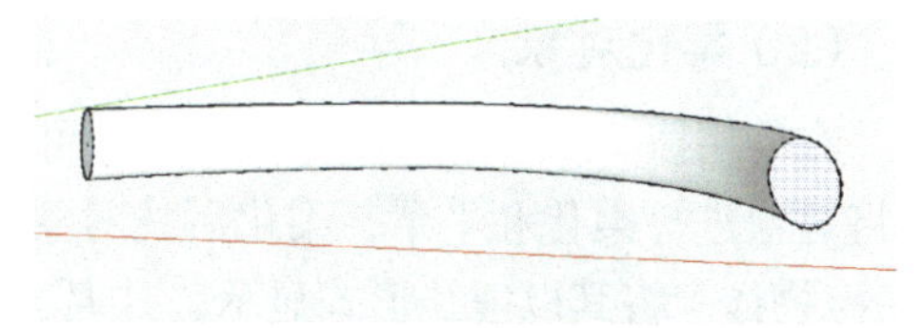

图5-39　完成路径跟随

（2）路径跟随工具绘制特殊图形

根据路径跟随工具的使用特点，结合不同的路径和截面，可完成各种特殊的几何形体的创建。

6. 偏移工具

偏移工具，可以创建与原对象距离相等的对象副本，形成偏移并复制的效果。用户可以鼠标左键单击大工具集中的偏移工具，或按快捷键“F”执行。

（1）对线和面的偏移

线的偏移：用选择工具选中要偏移的线，必须是两条以上相连且共面的线，激活偏移工具，拖曳光标来定义偏移距离或输入数值确定偏移距离，如图5-40所示。

面的偏移：用选择工具选中要偏移的表面，激活偏移工具，鼠标左键单击所选表面的一条边，拖动光标来定义偏移距离或在数值控制框中输入偏移距离，鼠标左键单击确定，创建出偏移多边形，如图5-41所示。

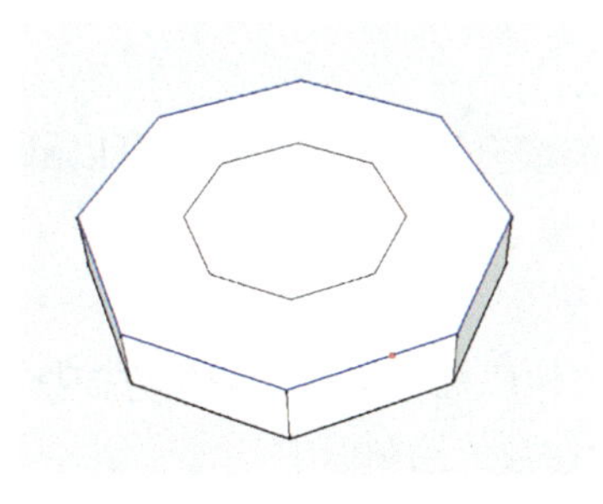

图5-40　线的偏移

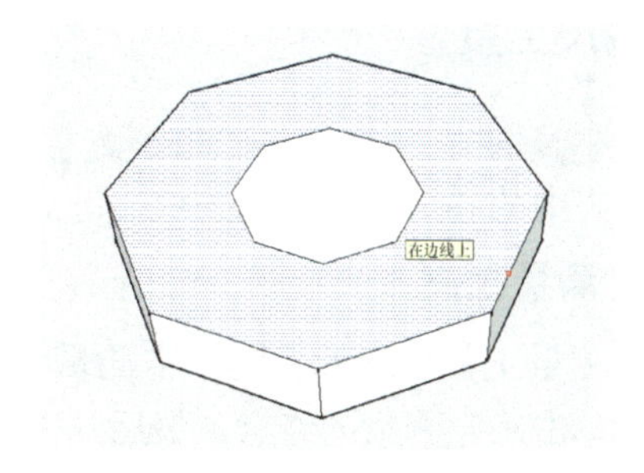

图5-41　面的偏移

（2）重复偏移

在需要重复偏移之前的偏移距离时，可在选择对象后切换至偏移距离，在所需对象上鼠标左键双击即可。

7. 擦除工具

擦除工具，可以对模型中的点、线、面等对象进行删除、柔化或隐藏等操作。用户可以鼠标左键单击大工具集中的擦除工具，或按快捷键“E”执行。

（1）删除对象

当需要对模型中的对象进行删除操作时，可先激活擦除工具，然后将鼠标移动至所需删除的对象后鼠标左键单击即可。

（2）柔化对象

在使用擦除工具进行删除对象时，可按下“Ctrl”键，此时进行擦除将不会删除对象，而是将对象进行柔化和平滑，柔化后的对象将变为不可见，用户可以通过勾选菜单栏［视图］-［隐藏物体］将其以虚线形式显示，并通过单击鼠标右键，在快捷菜单选择［取消柔化］来返回到柔化前的效果。

（3）隐藏对象

在使用擦除工具进行删除对象时，可按下“Shift”键，此时将变为隐藏对象，被擦除的对象将变为不可见，当需要将其显示时，可通过勾选菜单栏［视图］-［隐藏物体］将其以虚线形式显示，此时鼠标右键单击虚线显示的对象，在快捷菜单中选择［撤销隐藏］即可。

任务4　辅助工具

任务目标

1. 了解辅助工具的主要功能。
2. 能够掌握辅助工具的基本操作。

任务解析

1. 卷尺工具

卷尺工具，主要用于测量距离、创建参考线和模型全局缩放等。用户可以鼠标左键单击大工具集中的卷尺工具，或按快捷键T执行。

（1）测量距离

激活测量工具，鼠标左键单击测量距离的起点，按住鼠标，然后往测量方向拖动，再次鼠标左键单击确定测量的终点，最后测得的距离会显示在数值控制框中。

（2）创建参考线和辅助点

用测量工具在边线上鼠标左键单击，然后拖出辅助线，可以创建一条平行于该边线的无限长的辅助线，如图5-42；或在点（端点或中点）上鼠标左键单击，然后拖出辅助线，会创建一条端点带有十字符号的辅助线段，如图5-43。

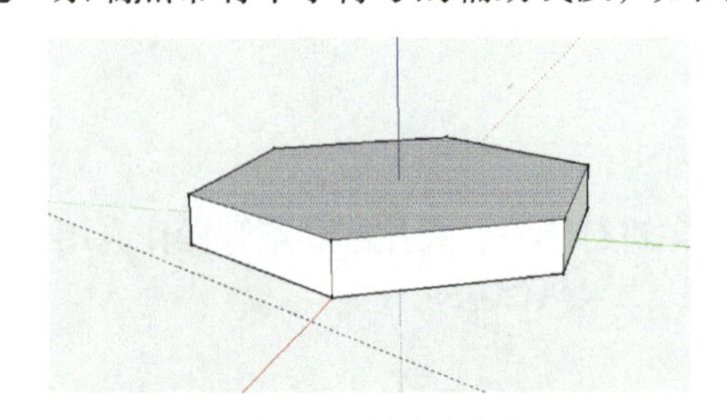

图5-42　创建参考线

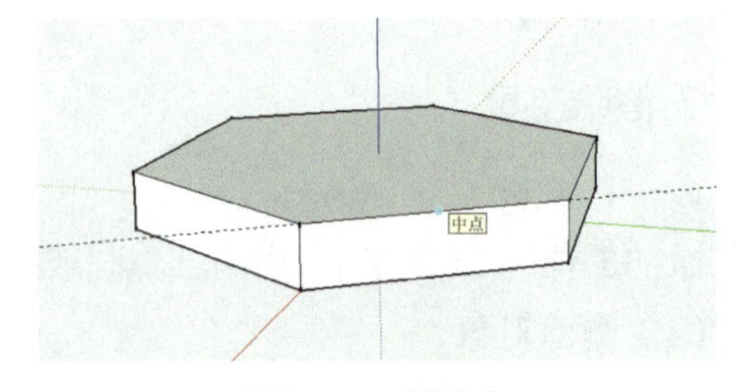

图5-43　辅助点

（3）模型全局缩放

使用卷尺工具，可以通过模型中两点间的距离，对模型的全局比例进行调整。使用时，可依次鼠标左键单击两个端点，数值输入框会显示两点间的实际距离，此时直接输入所要调整的新的距离数值，即可将定义的距离应用于全部模型。

2.量角器

量角器，主要用于测量角度和创建具有角度的参考线。用户可以鼠标左键单击大工具集中的量角器工具。

（1）测量角度

激活工具后，鼠标左键单击所需测量角度对象的顶点，并移动鼠标与所测角度起始边对齐，鼠标左键单击“确定”。再次移动鼠标至对象另一边线对齐，鼠标左键单击“确定”，即可完成角度测量。

（2）创建角度参考线

创建角度参考线的方法跟测量角度的方式相同，用户还可以在指定起始线后，输入角度数值，来创建精确角度的参考线。

3.轴

轴工具，用于移动坐标轴或重新设定坐标轴的方向，用户可以鼠标左键单击大工具集中的轴工具执行。在激活工具后，可将鼠标移动到任意位置后鼠标左键单击，确定轴的原点坐标，再次移动鼠标并左键单击，确定第一条轴红轴的位置，再次移动鼠标并左键单击确定第二条轴绿轴的位置，即可完成。

4.尺寸工具

尺寸工具，用于对视图中的对象进行尺寸标注，用户可以鼠标左键单击工具集中的尺寸工具执行。

5.文字和三维文字

文字工具，用于在绘图区放置文字或对模型物体进行文字标注，用户可以通过鼠标左键单击大工具集中的文字工具来执行。三维文字工具，用于在绘图区创建平面或三维文字，用户可以通过大工具集中的三维文字工具来执行。

项目六
综合案例练习——景观廊架制作

本项目通过对景观廊架模型的制作讲解，使用户熟悉并掌握SketchUp 2018中的主要工具和命令，并了解景观建模和效果图表现的基本方法和流程。

任务目标

1.熟知SketchUp 2018软件中的工作界面和工具操作技巧。

2.能够独立完成廊架的制作。

任务实施

1.制作地面

首先，鼠标左键单击矩形工具（快捷键R），尺寸大小（30000，30000），如图6-1所示。鼠标左键单击选择平面，单击鼠标右键选择“反转平面”，如图6-2所示。

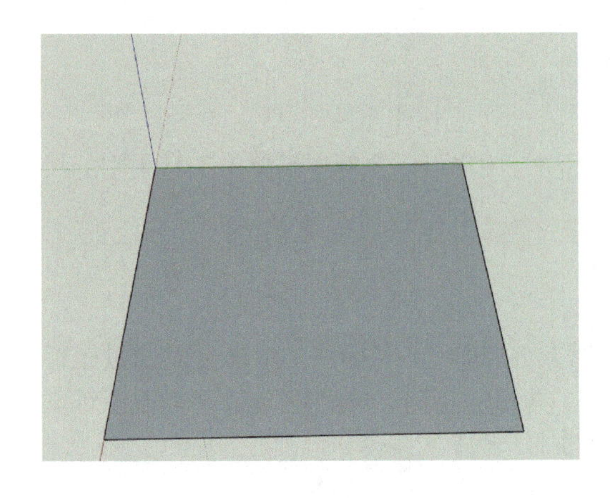

图6-1　画一个矩形

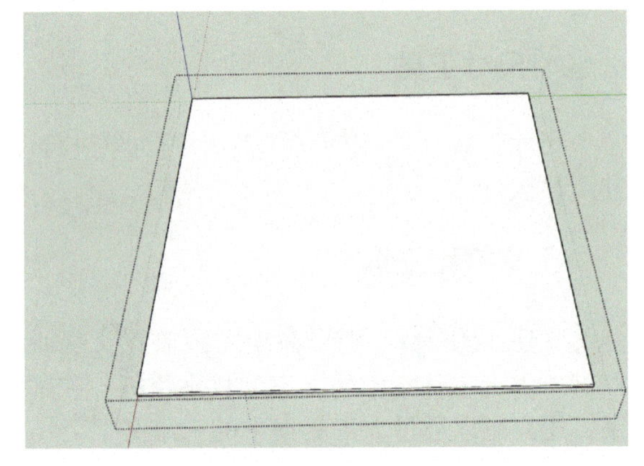

图6-2　反转平面

其次，按快捷键B打开工作区右侧的“材料”面板，鼠标左键单击［创建材质］-［浏览材质图像文件］，选择文件中的铺装材质，并鼠标左键单击模型中的地面铺装部分，完成铺装材质赋予，过程如图6-3～图6-5所示。鼠标左键单击右侧［默认面板］-［材料］-［编辑］，输入适当长宽比例，如图6-6所示。

最后，鼠标左键单击推拉工具（快捷键［P］），向上推300，效果如图6-7所示。

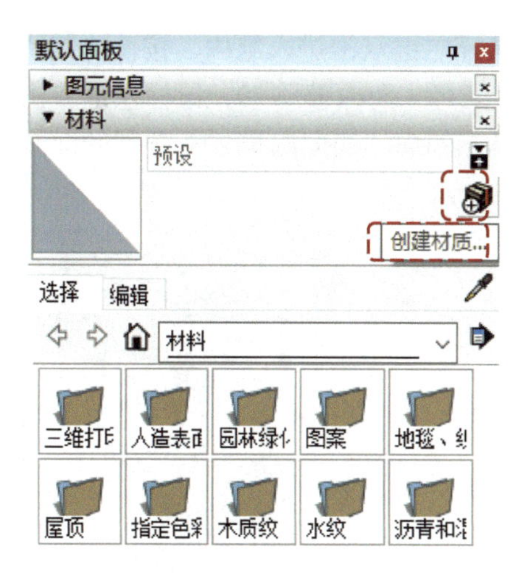

图6-3　创建材质

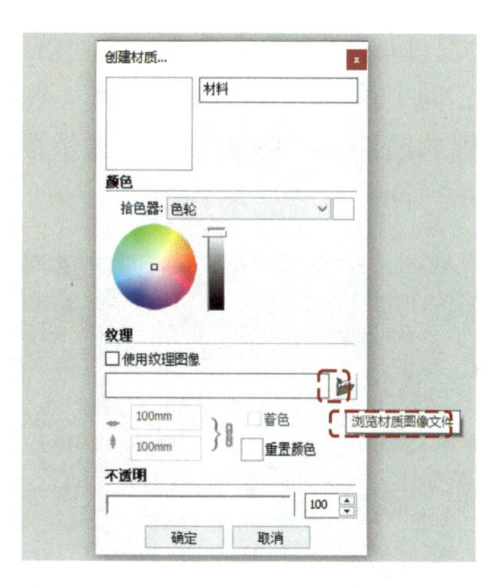

图6-4　浏览材质图像文件

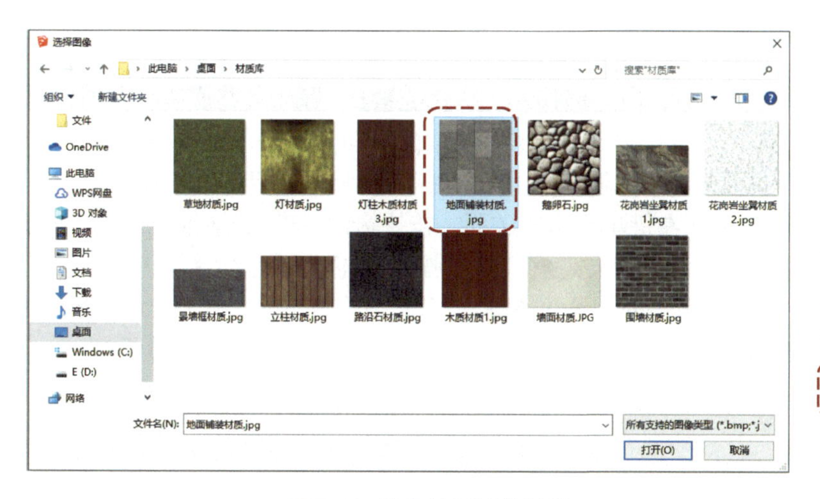

图6-5　选择地面铺装材质

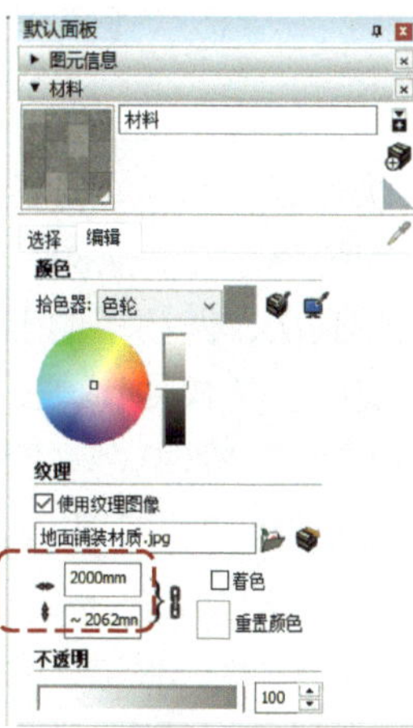

图6-6　修改长宽比例

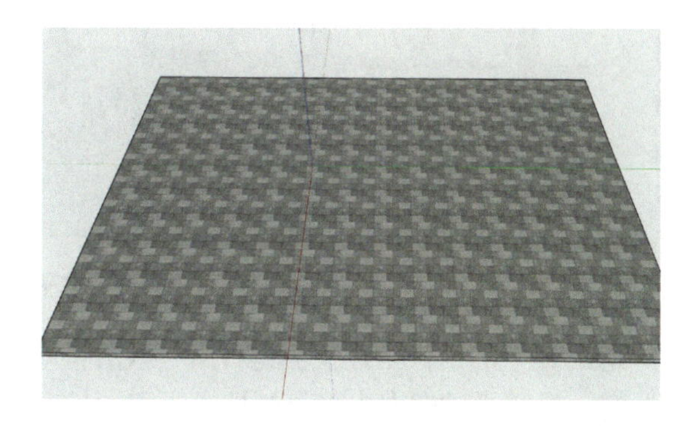

图6-7　完成地面制作

2.制作柱子

首先，鼠标左键单击矩形工具（快捷键R），尺寸大小（300，300），鼠标左键双击选中所有线和面，鼠标右键单击选择“创建群组”。鼠标左键双击进入组内，按快捷键“P”激活推拉工具，向上推300。按快捷键“F”激活偏移工具，向内偏移30，鼠标左键双击其他面，完成其他面的偏移。按快捷键“P”激活推拉工具，四周的面向内推20，顶部的面向上推30，效果如图6-8所示。

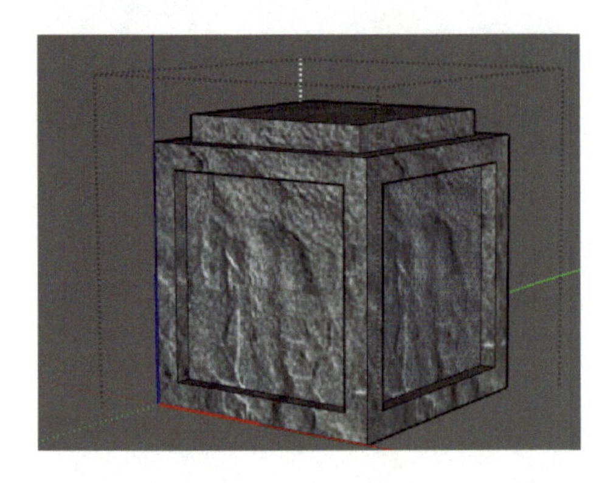

图6-8　制作底座

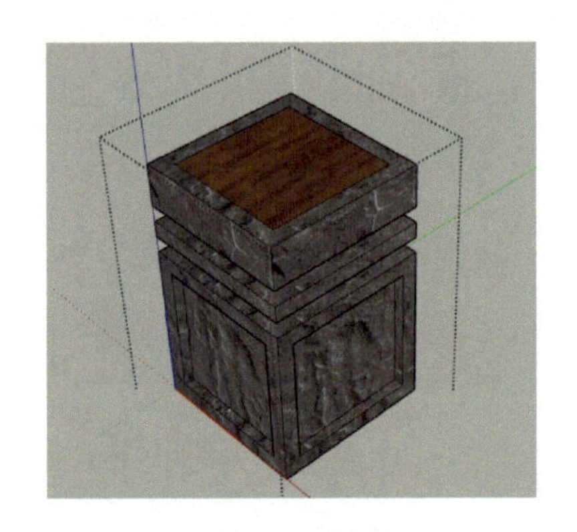

图6-9　完成底座

再按快捷键“F”激活偏移工具，向外偏移30，按快捷键B，赋予其与底座相同的材质。按快捷键“P”激活推拉工具，外面的面向上推30，里面的面向上推60；重复上述偏移和推拉的步骤，向上推80，赋予里面的面为木质材质，完成底座的制作，效果如图6-9所示。

其次，做柱子的上部分。鼠标左键单击木质的面，按快捷键“P”激活推拉工具，向上推5500。按快捷键“F”激活偏移工具，向外偏移30；按快捷键“B”激活材质工具，按住“Alt”键，吸取底座的颜色，赋予其材质。按快捷键“P”激活推拉工具，向上推80，里面的面向上推550。同理上述偏移和推拉的步骤，完成柱子的制作，最后效果如图6-10所示。

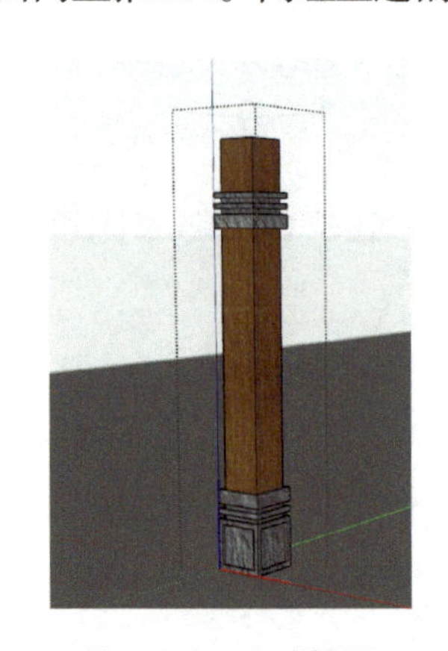

图6-10　完成柱子

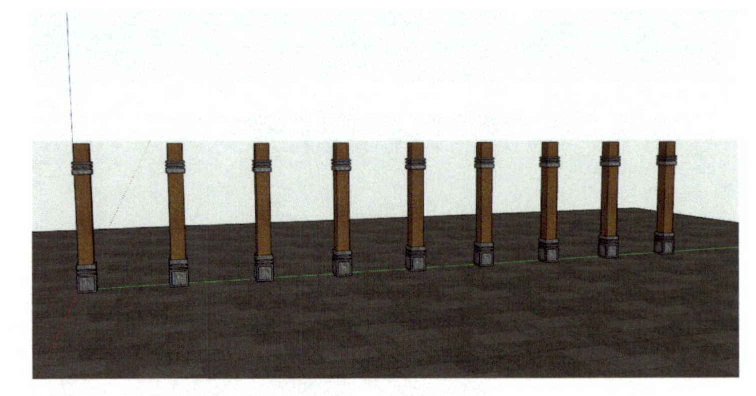

图6-11　复制多个柱子

按快捷键“Esc”键，退出柱子的组件；按快捷键“M”激活移动工具，选中左下角的点为参照点，按一下“Ctrl”键，沿水平轴向右水平复制柱子，移动长度为5500。再输入8x，向右连续复制8个柱子，效果如图6-11所示。

3.制作坐凳和花池

首先，鼠标左键单击卷尺工具（快捷键“T”），画出距地面400高的参考线。按快捷键

"R"激活矩形工具，画一矩形尺寸大小（50，40）；鼠标左键双击选中，鼠标右键单击选择"创建群组"，赋予木质材质，如图6-12所示。

其次，进入组内，按快捷键"P"激活推拉工具，向外推5200，如图6-13所示。移动工具复制多个木条，完成一处的坐凳，如图6-14所示。选中坐凳，向右复制多个完成整体坐凳制作，效果如图6-15所示。

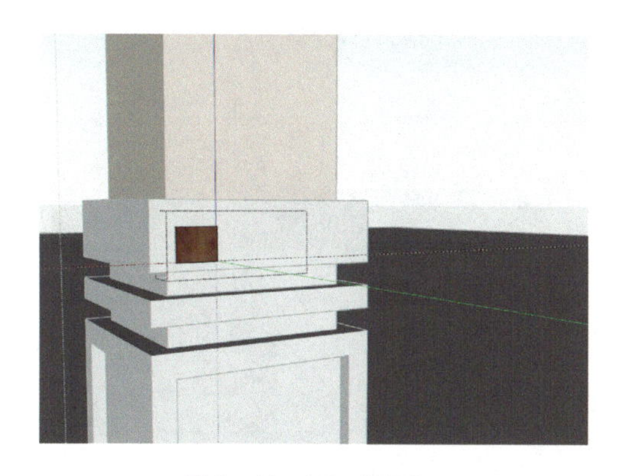

图6-12　画一矩形

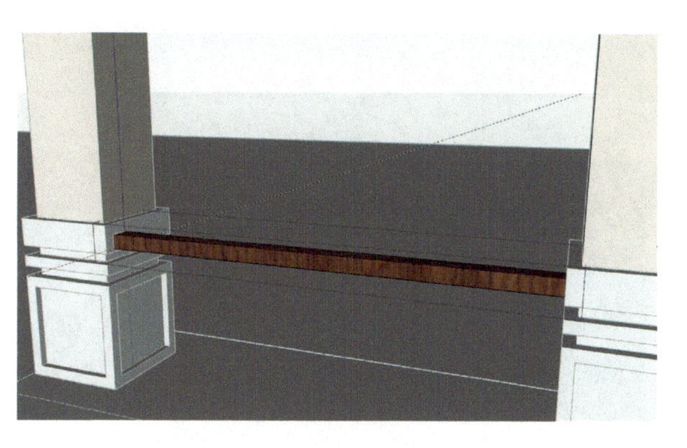

图6-13　使用推拉工具

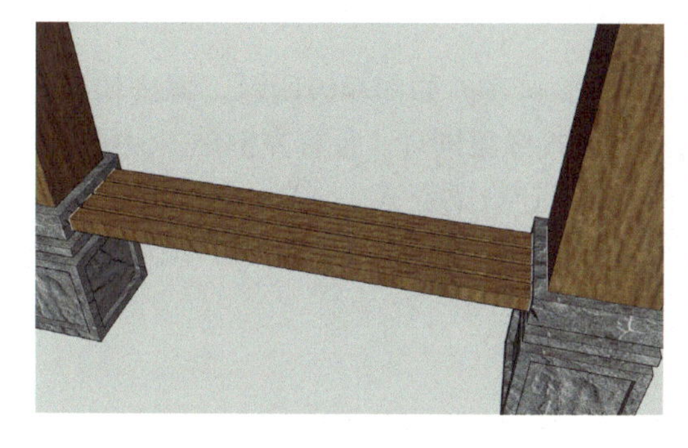

图6-14　完成一处坐凳制作

图6-15　完成一侧坐凳

最后，制作花坛。鼠标左键单击矩形工具（快捷键"R"），矩形尺寸大小（5200，600），鼠标左键双击选中，鼠标右键单击选择"创建群组"，赋予底座材质。按快捷键"P"激活推拉工具，向上推300。再按快捷键"F"激活偏移工具，向内偏移50；再按快捷键"P"，向下推80，赋予内部草地材质，完成效果如图6-16所示。完成一侧柱子，坐凳和花坛的制作，选中全部，复制一份到另一侧，最后效果如图6-17所示。

图6-16　完成花坛

图6-17　完成廊架底部

4. 制作纵梁

按快捷键“R”激活矩形工具，在柱子一侧，画一矩形尺寸大小（80，85）；鼠标左键双击选中，鼠标右键单击选择“创建群组”，进入组内，按快捷键“P”激活推拉工具，向外推53040，赋予木质材质，效果如图6-18所示。

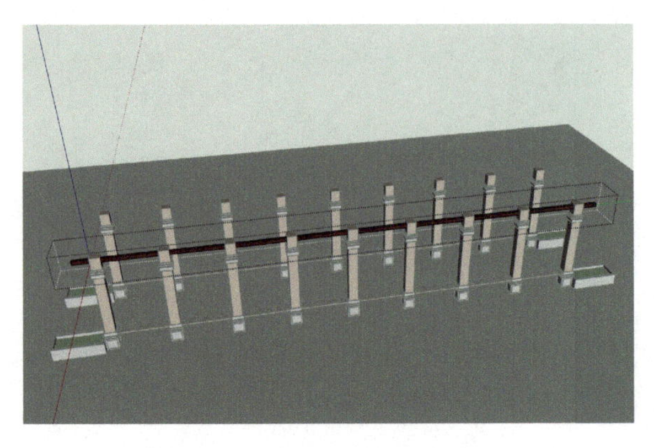

图6-18　画一长方体作为纵梁

图6-19　画一条斜线

按快捷键“L”激活直线工具，在纵梁前端画一条斜线，如图6-19所示。再按快捷键“P”激活推拉工具，向外推80，效果如图6-20所示。右端纵梁同理。鼠标左键单击纵梁，向上复制一份，按快捷键“P”，向外推拉一定宽度和高度，让横梁变宽、变高。鼠标框选左侧，按快捷键“M”，沿水平轴向左移动250，延长横梁的长度；复制一份到另一侧，最后效果如图6-21所示。

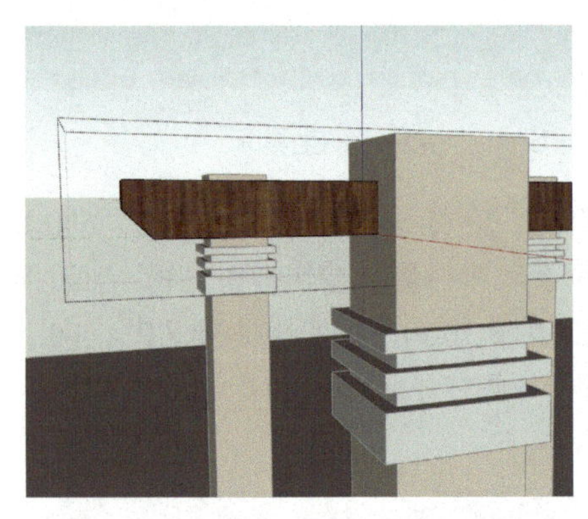

图6-20　推拉工具完成左端纵梁形状

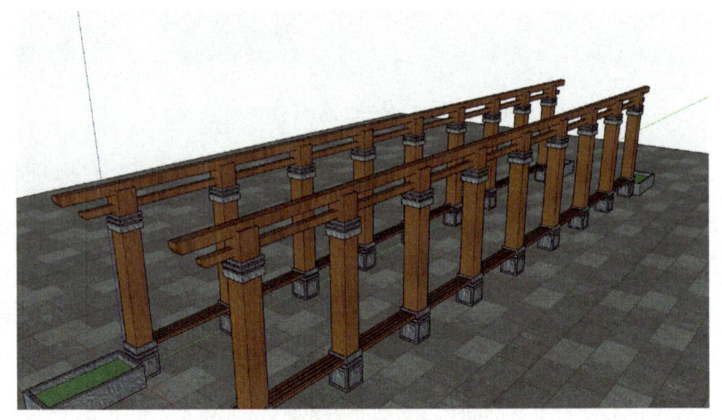

图6-21　完成纵梁

5. 制作横梁

按快捷键“R”激活矩形工具，在纵梁上方，画一矩形尺寸大小（2920，500）；鼠标左键双击选中，鼠标右键单击选择“创建群组”，进入组内，按快捷键“P”激活推拉工具，向下推550，赋予木质材质，效果如图6-22所示。同纵梁两端的制作，画一条斜线，切去左下角三角形区域，效果如图6-23所示。

按快捷键“M”激活移动工具，复制多个横梁，效果如图6-24所示。

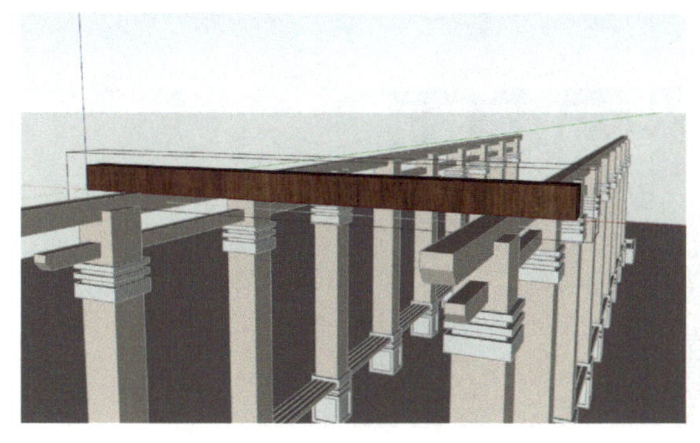

图6-22　制作横梁

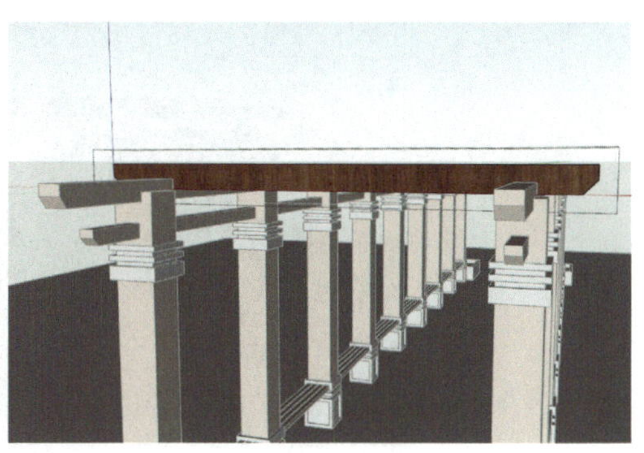

图6-23　完成一条横梁

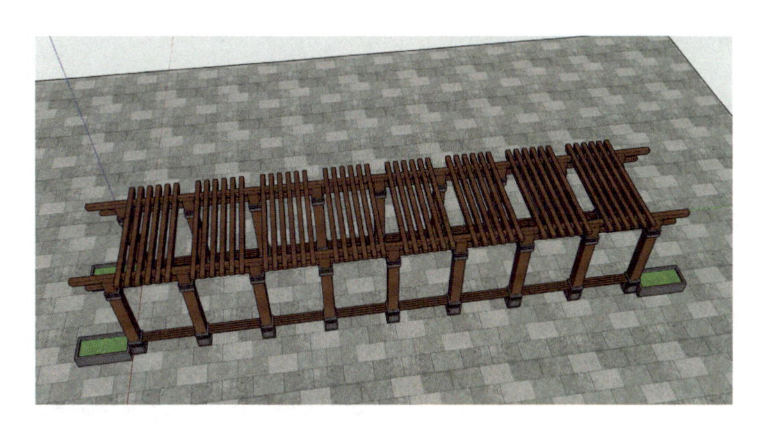

图6-24　完成横梁

6.细化内容

如图6-25所示，体块之间没有线条，显得不真实。鼠标框选组成廊架的所有体块，如图6-26所示；鼠标右键单击［交错平面］-［模型交错］，交错成功效果如图6-27所示。

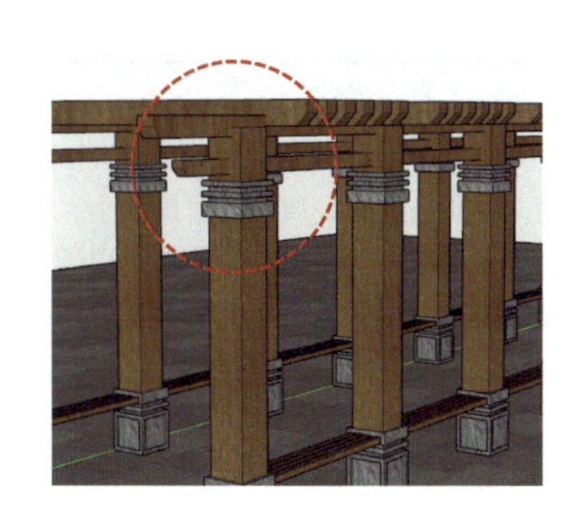

图6-25　交错地方

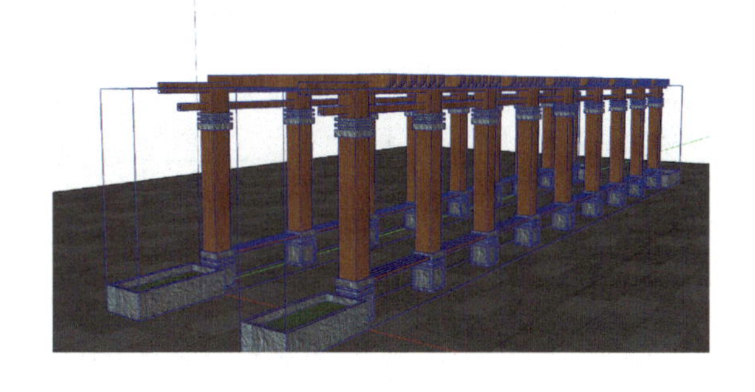

图6-26　选择组成廊架的所有体块

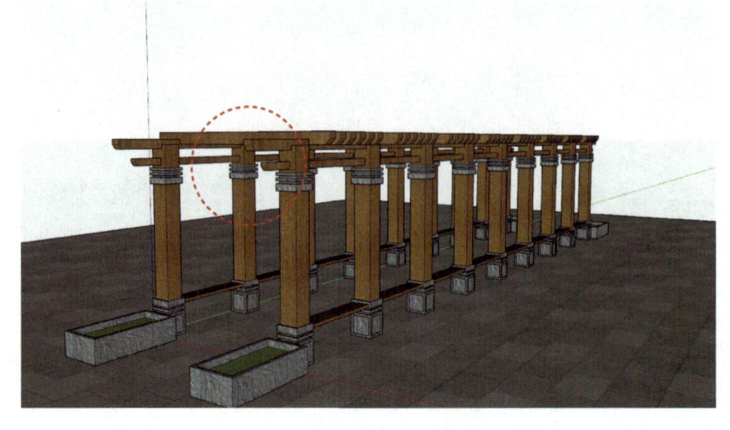

图6-27　完成模型交错

7.完成场景

保存场景（在平时使用SketchUp 2018制作模型时，要记得及时保存场景，以防意外情况丢失文件）：鼠标左键单击［默认面板］-［阴影］，打开阴影，让模型更具真实效果，阴影工具栏参数如图6-28所示。最后，鼠标左键单击菜单栏的［文件］-［导出］-［二维模型］，得到.jpg格式的图片，最终效果如图6-29所示。

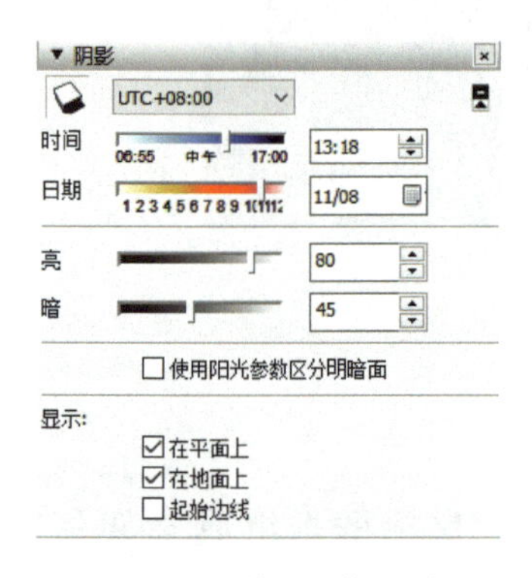

图6-28　“阴影”参数

图6-29　成图

模块二　课程思政教学点

<table>
<tr><th>教学内容</th><th>思政元素</th><th>育人成效</th></tr>
<tr><td rowspan="3">项目五
SketchUp 2018核心命令使用要点

项目六
综合案例练习——景观廊架制作</td><td>专业技能</td><td rowspan="2">使学生学会运用SketchUp 2018软件正确创建模型，且各模型尺度合理，材质在色彩、质感、纹理大小、方向等方面能正确表达设计意图。增强学生熟练运用所学知识解决实际问题的能力，培养学生精益求精、一丝不苟的工匠精神</td></tr>
<tr><td>工匠精神</td></tr>
<tr><td>创新意识</td><td>景观廊架制作要求学生熟练运用SketchUp 2018软件的各种常用命令，并学会自主选择更为准确、便捷、适于自己的绘图技巧，培养学生自主创新的意识</td></tr>
</table>

模块三
Lumion 8.0 软件与三维绘图

Lumion 8.0作为一个近些年才崭露头角的新一代实时可视化三维软件，正被越来越广泛地应用于景观效果图和动画电影的制作中，它所传达的真实空间体验和即时渲染模式为设计表现提供了更新的思路。

项目七
Lumion 8.0 核心命令使用要点

本项目主要讲述Lumion 8.0的主要工具和命令的使用方法及操作技巧，重点讲解Lumion 8.0中的场景设置、材质替换和物品组件添加等操作，完成高质量的园林景观效果图渲染。同时，也对Lumion 8.0的天气系统、景观系统和动画制作等内容进行适当讲解。在学习过程中，用户需要重点掌握软件的视角操作方式、模型导入流程及材质、物品的添加技巧和效果图、动画的导出方法等内容。

任务1 Lumion 8.0操作界面

任务目标

1. 认识Lumion 8.0软件，熟悉Lumion 8.0的工作界面。
2. 能够新建场景。
3. 能够认识图层、四大系统选项、功能命令面板、场景信息、文件与模式五大工作界面。

任务解析

1. 软件启动

鼠标左键双击桌面的Lumion 8.0图标即可打开软件。软件默认初始界面如图7-1所示。在此界面，Lumion 8.0提供了多种不同环境类型的默认界面。鼠标左键单击即可进入该新建场景。

图7-1　初始界面

2. 初始场景界面

鼠标左键单击选择任意场景后，会打开该场景的初始界面。如图7-2所示是场景“Plain”的界面，其工作界面包括图层、四大系统选项、功能命令面板、场景信息、绘图工作区、文件与模式。

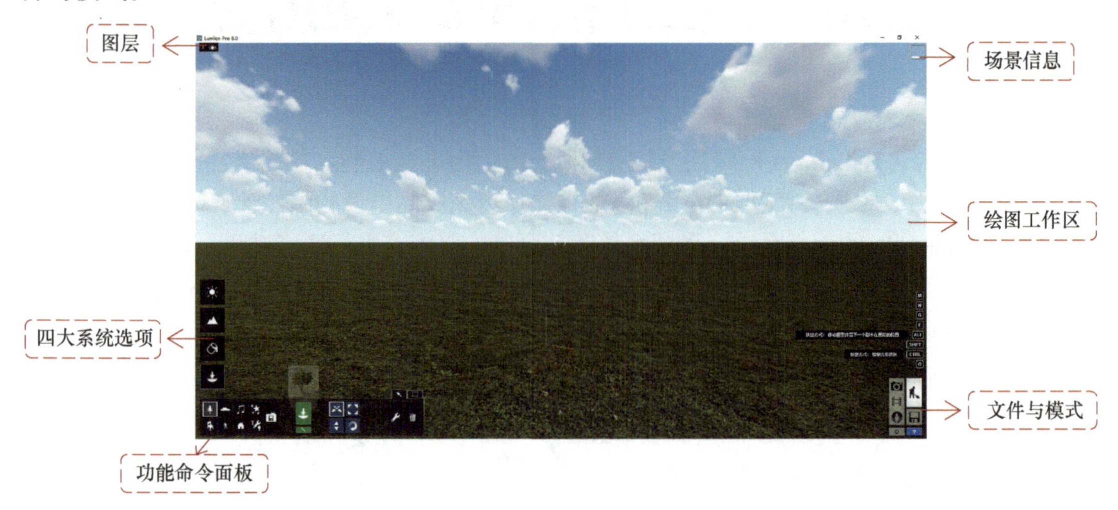

图7-2　场景“Plain”工作界面

3. 文件基本操作

在Lumion 8.0编辑模式下，鼠标左键单击工作界面右下角“文件”按钮，会弹出文件界面，如图7-3所示，其中包括开始、输入范例、加载场景、保存场景四个选项。

4. 视角操作

在Lumion 8.0中，视图和视角的操作没有独立的命令和工具，而是完全通过鼠标和键盘来执行，对于初学者来说，这是学好软件的第一步。

图7-3　输入范例界面

（1）旋转视角

当用户需要在场景中旋转视角时，可按下鼠标右键并移动即可完成。

（2）移动视角

按下“W”键，视角前进；按下“S”键，视角后退；按下“A”键，视角左移；按下“D”键，视角右移；按下“Q”键，视角上升；按下“E”键，视角下降。

（3）复合移动视角

当需要进行复合视角的移动时，同时按下所需移动方向对应的按键即可，例如需要向右前方移动视角时，可同时按下“W”键和“D”键；当需要向左后上方移动时，则可同时按下“A”键、“S”键和“Q”键。

（4）快速或慢速移动视角

当按下对应的按键进行前后左右或上下的移动时，视角会以系统默认的速度进行移动，当场景中的物体距离视角较远时，这种普通的移动速度则会变得非常缓慢，此时可以在按住“Shift”键的同时进行移动，会让移动速度加倍，如果在按住“Shift”键和空格键的同时进行移动，则会使视角以最高的速度进行移动。

当需要以更慢的速度进行视角移动时，用户在按下空格键的同时进行移动即可。

（5）移动视角与旋转视角的结合

在视角操作的实际应用过程中，单纯地移动视角或旋转视角并不能提高视图操作的效率，更合理的方式是，在使用按键进行移动视角的同时，按下鼠标右键进行旋转，两者的结合可使视图和视角的操作变得更加灵活和高效。

任务2　天气系统

任务目标

1. 掌握如何打开天气系统。
2. 掌握天气系统下的功能命令。

任务解析

鼠标左键单击Lumion 8.0工作界面左侧的“天气”图标，会出现如图7-4所示的功能命令面板，其主要功能包括：太阳高度、太阳方位、云量、太阳亮度、云彩类型，云彩类型选择如图7-5所示。

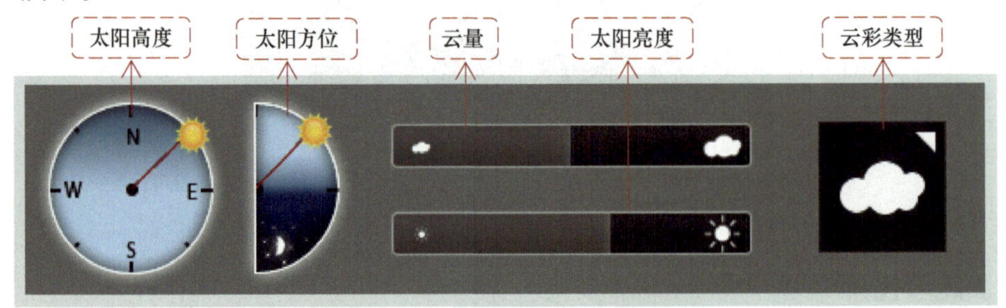

图7-4 “天气”系统功能面板

1. 太阳方位

用户通过移动太阳方位表盘当中的红色指针位置，来控制太阳在天空中东、西、南、北的位置方位，在景观效果图及动画中，通过方位的调整，可以控制场景中的投影方向。

图7-5 云彩类型

2. 太阳高度

用户通过移动太阳高度扇形表盘中的红色指针位置，来控制太阳的高度，并通过高度的变化为场景带来时间的变化，例如指针位于扇形的上半部分表示白天，下半部分表示夜晚，中间位置表示黄昏。

3. 太阳亮度

用户通过控制太阳亮度控制条中的位置变化，可以改变场景的亮度，与太阳高度可以配合使用，靠近左侧小太阳图标，亮度变低，靠近右侧大太阳图标，亮度变高。

4. 云彩密度

通过控制云彩密度控制条中的位置变化，可以改变场景中云彩的数量，靠近左侧小云彩图标，云彩数量变少，靠近右侧大云彩图标，云彩数量变多。

提示

天气功能中的太阳方位选项，在园林景观效果图表现中主要用于调整场景物体的投影方向，出图时尽量调整场景中的物体处于受光面，从而保证画面的亮度清晰。

将太阳高度和太阳亮度配合使用，调至夜晚，并结合灯光的布置，可用于表现园林景观设计中的夜景效果。

任务3　景观系统

任务目标

1.掌握景观系统下的功能命令。

2.掌握高度、水、海洋、描绘、地形、草丛功能的设置。

任务解析

鼠标左键单击Lumion 8.0工作界面左侧的“景观”图标▲，会出现如图7-6所示的功能命令面板，其主要功能包括高度、水、描绘、海洋、街图、草丛等。

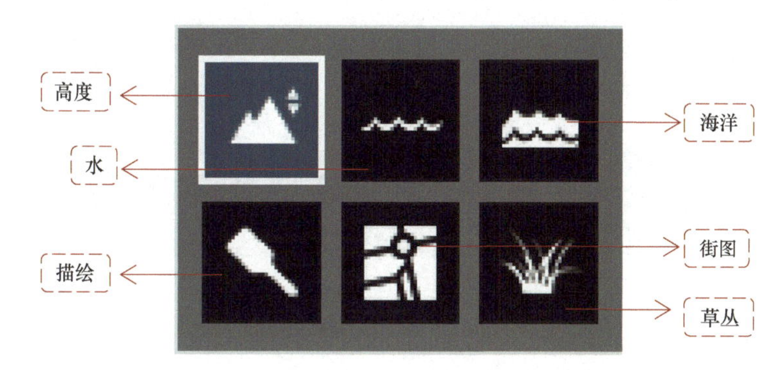

图7-6 “景观”系统功能面板

1.高度

鼠标左键单击“高度”图标，会出现如图7-7所示的各项工具，通过该组工具，可以改变地形的高度、起伏程度，右侧是笔刷尺寸和笔刷速度。

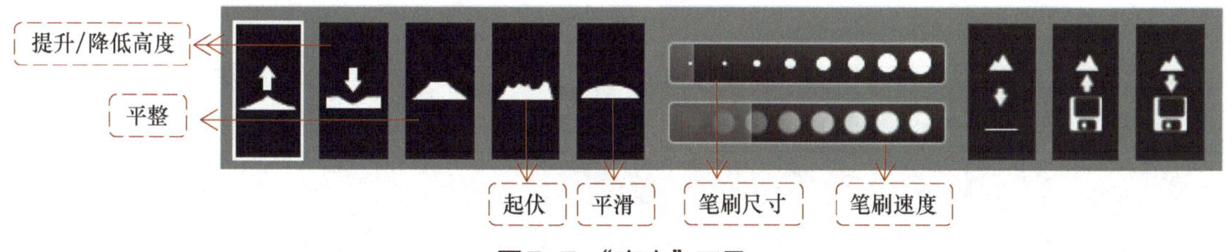

图7-7 “高度”工具

2.水

鼠标左键单击“水”图标，会出现如图7-8所示的各项工具，通过该组工具，可以创建和修改场景中的水体。水的类型有：海洋、热带、池塘、山、污水、冰面，如图7-9所示。

3.海洋

鼠标左键单击“海洋”图标，会出现该功能的开关图标，按下图标后，会出现如图7-10所示的各项工具。其中包括海浪强度、风速、浑浊度、高度等参数，开启效果如图7-11所示。

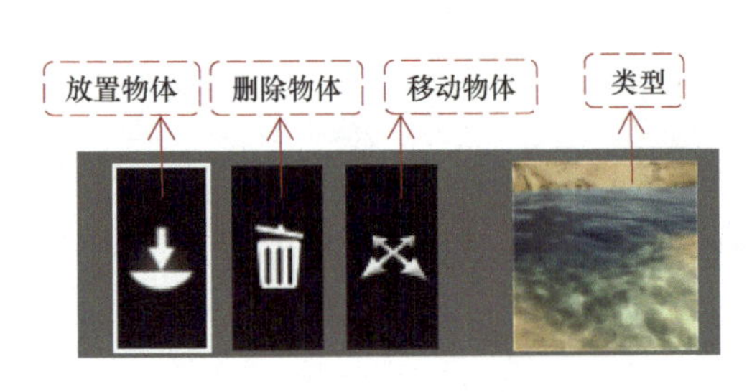

图7-8 “水”工具

图7-9 水的类型

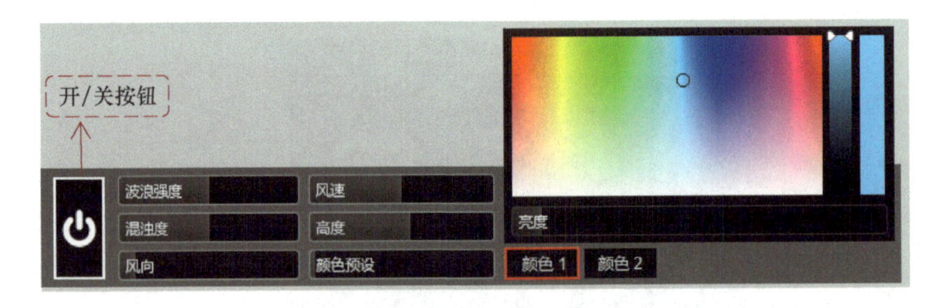

图7-10 “海洋”工具

图7-11 海洋场景

4. 描绘

鼠标左键单击“描绘”图标，会出现如图7-12所示的各项工具，通过该组工具，可以修改场景中的地貌和各类材质的细节。如图7-13所示景观纹理类型分别是欧洲砾石地、欧洲沙地、欧洲农场——耕地。“选择景观预设”中包括20种景观预设，如图7-14所示。

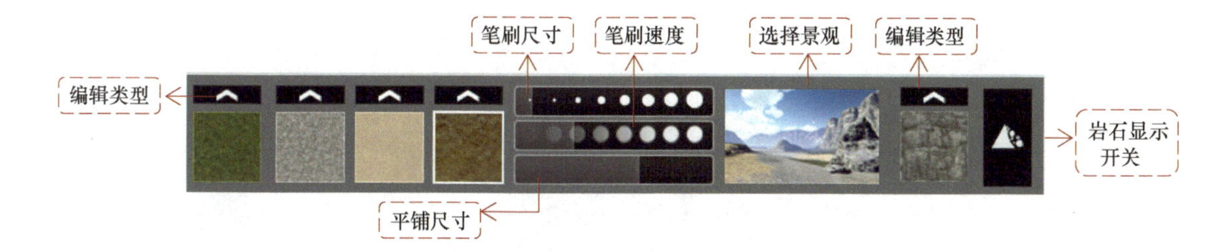

图7-12 “描绘”功能

图7-13 三种景观纹理

图7-14 “选择景观预设”中的景观类型

5. 草丛

鼠标左键单击“草丛”图标，会出现该功能的开关图标，鼠标左键单击图标后，会出现草丛场景，功能内容如图7-15所示。其中包括草层尺寸、草层高度、草层野性三种参数；右侧可以在草丛中添加石头、花卉、落叶等元素，丰富草丛野性，最后效果如图7-16所示。

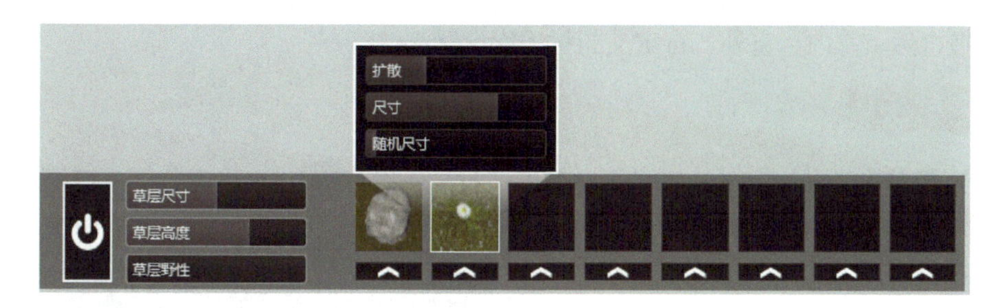

图7-15 “草丛”功能

提示

景观功能用于创建和编辑自然地形，对于大部分的城市园林景观设计来说，此项使用到的频率并不高，一般只用来创建并丰富场景背景。

默认情况下，草地的效果是关闭的，一般在编辑时可以保持默认，只在导出图像时打开草地效果，这样可以减少软件对系统的资源占用，提高运行速度。

图7-16　草丛效果

任务4　材质系统

任务目标

1. 掌握材质系统下的功能命令。
2. 掌握自然、室内、室外、自定义的材质库设置。

任务解析

鼠标左键单击Lumion 8.0工作界面左侧的“材质”图标，会出现如图7-17所示的文字提示，鼠标左键单击所需添加材质的模型物体表面，即可打开材质编辑器进行材质的添加和编辑。

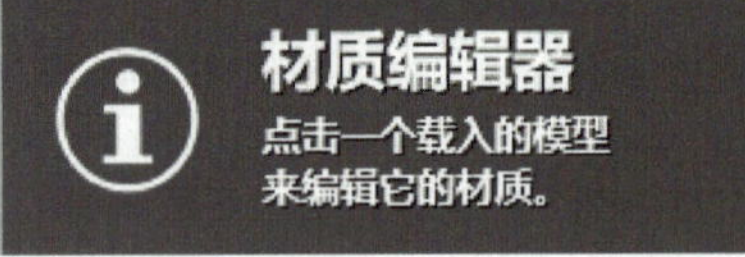

图7-17　文字提示

1. 添加材质过程

首先，导入需要赋予材质的模型，鼠标左键单击“材质”按钮，鼠标左键单击所需添加材质的物体表面，此时模型表面会高亮显示，如图7-18所示。鼠标左键单击表面，打开如图7-19所示的材质库界面，选择需要的材质如砖块材质，效果如图7-20所示。

完成材质赋予后，鼠标左键单击右下方的白色对钩图标保存材质。当需要对已经添加过的材质进行编辑时，可再次鼠标左键单击“材质”图标，重复之前的步骤。

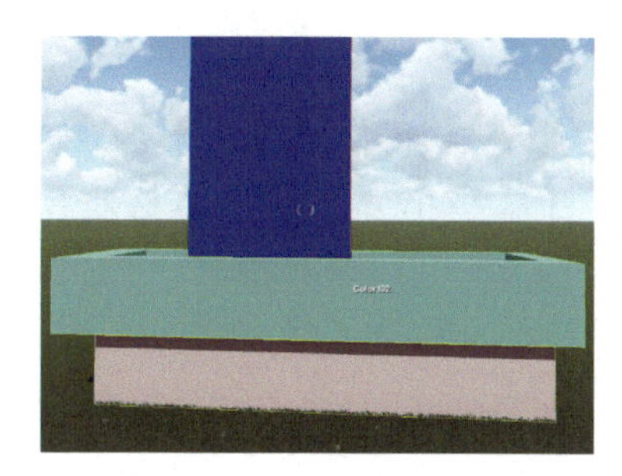

图7-18　选择表面

图7-19　材质库界面

图7-20　赋予砖块材质

2.材质介绍

在Lumion 8.0中，材质库包括四个方面，分别是自然、室内、室外、自定义，如图7-21所示。

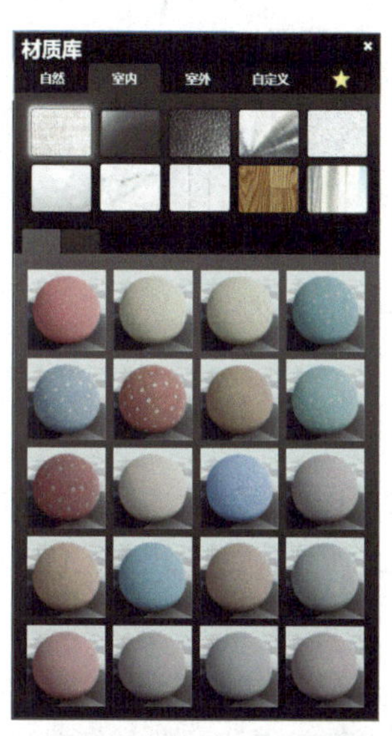

图7-21　材质库四大类：自然、室内、室外、自定义

（1）自然

在自然分类材质库中，包含有草地、岩石、土壤、水、瀑布、原木六个小分类，如图7-22所示，鼠标左键单击每个小的分类图标，会切换打开这些小分类的具体材质预览图。

（2）室内

在室内分类材质库中，包含有布、玻璃、皮革、金属、石膏、塑料、石头、瓷砖、木材等分类，如图7-23所示，每个分类又有多种不同的材质。

图7-22　自然分类

图7-23　室内分类

（3）室外

在室外分类材质库中，包含有砖、混凝土、玻璃、金属、石膏、屋顶、石头、木材、沥青等分类，如图7-24所示，每个分类又有多种不同的材质。

（4）自定义

在自定义分类材质库中，用户可以在布告牌、颜色、玻璃、高级玻璃、隐形、景观、照明贴图、使用模型自带材质和标准等分类中进行切换，如图7-25所示。

图7-24　室外分类

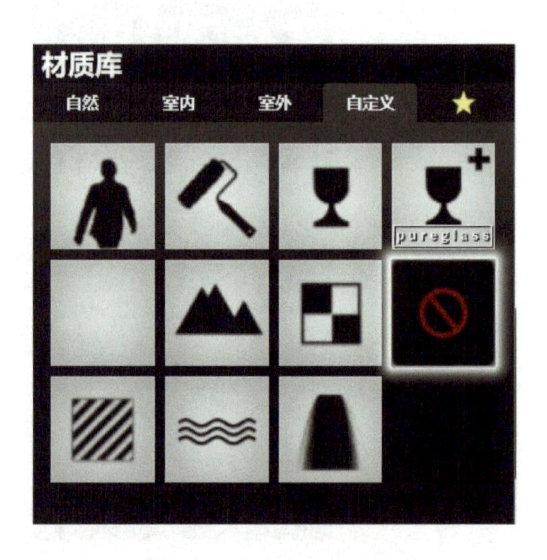

图7-25　自定义分类

任务5　物体系统

任务目标

1.掌握物体系统下的功能命令。

2.掌握植物、交通工具、声音、特效、室内、人和动物、室外、灯具和特殊物体的载入。

任务解析

鼠标左键单击Lumion 8.0工作界面左侧的“物体”图标，会出现如图7-26所示的“物体”功能面板，包括植物、交通工具、声音、特效、室内、人和动物、室外、灯具和特殊物体八种物体类型。

图7-26　“物体”功能面板

1.物体的基本编辑

对已经放置在场景中的模型，可以通过图7-27所示的四个编辑命令，对模型进行移动物体、调整尺寸、调整高度和绕*Y*轴旋转。

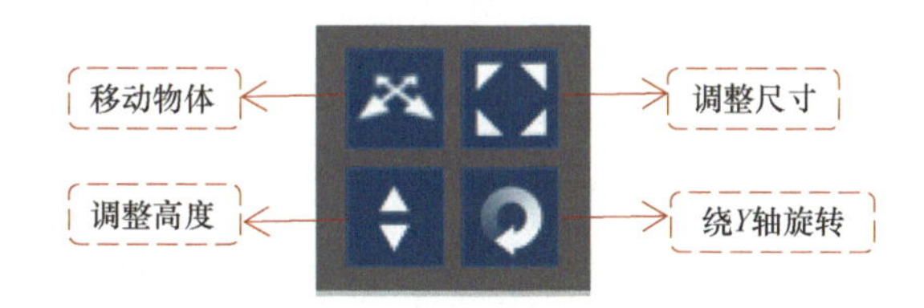

图7-27　基本编辑命令

（1）放置模式与移动模式

当用户选择并完成物体模型的放置后，系统将默认处于“放置模式”，此时在场景中可多次放置物体模型。当需要对物体进行移动、缩放等基本编辑时，可鼠标左键单击相应的工具图标，并鼠标左键单击场景中代表该物体的白色符号，即可对其进行相应的编辑操作。

用户还可以鼠标左键单击“移动模式”标签，如图7-28所示，进入到“移动模式”中，当进入该模式后，功能面板会切换至如图7-29所示界面。在此模式中，用户可以对多个不同类型的物体模型进行选择，并可通过过滤器选项，选择所需的特定物体，然后再进行编辑。

图7-28 移动模式

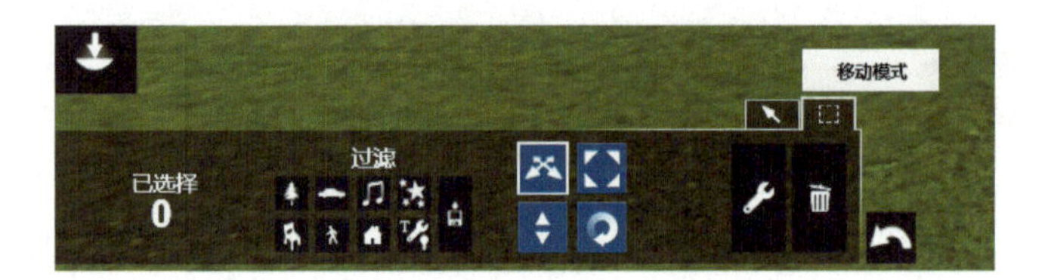

图7-29 “移动模式”功能面板

（2）移动物体

在“放置模式”下，用户可以鼠标左键单击移动物体图标，将光标放置于所需移动的物体后，该物体会出现如图7-30所示的移动选择框，此时鼠标左键单击并拖动物体至所需位置，即可完成。

图7-30 移动选择框

① 在移动的同时，按下“M”键，可锁定Z轴移动物体；按下“N”键，可锁定X轴移动物体；按下“G”键，可锁定地面捕捉。

② 当需要复制物体模型时，按下“Alt”键的同时移动该物体，即可在新位置复制该物体的副本，如图7-31所示。

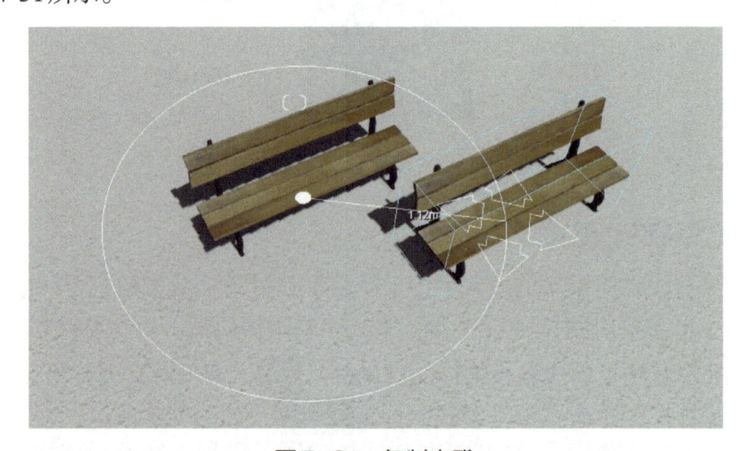

图7-31 复制坐凳

当需要锁定移动物体的高度时，可按下“Shift”键；当需要选择多个物体进行移动时，可在按下“Ctrl”键的同时鼠标左键单击对物体进行框选，如图7-32所示，然后即可对所选多个物体进行移动。

图7-32 框选坐凳

当需要对不同分类的物体进行移动时，可先进入“移动模式” 进行物体选择，然后进行移动操作，当完成后需要取消选择时，可鼠标左键单击功能面板右侧的“取消所有选择”按钮，即可取消对物体的选择。

当需要撤销上一步的操作时，可鼠标左键单击功能面板右侧的“取消变换”按钮，多次鼠标左键单击可取消之前的多步操作。

（3）缩放物体

使用缩放物体工具，可以对物体进行放大或缩小操作，用户可以在“放置模式”下鼠标左键单击工具图标，便可对当前种类下的单个物体进行缩放，还可以在按住“Ctrl”键的同时对当前种类下的多个物体进行框选，然后统一进行缩放。当需要对不同种类的物体进行统一缩放时，可先进入“移动模式” 进行物体选择，然后鼠标左键单击工具执行操作。

当对所需物体进行缩放操作时，可在代表该物体的白色符号上拖动鼠标，如图7-33所示，向上拖动可放大物体，向下拖动可缩小物体。当在“移动模式”下进行缩放物体时，会出现如图7-34所示的“尺寸”控制条，用户也可以在控制条当中选择要放大或缩小的倍数来完成操作。

图7-33 拖动缩放物体

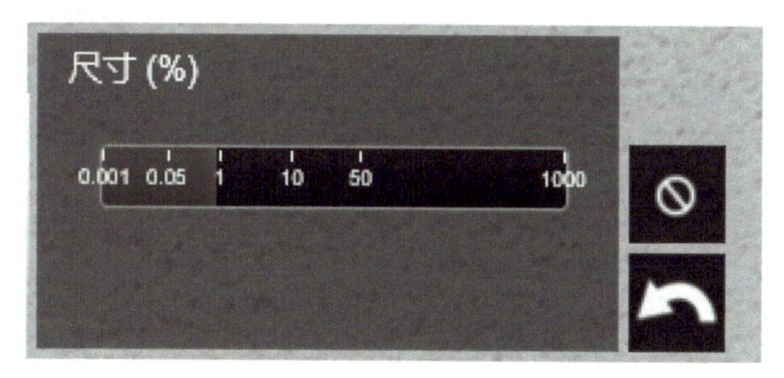

图7-34 “尺寸”控制条

（4）调整高度

使用调整高度工具，可对所选物体进行高度的调整，具体操作和使用方法可参考“缩放物体”工具。

（5）绕Y轴旋转

使用绕Y轴旋转工具，可以将物体进行旋转，使用时，将鼠标移动至所需旋转的物体上，会出现如图7-35所示的旋转符号，此时拖动鼠标并转动至所需旋转位置即可完成操作，如图7-36所示。

图7-35　旋转前

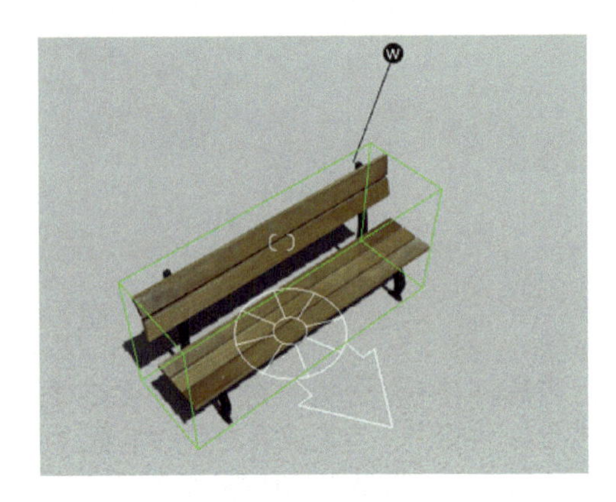

图7-36　旋转后

提示

使用移动、缩放、旋转等基本编辑工具时，应习惯于使用组合键的方式来提高绘图效率，例如移动的同时按下“Alt”键可进行复制，按下“Ctrl”键可进行框选物体等。

在任何一个基本编辑工具状态下，均可通过按下快捷键的方式临时切换至其他编辑工具，如快捷键“M”为切换至移动工具、“L”为缩放工具、“H”为高度工具、“R”为旋转工具。

2.关联菜单和删除物体

对已经放置在场景中的模型，可以使用关联菜单对其进行选择和变换，也可通过删除物体工具对不需要的模型进行删除，具体界面如图7-37所示。

图7-37　“关联菜单”和“删除物体”

（1）关联菜单

在关联菜单工具中，包括“选择”和“变换”。使用时，可先选择“关联菜单”工具，然后在所需执行命令的物体上鼠标左键单击，即可出现菜单工具。选择菜单包含如图7-38所示的命令选项，用户可根据需要进行相关物体的选择；变换菜单包含如图7-39所示的命令选项，用户可对选择的物体进行锁定位置、对齐、等距分布等相关操作。

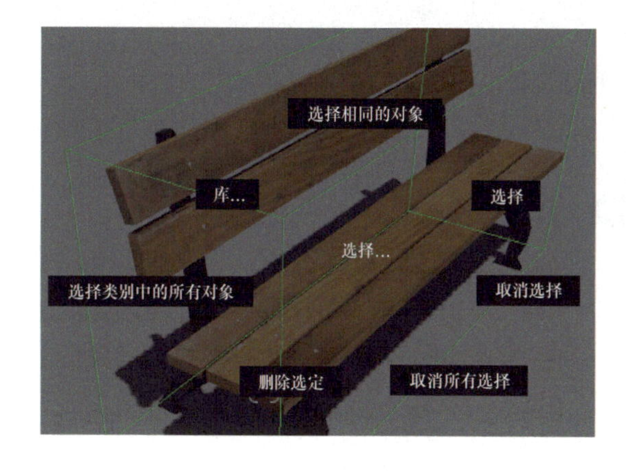

图7-38 “选择”菜单

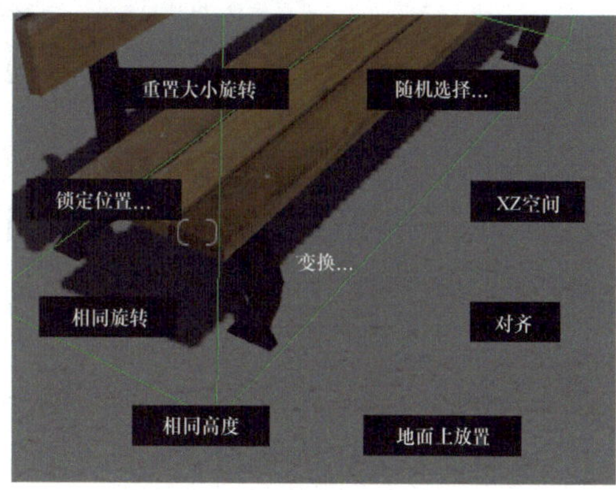

图7-39 “变换”菜单

① 选择类别中的所有对象：可将场景中所有与指定物体类似的物体全部进行选择。
② 删除选定：可将选定的物体进行删除。
③ 相同旋转：可将选中的同类物体旋转至统一的方向。
④ 对齐：可将选择的物体对齐至统一的位置。
⑤ XZ空间：快速放置整齐的模型。选择XZ空间放置前、后如图7-40、图7-41所示。

图7-40 选择XZ空间放置前

图7-41 选择XZ空间放置后

（2）删除物体

删除物体工具，可对选择的模型对象进行删除，用户可鼠标左键单击选择此工具后，在需要删除的对象上鼠标左键单击即可将其删除；也可以在选择多个对象后，在任意一个物体上鼠标左键单击，即可完成多个物体的删除。

3.图层信息

在Lumion 8.0中可以通过图层来管理场景中的模型，图层的相关命令在界面的左上方，具体界面如图7-42所示，主要操作包括添加图层、选择图层、控制图层的显示或隐藏、修改图层名称等。

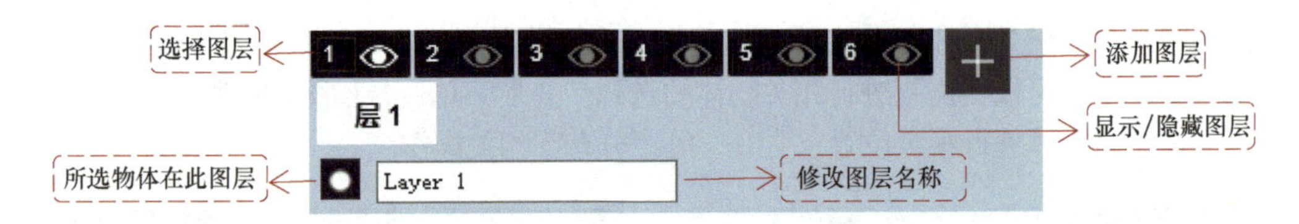

图7-42　图层工具栏

任务6　拍照与动画模式

任务目标

1. 掌握拍照与动画功能命令。
2. 掌握自定义风格的选择和效果设置。

任务解析

在Lumion 8.0工作界面右侧有“拍照模式”和“动画模式”的图标，鼠标左键单击进入任一模式，通过“更改风格”或“添加效果”来加强场景的细节刻画和丰富场景。

1. 拍照模式

在Lumion 8.0工作界面鼠标左键单击“拍照模式”的图标，进入拍照模式界面，如图7-43所示。在预览视口中确定好所需要的视角后，鼠标左键单击“保存相机视口”图标，保存视口。保存后的视口可以在照片集中显示该视口的预览图；同时可以通过鼠标左键单击照片集中已保存的视口预览图来快速切换到该视口。

图7-43　拍照模式界面

2. 动画模式

在Lumion 8.0工作界面鼠标左键单击“动画模式”的图标，进入动画模式界面，如

图7-44所示。主要包括录制视频、导入图片、导入视频三项工具。

图7-44　动画模式界面

鼠标左键单击“录制视频”图标，进入录制视频模式后，可在预览窗口中进行场景视角和方位的变换；选择好视角后，鼠标左键单击“拍摄照片”图标，将当前视角照片保存至视频片段中；通过不同拍摄照片生成动画的游览路径，将此动画当作一个片段插入视频序列中。此模式下的主要命令如图7-45、图7-46所示。

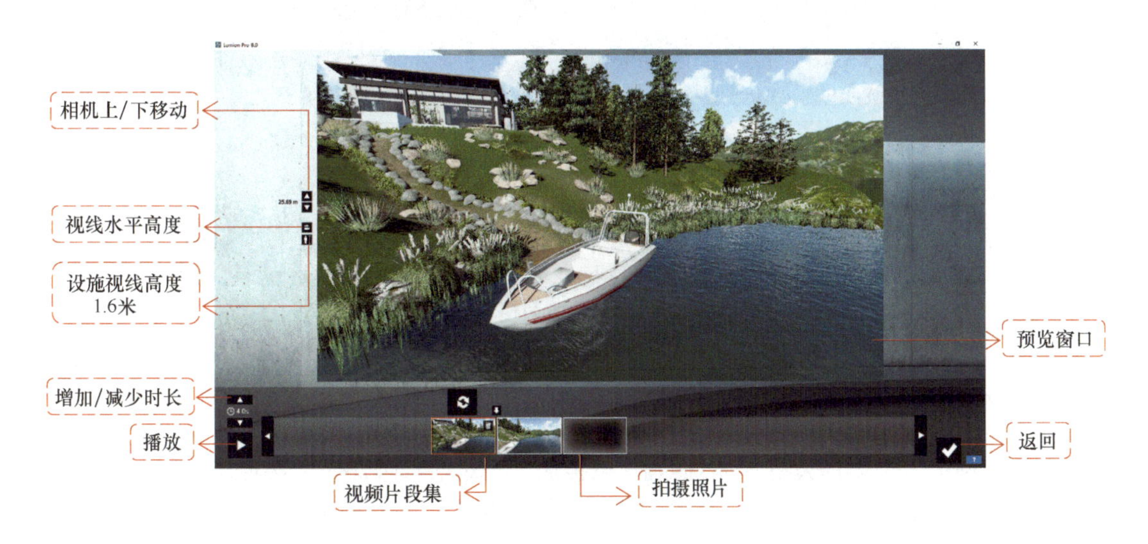

图7-45　录制视频模式界面（1）

3.更改风格

鼠标左键单击“自定义风格”图标，出现不同的场景风格，分别是自定义风格、真实、室内、黎明、日光效果、夜晚、阴沉、颜色素描和水彩，如图7-47所示。鼠标左键单击选择的风格，可以在左侧效果栏中调节参数再次进行效果编辑。

图7-46　录制视频模式界面（2）

图7-47　更改风格界面

4.添加效果

鼠标左键单击“添加效果”图标FX，出现如图7-48所示图片的“选择照片效果”界面。选择想要添加的效果，细化场景。一共包括光与影、相机、场景和动画、天气和气候、草图、颜色、各种，共七大类别。当对场景添加效果后，会在相应的效果列表中出现所添加的效果名称，并可对其进行相关参数的编辑、删除、复制、打开或关闭效果显示等操作，如图7-49所示为添加雾气、天空光照、反射、天空和云、曝光度、2点透视、太阳后的效果列表。

5.渲染与文件保存

在片段视口中确定好效果后，鼠标左键单击“渲染影片”图标，可在四个渲染类别标签中选择整个动画、当前拍摄、图像序列、MyLumion类型，如图7-50所示。

图7-48 “选择照片效果”界面

图7-49 效果列表

图7-50 渲染影片界面

项目八
庭院景观设计案例详解

本项目结合庭院景观设计案例，详细讲述了使用SketchUp 2018完成景观建模，并结合Lumion强大的自带材质、配景库，补充完善模型，完成别墅花园景观场景渲染，静帧出图及动画导出，使用户在面对实际设计任务时，能够更加合理有效地利用各类型软件，完成设计方案所需的图纸。

任务1　AutoCAD的导入与建模

任务目标

1. 了解AutoCAD文件如何导入SketchUp 2018中。
2. 学会在SUAPP中制作模型。

任务解析

1. 导入AutoCAD文件

打开SketchUp 2018，选择菜单栏［文件］-［导入］，打开导入对话框，将右下角的文件类型选择为“AutoCAD文件”，并选择名为“庭院”的AutoCAD图纸，如图8-1所示。鼠标左键单击“选项”，打开“导入AutoCAD DWG/DXF选项”对话框，将“几何图形”菜单栏的两项选项设置进行勾选，并确保单位与AutoCAD图纸保持一致即“毫米”，如图8-2所示。

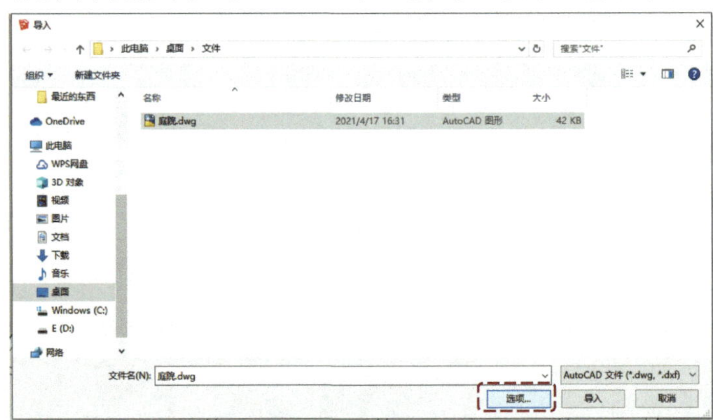

图8-1 “导入”对话框

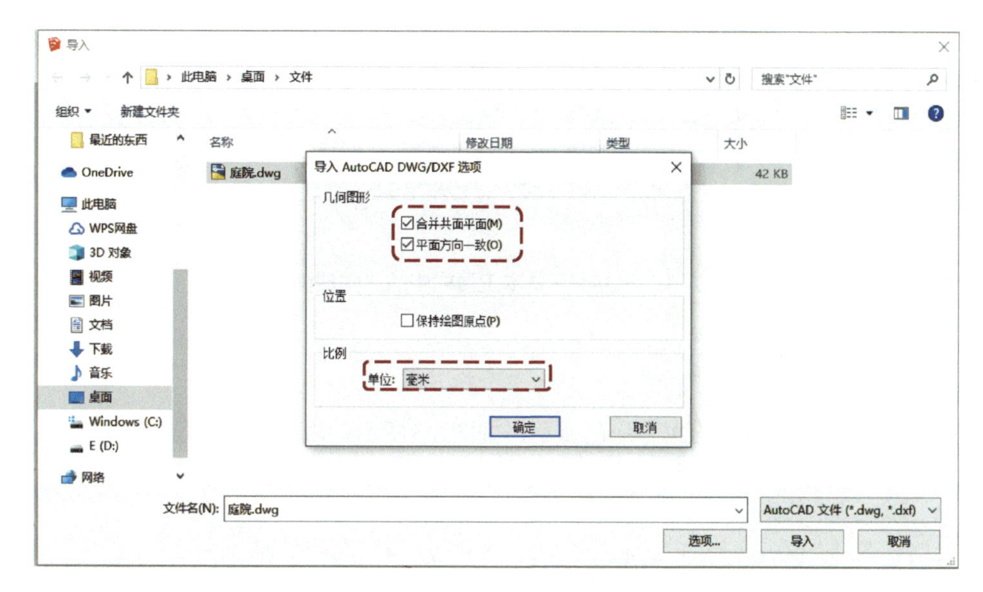

图8-2 “导入AutoCAD DWG/DXF选项”对话框设置

设置完成后鼠标左键单击“确定”，完成AutoCAD图纸的导入，图形文件导入后会以线条的方式进行显示，如图8-3所示。

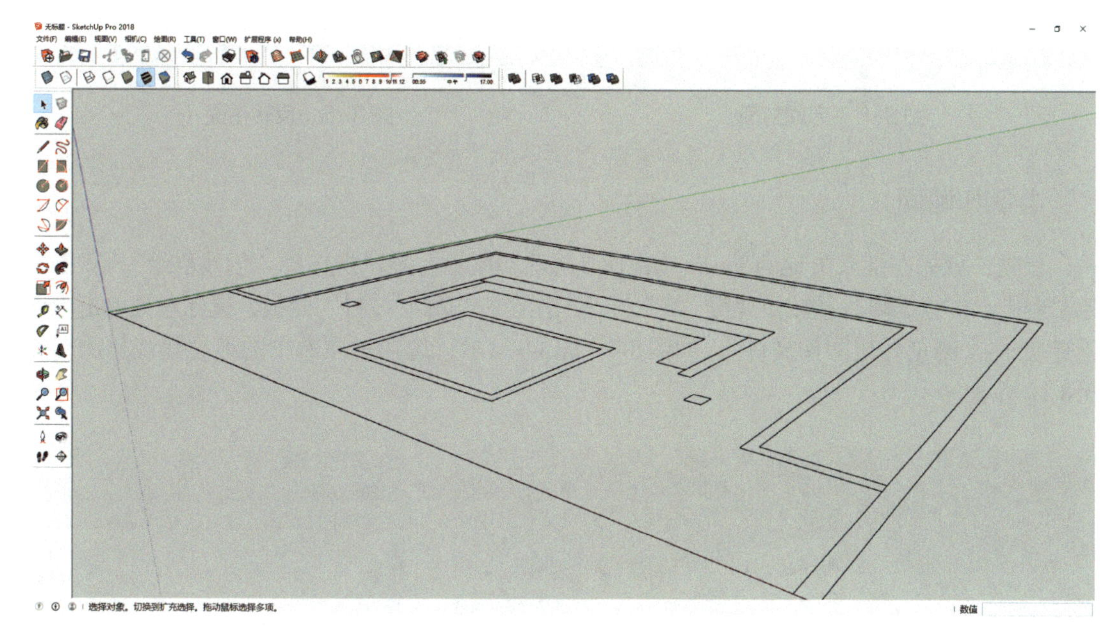

图8-3 导入AutoCAD线框

2. 封面处理

线框导入成功后，需要对其进行封面处理，方便后续的建模。对于线条简单的场景可以使用“直线”工具，重新描线进行封面处理。反之遇到复杂的设计图形时，需要安装SUAPP插件库，其中包括封面插件。使用时，选择需要封面的线框，鼠标左键单击SUAPP工具栏中的“生成面域”命令，如图8-4所示。

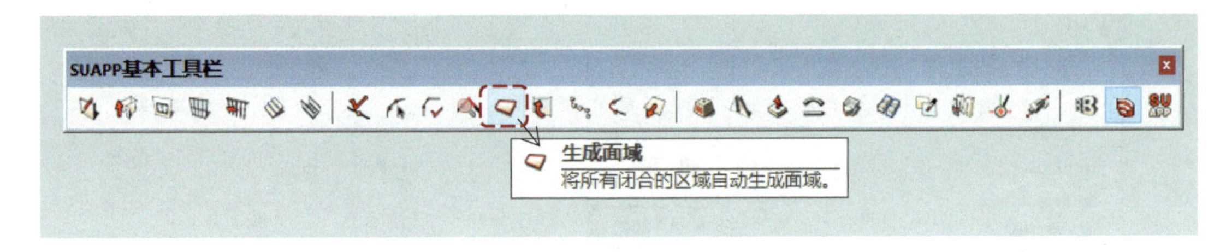

图8-4 SUAPP基本工具栏中的“生成面域”

3.等待面域生成

完成封面后，如果生成的面为深色显示，如图8-5所示，表示此面为反面。选择要反转的面，鼠标右键单击选择“反转平面”，如图8-6为封面反转完成后的效果。

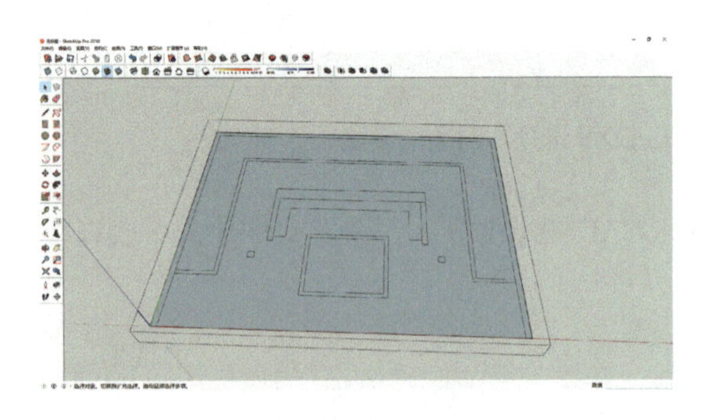

图8-5 完成封面

图8-6 反转平面

4.制作地面

首先，鼠标左键双击地面部分，如图8-7所示。鼠标右键单击选择“创建群组”，双击鼠标左键进入群组编辑，并按快捷键“B”打开工作区右侧的“材料”面板，鼠标左键单击［创建材质］-［浏览材质图像文件］，如图8-8、图8-9所示，选择材质库中的地面铺装材质，如图8-10所示。

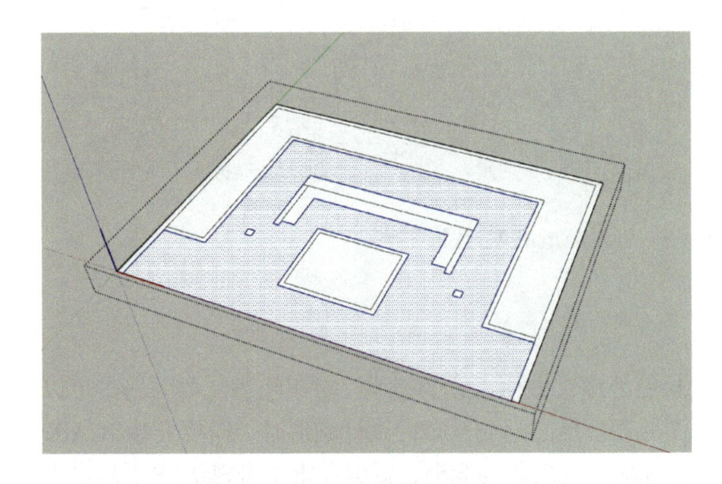

图8-7 选择对象并创建群组

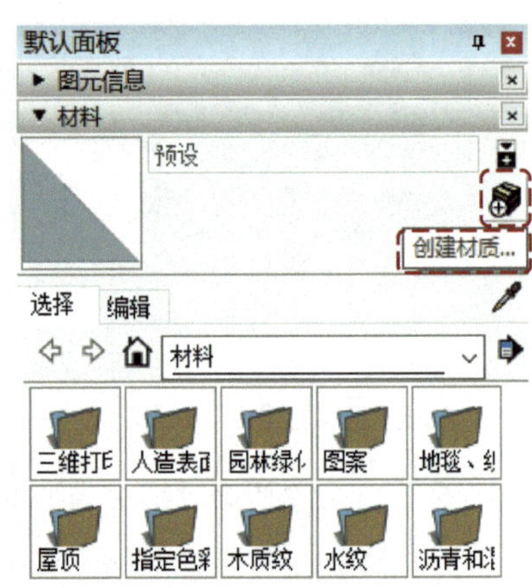

图8-8 点击“创建材质”

图8-9　点击“浏览材质图像文件”

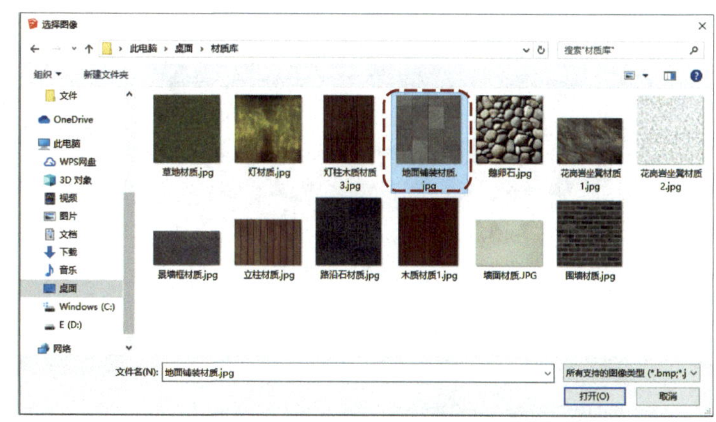

图8-10　选择“地面铺装材质”

其次，鼠标左键单击地面部分，赋予地面材质。鼠标左键单击右侧［默认面板］-［材料］-［编辑］，输入适当长宽比例，如图8-11所示，完成地面铺装材质的赋予。最后，按快捷键“P”激活推拉工具，将地面向上推拉300，完成如图8-12所示效果。鼠标左键单击界面外面，退出群组。

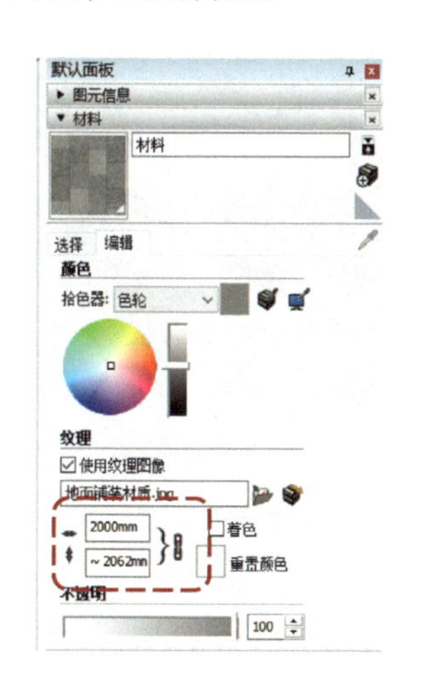

图8-11　修改长宽比例

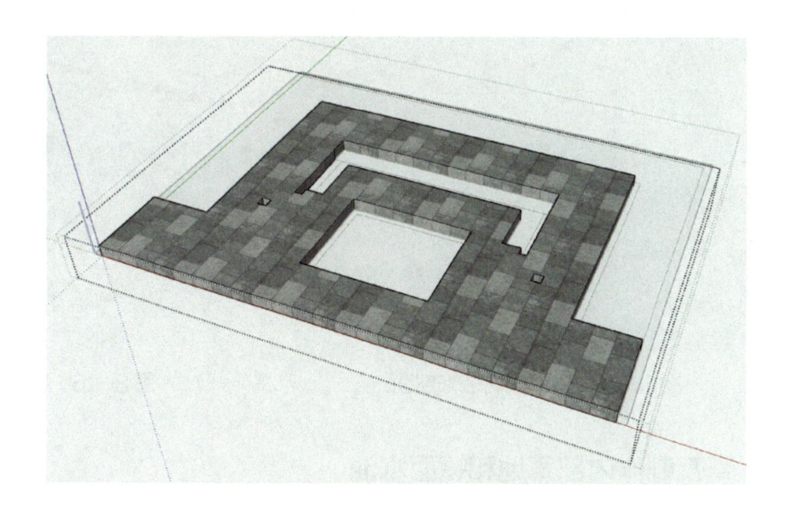

图8-12　推拉出高度后的地面

5.制作围墙

首先，鼠标左键双击围墙部分，鼠标右键单击选择“创建群组”，双击鼠标左键进入群组编辑，同理上述赋予材质方式。按快捷键“P”激活推拉工具，将围墙向上推拉2500。其次，按快捷键空格键激活选择工具，选择多余线条，按“Delete”键，删除多余线条，完成如图8-13所示效果。最后，鼠标左键双击选中围墙上顶面，按快捷键“M”激活移动工具，按一下“Ctrl”键，移动工具右下角出现“+”号，沿着墙线向下移动1200。导入围墙材质2，赋予下半部分墙面不同材质，修改长宽比例，符合现实场景，完成效果如图8-14所示。

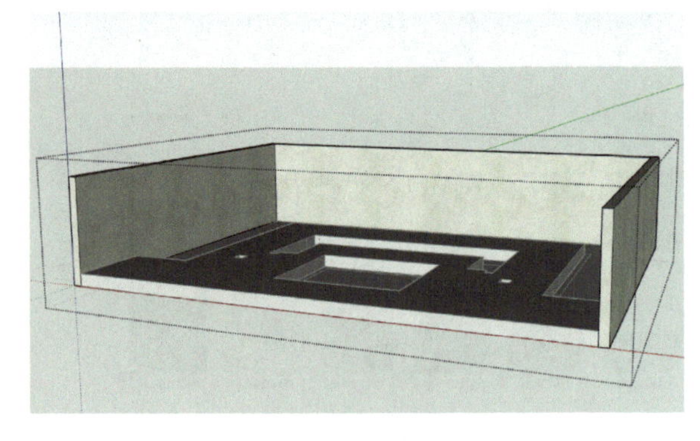

图8-13　赋予围墙材质1

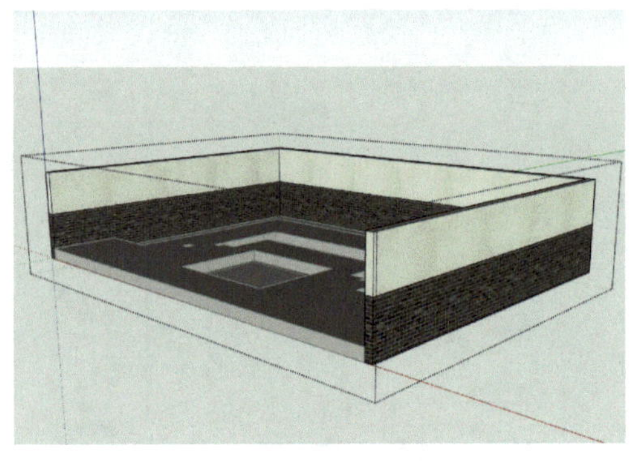

图8-14　赋予围墙材质2

6.制作围墙上端装饰

鼠标左键单击外部，退出群组。首先，使用直线工具，画出围墙剖面形状，图形类似帽子，如图8-15所示。鼠标左键双击剖面，鼠标右键单击选择“创建群组”。双击鼠标左键进入群组编辑，同理上述赋予材质方式 。鼠标左键单击直线工具（快捷键L），沿墙描一圈线，鼠标左键单击路径跟随工具，选择剖面，放样成功，完成效果如图8-16所示。

图8-15　画出围墙装饰剖面

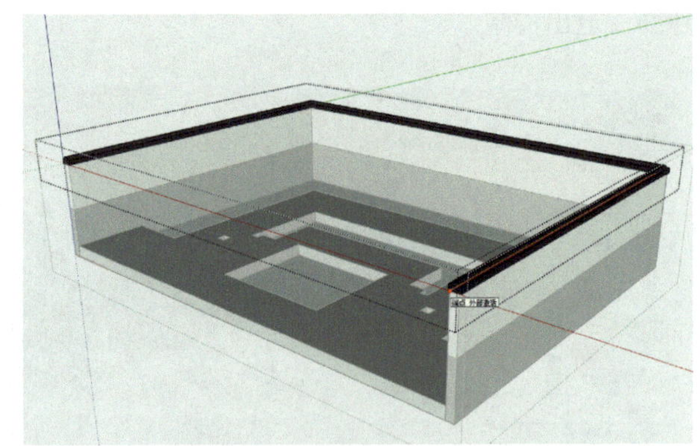

图8-16　“路径跟随”进行放样

7.制作内部草地和镜面水池

首先，鼠标左键双击草坪部分，鼠标右键单击选择“创建群组”，双击鼠标左键进入群组编辑，同理上述赋予材质方式。按快捷键“P”激活推拉工具，将草坪向上推拉300。相同操作，完成路沿石和镜面水池的成组，赋予材质，路沿石向上推拉450，水池向上推拉300，完成效果如图8-17所示。

8.制作景墙

首先，鼠标左键双击景墙部分，鼠标右键单击选择“创建群组”，双击鼠标左键进入群组编辑，同理上述赋予材质方式。按快捷键P激活推拉工具，将景墙向上推拉300与地面同高，然后再向上推2500。按快捷键“L”激活直线工具，画一条景墙与地面的分割线。相同操作，完成坐凳底面和木质柱子的成组，赋予材质，推拉至地面相同高度，为方便后续操作打好基础，如图8-18所示。

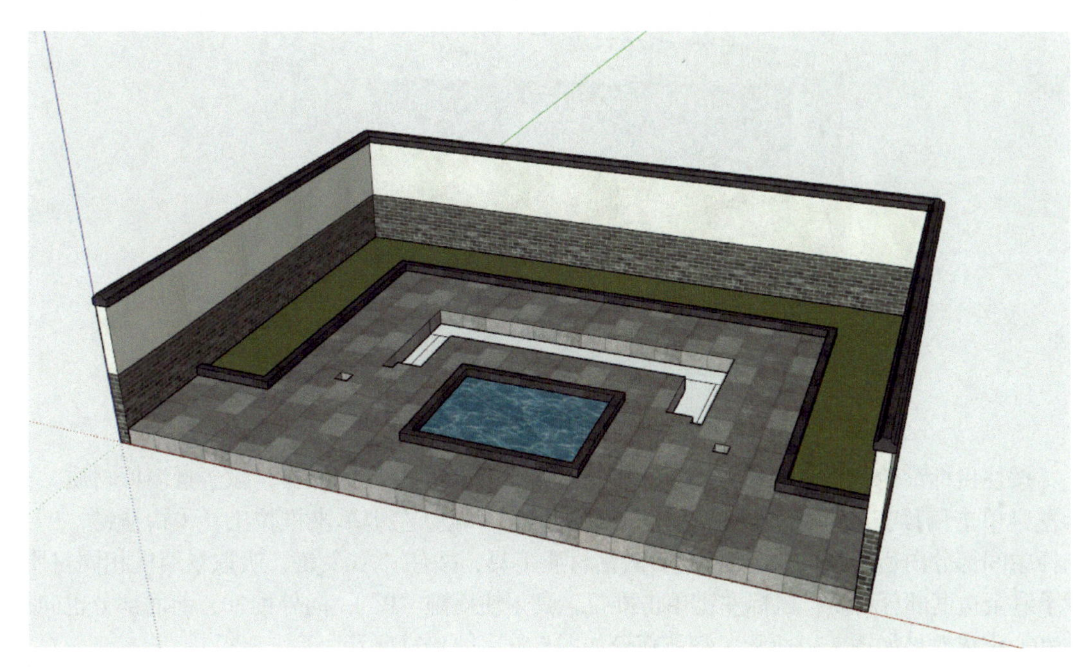

图8-17　完成内部草地和镜面水池

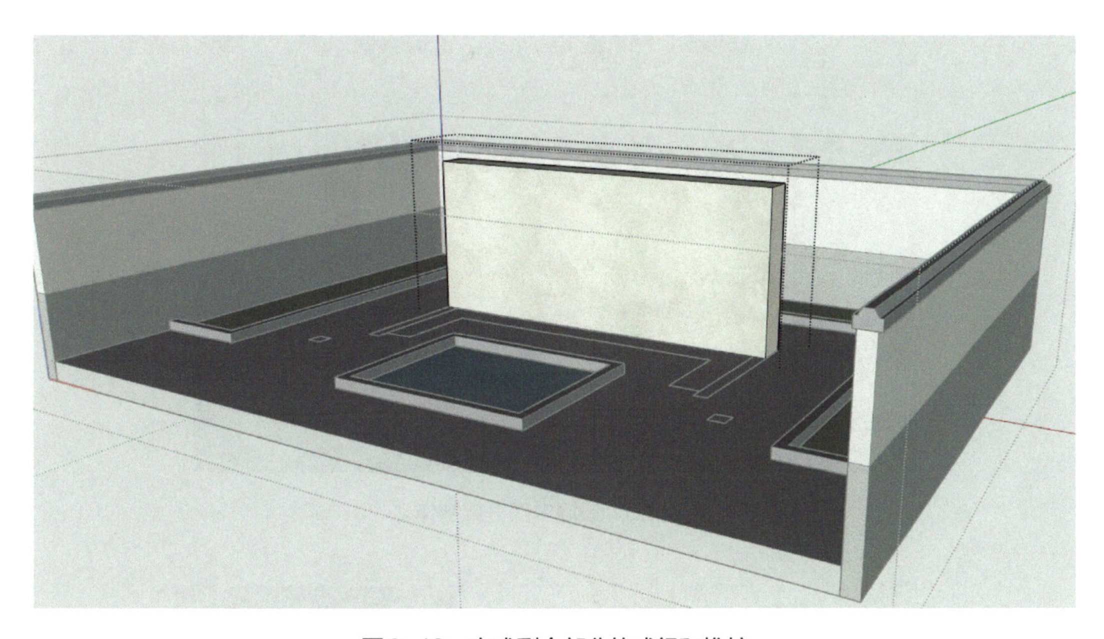

图8-18　完成剩余部分的成组和推拉

鼠标左键双击景墙，进入景墙的群组，鼠标左键单击偏移工具（快捷键“F”），向内偏移400，鼠标左键单击右侧［默认面板］-［材质］-［围墙材质2］，赋予材质。按快捷键“F”激活偏移工具，向内偏移150；鼠标左键单击推拉工具（快捷键“P”），向内推30，同时鼠标左键双击中间部分（推进去相同长度30），影壁背侧同理操作。如图8-19所示。

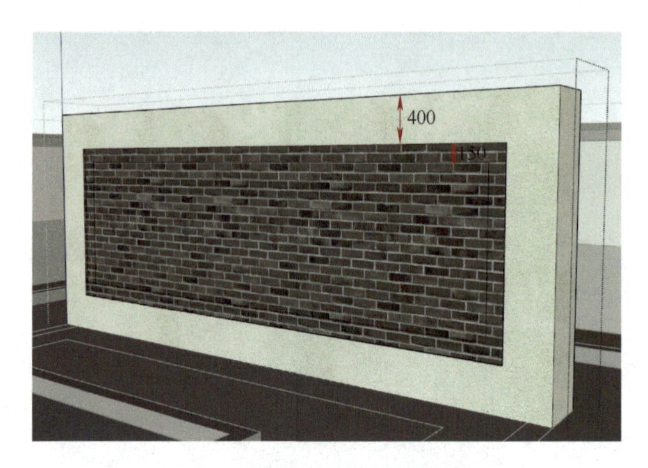

图8-19　景墙内部框架制作1

按住鼠标滚轮，将视角移到前面，同之前导入景墙框材质的操作，赋予景墙框材质。鼠标左键单击偏移工具（快捷键“F”），向内偏移90，鼠标左键单击推拉工具（快捷键“P”），选择中间部分向后推440，按快捷键B激活材质工具，按住“Alt”键，吸取景墙框相同材质，赋予剩余边框部分材质，鼠标左键单击推拉工具（快捷键“P”），向外推30，前面部分也向外推30，完成效果如图8-20所示。细节部分如图8-21、图8-22所示。

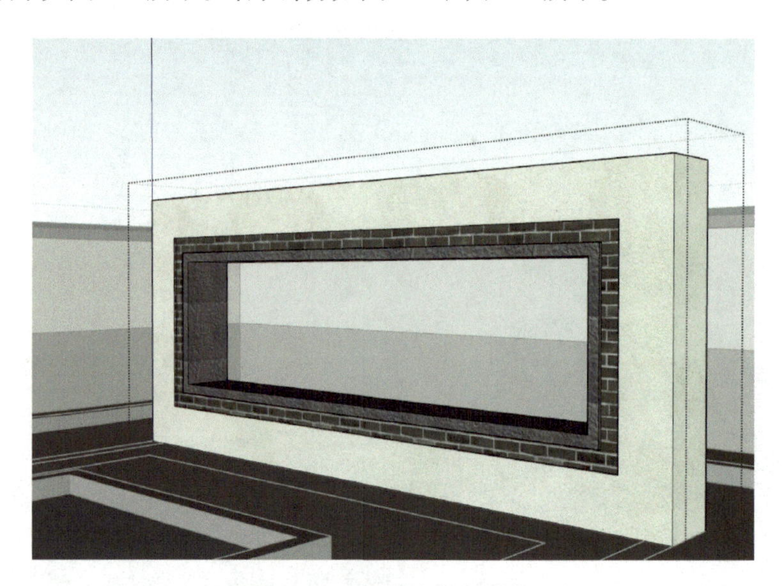

图8-20　景墙内部框架制作2

图8-21　细节部分展示1

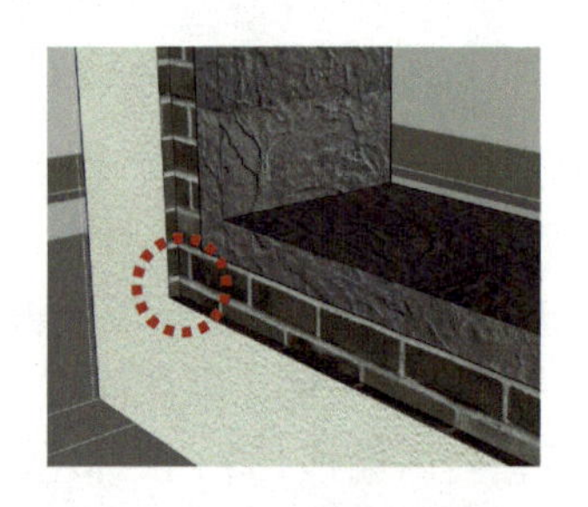

图8-22　细节部分展示2

9.制作两侧木质隔板

首先，选择木质隔板的组，按快捷键“M”激活移动工具，按一下“Ctrl”键，沿着墙体向上复制一个新的组，鼠标左键双击进入组内，赋予木质材质。鼠标左键单击推拉工具（快捷键“P”），向下推200，左下侧画一矩形（200，200），鼠标左键单击推拉工具（快捷键“P”），向下推2300，完成效果如图8-23所示。

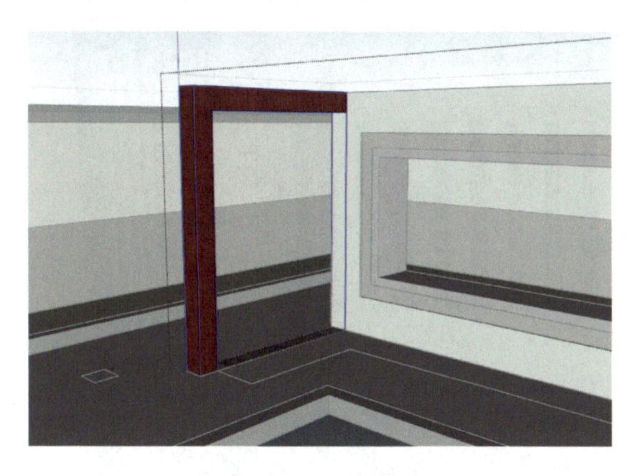

图8-23　木质框架制作

图8-24　木质隔板制作

其次，鼠标左键单击矩形工具，画一矩形（80，80），鼠标左键单击推拉工具（快捷键“P”），向下推2300，鼠标左键三击，选中全部，鼠标右键单击选择“创建群组”，赋予木质纹材质，鼠标左键单击移动工具（快捷键“M”），选择右端点，按一下“Ctrl”键，移到最左端，输入/10，鼠标左键单击最左侧立柱，按“Delete”键删除。选中任意一个立柱，按住“Ctrl”键，加选其他柱子，鼠标左键单击移动工具，任意选择一点向右移动90，向内移动60，完成效果如图8-24所示。最后，选中左侧的木质隔板，鼠标左键单击移动工具（快捷键“M”），按一下“Ctrl”键，选择右端点，复制移动到最右端，如图8-25所示。

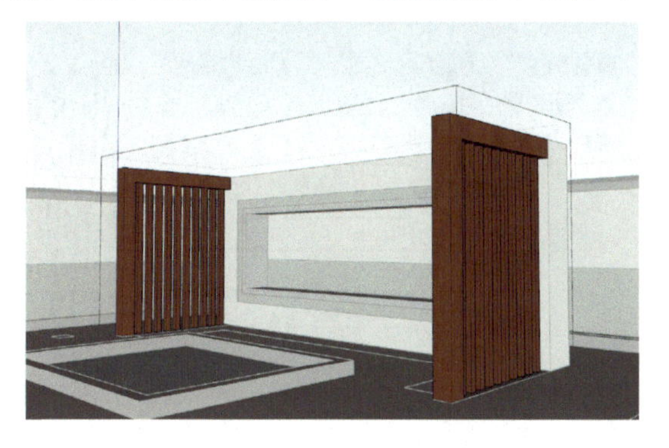

图8-25　两侧木质隔板制作完成

10.制作墙内的木质隔板

第一步，鼠标左键单击矩形工具（快捷键“R”），画一矩形（80，80），鼠标左键双击创建成组，进入组内，鼠标左键单击推拉工具（快捷键“P”），向下推1220，鼠标左键三击选中全部，鼠标右键单击创建成组，赋予木质材质。鼠标左键单击移动工具（快捷键“M”），选择最右端，按一下“Ctrl”键，移到最右端，输入/19，删除最右端的柱子，退出组。鼠标左键单击移动工具，整体向右移动80，如图8-26所示。

第二步，制作圆形木质框。鼠标左键单击直线工具（快捷键“L”），画一条中线，找到中点，按快捷键“C”激活圆工具，画一个圆（R=610）。鼠标左键单击右侧［默认面板］-［图元信息］-［段］，增加段数，让圆更圆润，如图8-27所示。鼠标左键单击偏移工具（快捷键

“F”），向内偏移80，鼠标左键单击里面的面，按“Delete”键删除，鼠标左键单击推拉工具（快捷键“P”），向后推80，鼠标左键三击选中全部，鼠标右键单击创建成组，赋予木质材质，完成效果如图8-28所示。

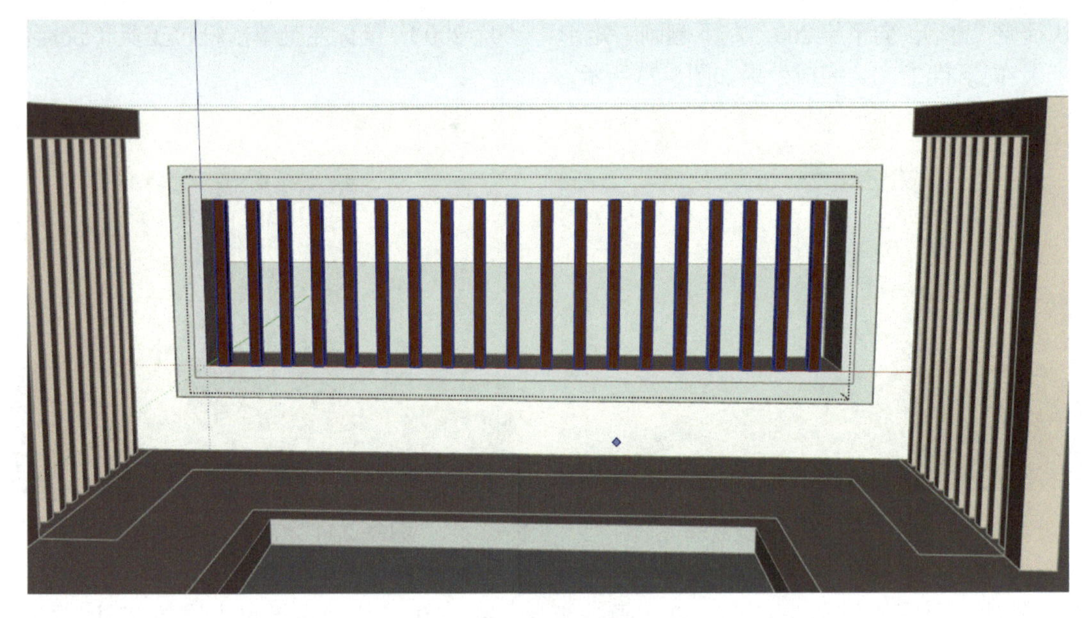

图8-26　景墙内部隔板制作

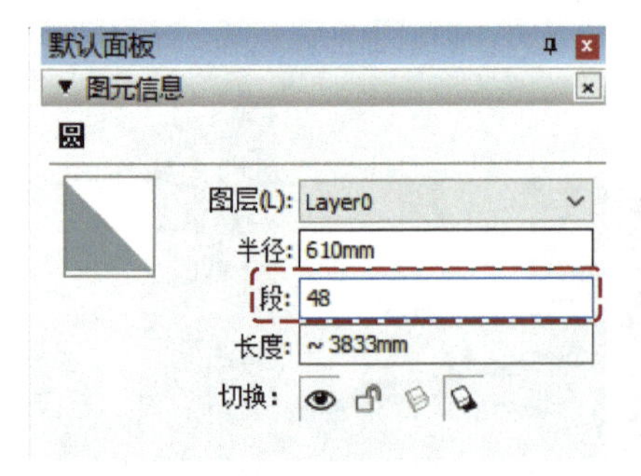

图8-27　[图元信息]-[段]的修改

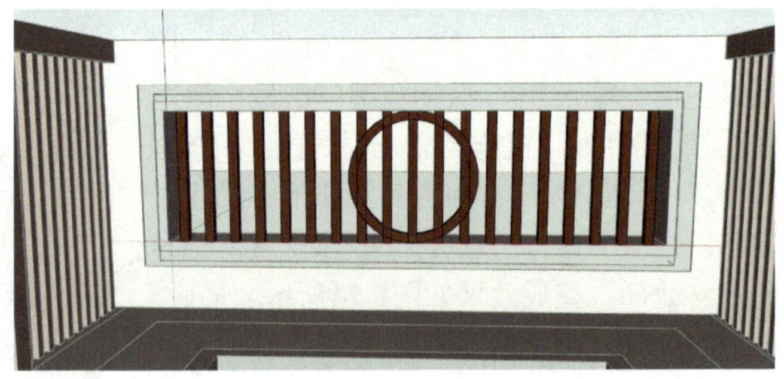

图8-28　景墙内部圆形隔板制作

第三步，删除圆形木质框内多余部分。鼠标左键单击选择工具（快捷键空格键），选择圆和与圆相交的柱子；按快捷键“M”激活移动工具，按一下“Ctrl”键，移动到外侧，复制多个。鼠标左键单击选择圆作为第一个实体组，如图8-29所示。鼠标左键单击[实体工具]-[减去]，如图8-30所示，鼠标左键单击最左侧的柱子作为第二个实体组，效果如图8-31所示，其余的柱子同理上述步骤，最后效果如图8-32所示。

最后，鼠标左键双击进入柱子组内，鼠标左键三击选中中间部分，删除柱子中多余的部分，效果如图8-33所示。选中完成部分，鼠标左键单击移动工具（快捷键“M”），选中右下角的点作为参照点，将圆形框架和部分柱子移到原图形相同位置，删除原来的柱子，效果如图8-34所示。

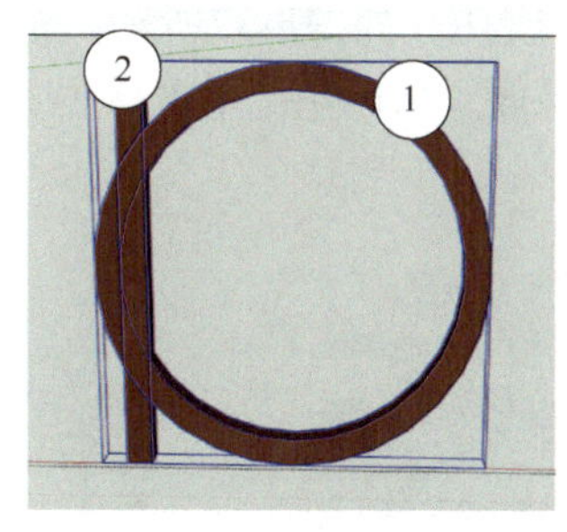

图8-29　选择圆作为第一个实体组

图8-30　鼠标左键单击［实体工具］-［减去］

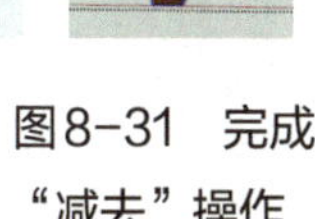

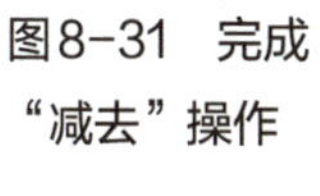

图8-31　完成“减去”操作

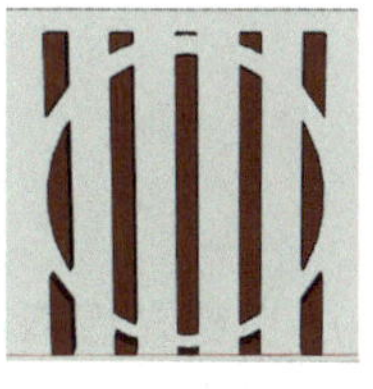

图8-32　完成“减去”效果

图8-33　删除圆内柱子多余部分

图8-34　完成墙内的木质隔板

11. 制作凳子

首先，鼠标左键双击进入凳子的组内，赋予凳子材质，鼠标左键单击推拉工具（快捷键“P”），向上推400，如图8-35所示。其次，鼠标左键单击直线工具（快捷键“L”），画一个折角的面，如图8-36所示；鼠标左键双击成组，鼠标左键单击直线工具（快捷键“L”），沿座位

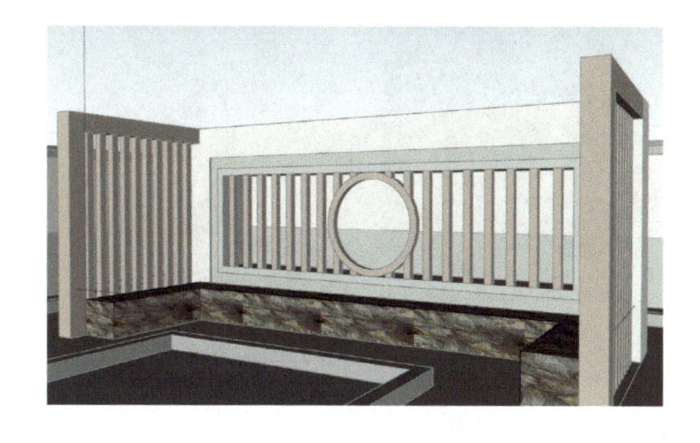

图8-35　完成坐凳底部

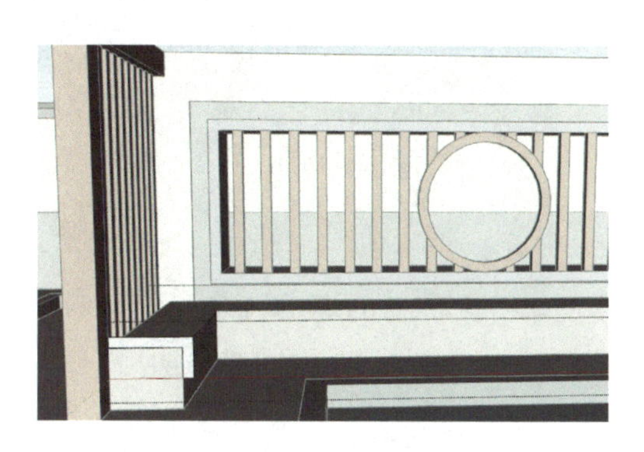

图8-36　画出折角剖面

外边线描一圈线，鼠标左键单击路径跟随工具，选择剖面，放样成功，如图8-37所示。最后，鼠标左键单击直线工具（快捷键“L”），将坐凳分割成多个平面，鼠标左键单击材质工具（快捷键“B”），赋予不同材质，最终效果如图8-38所示。

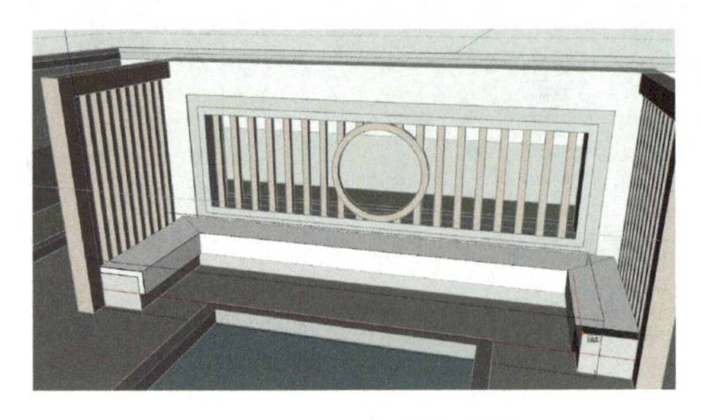
图8-37 完成“放样”

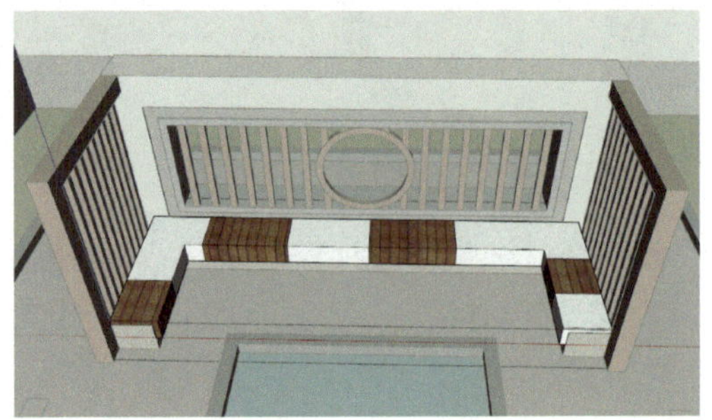
图8-38 完成坐凳部分

12. 制作路灯主体

首先，鼠标左键单击矩形工具（快捷键“R”），画一矩形（240，240），鼠标左键双击选择所有线和面，鼠标右键单击选择“创建群组”，赋予底部基座材质；按快捷键“P”激活推拉工具，向上推240。鼠标左键单击偏移工具（快捷键“F”），向内偏移20，其余面鼠标左键双击即可，鼠标左键单击推拉工具（快捷键“P”），向内推10，其余面鼠标左键双击即可，如图8-39所示。

其次，鼠标左键单击顶面，鼠标左键单击偏移工具（快捷键“F”），向内偏移8，鼠标左键单击推拉工具（快捷键“P”），向外推120，鼠标左键单击偏移工具（快捷键F），向内偏移40，赋予木质纹材质，鼠标左键单击推拉工具（快捷键“P”），向上推2500。鼠标左键单击卷尺工具（快捷键“T”），向下定320的参考线，画一矩形（320，93），鼠标左键单击推拉工具（快捷键“P”），向外推670，两边向内推20。鼠标左键单击直线工具（快捷键“L”），画出一个Z字形支架的面，向后推一定厚度完成即可，赋予木质材质，如图8-40所示。

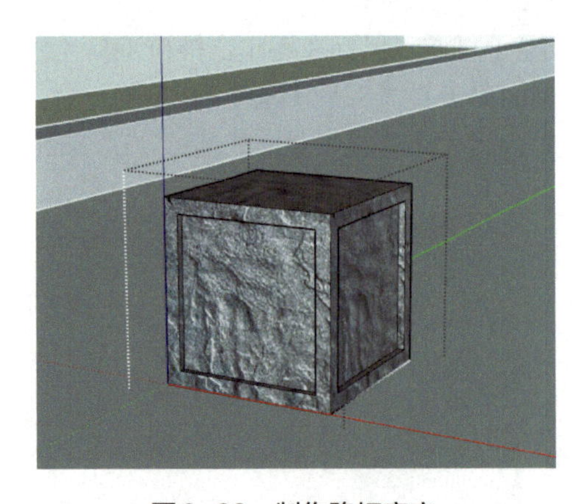
图8-39 制作路灯底座

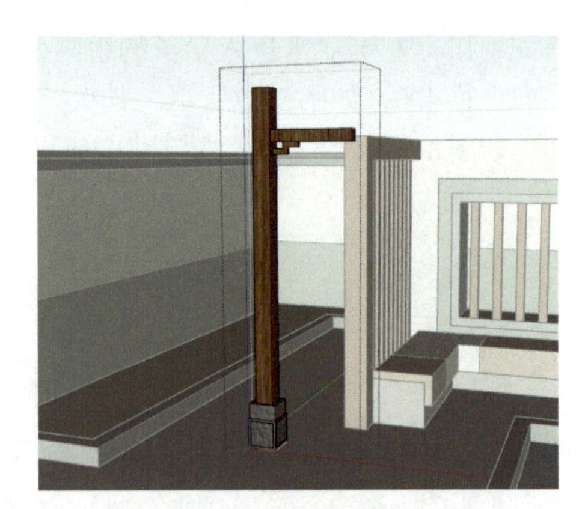
图8-40 制作路灯主体部分

最后，制作路灯灯具。先完成大体摆放结构，灯具中间的长方体规格是（145，145，340），立放的柱子规格是（20，20，416），横放的柱子规格是（20，20，221）。再完成内部装饰面，根据装饰面的形状，用直线工具画出图案，图案如图8-41所示，最后推出一定厚度，最后灯具效果如图8-42所示。按快捷键“M”激活移动工具，选择灯具组件，按一下“Ctrl”键，移动复制另一个到另一侧，如图8-43所示。

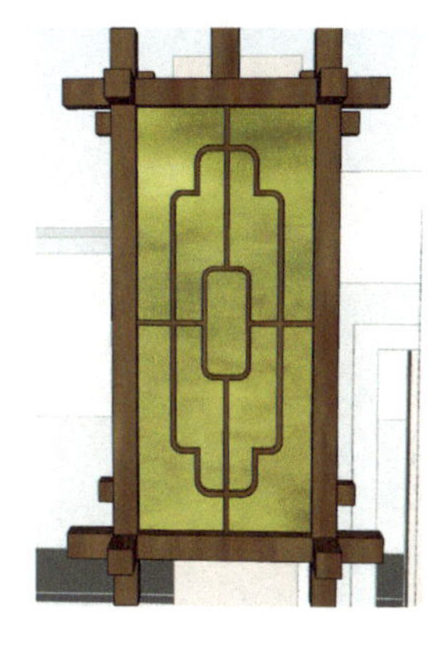

图8-41　装饰面图案

图8-42　制作灯具

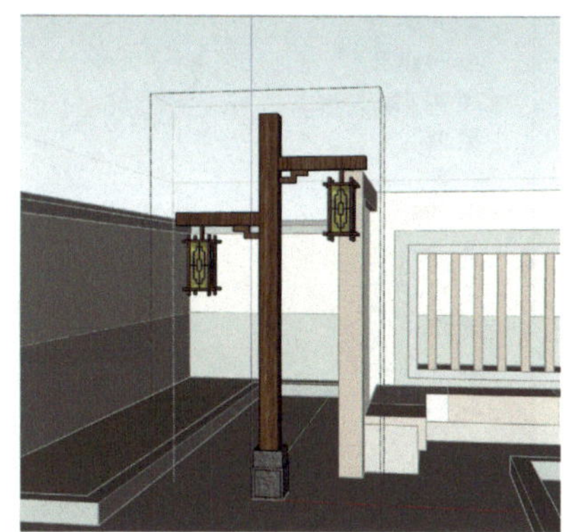

图8-43　完成左侧路灯

13. 完成并保存场景

完成场景后应及时保存场景，在平时使用SketchUp 2018制作模型时，要记得及时保存场景，以防意外情况丢失文件。

鼠标左键单击［默认面板］-［阴影］，打开阴影，让模型更具真实效果，阴影工具栏参数如图8-44所示。最后，鼠标左键单击菜单栏的［文件］-［导出］-［二维模型］，得到.jpg格式的图片，最终效果如图8-45所示。

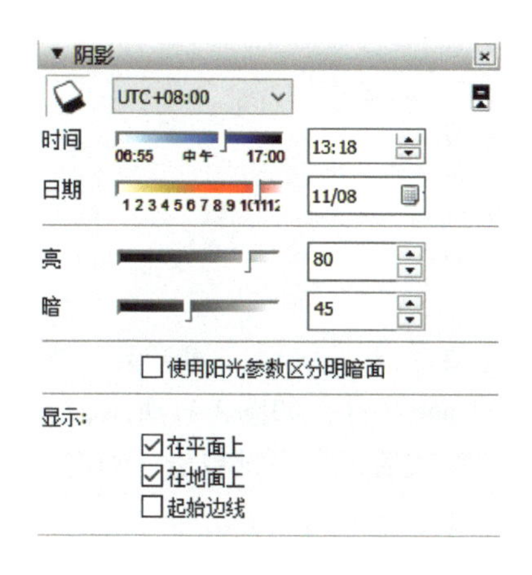

图8-44　“阴影”参数

图8-45　成图

14. 导出三维模型

鼠标左键单击菜单栏的［文件］-［导出］-［三维模型］，操作界面如图8-46所示，得到 TY.dae 的文件。

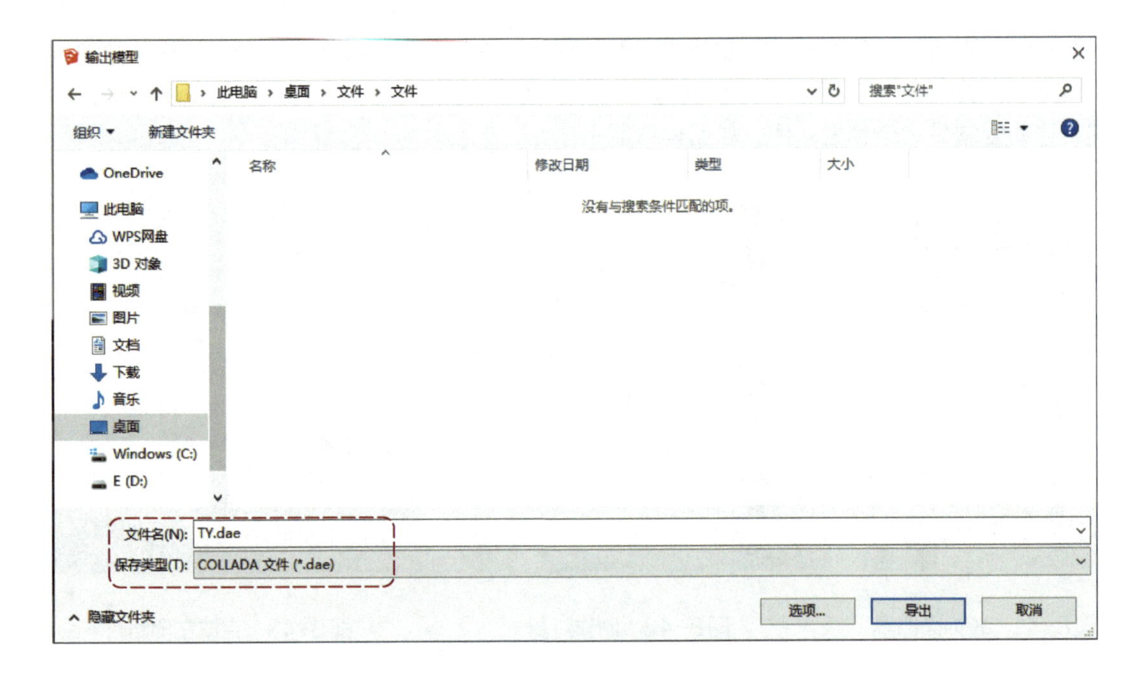

图8-46　导出三维模型

任务2　场景渲染与效果图输出

任务目标

1. 了解.dae文件如何导入Lumion 8.0中。

2. 学会在Lumion 8.0中创建场景。

任务解析

1. 文件的导入与放置

打开Lumion 8.0，选择“Mountain Range”场景，在放置菜单中，鼠标左键单击［导入］-［导入新模型］，系统弹出文件浏览窗口，选择所需要的.dae文件，如图8-47所示，导入TY.dae，弹出“设置导入模型的名称”，如图8-48所示。设置完成后鼠标左键单击“确定”，完成模型导入，将模型放置到合适位置，开始场景制作。

2. 材质添加与配景放置

选择工作区左侧“材质”系统，鼠标左键单击模型中需要添加材质的部分，弹出材质面板；选择［自然］-［水］，如图8-49所示。在水材质种类中选择合适的材质，完成水面材质的赋予。鼠标左键双击材质，可对材质波高、光泽度、波率、聚焦比例、反射率、泡沫这些参数进行调整，如图8-50所示。

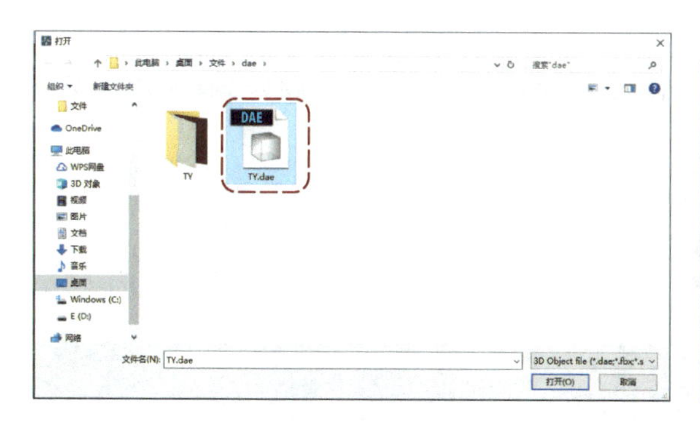

图8-47　文件浏览窗口

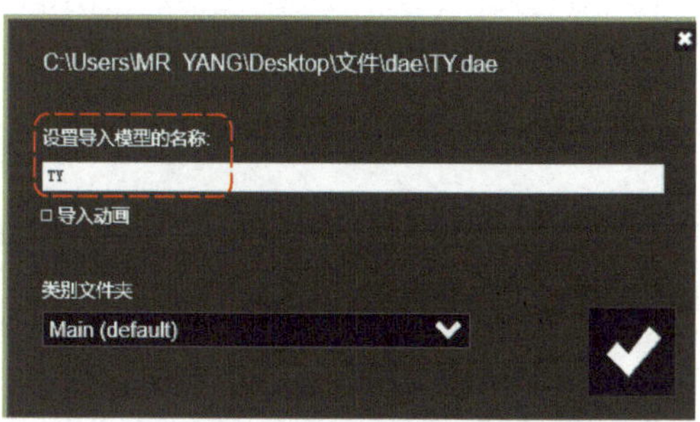

图8-48　“设置导入模型的名称”窗口

图8-49　水面材质选择

图8-50　水材质参数调整

鼠标左键单击草地部分，弹出材质面板，选择［自定义］-［景观］，如图8-51所示，鼠标左键单击保存，返回到编辑界面；选择工作区左侧“景观”系统-“草丛”，开启“草丛开关”，对草丛的高度、大小、野性进行适当修改，如图8-52所示。使用上述方法，完成其他材质的赋予，也可调整材质参数修改当前材质属性。

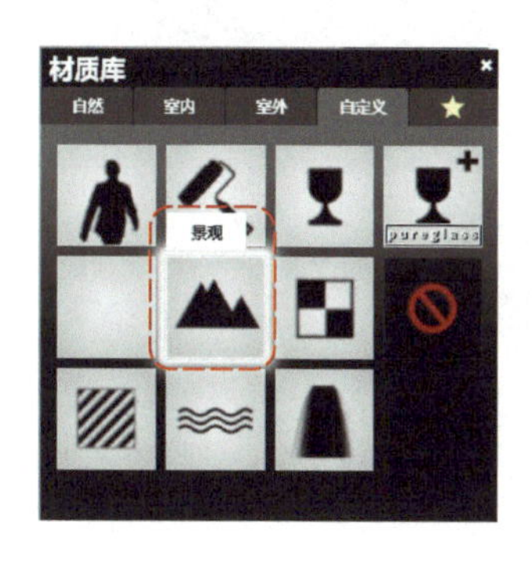

图8-51 ［自定义］-［景观］选择

图8-52　景观草丛调整

选择工作界面左侧“物体”系统，可以从“自然”素材中选择树种进行栽植，如图8-53所示。在功能面板中，对放置植物进行移动、调整尺寸、调整高度、绕*Y*轴旋转等编辑操作。如图8-54所示。

放置植物后，可鼠标左键单击“调整尺寸”图标，调整景观树大小到适当比例，如图8-55为调整景观树参数。也可鼠标左键单击“更多属性”图标，对植物色调、饱和度、区域范围进行修改，如图8-56、图8-57所示。以同样的方式，可放置其他素材，丰富场景。素材放置后最后效果如图8-58、图8-59所示，也可在后期浏览时增加或减少素材，让场景更真实。

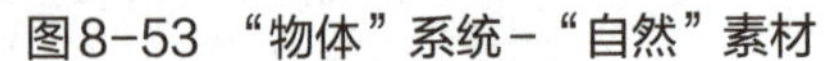
图8-53 “物体”系统-“自然”素材

图8-54 放置调整

图8-55 “调整尺寸”模式

图8-56 透明度

图8-57 更多属性设置

图8-58　增加素材后的场景1

图8-59　增加素材后的场景2

3.拍照与保存文件

当模型内材质修改完、素材放置完成后，鼠标左键单击工作界面右侧“拍照模式”图标，进入拍照界面；在预览窗口中选择好视角，鼠标左键单击“保存相机视口”，保存视角到照片集，如图8-60所示。

鼠标左键单击“特效”图标，对视口照片进行特效的添加，丰富照片效果。图8-61所示为添加模拟色彩实验室、两点透视、太阳、天空和云、曝光度等特效效果，也可以通过改变太阳高度模拟黄昏效果和夜晚效果。

图8-60　视口保存效果

图8-61　添加特效效果后的照片

4.图片输出

鼠标左键单击“渲染照片”图标，选择渲染当前拍摄，如图8-62所示，同时选择渲染精度，则弹出文件保存窗口，如图8-63所示，输入保存文件名称并选择文件保存类型即可完成照片输出。渲染界面如图8-64所示，完成渲染，鼠标左键单击“OK”按钮即可。

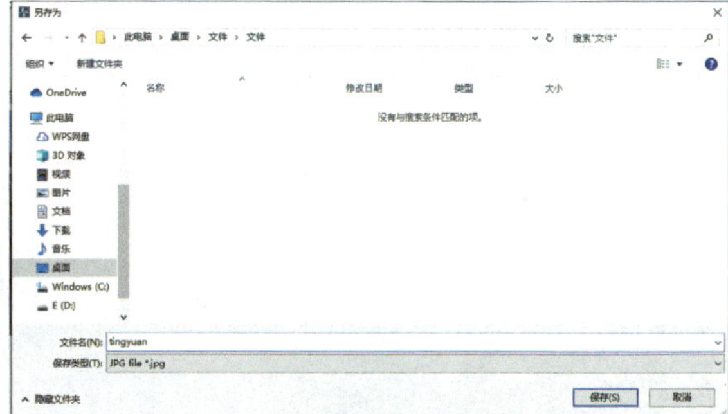

图8-62　渲染照片界面　　图8-63　保存照片窗口

图8-64　完成照片渲染

5.保存文件

需要文件保存时，鼠标左键单击页面右侧“文件”图标，进入文件页面，鼠标左键单击“另存为”图标，弹出文件保存窗口，输入保存文件名称，完成场景保存，如图8-65所示。

图8-65　保存文件

6.效果图展示

效果图如图8-66所示。

图8-66　效果图

模块三　课程思政教学点

<table>
<tr><th>教学内容</th><th>思政元素</th><th>育人成效</th></tr>
<tr><td rowspan="2">项目七
Lumion 8.0核心命令使用要点

项目八
庭院景观设计案例详解</td><td>专业应用能力</td><td>通过方案设计内容的学习，激发学生的民族自豪感，引导学生树立爱国情怀，树立节能环保意识；将诚信、法治和职业道德引入课堂</td></tr>
<tr><td>坚持不懈精神、主动思考能力</td><td>图纸完成过程中，需要结合多种工具进行操作，同时需要学生举一反三，灵活运用，从而不断提高学习主动性和积极性，激发学生的主动思考能力，提高学生课堂参与度，使学生成为课堂主体</td></tr>
</table>

模块四 Photoshop CS6

Photoshop是Adobe公司旗下的一款图像处理软件，自推出之后，版本已经数次更新，其功能不断增强与完善，深受广大设计人员的喜爱。

Photoshop除具在一般的图像、图形、文字、视频等方面的处理功能外，在园林、城市规划、建筑设计、室内设计等专业的后期效果处理中，其强大的素材处理、色彩调整、滤镜等功能在效果图制作中也具有不可替代的作用。

本模块主要介绍Photoshop CS6的工作界面、基本工具操作和使用方法，重点讲解选择工具、图像视查工具和恢复工具的使用，以及园林平面效果图、立面效果图、园林设计方案文本的制作。

项目九 Photoshop CS6 基本操作

任务1 文件操作技能

任务目标

1. 认识Photoshop CS6软件，熟悉Photoshop CS6的工作界面，了解基本操作。
2. 能够熟练运用Photoshop CS6的基本功能。

任务解析

1. Photoshop CS6界面简介

Photoshop CS6的窗口如图9-1所示，由标题栏、菜单栏、工具属性栏、工具箱、图像窗口、控制面板、状态栏、操作面板等组成。

① 标题栏　显示当前应用程序名称。当图像窗口最大化显示时，则会显示图像文件名、

颜色模式和显示比例的信息。标题栏右侧为最小化、最大化和关闭按钮，分别用于缩小、放大和关闭应用程序。

② 菜单栏　软件有10个菜单，每个菜单都带有一组相关命令，用于执行Photoshop软件的相关操作。

③ 工具属性栏　设置工具箱中各个工具的参数。选项栏具有可变性，在工具箱中选择工具后，工具栏中的选项将发生变化，不同的工具其参数选项不同。

④ 工具箱　包含各种常用工具，用于绘图和执行相关的图像操作。

⑤ 图像窗口　图像显示的区域，用于编辑和修改图像。

⑥ 控制面板　窗口右侧的小窗口称为控制面板，用于配合图像编辑和该软件的功能设置，不用时也可将其关闭。

⑦ 状态栏　窗口底部的横条称为状态栏，它提供一些当前操作的信息。

⑧ 操作面板　Photoshop CS6窗口的灰色区域为操作面板，其中包括显示工具箱、控制面板和图像窗口。

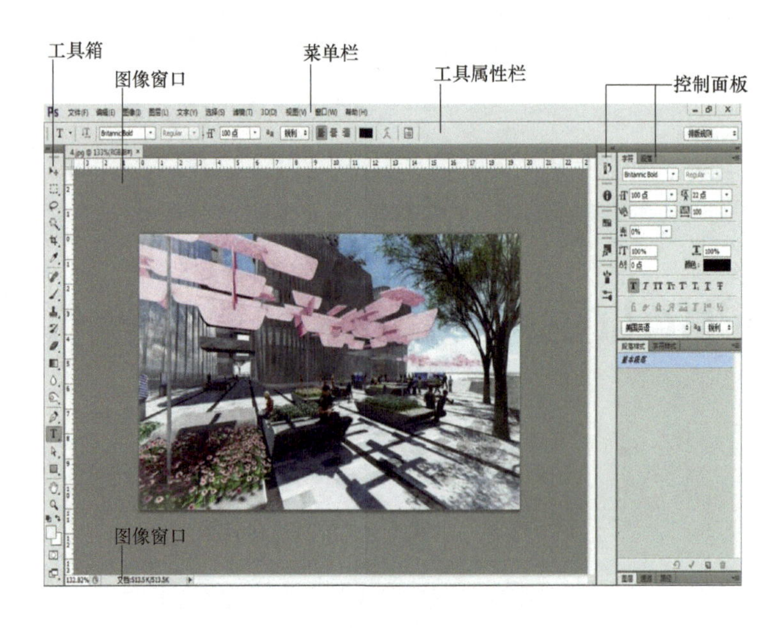

图9-1　Photoshop CS6操作界面

2. 文件基础操作

（1）打开指定文件

① 选择菜单栏［文件］-［打开］，出现［打开］对话框，如图9-2（a）所示。

②［打开］对话框　鼠标左键单击［查找范围］后的下拉三角号→点选文件所在文件夹或路径→点选文件→单击右下角［打开］按钮，如图9-2（b）所示。

③［打开］命令快捷键　“Ctrl+O”或鼠标左键双击灰色的文件编辑窗口。

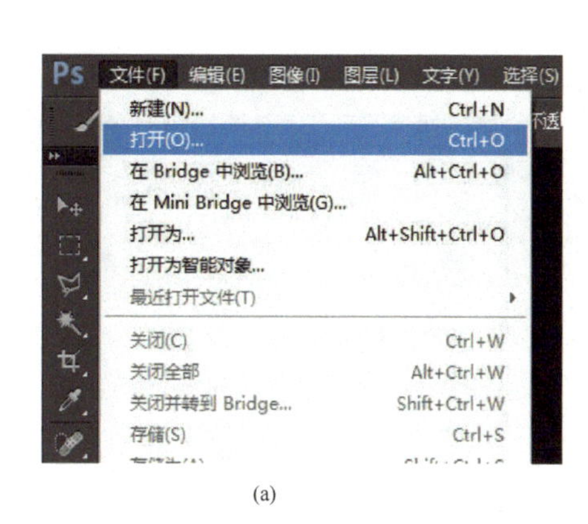

(a)

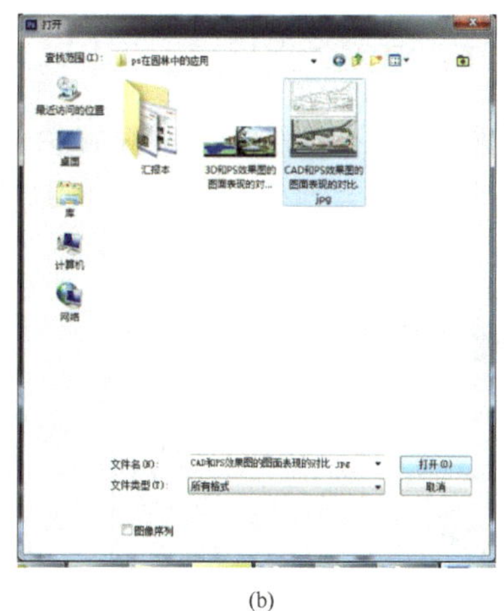

(b)

图9-2　打开文件

（2）新建文件

①选择菜单［文件］-［新建］，出现［新建］对话框，如图9-3（a）所示。

②［新建］对话框　输入［名称］，如绘图1-［预设］，鼠标左键点选下拉三角号下的项目，如图9-3（b）所示，设置宽度、高度、分辨率、颜色模式和背景内容，单击右上角［确定］按钮。

③［新建］命令快捷键　［Ctrl+N］。

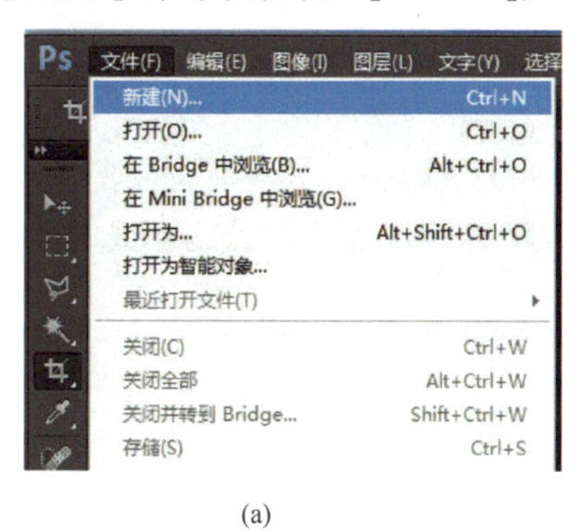

(a)

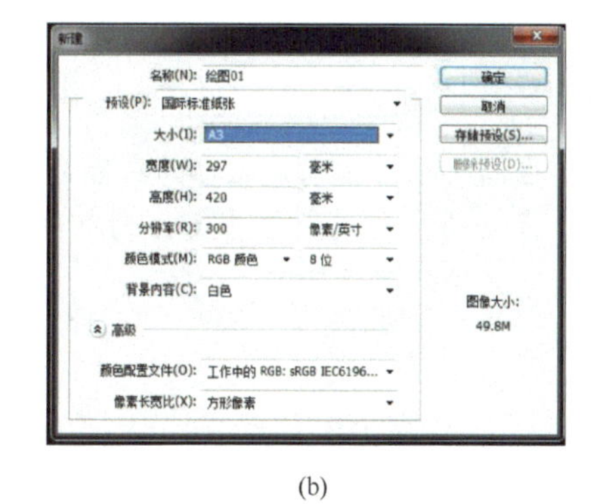

(b)

图9-3　新建文件

（3）存储

①打开一文件，编辑完后，选择菜单［文件］-［存储］。如图9-4所示。

②［存储］命令快捷键　“Ctrl+S”。

（4）存储为

①选择菜单［文件］-［存储为］，出现［存储为］对话框，如图9-5（a）所示。

②［存储为］对话框　鼠标左键单击［保存在］后的下拉三角号-点选文件存储路径-输入［文件名］，

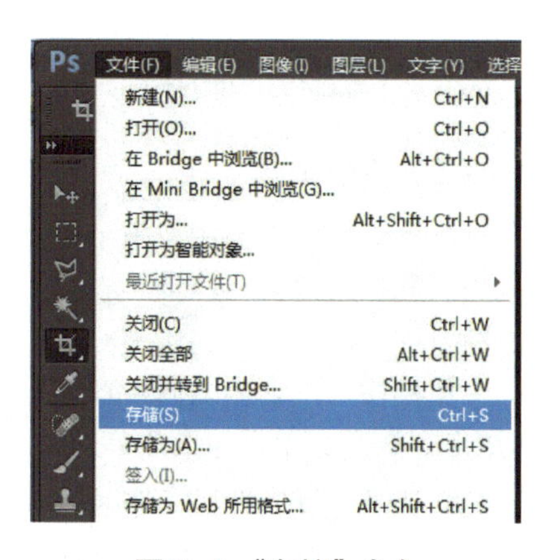

图9-4　“存储”命令

如绘图1-［格式］，点选下拉三角号下的项目，如psd或jpg-单击右下角［保存］按钮，如图9-5（b）所示。

③［存储为］命令快捷键 “Shift+Ctrl+S”。

(a)

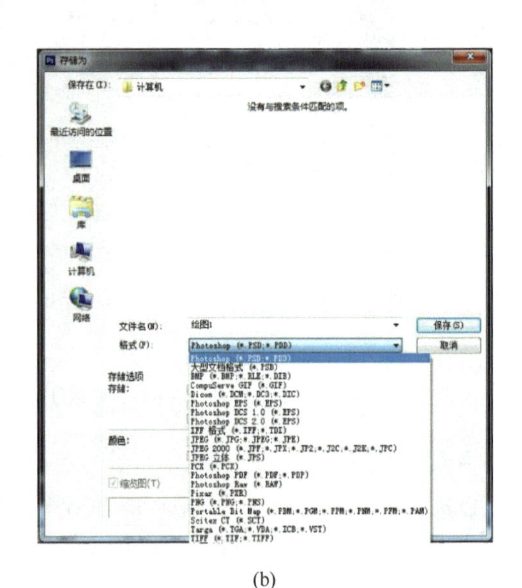

(b)

图9-5 "存储为"命令

说明

①［存储］应用于新建文件的存储和已存储文件的直接保存，将原文件覆盖。

②［存储为］应用于新建文件的存储和已存储文件再存储为另外名称或其他格式的文件，与原文件就脱离开了。

说明

Photoshop CS6的默认文件格式一般为.psd，保存图层、历史记录、路径等信息。

3.选择工具的使用

（1）选框工具

① 选框工具 使用此类工具可选择任意大小的规则形状区域。包括矩形选框、椭圆形选框、单行选框、单列选框，分别拖曳出矩形、椭圆形、单行像素和单列像素框区选区，如图9-6（a）所示。

② 操作 工具箱-在选框工具单击鼠标右键选择选框工具类型，如-在绘图区拉出矩形、椭圆、单行像素或单列像素框区，如图9-6（b）所示。

③ 选框工具属性栏 选区运算按钮：从左至右分别是新选区、加到选区（加选）、从选区减去（减选）、与选区交叉（交集）。

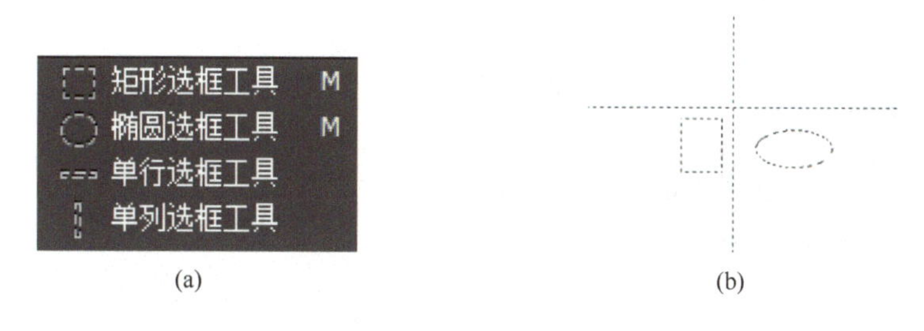

图9-6 选框工具

羽化值：使处理选区边缘获得渐变晕开的柔和效果，更好地与其他图像融和；输入值越大，羽化越厉害。

消除锯齿：是在选区边界之间填入介于边缘和背景之间的中间色调的色彩，使边缘更光滑。

样式：正常即依据鼠标的点击来确定；约束长宽比；固定尺寸或大小，如图9-7所示。

图9-7 选框工具属性栏

④［选框］命令快捷键“M”，切换后面的工具命令快捷键为“Shift+M”。

注意

使用矩形选框、椭圆形选框工具时，按住“Shift”键拖曳出正方形和圆形形状的选区；按住“Alt”键拖曳出以起点为中心制作选区；同时按住“Shift”键和“Alt”键拖曳出以起点为中心的正方形和圆形制作选区。

（2）套索工具

① 套索工具　使用此类工具可选择不规则形状区域，如图9-8（a）所示，包括以下三个工具。

套索工具：鼠标左键单击确定起点，拖动鼠标定义要选择的区域。

多边形套索工具：以多个直线来选择区域，鼠标左键每单击一次确定一拐点，至结束。

磁性套索工具：系统自动分析光标经过的区域，自动找出图像中各种对象的分界线，快速地制作选区。鼠标左键单击确定起点，拖动鼠标定义要选择的区域。图标要在选区范围内。

② 工具箱　在套索工具菜单中单击鼠标右键选择套索工具类型，如在绘图区点击出框区，如图9-8（b）所示。

③ 磁性套索工具属性栏，如图9-9所示。

宽度：设置套索的灵敏度，检测边缘的宽度，值在1～40之间，值越小，检测范围越小。

边对比度：对象与边缘的明暗对比度，值越大，对比度越大，边界定位也就越准确。

频率：设置控制点的数量，值越大，产生的节点就越多。

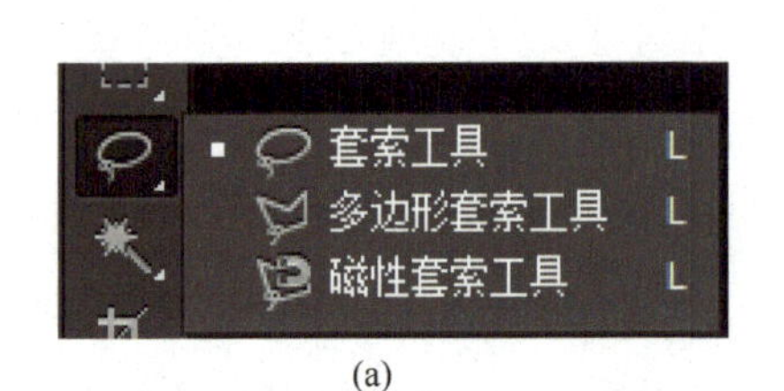

(a)

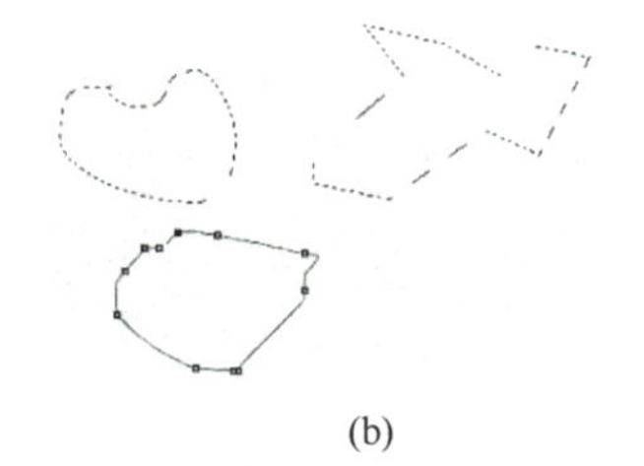

(b)

图9-8　套索工具

羽化：0像素　消除锯齿　宽度：10像素　对比度：10%　频率：57　调整边缘...

图9-9　磁性套索工具属性栏

④［套索］命令快捷键“L”，切换后面的工具快捷键为“Shift+L”。

说明

使用选框、套索、魔棒工具时，按住“Shift”键和相应快捷键就可切换后面隐藏相同属性的其他工具。

（3）魔棒工具

①魔棒工具　可以自动选择与鼠标左键单击处颜色相近的相连区域。

②工具箱-摩棒工具-在图像中鼠标左键单击，如图9-10所示。

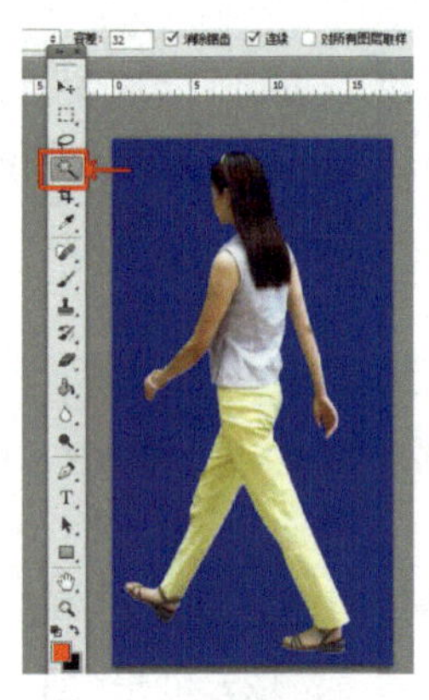

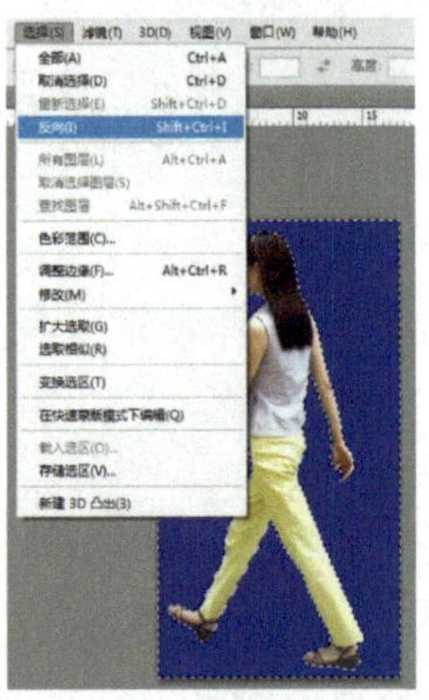
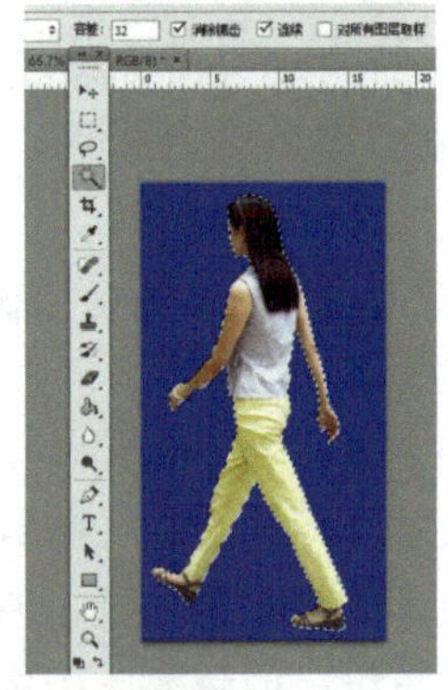

图9-10　魔棒工具选择

③ 魔棒工具属性栏，如图9-11所示。

容差：指设定选区范围的大小，即颜色相近的程度，值越大，可选颜色范围越大，值越小，可选颜色范围则越相似。

消除锯齿：是在选区边界之间填入介于边缘和背景之间的中间色调的色彩，使边缘更光滑。

连续：表示选择连续区域，若取消该选框，则选取与鼠标左键单击点颜色相近的全部区域，即包括连续和不连续的全部区域。

应用于所有图层：是否对当前显示的所有图层统一进行分析，进而确定选取范围。

图9-11　魔棒工具属性栏

④［魔棒工具］命令快捷键“W”。

说明

使用魔棒工具时，常配合反选等工具来修改选择区域范围。

4. 图像视查工具的使用

在Photoshop CS6中图像视查工具是指用于图像的查看、移动、显示、缩放等功能。常用的工具有［抓手］、［缩放］、［导航器面板］等。

（1）抓手、缩放工具

① 抓手工具　用于移动图像。

抓手操作：工具箱-选择抓手工具 -在绘图区内鼠标左键单击，如图9-12（a）所示。

② 缩放工具　用于缩放图像。包括缩小和放大两个功能按钮。

缩放操作：工具箱-选择缩放工具 -工具属性栏选择缩小或放大功能按钮 -在绘图区内鼠标左键单击，如图9-12（b）所示。

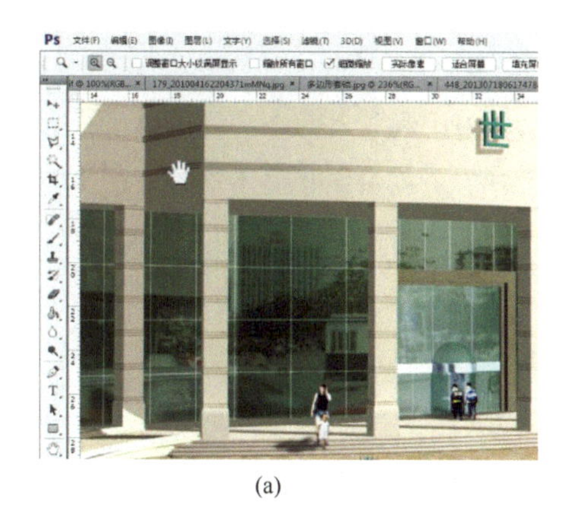

(a)

(b)

图9-12　抓手、缩放工具

③ 缩放工具属性栏，如图9-13所示。

调整窗口大小以满屏显示：在缩放视图比例时，文档窗口也将随视图的比例缩放。

缩放所有窗口：缩放当前图像视图比例时，所有打开的图像文档都将被缩放。

实际像素：按1 ∶ 1比例的原始尺寸就是当前显示图片的“实际像素”。

适合屏幕：图片以最大的尺寸，使图像正好填满可以使用的屏幕空间。

填充屏幕：图片以最小的尺寸，将电脑屏幕全面覆盖的显示方式。

打印尺寸：根据“图像大小”对话框中文档大小区域所指定设置，重新显示图像近似打印尺寸。

图9-13　缩放工具属性栏

④ 抓手、缩放命令快捷键　抓手快捷键为“空格键”或“P”，缩放快捷键为“Z”。

（2）导航器面板

① 导航器面板　用于改变图像窗口比例和迅速移动图像显示内容。

② 操作　窗口菜单项-导航器-出现导航器面板-拖曳红框可迅速移动图像显示内容，移动三角形滑块可改变图像窗口比例，如图9-14所示。

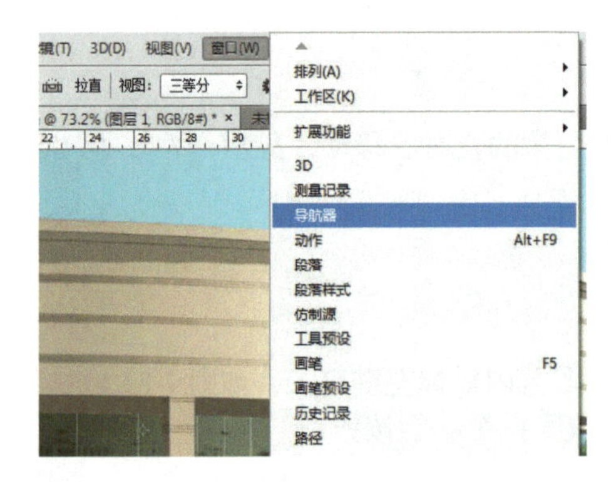

图9-14　导航器面板

> **说明**
>
> ① 使用缩放工具时，按住“Alt”键可切换缩小和放大两个功能按钮。
>
> ② 当放大或缩小图像时，鼠标左键每单击一次会把图像放大或缩小到下一个预设百分比，并以单击的点为中心进行居中显示。

5. 恢复工具的使用

（1）Esc、重做、前进一步、后退一步

① Esc　部分图像处理较长时，状态栏会显示操作过程的状态，可按“Esc”键中断正在进行的操作。如图9-15所示。

②重做　还原一步操作，操作方法：菜单栏-［编辑］-重做；快捷键“Ctrl+Z”。

③前进一步　重做已还原的操作，操作方法：［编辑］-向前；快捷键“Ctrl+Shift+Z”。

④后退一步　还原多步操作，操作方法：编辑菜单项中-［后退一步］；快捷键“Ctrl+Alt+Z”。

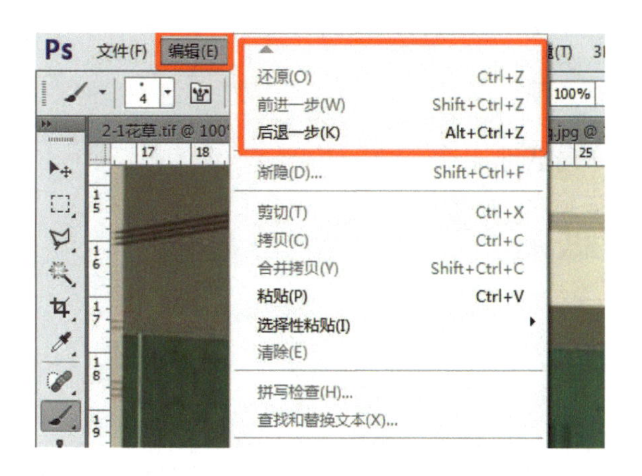

图9-15　还原、前进一步、后退一步命令

（2）历史记录面板

①历史记录用于恢复图像或指定恢复某一步骤操作，是以使用的工具名或操作命令名记录了图像操作中的每一个画面，在缺省状态下，最多记录最近产生的20个画面，当操作大于此值时，前面的操作将自动删除。

②窗口菜单项-［历史记录］-出现历史记录面板。

③历史记录面板界面，如图9-16所示。

历史记录条：鼠标左键单击可恢复到某一步骤操作。

从当前状态创建新文档：以当前状态下，创建新文件。

创建新快照：可以保存当前的图像，列于面板的上方，当记录的历史画面被删除时，定格图像仍然会被保存下来，以便恢复图像使用。

垃圾桶：删除当前状态。

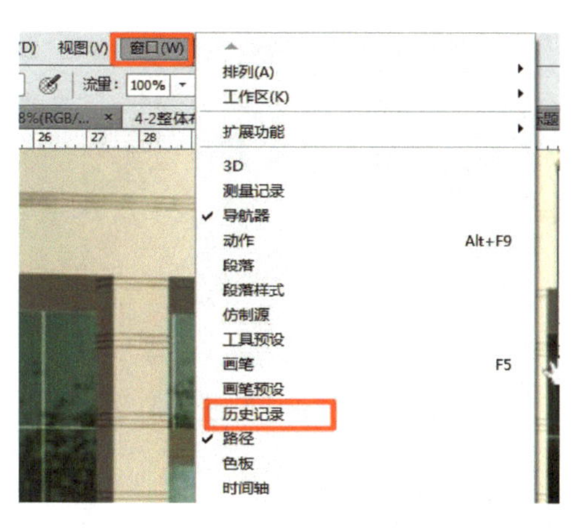

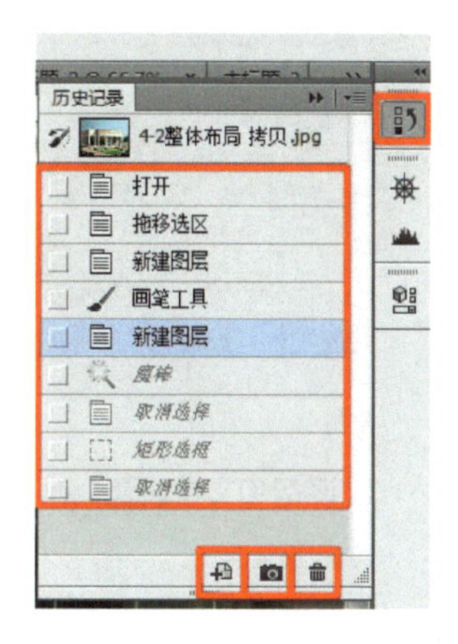

图9-16　“历史记录”面板

④ 历史记录面板快捷键 “F10”。

任务2 AutoCAD 2018图形输出

任务目标

1. 了解模型空间和布局空间。
2. 掌握图纸布局方法。
3. 掌握图纸打印输出设置。

任务解析

1. JPEG法

① 打开附盘文件“PS素材-项目九-大庆录井-大庆录井CAD”，选择［文件］-［打印］，在弹出的［打印-模型］对话框，在打印机名称位置选择 PublishToWeb JPG.pc3 打印机，并选择自定义图纸尺寸。鼠标左键单击 特性(R)...，弹出［绘图仪配置编辑器］对话框，选择“自定义图纸尺寸”，鼠标左键单击［添加］按钮，如图9-17所示。

②［自定义图纸尺寸-开始］对话框中默认“创建新图纸”，单击［下一步］；在弹出［自定义图纸尺寸-介质边界］的对话框中输入宽度和高度的数值，如图9-18所示，单击［下一步］，进行命名为“新图纸”，单击［完成］。在［绘图仪配置编辑器］对话框，选择“自定义图纸尺寸”中的“新图纸”，如图9-19所示，鼠标左键单击［确认］。

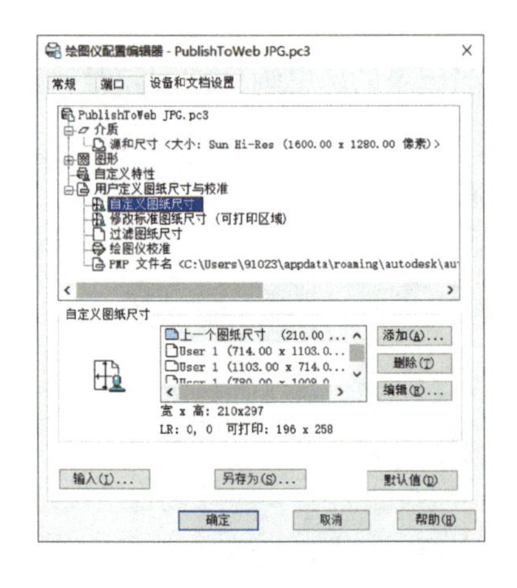

图9-17 设备和文档设置

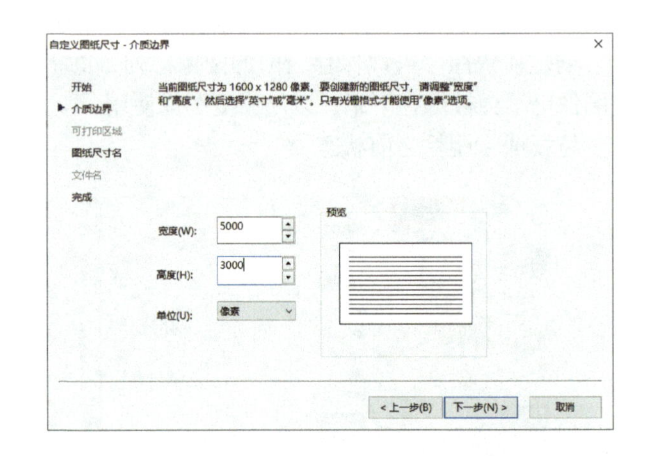

图9-18 设定图纸大小

③ 选择菜单栏［打印-模型］对话框中图纸尺寸 图纸尺寸(Z) 新图纸，鼠标左键单击打印范围为“窗口”，如图9-20所示，鼠标左键单击［窗口］按钮。

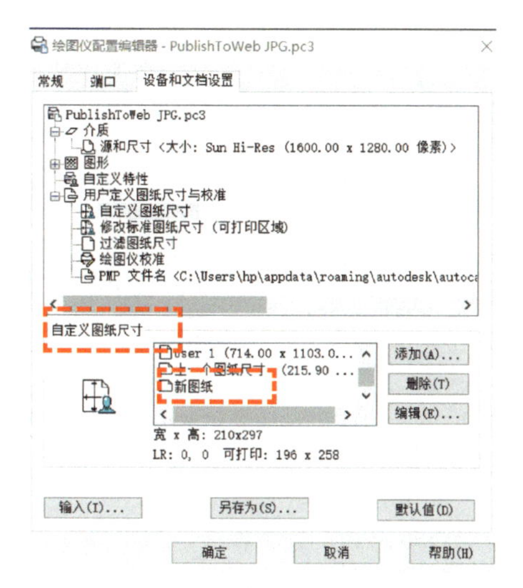

图9-19 自定义图纸

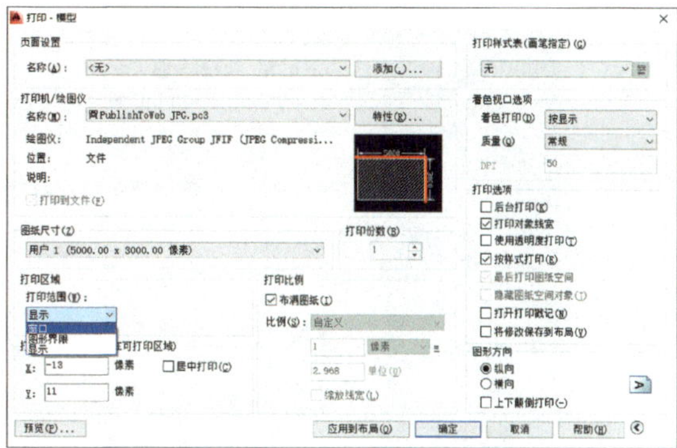

图9-20 打印设置

说明

图纸尺寸的大小决定导出文件在Photoshop中打开后的清晰度即分辨率的高低，园林常用尺寸为4000以上，如果图纸较大，建议更大尺寸。

④ 用光标在视图内拖动选框，框选出打印区域；在弹回的对话框中鼠标左键单击［预览］，可以预览到要打印的图形样式；鼠标右键单击［退出］，在对话框中图形方向选择为“横向”，打印偏移选择为“居中打印”；鼠标左键单击［预览］按钮，预览打印效果如图9-21所示。

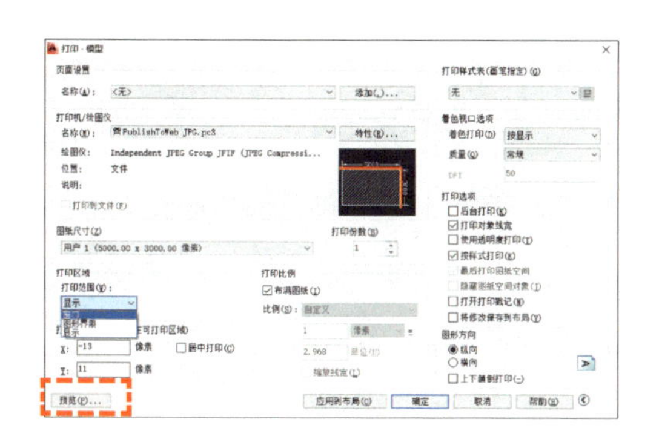

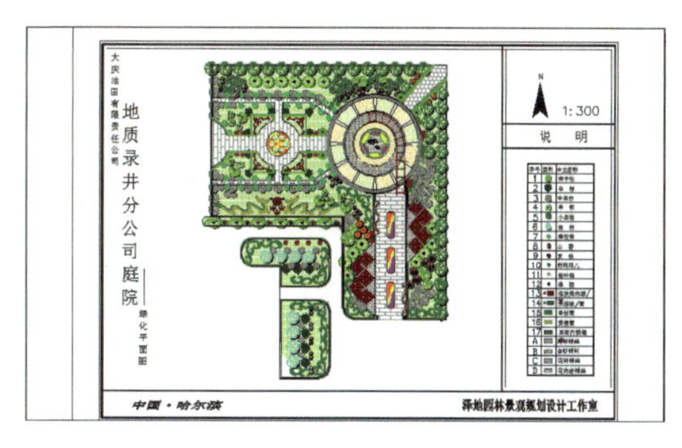

图9-21 预览打印效果

⑤ 鼠标右键单击选择［打印］按钮，弹出［浏览打印文件］对话框，选择合适的路径进行保存，如图9-22所示。视图内出现［打印作业进度］对话框，待对话框消失即打印完成，用户可以在指定的文件目录内找到打印文件，该文件为JPG格式。

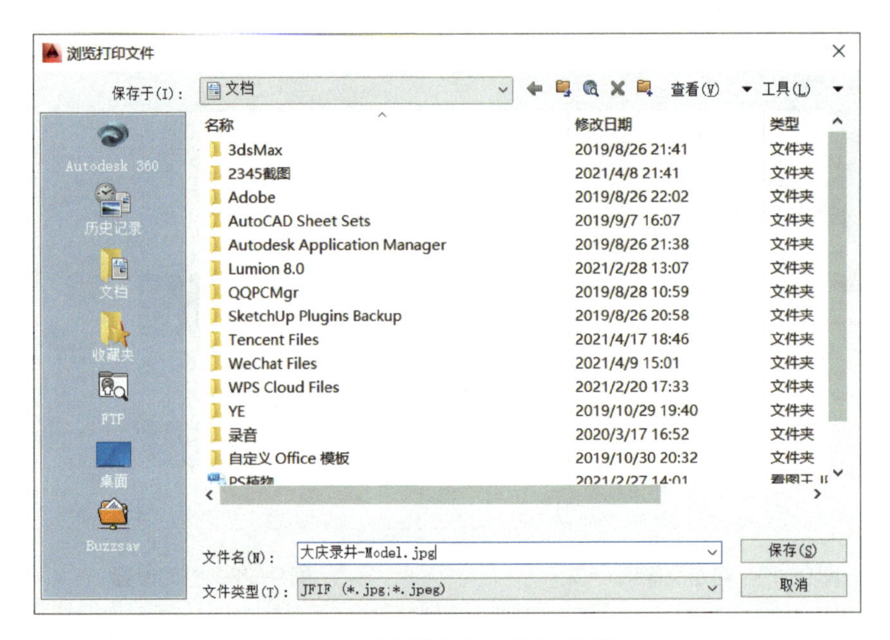

图9-22 “浏览打印文件”对话框

⑥ Photoshop处理

在Photoshop软件中打开此文件，整体效果如图9-23所示，局部放大效果如图9-24所示。

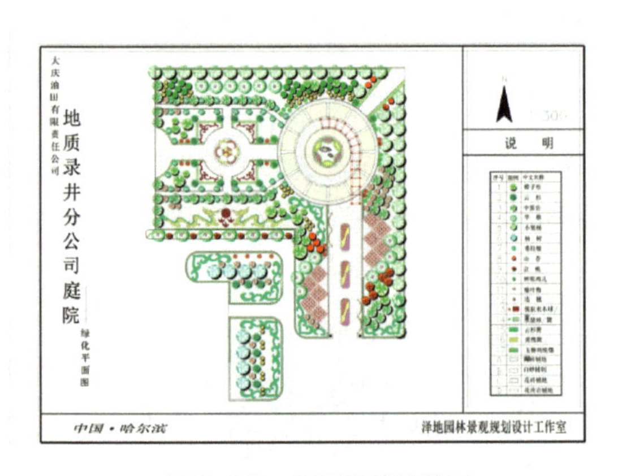

图9-23 打印完整体效果

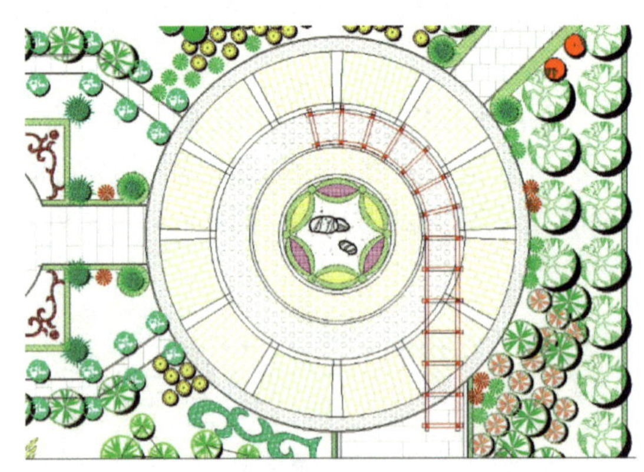

图9-24 打印局部放大效果

2. PDF法

① 打开要输出图片的“.dwg”文件。

②[文件]菜单中选择[打印]，然后[打印-布局]对话框中弹出[打印-模型]对话框，打印机名称位置选择 名称(M)： DWG To PDF.pc3 打印机，并选择自定义图纸尺寸，勾选布局。如图9-25所示。

③ 鼠标左键单击打印范围为“窗口”，鼠标左键单击[窗口]按钮，用光标在视图内拖动选框，框选出打印区域；在弹回的对话框中鼠标左键单击[预览]，可以预览到要打印的图形样式；鼠标右键单击[退出]，在对话框中图形方向选择为“横向”，打印偏移选择为“居中打印”；鼠标左键单击[预览]按钮，查看最后预览效果，进行[保存]。

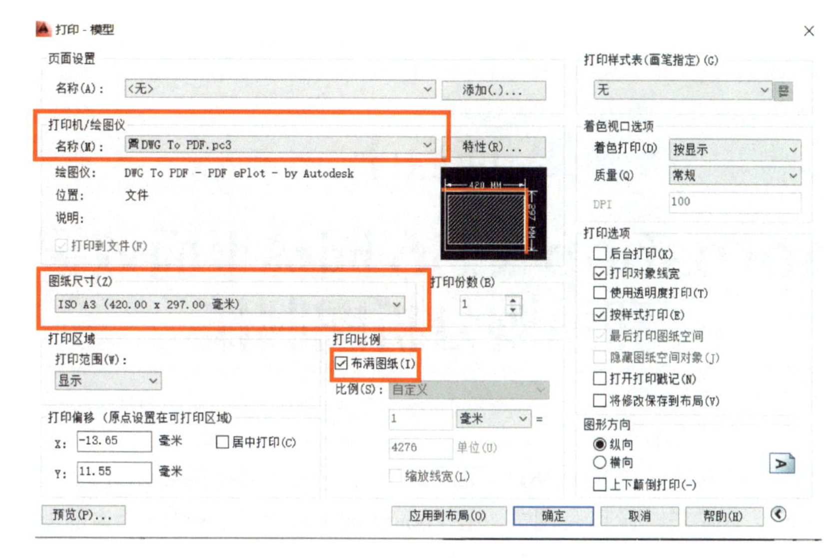

图9-25 打印PDF

④ Photoshop软件打开所保存的PDF文件，出现［导入PDF］对话框，鼠标左键单击［确定］按钮，如图9-26所示。导入效果如图9-27所示。

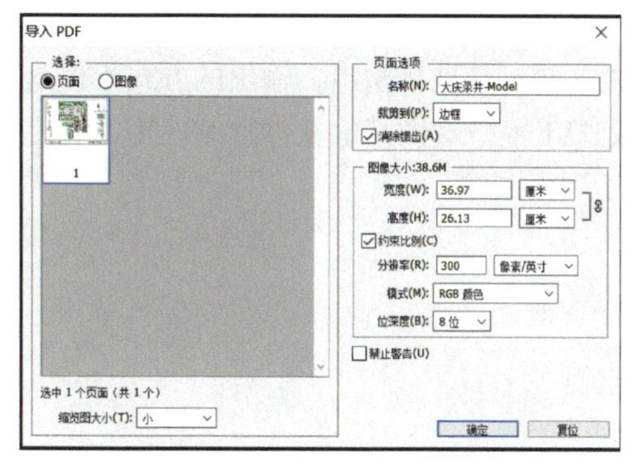

图9-26 “导入PDF”对话框

图9-27 导入效果

⑤ 注意：如若出现导入Photoshop中的颜色太浅，而且背景为透明的情况，如图9-28所示，建议背景填充白色，单击［图层面板］新建图层→［Ctrl+delete］填充→调节图层顺序 图层 1 白色背景 ，效果如图9-29所示。

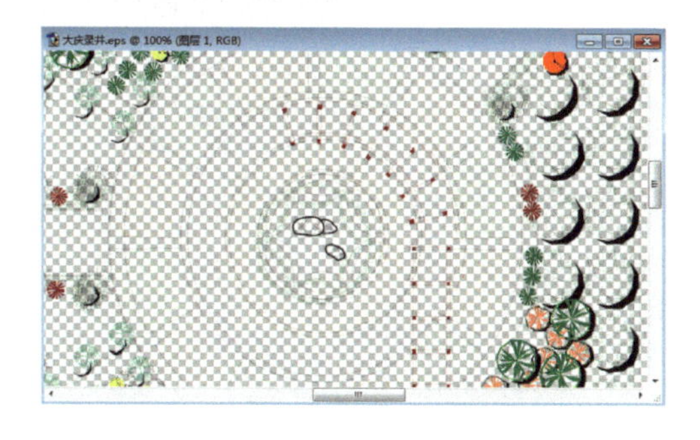

图9-28 导入局部效果

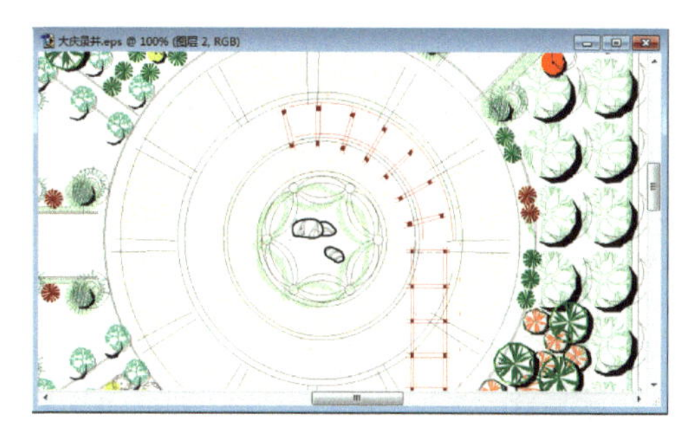

图9-29 导入后白色背景效果

项目十

Photoshop CS6园林平面效果图和景观分析图制作

园林平面效果图主要是在AutoCAD平面的基础上进行效果图的后期处理，在平面底图上添加色彩、图案、图像来增强其表现力，在Photoshop CS6中常用的命令为前景色、背景色、颜色、色板、渐变、油漆桶、吸管工具、画笔、填充、移动、自由变换、图层面板。

任务1　AutoCAD文件导入Photoshop

在AutoCAD中绘制完成园林相关图形后，通常要对其进行输出，输出的方式不仅是打印在绘图纸上满足工程施工的需要，还可以保存成DXF等格式供其他软件继续使用，满足文件相互交换的需要，或输出为JPG、PDF等格式便于观察图像。

任务目标

1.熟悉AutoCAD文件导入Photoshop的操作流程。

2.熟悉导入文件特征。

任务解析

AutoCAD文件导入PS：

打开Photoshop CS6软件，鼠标左键单击［文件］-［打开］，将AutoCAD输出文件进行导入，如若导入图像的背景是透明的情况，将背景色设置为白色即可，如图10-1所示。

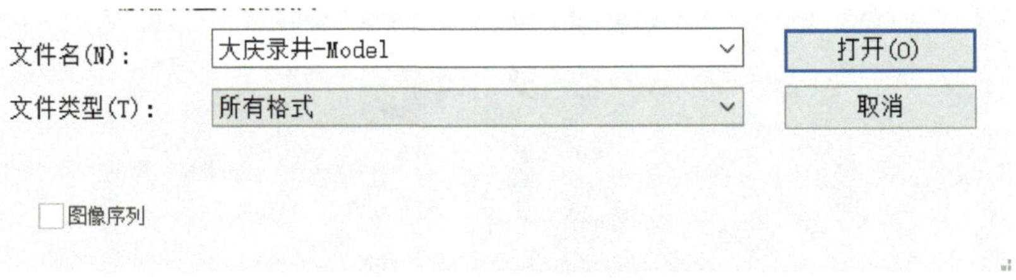

文件名(N)：大庆录井-Model　打开(O)

文件类型(T)：所有格式　取消

图像序列

图10-1　导入AutoCAD文件

任务2　制作平面效果图

任务目标

1.熟练运用前景色、背景色、颜色、色板、渐变、油漆桶、填充、吸管工具等调色和填色工具。

2.能够熟练使用移动、自由变换编辑命令和图层面板等命令。

任务解析

1. 前景色、背景色

Photoshop CS6操作中，在调配和其他工具使用颜色过程中，常用［前景色］、［背景色］来处理。

前景色是油漆桶、画笔、铅笔、文字和吸管工具在图像中直接使用的颜色。

背景色在前景色图标下方，是新建文件时的画布颜色、橡皮擦工具所表示的颜色、“Delete”键删除选中图像后的颜色。

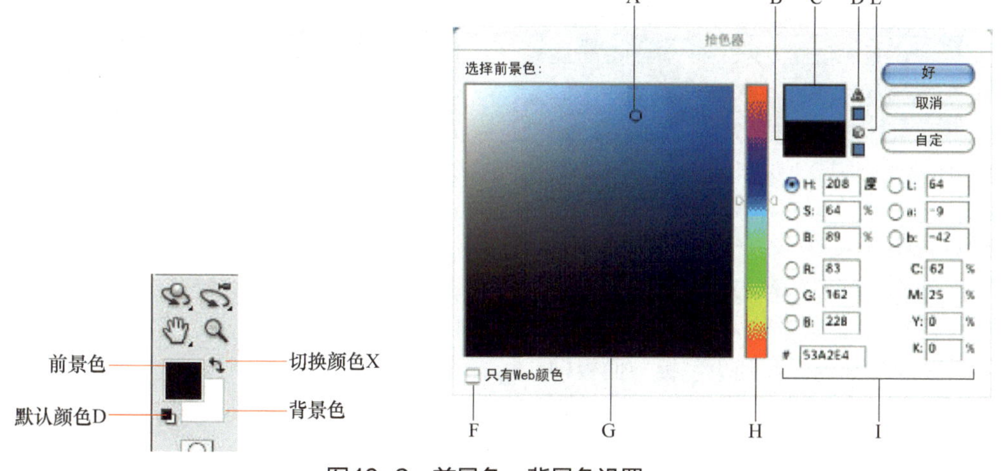

图10-2　前景色、背景色设置

A—拾取的颜色；B—原来的颜色；C—调整后的颜色；D—“溢色”警告图标；E—“非Web安全”警告图标；F—“Web颜色”选项；G—色域；H—颜色滑块；I—颜色值

前景色、背景色设置如下。

① 设置颜色　工具栏下方前景色和背景色的区域-鼠标左键单击色块-调出拾色器-移动颜色滑块-拾取的颜色-确认，如图10-2所示。

② 切换颜色　用鼠标左键单击切换图标，或使用快捷键“X”。

③ 默认颜色　用鼠标左键单击默认颜色图标，即恢复为前景色黑色，背景色白色。快捷键“D”。

说明

在Photoshop CS6中前景色填充快捷键：“Alt+Backspace”，背景色填充快捷键：“Ctrl+Backspace”。

2.色板面板、颜色面板、吸管

在Photoshop CS6中调配和其他工具使用颜色过程中，常用［色板］面板、［颜色］面板、［吸管］来调色。

［色板］面板可存储用户经常使用的颜色，并显示一个默认色板集供用户使用，［色板］面板中可以添加或删除颜色，或者为不同的项目提供不同的颜色库。

［颜色］面板显示了当前的前景色和背景色的颜色值。使用［颜色］面板中的滑块，可以利用几种不同的颜色模型来编辑前景色和背景色，也可以从显示在面板底部的四色曲线图中的色谱中选取前景色或背景色。

吸管是吸取此软件内的任意文档的颜色，并作为前景色进行其他地方的填充。

（1）色板面板

① 色板面板操作　窗口菜单-［色板］命令 -鼠标移动到［色板］面板的色块上，变成吸管形状，鼠标左键单击色块-结果为改变前景色，如图10-3所示。

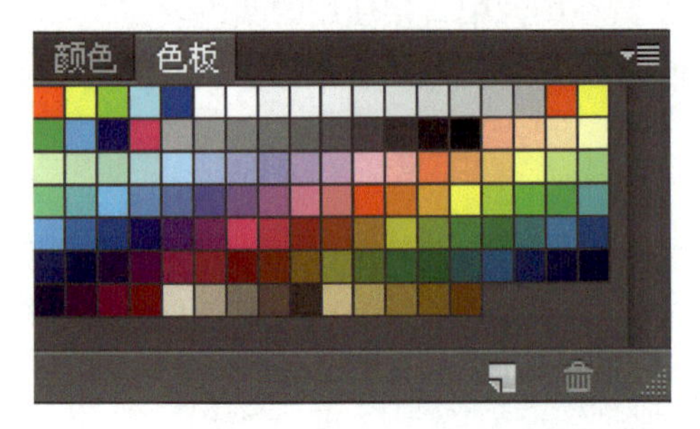

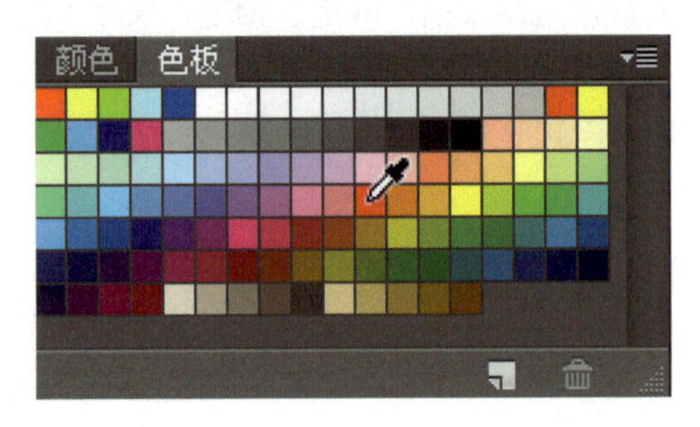

图10-3 “色板”面板

② 色板界面

创建前景色的新色板：鼠标左键单击面板底部的［创建前景色的新色板］按钮，弹出［色板名称］对话框。输入颜色的名称，如图10-4所示，鼠标左键单击［确定］按钮，即可将当前设置的前景色保存到［色板］面板中。

删除［色板］颜色：如果要删除［色板］面板中的某一种颜色，将它拖动到按钮上即可删除。

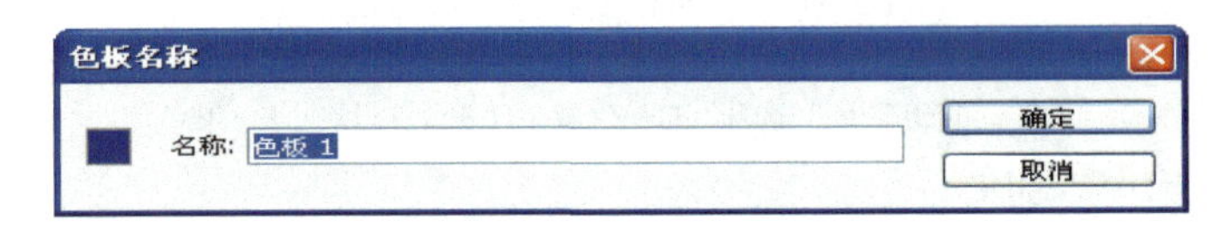

图10-4 色板界面

（2）颜色面板

① 颜色面板操作　［窗口］菜单-［颜色］命令 -鼠标移动到［色板］面板的色块上，变成吸管形状，单击鼠标左键-结果为改变前景色，如图10-5所示。快捷键：“F6”。

② 颜色界面

前景色、背景色：显示和选择当前编辑的前景色、背景色。

RGB色谱条：可通过滑块和调整颜色值设置前景色、背景色。

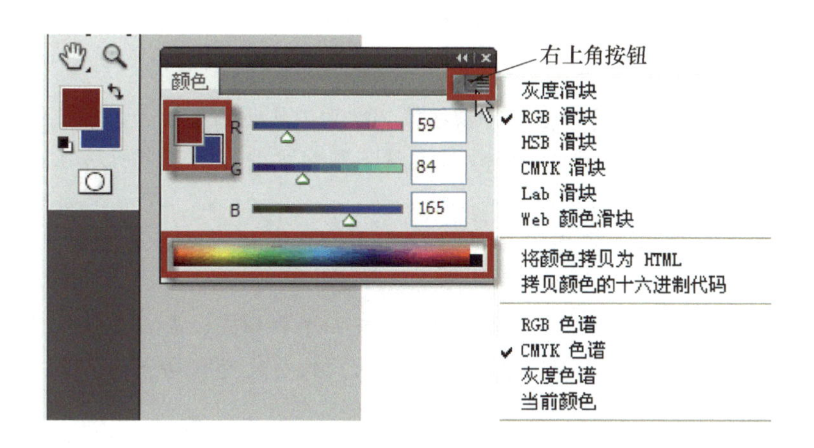

图10-5 “颜色”面板

色谱条：鼠标移动到色谱条上，变成吸管形状，鼠标左键单击即直接改变前景色、背景色。

右上角的按钮：鼠标左键单击右上角的按钮，可以选择不同的选项，如RGB滑块、CMYK滑块或灰度滑块等。

（3）吸管

① 吸管　吸取此软件内的任意文档的颜色，并作为前景色进行编辑。

② 操作　工具栏-吸管 -鼠标移动到图片上左键单击-结果为前景色改变为刚才点击的颜色，如图10-6所示。快捷键：“I”。

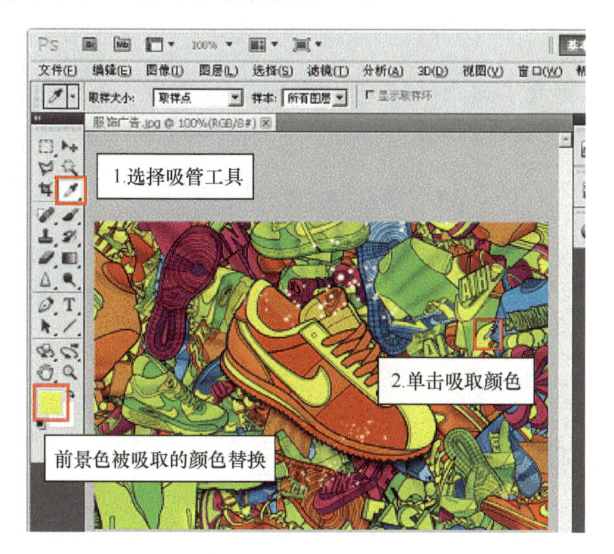

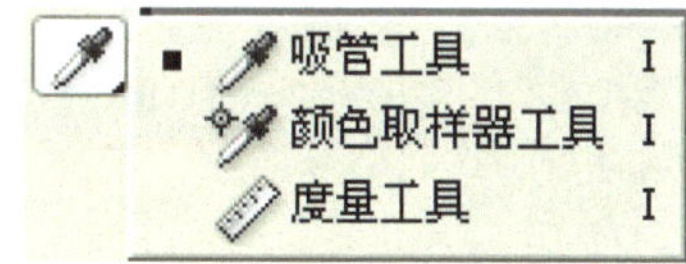

图10-6 吸管命令

（4）复位色板、追加颜色

Photoshop CS6中鼠标左键单击［色板］面板右上角的 按钮，在弹出的下拉菜单中提供了色板库，选择一个色板库，弹出提示信息，鼠标左键单击［追加］按钮，则可在原有的颜色后面追加载入的颜色；如果要让面板恢复为默认的颜色，可执行菜单中的［复位色板］命令。

说明

"吸管"工具可以用来精确地获得颜色值，吸管工具还属于信息工具，信息工具还包括颜色取样器工具和度量工具。这三个工具从不同的方面显示了光标所在点的信息，是常用信息工具。

① 吸管工具　可以选定图像中的颜色，在信息面板中将显示光标所滑过的点的信息。

② 颜色取样器工具　可以在图像中最多定义四个取样点，而且颜色信息将在信息面板中保存。用户可以用鼠标按住左键拖动取样点，从而改变取样点的位置，如果想删除取样点，只需用鼠标按住左键将其拖出画布即可。

③ 度量工具　使用度量工具，可以测量两点或两线间的信息。信息将在信息面板中显示。使用方法为：选择度量工具，在图像上鼠标左键单击"确定起点"，拖拉出一条直线，鼠标左键单击后就确定了一条线段；然后按"Alt"键创建第二条测量线。

3. 填充、渐变、油漆桶工具

Photoshop CS6在着色和填色工具使用中，是以指定的颜色或图案对所选区域的处理，常用［填充］、［渐变］、［油漆桶］来对选区内容进行色彩处理。

（1）填充

① 定义　使用填充命令可以按用户所选颜色或定制图像进行填充，以制作出别具特色的图像效果。

② 操作　先选择［编辑］菜单-［填充］命令-填充对话框-［填充内容］下拉列表中选择一种填充方式-单击［确定］按钮，如图10-7所示。

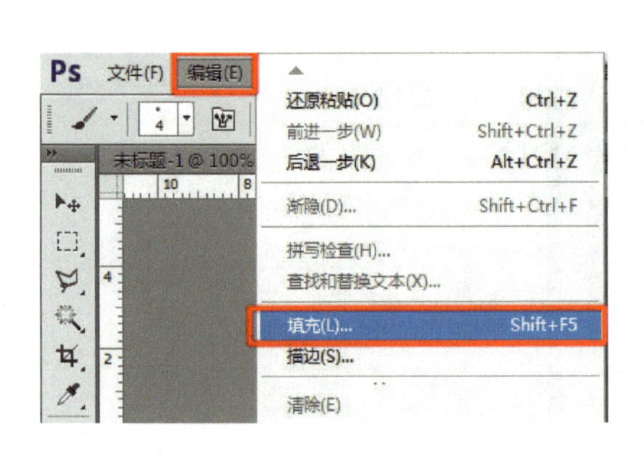

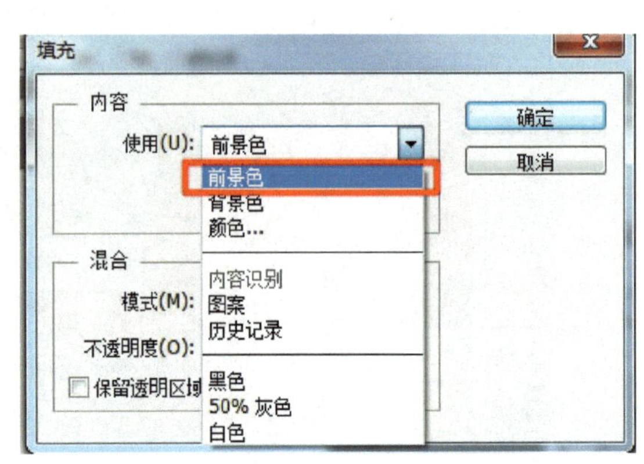

图10-7　填充命令

（2）渐变

① 定义　按用户所选颜色可以产生两种以上颜色的渐变效果，提升画面美感程度。

② 操作　工具栏中选择渐变工具 -其工具选项栏中鼠标左键单击可编辑渐变条 -弹出［渐变编辑器］对话框-鼠标左键单击一个渐变图标-在对话框下部的渐变效

果预视条中进行渐变调节-在选区内按住鼠标左键拖曳，形成一条直线-渐变图案生成，如图10-8所示。渐变的快捷键："G"。

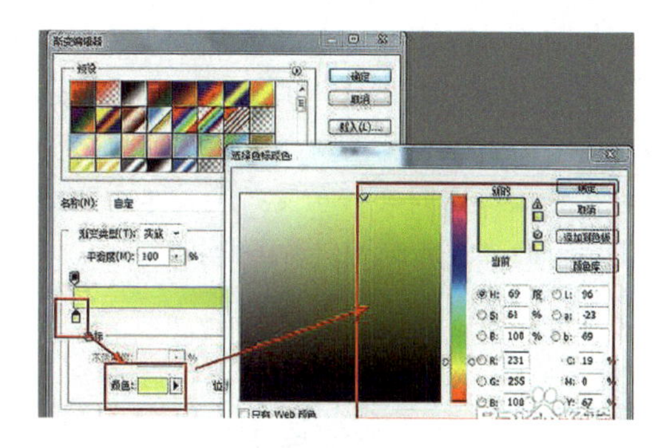

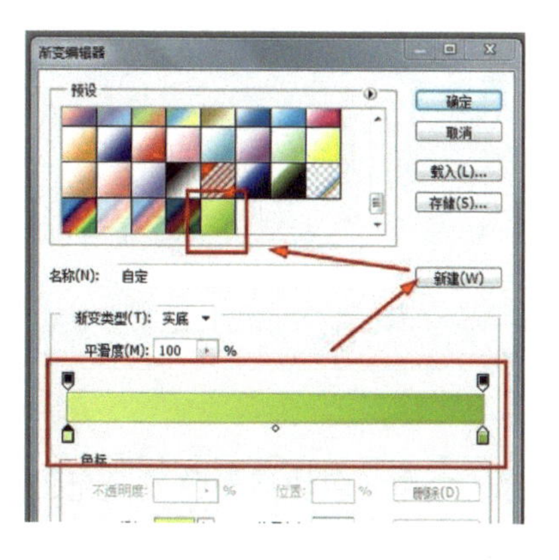

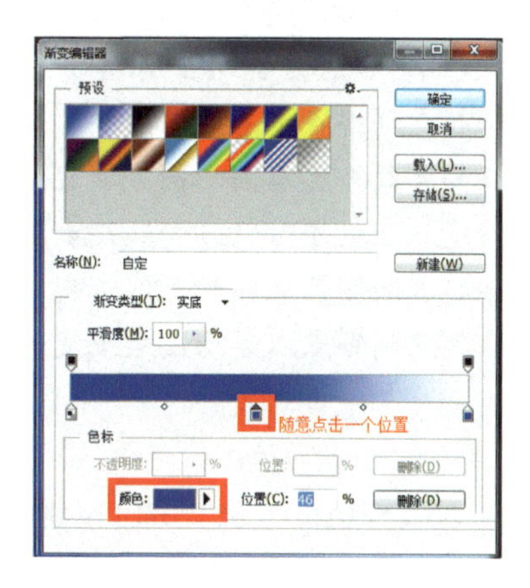

图10-8　渐变工具

③ 属性栏内容　渐变图标、渐变图案控制面板、渐变方式按钮（从左至右依次是线性渐变、径向渐变、角度渐变、对称渐变、菱形渐变）、模式（用来设置应用渐变时的混合模式）、透明度、反转（将渐变图案反向）、仿色（可使用递色法来增加中间色调，从而使渐变图案更平缓）、透明区域（关闭或打开渐变图案的透明度设置），如图10-9所示。

④ 编辑渐变图案　鼠标左键单击渐变工具属性栏中的渐变图案-打开渐变编辑器对话框。

⑤ "渐变编辑器"对话框内容　渐变图案、加载（加载自己创建或别人的渐变图案文件）、存储（将当前渐变图案集合保存到某个渐变图案文件中）、名称、渐变形式、光滑度、渐变颜色条（上中下分别是不透明性色标、渐变颜色条、色标——小三角的颜色为黑色时，表示当前色标处于选中状态，鼠标左键单击下面对应的色标选项）、不透明度及删除色标（或色标拖动到渐变颜色条外即可删除）。

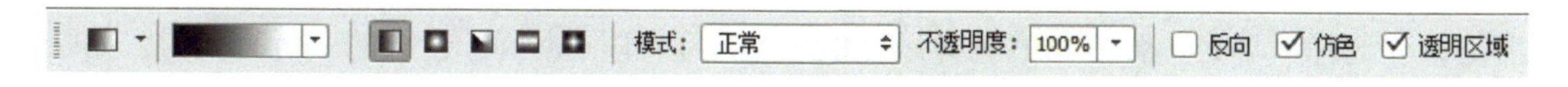

图10-9　渐变工具属性栏

渐变工具使用时，拖曳鼠标的同时按住"Shift"键可保证鼠标的方向是水平、竖直或45°。

说明

渐变库中增加渐变图案操作补充说明：

在Photoshop CS6“渐变编辑器”中调整好渐变后，输入名称后鼠标左键单击“新建”按钮可以将其保存到渐变列表中；如果鼠标左键单击“存储”按钮，可以打开“存储”对话框，将当前渐变列表中所有的渐变保存为一个渐变库；鼠标左键单击预设右侧的扩展按钮，可以弹出列表，在该列表菜单中可以选择追加其他渐变库（鼠标左键单击需要的渐变库，即可将其追加到渐变面板中）。

说明

渐变方式按钮：渐变方式包括线性渐变、径向渐变、角度渐变、对称渐变和菱形渐变5种渐变类型。使用时鼠标左键单击所需渐变类型对应的按钮，即可绘制。

线性渐变：从起点到终点以直线渐变。

径向渐变：从起点到终点以圆形图案渐变。

角度渐变：围绕起点以逆时针方向环绕渐变。

对称渐变：在起点两侧产生对称直线渐变。

菱形渐变：从起点到终点以菱形图案渐变。

（3）油漆桶工具

① 定义　油漆桶是一款填色工具，可以快速对选区、画布、色块等填色或填充图案。

② 操作　工具箱-油漆桶工具 -选择填充图案样式-在填充区域鼠标左键单击，如图10-10所示。油漆桶工具快捷键：“G”。

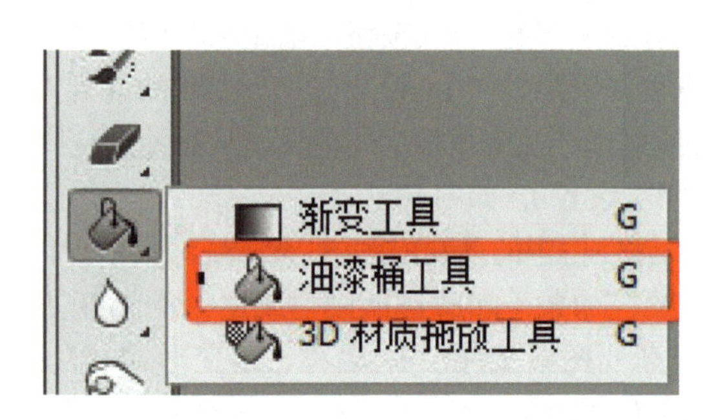

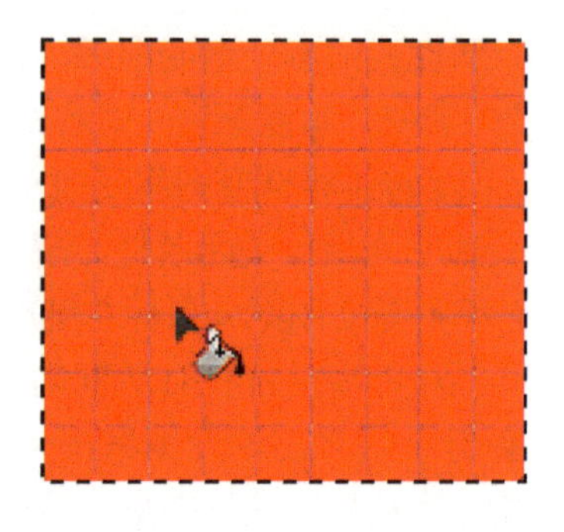

图10-10　油漆桶工具

③ 属性栏内容　油漆桶图标、填充图案类型、模式、不透明度、容差（有类似于魔棒功能，先选择后填充，容差代表选择区域的相似度）、消除锯齿、连续的、所有图层，如图10-11所示。

图10-11　油漆桶工具属性栏

说明

油漆桶工具属性栏选项补充说明如下。

填充：有两个选项，“前景”表示在图中填充的是Photoshop CS6工具箱中的前景色，“图案”表示在图中填充的是连续的图案。当选中“图案”选项时，在图案的弹出式面板中可选择不同的填充图案。

模式：其后面的弹出菜单用来选择填充颜色或图案和图像的混合模式。

不透明度：用来定义填充的不透明度。

容差：用来控制油漆桶工具每次填充的范围。数值越大，允许填充的范围也越大。

消除锯齿：选择此项，可使填充的边缘保持平滑。

连续的：选中此选项，填充的区域是和鼠标左键单击点相似并连续的部分，如果不选择此项，填充的区域是所有和鼠标左键单击点相似的像素，不管是否和鼠标左键单击点连续。

所有图层：此选项和Photoshop CS6中特有的“图层”有关，当选择此选项后，不管当前在哪个图层上操作，用户所使用的工具对所有的图层都起作用，而不是只针对当前操作图层。

4.移动工具、自由变换编辑工具

在园林平面效果图的制作中，除了选色工具和着色工具的使用，还需要大量使用编辑工具来辅助操作，完成效果图制作，常用的工具有［移动］、［自由变换］。

（1）移动工具

① 移动工具　用来移动图片中主体，并随意放置到合适的位置。

② 基本操作　工具箱-选择物体-［移动］工具 -移动物体，如图10-12所示。快捷键：“V”。

③ 移动工具在不同的文档间移动图像　打开两个或两个以上的图像文档，使用移动工具将图像拖曳到另外一个文档中，在该文档中会生成一个新的图层。

④ 移动复制　鼠标左键单击选取想要复制的部分，加按“Alt”并移动就可以实现复制图象的目的，如图10-13所示。

图10-12　移动

图10-13　移动复制

说明

移动工具属性栏，如图10-14所示。

①“自动选择”图层　选择此选项，在具有多个图层的图像上单击鼠标左键，系统将自动选中鼠标左键单击位置所在的图层。

②“显示变换控件”　选择此选项，选定范围四周将出现控制点，用户可以方便地调整选定范围中的图像尺寸。

③“对齐图层”　当同时选择了两个或两个以上的图层时，鼠标左键单击相应的按钮可以将所选图层进行对齐，对齐方式包括“顶对齐”“垂直居中对齐”“底对齐”“左对齐”“水平居中对齐”“右对齐”等。

④“分布图层”　如果选择了3个或3个以上的图层时，鼠标左键单击相应的按钮可以将所选图层按一定规则进行均匀分布排列。分布方式包括“按顶分布”“垂直居中分布”“按底分布”“按左分布”“水平居中分布”和“按右分布”等。

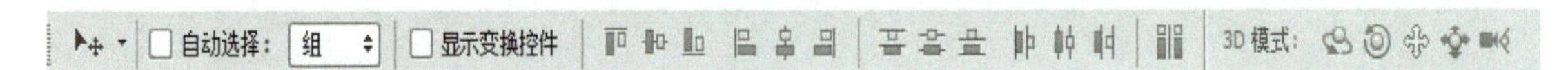

图10-14　移动工具属性栏

（2）自由变换工具

① 自由变换是改变图像尺寸、旋转、缩放、变形等图像编辑工具。

② 操作　［编辑］菜单-［自由变换］或［变换］-出现变换的定界框-单击鼠标右键出现变换方式（缩放、旋转、斜切、扭曲、透视、变形、旋转、翻转），选择方式-移动定界框的控制点就可变形-“Enter”键确认，如图10-15所示。自由变换的快捷键为“Ctrl+T”。

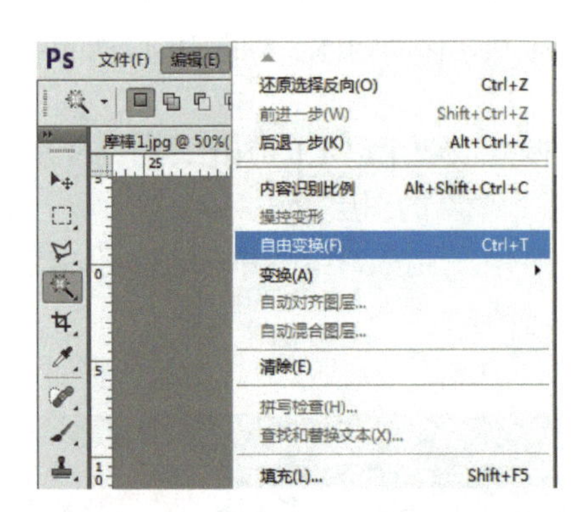

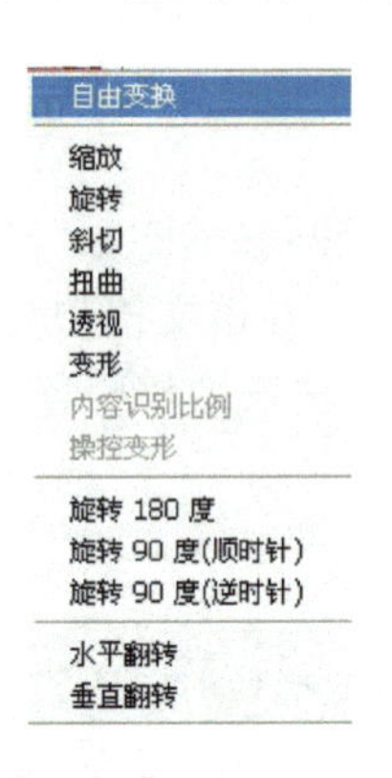

图10-15　“自由变换”工具

③ 变换方式

大小的改变：相对于变换对象的中心点对图像进行缩放。等比例缩放是Shift+拖动四角控制点，非等比例缩放是拖动四角控制点。

旋转图像：可以围绕中心点转动变换对象。如果不按住任何快捷键，可以以任意角度旋转图像；光标置于控制点外侧，出现旋转光标，如果按住“Shift”键，可以以15°为单位旋转图像。

斜切：在任意方向上倾斜图像。如果按住“Shift”键，可以在垂直或水平方向上倾斜图像。

扭曲：使用“扭曲”命令可以在各个方向上伸展变换Photoshop CS6对象。如果按住“Shift”键，可以在垂直或水平方向上扭曲图像。

透视：使用“透视”命令可以对变换对象应用单点透视。拖曳定界框4个角上的控制点，可以在水平或垂直方向上对图像应用透视。

变形：如果要对图像的局部内容进行扭曲，可以使用“变形”命令来完成。执行该命令时，图像上将会出现变形网格和锚点，拖曳锚点或调整锚点的方向线可以对图像进行更加自由和灵活的变形处理。

旋转180°：可将图像旋转180°。

旋转90°（顺时针）（逆时针）：可将Photoshop CS6图像向右顺时针或向左逆时针旋转90°。

水平翻转和垂直翻转：将图像旋转180°。

说明

等比例缩放操作：Shift+拖动四角控制点，操作时需先按“Shift”键，再拖动控制点。待要完成时需先完成拖动控制点操作，再松开“Shift”键。否则为非等比例缩放。

提交变换操作：按“Enter”键确认变换或在变换框中双击鼠标左键确认图像变换，也可鼠标左键单击⊘取消操作。

④ 属性栏内容　中心位置、水平缩放比例、垂直缩放比例、旋转角度、水平垂直倾斜角度、取消变换操作、提交变换操作，如图10-16所示。

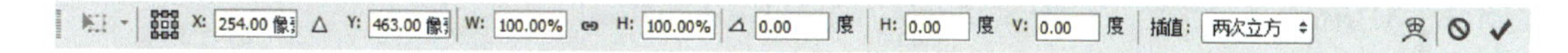

图10-16　自由变换工具属性栏

5.图层的使用

图层如同堆叠在一起的透明纸，按顺序叠放在一起，组合起来形成页面的最终效果。透过图层的透明区域看到下面的图层。可以将页面上的元素精确定位。图层中可以加入文本、图片、表格、插件，也可以在里面再嵌套图层。也可调整图层之间的位置，还可以随意进入对应图层进行编辑和修改。“图层”的管理和编辑操作都是在“图层面板”中实现的。如新建图层（图层组）、删除图层、设置图层属性、添加图层样式以及图层的调整编辑等。

（1）打开图层面板

操作：窗口-图层，快捷键“F7”，如图10-17所示。

（2）图层面板

① 上方面板按钮　颜色混合模式、图层整体不透明度、图层内容不透明度、锁定控制（自左向右，禁止编辑图层的透明区、禁止编辑图层、禁止移动图层、禁止对图层进行任何操作）、显隐标志、链接标志、编辑标志。

② 图层条　当前图层（以蓝色显示）、组合图层、文字图层、图层预览缩图、图层蒙版预览缩图、三角标（图层相关操作）。

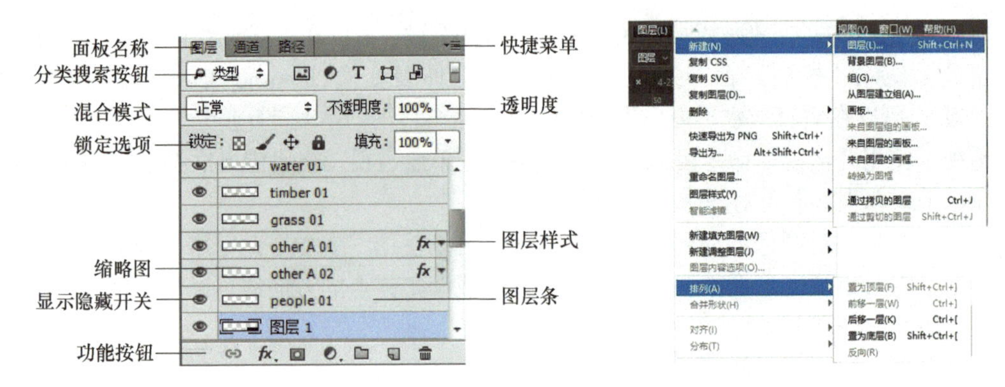

图10-17　图层命令

③ 下方面板功能按钮　链接、创建图层效果、创建图层蒙版、创建组合图层、创建调整图层、创建新图层、删除图层。

说明

图层条组成：显示隐藏开关、缩略图、图层名称三部分组成，有时会出现小图标*fx*，代表当前图层设置了图层样式。

（3）新建图层

① 新建图层　生成以透明色为背景的新建图层；操作为［图层］菜单栏-［新建］-［图层］对话框；快捷键："Ctrl+Shift+N"，如图10-18所示。

② 通过拷贝的新建图层　系统会复制当前选区或当前图像并放置到当前图层；操作为［图层］菜单栏-［新建］-［通过拷贝的图层］；快捷键："Ctrl+J"。

③ 通过剪切的新建图层　系统会剪切当前选区或剪切当前图像并放置到当前图层；操作为［图层］菜单栏-［新建］-［通过剪切的图层］；快捷键："Ctrl+ Shift+J"。

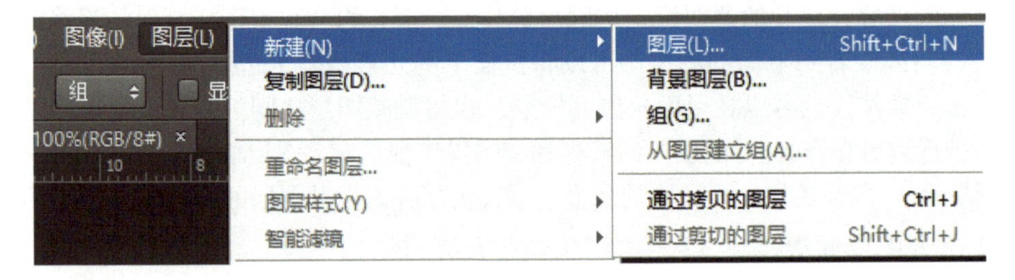

图10-18　新建图层命令

（4）移动、复制、删除图层

① 移动图层　移动工具直接拖动。

② 复制图层　如图10-19所示。

方法1　［图层］菜单栏-［复制图层］对话框，确认。

方法2　将图层拖曳到图层面板右下角［创建新图层］按钮。

图10-19　复制图层命令

③ 删除图层

方法1　选择［图层］-［图层］菜单栏-［删除图层］。

方法2　将选择的图层条拖曳到图层面板右下角垃圾桶按钮。

（5）显示或隐藏图层

① 显示图层　图层面板-在图层条左侧可以看到“眼睛”图标，图层前面有“眼睛”图标的图层将显示图层内容。

② 隐藏图层　图层面板-在图层条左侧鼠标左键单击“眼睛”图标，出现图标，代表隐藏图层内容。

（6）调整图层的叠放次序

决定图层中图像的互相遮挡，调整方法有以下两种，如图10-20所示。

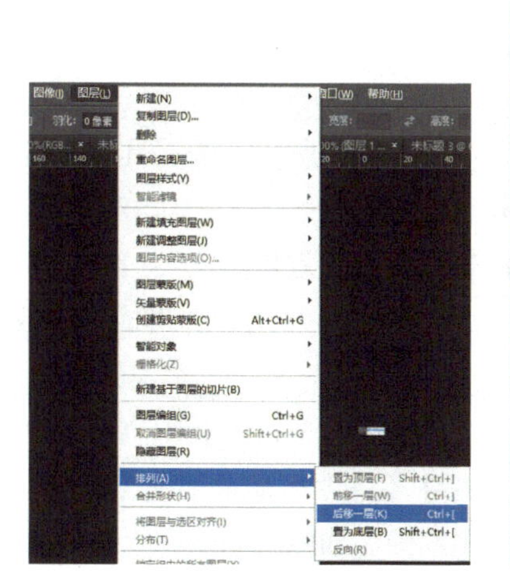

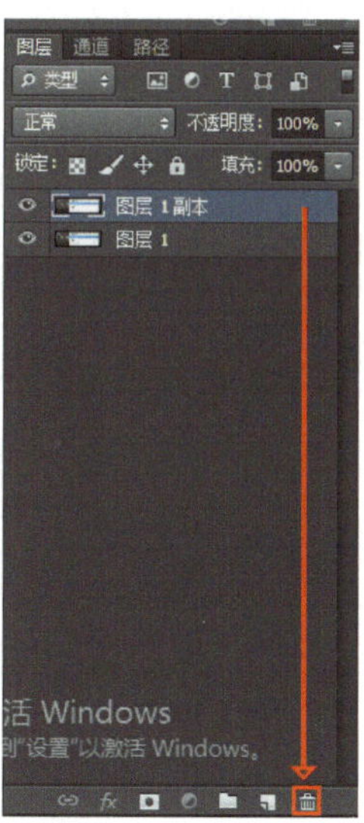

图10-20　排列图层命令

方法1 ［图层］菜单栏-排列-置于顶层或前移或后置或置于底层。

方法2 图层控制面板中，鼠标左键按住选择图层条向上向下拖动即可。

（7）图层链接和合并

① 图层链接 直接鼠标左键单击可对链接图层统一进行自由变换操作，如移动操作和图层-对齐链接层操作。

链接图层：选择两个以上图层，鼠标左键单击菜单栏中图层中的“链接图层”命令。

取消图层链接：选择一个图层，鼠标左键单击菜单栏中图层中的“取消图层链接”命令。

② 图层合并 把一些不必要分开的图层进行合并，减少磁盘空间和文件大小。

方法1 图层面板选择图层-［图层］菜单栏-［合并链接］和［可见图层］，快捷键：“Ctrl+E”“Ctrl+ Shift+E”。

方法2 图层面板选择图层-图层面板-右上角三角按钮-合并链接和可见图层。

注意

图层合并时需谨慎处理，超过历史记录数量时，是不可以恢复的。

（8）选择图层

① 选择图层

方法1 图层面板中，鼠标左键单击要选择的图层，变为蓝色，即为当前选择图层。

方法2 移动工具状态下，用户在想要选择图像处单击鼠标右键，出现对应点击处的相应图像像素的图层，用户移动鼠标左键单击相应图层即选择相应图层，但透明度小于9%时不能选择。

② 加选图层 在图层面板中，按“Ctrl”键或“Shift”键都可加选，移动工具状态下，先选一图层，按“Shift”键即可加选。

（9）图层内图像的选择

Ctrl+鼠标左键单击图像所在图层缩略图。

（10）图层样式

① 打开图层样式对话框 图层面板-鼠标左键双击图层条上的缩略图-打开图层样式对话框；或是选择图层-鼠标左键单击图层面板下面的*fx*图标。

② 投影效果 在图层内容的后面添加阴影。

③ 内阴影效果 紧靠在图层内容的边缘内添加阴影，使图层具有凹陷外观。

④ 外发光效果 添加从图层内容的外边缘发光的效果。

⑤ 内发光效果 添加从图层内容的内边缘发光的效果。

⑥ 斜面和浮雕效果 对图层添加高光与暗调的各种组合，形成立体效果的转折关系和光影效果。

⑦ 光泽 在图层内部根据图层的形状应用阴影，通常都会创建出光滑的磨光效果。

⑧ 图案叠加效果 图案叠加选项为图层中不透明区域叠加覆盖图案。可以通过设置不同的混合模式和不透明度，使Photoshop CS6图案图像和图层图像产生独特的叠加效果。

⑨ 描边 使用颜色、渐变或图案在当前图层上描画对象的轮廓。它对于硬边形状（如文字）特别有用。

图层样式参数调整：鼠标左键单击fx图标，展示混合选项参数栏，如想调整其他样式参数，需要鼠标左键单击左侧图层样式文字处，当处于 ☑颜色叠加 此类状态时，相应样式参数才被打开。而处于 ☐内发光 此类状态时，相应样式参数未被打开。

6.园林平面效果图的绘制

园林平面效果图的绘制主要练习移动、选择工具、复制、粘贴、渐变工具、图像选取和复制；图层效果——投影、内阴影、图案叠加的基本操作及熟练工具的相互衔接操作。

① 打开附盘文件“PS素材-项目三-某园林平立面效果图-平面效果图绘制成图和底图”，如图10-21、图10-22所示。

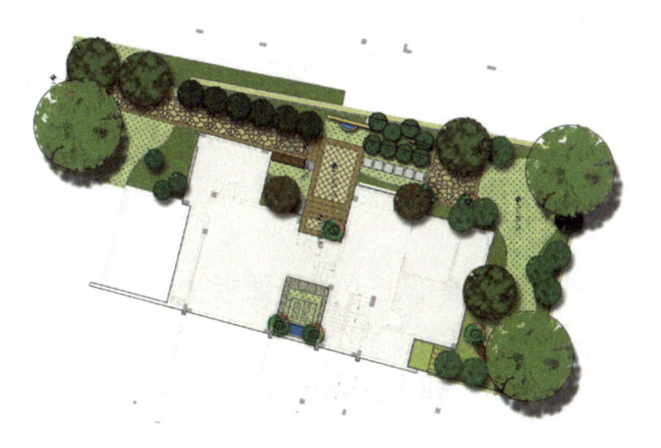

图10-21 平面效果图成图

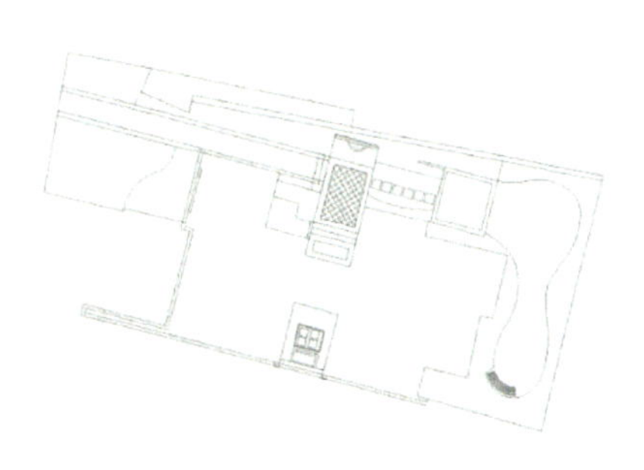

图10-22 平面效果图底图

② 打开附盘文件“项目三-任务2-某园林平立面效果图-平面图素材”。

③ 快速选择铺装图层，[移动]图像上鼠标左键单击→Ctrl+鼠标左键单击图层条缩略图，选中图层内容图像→[编辑]菜单→[定义图案]。同样方法，分别将其他平面图案素材进行上述处理，如图10-23所示。

图10-23 定义图案

④ 选择平面效果图底图→[魔棒工具]选择浅色草坪，执行[新建图层]→设置[前景色]→[Alt+Delete]，如图10-24所示。

⑤ 其他区域的铺装草地[魔棒工具]选择铺装、草地，分别执行[新建图层]→设置[前景色]→[Alt+Delete]；衔接时需要回到[图层面板]选择背景图层。如图10-25所示。

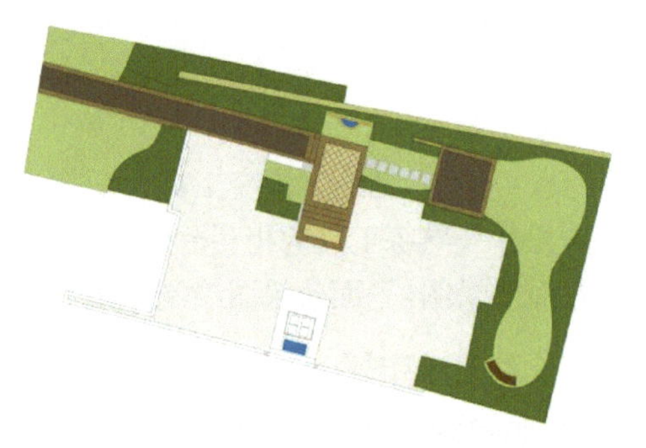

图10-24 铺装草地填充效果

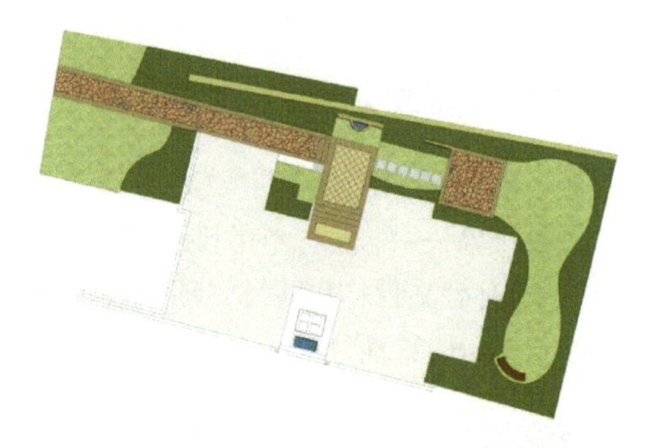

图10-25 铺装草地图案叠加效果

⑥ [图层面板]选择水体图层→鼠标左键单击[图层面板]的[fx]→进入[图层样式]对话框→鼠标左键单击[图案叠加]→图案选择、缩放、不透明度调整→鼠标左键单击[内阴影]。

⑦ 分别在[图层面板]选择铺装、草地→鼠标左键单击[图层面板]的[fx]→进入[图层样式]对话框→鼠标左键单击[图案叠加]→图案选择、缩放、不透明度调整。

⑧ 打开附盘文件“项目三-任务2-某园林平立面效果图-平面图素材”，添加植物素材，如图10-26所示。

⑨ 快速选择树例等图例图层，方法是[移动]图像上鼠标左键单击→[移动]移到平面效果图底图中→将平面植物、园林小品放到相应位置，需复制时[移动]+Alt，最后给平面植物设置[图层样式]→[投影]，如图10-27所示。

图10-26 植物素材添加效果

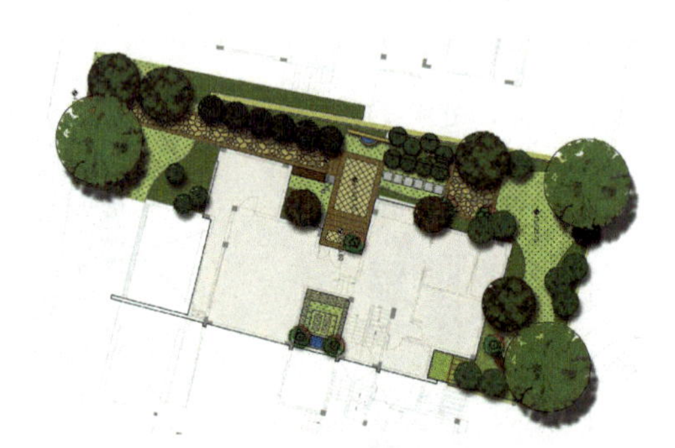

图10-27 植物添加投影效果

说明

定义图案：是将选区内图案，定义到系统中，便于填充、图层样式中图案叠加和画笔等工具的使用。

任务3　制作景观分析图

任务目标

园林分析图主要是在平面效果图的基础上添加各种分析符号的后期处理，在色彩弱化平面效果图上添加各色的虚线、直线、箭头等符号及文字来说明园林设计中的总体构思及分析，需在Photoshop CS6中熟练运用画笔、定义画笔预设、画笔面板、钢笔、路径面板等。

任务解析

1.画笔工具

画笔绘线及特殊线型的基本工具，属性栏可简单设置笔尖、大小及硬度等参数，如图10-28所示。

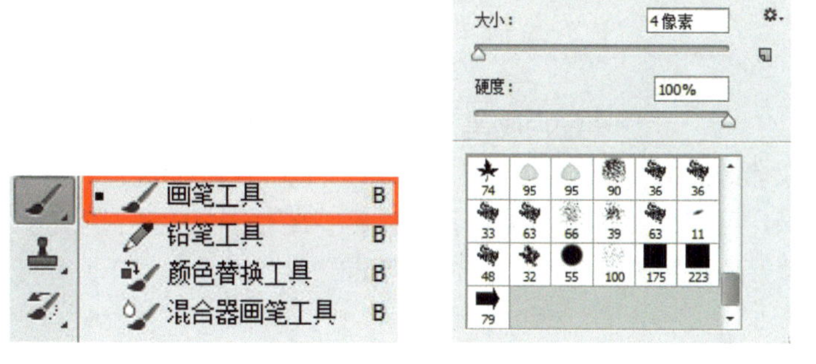

图10-28　画笔工具

（1）画笔基本参数

① 画笔　画笔工具可绘出不同笔尖大小、硬度、透明度、流量等，并能按自己的喜好调节出所需的画笔效果，画笔的颜色为工具箱中的前景色。

② 操作　工具栏-画笔工具 -设置属性栏-图纸上绘制；快捷键为“B”。

③ 工具属性栏　画笔工具图标、画笔笔尖形状、画笔模式、不透明度、流量、喷笔，如图10-29所示。

图10-29　画笔工具属性栏

说明

画笔工具无色彩调配功能，随前景色的变化而变化。在特殊情况下，画笔预设中的颜色动态参数会随前景色、背景色的变化而变化。

（2）选择笔刷形状

操作：鼠标左键单击画笔笔尖下拉按钮 2 -打开下拉面板（主直径、硬度、笔尖类型）-鼠标左键单击小三角按钮-打开快捷菜单-（新画笔、重命名、删除画笔、改变笔刷的显示方式的方法、复位载入保存替换画笔、加载系统内置笔刷）。

（3）创建与删除笔刷

① 创建笔刷　调整笔尖设定-画笔笔尖类型-下拉列表-保存按钮-创建-选择。

② 删除笔刷　选择画笔-鼠标左键单击小三角按钮-画笔控制面板-删除画笔。

（4）保存和加载笔刷文件

① 位置　小三角按钮-画笔控制面板-加载画笔文件和保存笔刷-笔刷文件。

② "存储画笔"命令　在Photoshop CS6中画笔工具等绘画工具可以实现真实的绘画效果。可以自定义画笔样式并储存到画笔库中，以便以后的操作中重复使用。

更改画笔形状并储存到画笔库：要将Photoshop CS6中提供的画笔进行自定义，并将其存储到画笔库中，可以通过鼠标左键单击"从此画笔创建新的预设"按钮，在弹出的"画笔名称"对话框中新建画笔预设。通过"存储画笔"命令，将当前所有画笔存储到画笔库中。

演示

使用画笔工具画一条红色的直线

① 设置前景色为红色。

② 新建图层，鼠标左键单击画笔或按快捷键"B"。

③ 在起始位置鼠标左键单击一下，按住"Shift"键，再单击一下，即可形成一条红线。

（5）定义画笔预设

① 自定义画笔　用户要将任意形状的选区图像定义为笔刷，可以用自定义画笔工具，自定义笔刷不保存其色彩信息，所以为灰度图像。

② 制作画笔笔尖　在图纸空白处，制作选区-填充黑色。

③ 定义画笔预设　编辑菜单栏-定义画笔预设-对话框-画笔名称-画笔笔尖类型中查找，如图10-30所示。

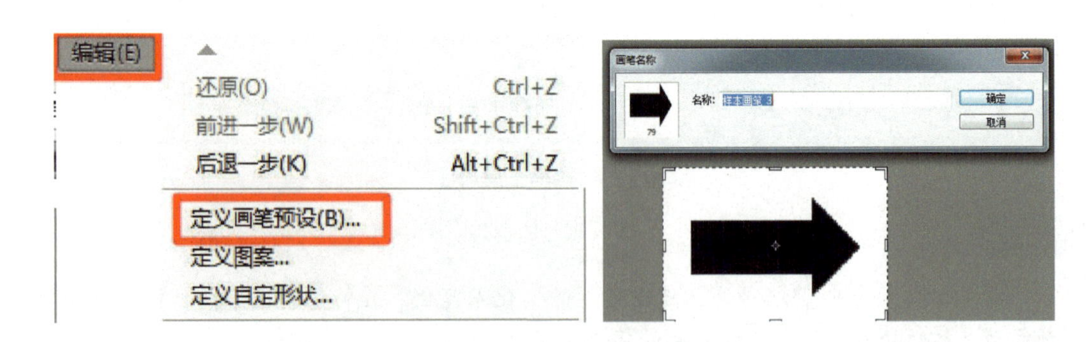

图10-30　自定义画笔工具

说明

自定义笔刷不保存其色彩信息，所以为灰度图像。若图案颜色为彩色，则定义画笔为半透明。若图案颜色为黑色，则定义画笔为不透明；若图案颜色为白色，则定义画笔为透明。建议选择黑色。后期可通过画笔参数调整为半透明或不透明。

2.画笔面板

画笔除了直径和硬度等的设定外，在Photoshop CS6中针对笔刷还提供了非常详细的设定，这使得笔刷变得丰富多彩，它就是画笔面板，注意这个画笔面板与画笔工具并没有依存关系，这是笔刷的详细设定调板。它主要通过选择笔尖形状，设置笔尖大小、间距、圆度、角度及形状动态、散布、纹理、颜色动态等动态控制，来进行笔尖的细致调节，形成特殊多彩的效果。

（1）打开“画笔”面板方法

方法1　在工具栏中选择［画笔］工具。

方法2　［窗口］菜单栏-［画笔］或F5快捷键。

（2）选择笔尖形状，设置笔尖大小、圆度、角度、间距、硬度

① 选择笔尖形状　画笔面板-左侧画笔笔尖选项参数中有笔尖形状选择面板-鼠标左键单击选择笔尖，如图10-31所示。

② 设置笔尖大小　同上-在大小参数下移动滑块调整大小，如图10-31所示。

③ 设置圆度、角度、间距、硬度　圆度可输入数值或移动图10-31中圆圈图标，可由圆形变成椭圆形来调整圆度；角度也可输入数值或移动图10-31中箭头图标调整角度；间距是勾选并移动滑块即可调整笔尖的间距；硬度操作同大小参数，如图10-32所示。

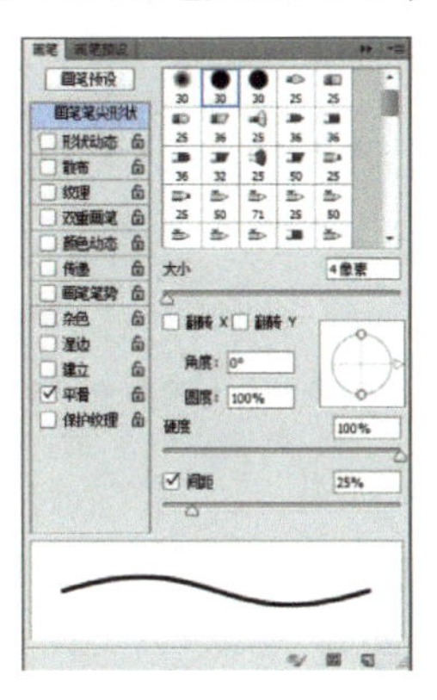

图10-31　笔尖形状、大小

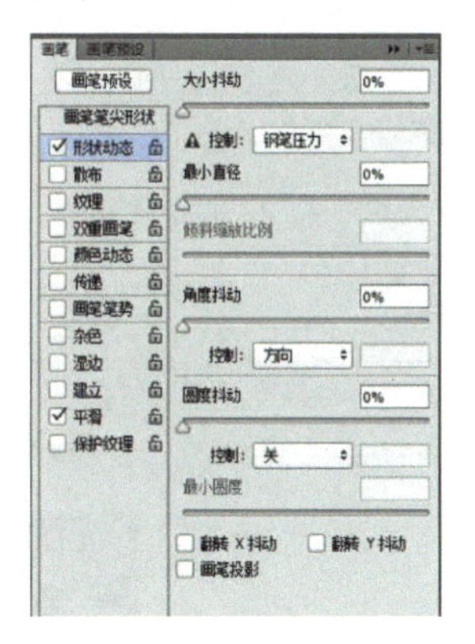

图10-32　笔尖形状动态

说明

笔尖大小调整：画笔、橡皮擦、加深减淡、图章、修复画笔等工具，笔尖大小均需要调整。

常用方法：当前工具状态下，按键盘中“[”键笔尖变小、按键盘中“]”键笔尖变大。

（3）设置画笔动态

画笔动态设置如图10-33所示。

① 形状动态　大小抖动即笔尖直径大小的变化（%表示最小笔尖直径是设定笔尖的百分之多少）；角度抖动是针对笔尖自身形状角度的旋转角度变化；圆度抖动是笔尖自身形状——圆度的变化。

② 散布　可以设置画笔-笔迹中画笔笔尖形状的数量和位置，使画笔笔迹沿着绘制的线条扩散。参数如下。

散布：是指画笔笔尖形状在笔迹上的分散程度，数值越大，分散的范围就越大。

散布的“控制”：可在“控制”下拉菜单中选择渐隐、铅笔压力、钢笔斜度、光笔轮、旋转5种画笔笔迹的分散方式。

数量：指定在每个间距间隔应用的画笔笔迹数量。数值越大，笔迹重复的数量就越大。

数量抖动：指画笔笔迹的数量如何针对各种间距间隔产生变化。但变化不是太明显。

数量抖动的“控制”：可以在该“控制”下拉菜单中设置“数量抖动”的方式，与“散布的控制”选项相同。

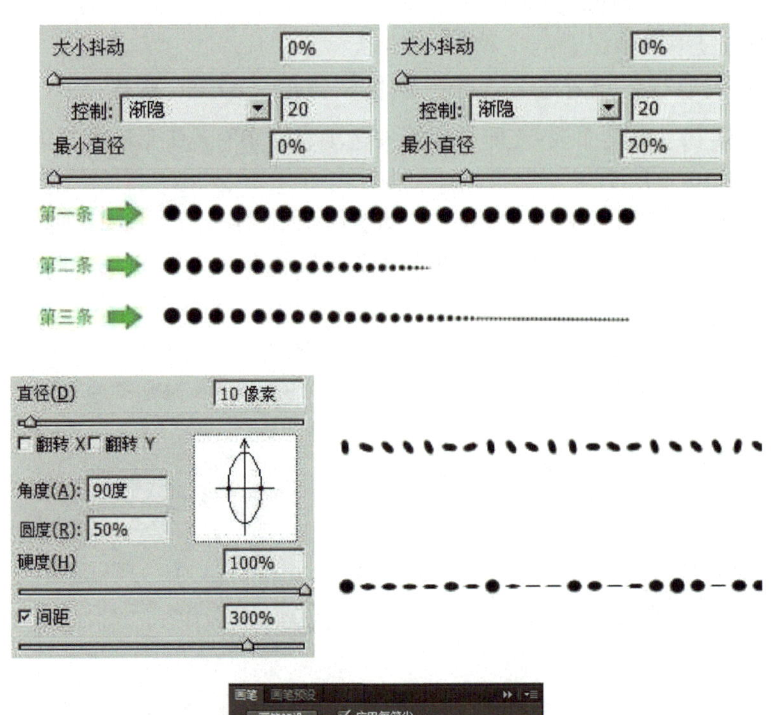

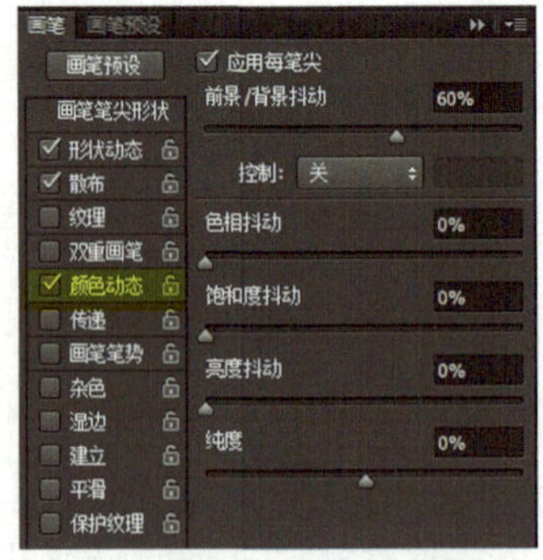

图10-33

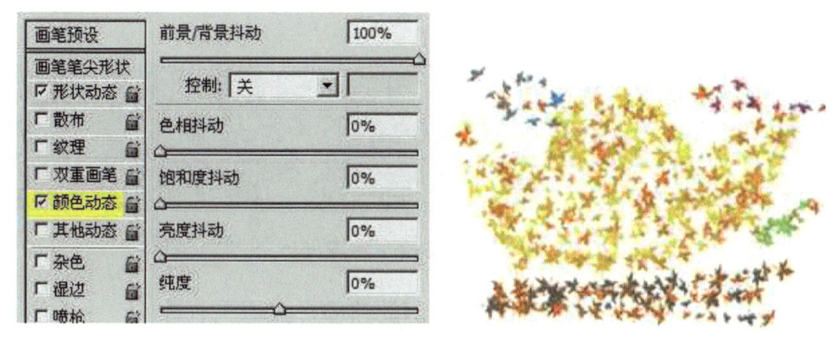

图10-33 画笔动态

③ 颜色动态 指笔刷色彩的动态表现，前景、背景抖动变化，色相抖动，饱和度的抖动，亮度抖动，纯度。

④ 其他动态 不透明度抖动、流量的抖动。

⑤ 双重画笔 两个笔尖形状的绘制，后一笔刷效果被前一笔刷效果控制。

⑥ 纹理 纹理图像、缩放、模式和深度等参数。

⑦ 杂色 边缘产生杂色效果。

⑧ 湿边 将笔刷边缘颜色加深，形成内浅外深的湿边效果。

⑨ 喷枪 将笔刷边缘颜色变浅，形成颜色由内向外扩散的效果。

⑩ 平滑 边缘平滑。

3.路径工具的使用

在Photoshop CS6中路径是使用贝赛尔曲线所构成的一段闭合或者开放的曲线段，分为开放路径和封闭路径。路径是一种矢量的图形，它不属于图像范围（打印的时候看不到），是一种“辅助工具”，建立路径后可以对其描边、沿路径编排文字等。路径闭合时可以建立选区。

Photoshop CS6在路径的绘制和编辑方面提供了几种工具，［钢笔］即可绘制复杂路径和制作精确选区；［路径面板］可以进行存储路径、转化路径等创建和编辑；［直接选择］和［路径选择］等工具可对路径进行选择、移动等编辑操作。

（1）钢笔工具——界面和操作

① 定义 是形状和路径的绘制工具，可绘制直线或任何曲线。快捷键为“P”。

② 应用 绘制形状、路径和制作选区。

③ 操作 直线是鼠标左键单击确定第一点至第二点至最后。曲线是在鼠标左键单击的同时按住鼠标左键，拖曳鼠标可画出带曲线形的路径，如图10-34所示。

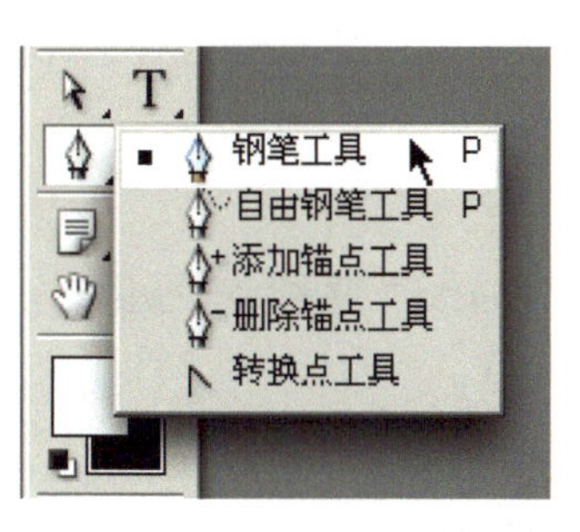

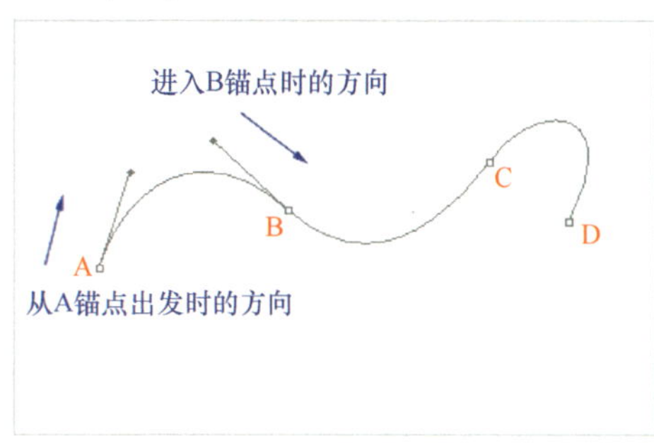

图10-34 钢笔工具

④ 钢笔工具属性栏，如图10-35所示。

图10-35 钢笔工具属性栏

绘制形状按钮：将创建一个形状图层，绘制的路径直接填充前景色。

绘制路径按钮：使用该属性绘制的路径，只在工作窗口中显示绘制的路径，不产生新的图层。

（2）钢笔工具——路径编辑

① 增加锚点工具 在任意一段路径上鼠标左键单击即可增加一个节点。钢笔工具+Alt放在节点上，可直接转化为该工具。

② 删除锚点工具 在任意节点上鼠标左键单击，即可删除此节点。钢笔工具+Alt放在节点上，可直接转化为该工具。

③ 转化锚点工具 用于转换路径节点方向，以改变路径曲率。鼠标左键单击任一节点并拖曳鼠标，可改变路径曲率。

（3）路径选择工具

① 直接选择工具 可选取某一段路径或某一锚点，并移动或调节曲率。

操作：鼠标左键单击工具-单击路径或某一锚点-出现贝叶斯柄，移动贝叶斯柄可调节曲率，移动锚点可移动锚点位置，如图10-36所示。

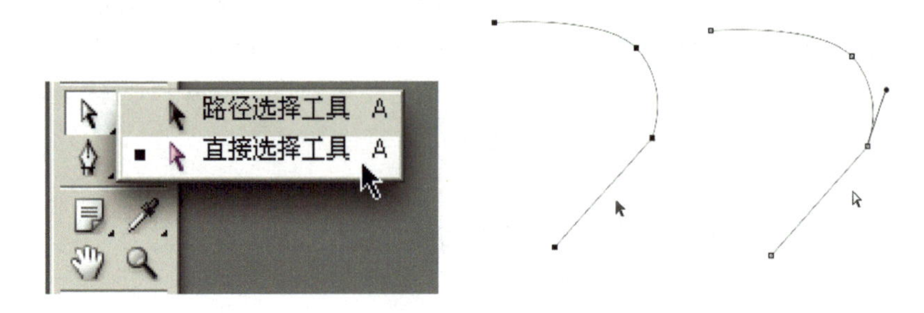

图10-36 路径选择工具

② 路径选择工具 用于选择整条并移动路径。

操作：鼠标左键单击工具-单击路径-移动鼠标。

③ 复制、删除路径

复制路径：Alt+路径选择工具 。

删除路径：路径选择工具 选中路径，之后按“Delete”键删除整条路径。直接选择工具 选中路径中某一锚点，之后按“Delete”键删除锚点。

（4）路径控制面板

路径控制面板是对已经建立的路径进行管理和编辑处理。

①操作　窗口菜单栏-路径，快捷键为“F7”。

②路径控制面板，如图10-37所示。

a.填充路径 ：鼠标左键单击该按钮，将以当前设置的前景色填充路径所包围的区域。

操作：前提有路径，之后用前景色填充路径按钮 ，打开“填充路径”对话框，选择“前景色”，鼠标左键单击“确定”按钮。

b.路径描边 ：鼠标左键单击该按钮，将以当前选定的工具及其设置对路径描边。

操作：绘制路径-设置［前景色］-设置［画笔］工具-［用画笔描边路径］按钮 。

c.将路径转换为选区 ：鼠标左键单击路径面板上“将路径作为选区载入”按钮 ，可直接将路径自动转换为选区。快捷键为“Ctrl+Enter”。

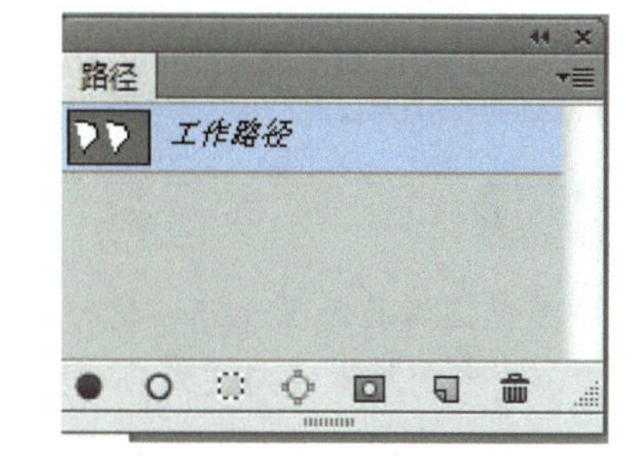

图10-37　路径控制面板

d.将选区转换为路径 ：直接鼠标左键单击路径面板上“从选区生成工作路径”按钮 ，这样就可将选区转换为路径。

e.存储路径：是提高工作效率的有效方法。因为在需要使用某一路径的时候，可以直接载入存储的路径，而不需要浪费时间再次绘制该路径。

操作：绘制路径-打开路径面板-鼠标左键单击路径面板右上角的 按钮-打开快捷菜单-选择“存储路径”命令。

f.删除路径：鼠标左键单击该按钮，将删除当前选定的路径。

（5）形状工具

①定义　是绘制规则、自定义形状和路径的绘制工具。快捷键为“U”。

②应用　绘制规则、自定义形状、路径及制作选区。

③操作　在起点处单击并按住鼠标左键拖曳，至终点或对角点处松开鼠标左键即得。

④形状工具种类，如图10-38所示。

a.矩形工具：制作出矩形和正方形（按住“Shift”键绘制）；按住“Alt”键可以绘制出以鼠标为中心的矩形；按住“Shift + Alt”可以绘制出以鼠标为中心的正方形。如图10-39所示。

b.圆角矩形工具：创建出圆角效果的矩形，“半径”值越大，圆角越大。如图10-40所示。

说明

矩形工具选项介绍：鼠标左键单击图10-39、图10-40中的按钮，弹出设置矩形的面板。

a.不受约束：勾选此项，可以绘制任何形状大小的矩形。

b.方形：勾选此项，可以绘制任何大小的正方形。

c.固定大小：勾选此项，输入相对应的宽和高数值，鼠标左键单击图像即可绘制出矩形。

d.比例：勾选此项，输入相对应的宽和高数值，绘制出的矩形保持这个比例。

e.从中心：勾选此选项，鼠标左键单击点即为矩形中心。

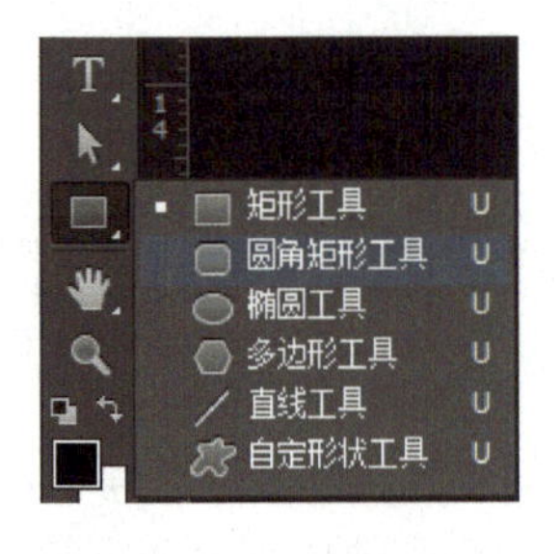

图10-38 形状面板

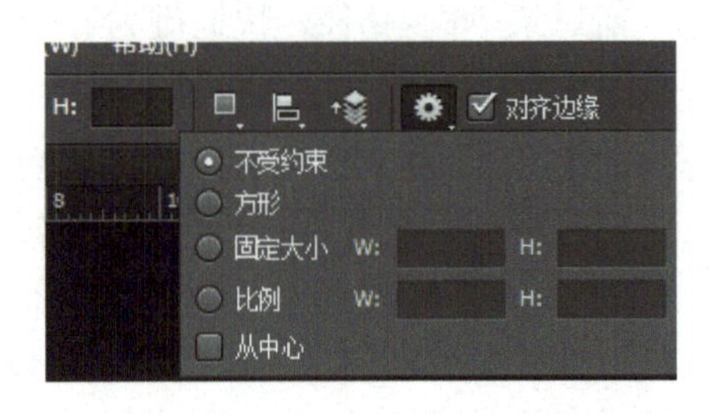

图10-39 矩形工具选项

c.椭圆工具：制作出椭圆和圆形（按住“Shift”键绘制）；按住“Alt+Shift”，可以绘制以鼠标左键单击点为中心的圆形。如图10-41所示。

说明

椭圆工具选项介绍：鼠标左键单击图10-41中的按钮，弹出设置圆形的面板。

a.不受约束：勾选此项，可以绘制任何形状大小的椭圆或圆。

b.圆：勾选此项，可以绘制任何大小的圆形。

c.固定大小：勾选此项，输入相应的宽和高数值，鼠标左键单击图像即可绘制出圆形或椭圆。

d.比例：勾选此项，输入相应的宽和高数值，鼠标左键单击图像即可绘制出图形，此后，创建的图形始终保持这个比例。

e.从中心：勾选此选项，鼠标左键单击点即为圆形中心。

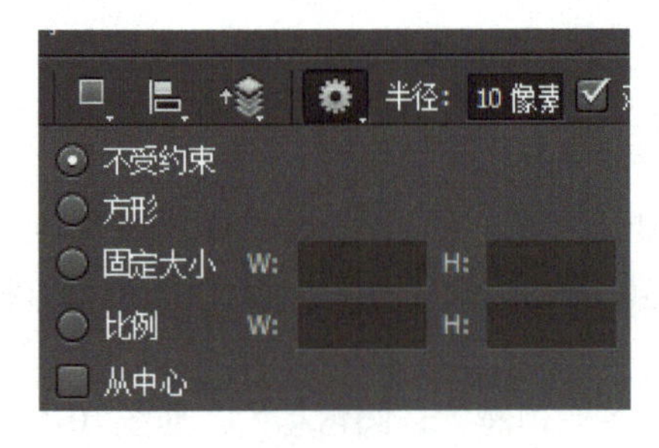

图10-40 圆角矩形工具选项

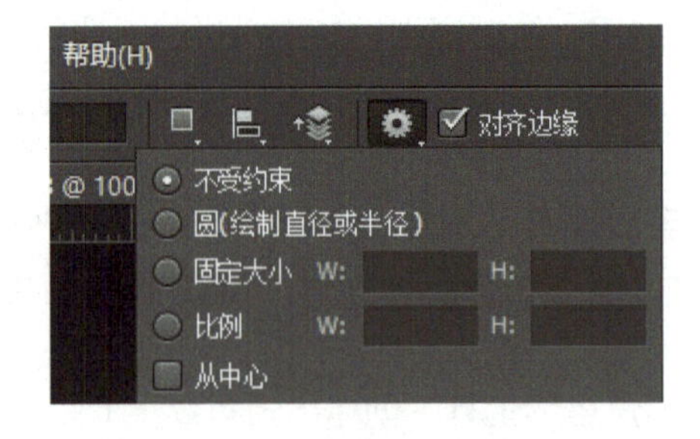

图10-41 椭圆工具选项

d.多边形工具：制作出正多边形和星形。如图10-42所示。

说明

多边形工具选项介绍：鼠标左键单击图10-42中的按钮。

a.边：设置多边形的边数。

b.半径：设置多边形的半径长度。

c.平滑拐角：勾选此选项，创建出具有平滑拐角效果的多边形或星形。

d.星形：勾选此选项，创建出星形。

e.平滑缩进：勾选此选项，星形的每条边向中心平滑缩进。

e.直线工具：制作出直线和带有箭头的路径。如图10-43所示。

说明

直线工具选项介绍：鼠标左键单击图10-43中的按钮。打开面板：设置箭头样式。

a.粗细：直线或箭头线的粗细。

b.起点/终点：勾选“起点”选项，在直线的起点处添加箭头；勾选“终点”选项，可以在两头添加箭头。

c.宽度：设置箭头宽度和直线宽度百分比。

d.长度：设置箭头长度和直线长度百分比。

e.凹度：设置箭头凹陷程度，值越大，箭头凹陷越严重，若值小于0，则箭头尾部向外凸出。

f.自定义形状工具：绘制动物、音乐、箭头等软件自带或加载的形状，如图10-44所示。

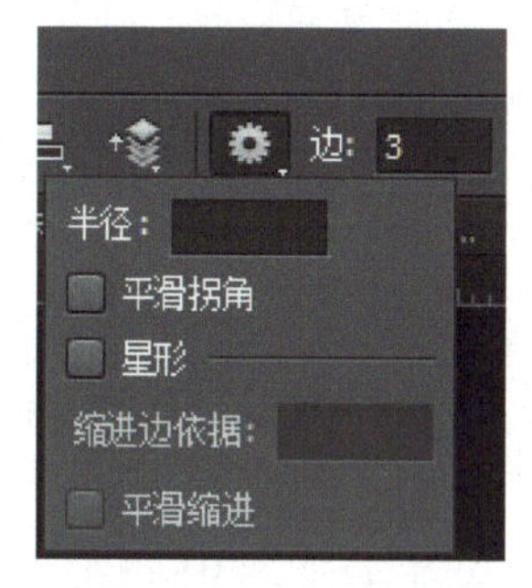

图10-42　多边形工具选项

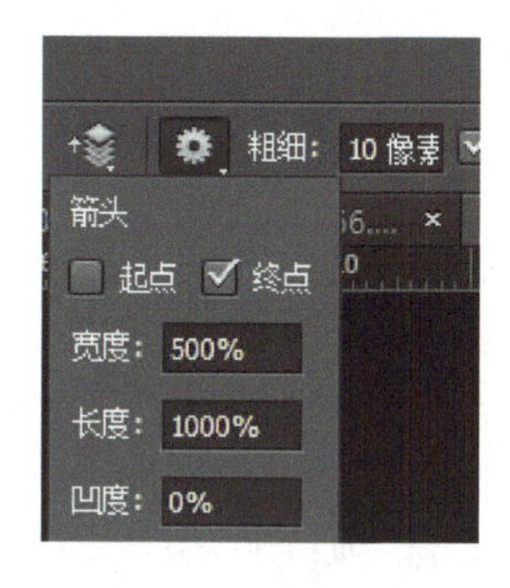

图10-43　直线工具选项

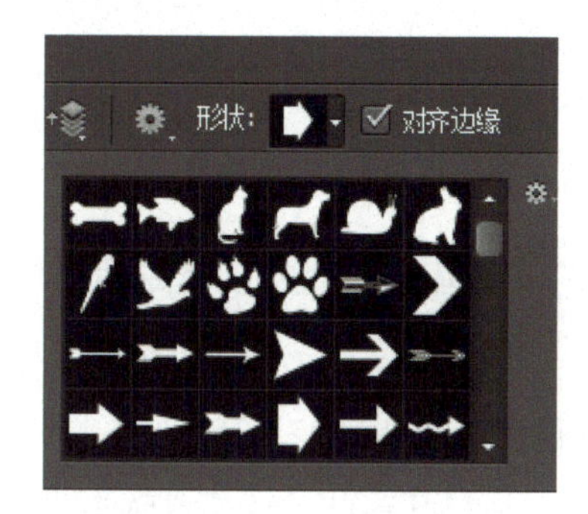

图10-44　自定义形状工具选项

说明

按住“Alt”键可以绘制出以鼠标为中心的图形。

按住“Shift+Alt”可以绘制出以鼠标为中心的正方形或正圆形等。

⑤ 形状工具属性栏　属性栏项目依次分别为工具模式（形状、路径、像素）、填充、描边、描边线宽、描边类型、形状宽长、路径操作、路径对齐、路径排列。如图10-45所示。

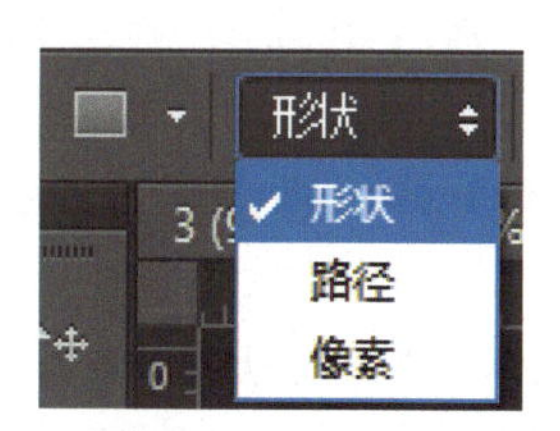

图10-45　形状工具属性栏

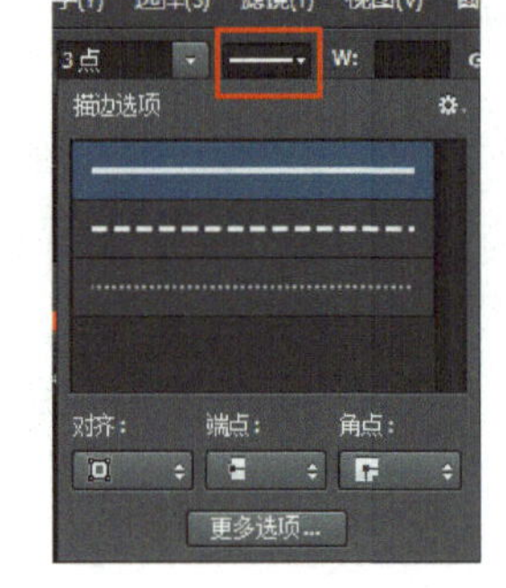

图10-46　填充和描边形式

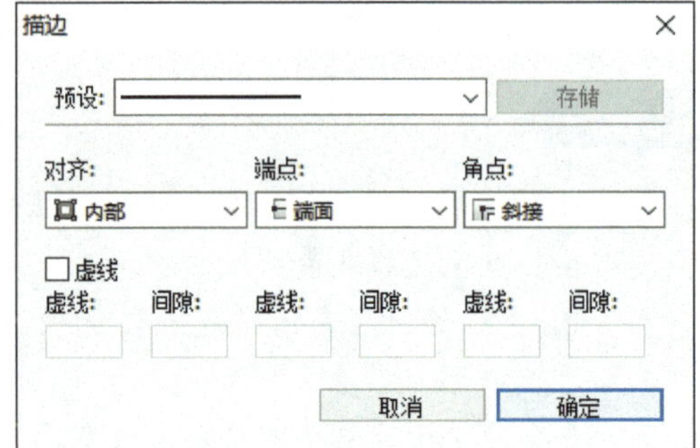

图10-47　描边面板

说明

形状工具的填充和描边有四种形式：依次是无填充、颜色、渐变、图案填充。如图10-46所示。

描边设置：预设、对齐、端点、角点、虚线（虚线线宽、间隙宽度）。如图10-47所示。

4.园林功能分析图绘制

功能分析图是常绘制的园林分析图，绘制过程中主要是画笔、定义画笔预设、画笔面板、路径面板、选择工具等的基本操作及熟练工具的相互衔接操作。

① 打开文件　打开附盘文件“PS素材-项目十-园林功能分析图底图”，如图10-48所示。

② 调整图像饱和度　选择园林分析图底图文件→［图像］菜单→［调整］→［色相/饱和度］把饱和度降低。如图10-49所示。

图10-48　园林功能分析图底图

③ 绘制圆形分析线　形状工具中［椭圆工具］按Shift+绘制长、宽分别为700、700左右的正圆形→设置工具栏参数［填充］无；［描边］R255，G0，B0；［描边线宽］15；［描边类型］对齐外部、虚线3、间隙1→将椭圆图层原地复制，图层面板将图层拖曳到新建图层，完成复制→选中该图层→在形状工具中［椭圆工具］状态下，调整参数［填充］R255，G0，B0；［描边］无；［描边类型］对齐内部→在图层面板中，调整不透明度40%→调整图层顺序，描边在上、填充椭圆在下。如图10-50所示。

④ 复制功能分析图并调整参数　在图层面板中，鼠标左键单击选中椭圆形状2个图层，即描边和椭圆→原地复制，图层面板将图层拖曳到新建图层，完成复制→［移动工具］移动两图层图像到黄色分析线位置→［自由变换］按Shift+拖曳等比例缩放到相应大小→选中复制的描边图层→在形状工具中［椭圆工具］状态下，调整参数［描边］R255、G195、B0；其他

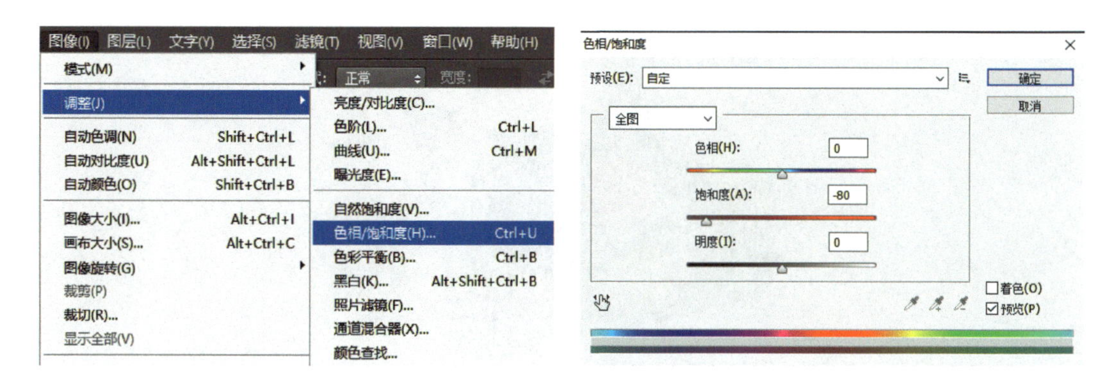

图10-49　调整图像饱和度

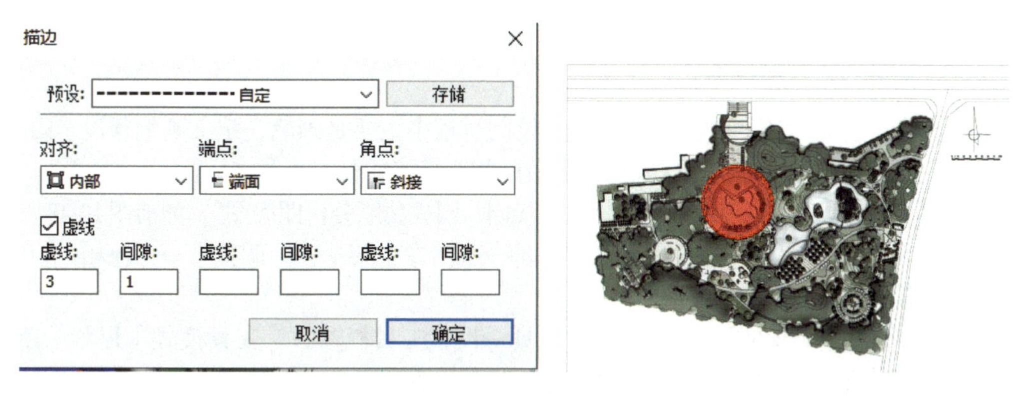

图10-50　描边参数和描边效果

不变→选中复制的椭圆图层→在形状工具中［椭圆工具］状态下，调整参数［填充］R255、G195、B0；其他不变→其他颜色分析线重复此操作。

⑤ 分析线效果设置　选择图层→鼠标左键单击图层面板下方*fx*［图层样式］→［投影］距离15；大小4，如图10-51所示，园林功能分析图成图如图10-52所示。

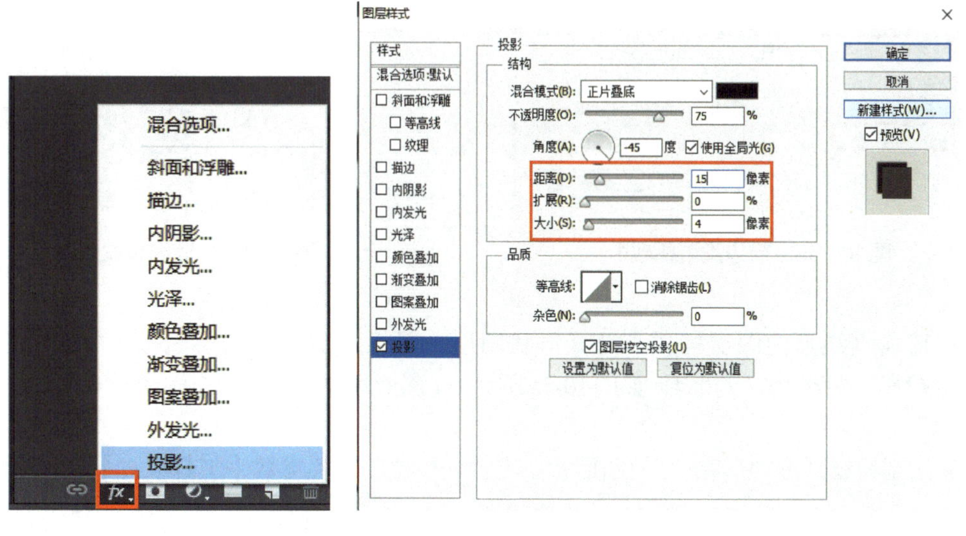

图10-51　调整图层样式投影参数

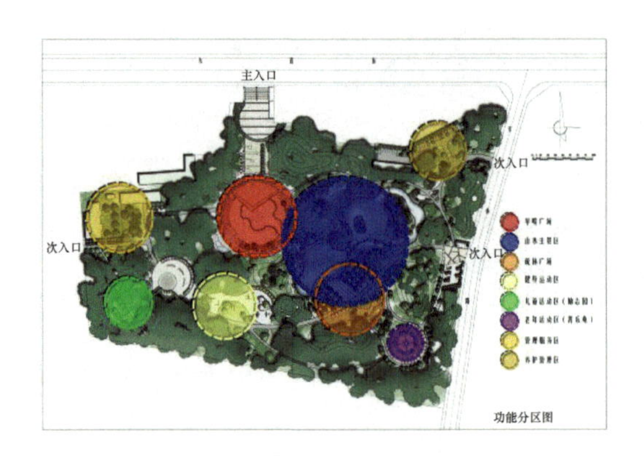

图10-52　园林功能分析图成图

5. 园林道路分析图绘制

道路分析图也是常绘制的园林分析图，绘制过程中主要是画笔、定义画笔预设、画笔面板、钢笔、路径面板等的基本操作及熟练工具的相互衔接操作。

① 打开文件　打开附盘文件“PS素材-项目十-园林功能分析图底图”，如前图10-48所示。

② 调整图像饱和度　选择分析图底图文件→［图像］菜单→［调整］→［色相/饱和度］把饱和度降低，如前面图10-49所示。

③ 绘制蓝线直线形的形状　［钢笔］工具→设置工具栏参数［工具模式］形状［填充］无；［描边］蓝色R0,G0,B255；［描边线宽］100；［描边类型］对齐居中、√虚线、虚线0.15、间隙0.06→绘制蓝线，上方鼠标左键单击一点，按住“Shift”键在下方鼠标左键单击第二点。如图10-53、图10-54所示。

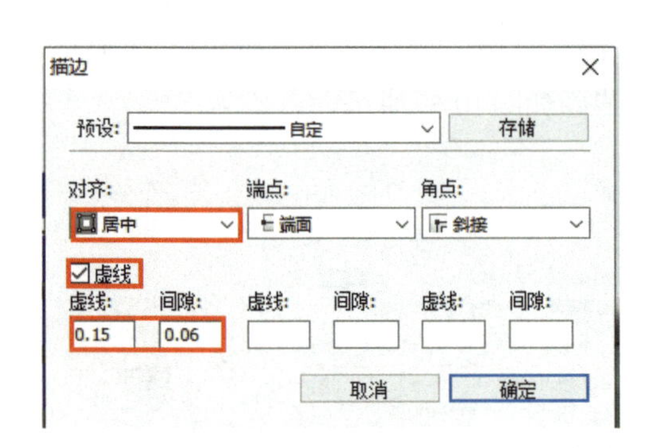

图10-53　描边类型参数1

图10-54　蓝线直线效果1

④ 蓝线直线形的图层样式　选择形状图层→鼠标左键单击图层面板下方*fx*［图层样式］→［投影］距离10，大小4，如图10-55所示→［斜面和浮雕］大小10，软化0，如图10-56所示。

⑤ 绘制粉线圆形的形状　［椭圆形状］工具→设置工具栏参数［工具模式］形状［填充］无；［描边］粉色R255，G0，B255；［描边线宽］30；填充： 描边： 30点 ［描边类型］对齐居中、实线→按住“Shift”键绘制一个正圆形，长、宽分别为700、700。

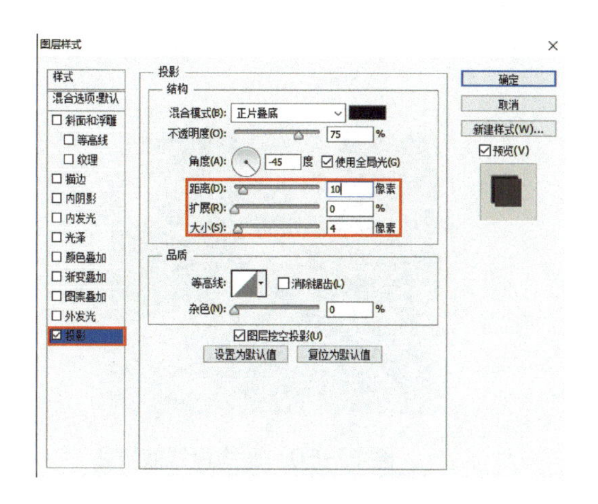

图10-55　投影参数

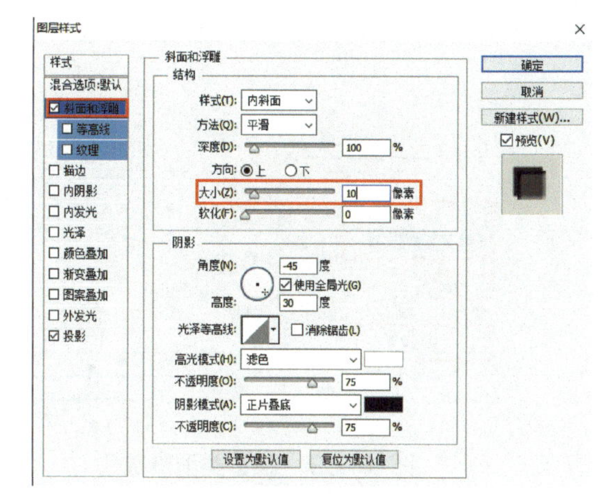

图10-56　斜面和浮雕参数1

⑥ 绘制粉线曲线形的形状　[钢笔]工具→设置工具栏参数[工具模式]形状[填充]无;[描边]粉色R255，G0，B255;[描边线宽]30;[描边类型]对齐居中、实线→起始处鼠标左键单击第一点，鼠标左键单击第二点并按住鼠标左键不放向外拖曳出贝斯柄后调整曲率，按“Alt”键鼠标左键单击第二点去掉一侧贝斯柄→第三到最后点同上操作。如图10-57、图10-58所示。

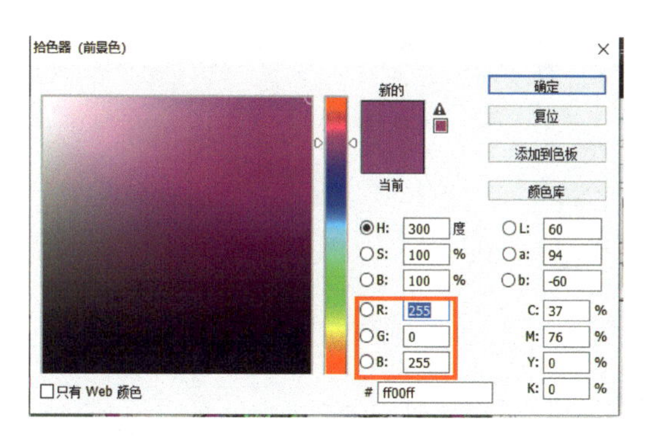

图10-57　描边颜色参数

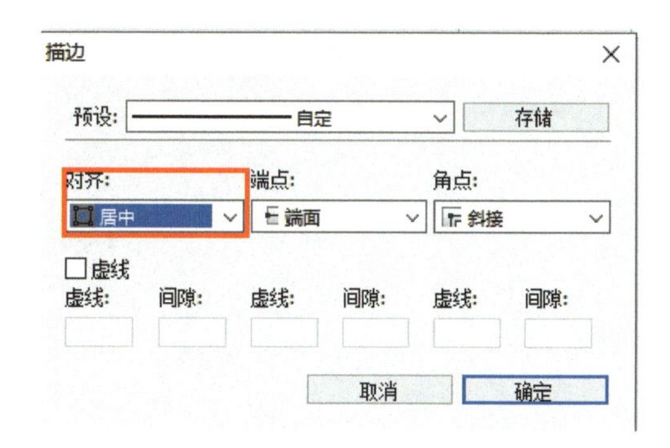

图10-58　描边类型参数2

说明

生成曲线关键点：起始处鼠标左键单击第一点，然后鼠标左键单击第二点并按住鼠标左键不放向外拖曳，拖出贝斯柄后调整曲率。为防止第三点受前方控制点贝斯柄调控，可按“Alt”键，鼠标左键单击上一点去掉一侧贝斯柄。

⑦ 粉线形状的图层样式　选择形状图层→鼠标左键单击图层面板下方*fx*[图层样式]→[投影]距离10，大小4，如前图10-55所示→[斜面和浮雕]大小10，软化0，如前图10-56所示。

⑧ 绘制另一条蓝线直线形的形状　[钢笔]工具→设置工具栏参数[工具模式]形状[填充]无;[描边]蓝色R0，G0，B255;[描边线宽]20;[描边类型]对齐居中、√虚线、虚线2、间隙0.5→绘制蓝线，上方鼠标左键单击一点，按住“Shift”键在下方鼠标左键单击

第二点。如前图10-55、图10-59、图10-60所示。

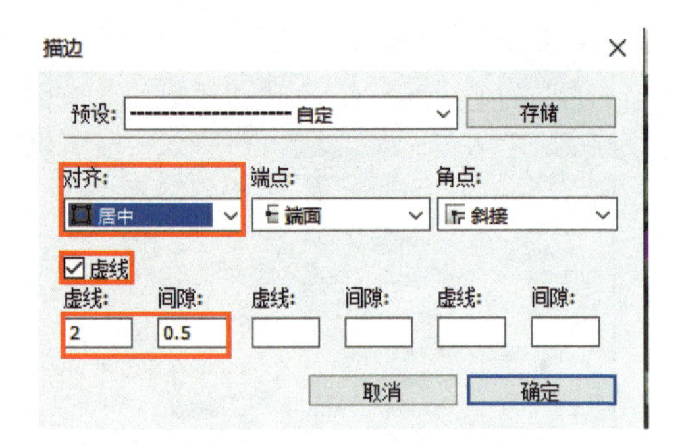

图10-59　描边类型参数3

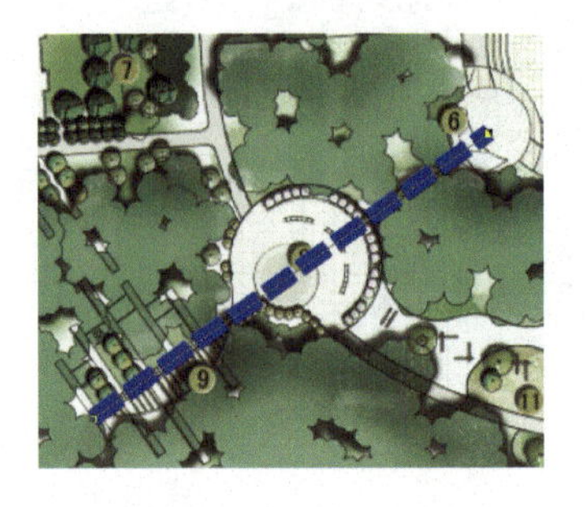

图10-60　蓝线直线效果2

⑨ 另一条蓝线直线形的图层样式　选择形状图层→鼠标左键单击图层面板下方*fx*［图层样式］→［投影］距离10，大小4，如前图10-55所示→［斜面和浮雕］大小15，软化0，如图10-61所示。

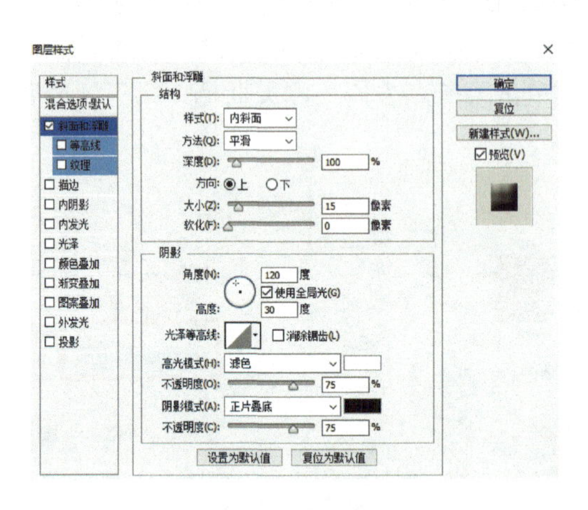

图10-61　斜面和浮雕参数2

⑩ 绘制蓝线曲线形的形状　同前面⑤～⑦步操作，设置工具栏参数为［工具模式］形状［填充］无；［描边］蓝色R0,G0,B255；［描边线宽］20；［描边类型］对齐居中、√虚线、虚线2、间隙0.5。

⑪ 绘制绿线曲线形的形状　［钢笔］工具→设置工具栏参数［工具模式］形状［填充］无；［描边］绿色R0，G255，B0；［描边线宽］20；［描边类型］对齐居中、虚线（第三种）、虚线0、间隙1.5→起始处鼠标左键单击第一点，鼠标左键单击第二点按住鼠标左键不放向外拖曳出贝斯柄后调整曲率，按住“Alt”键鼠标左键单击第二点去掉一侧贝斯柄→第三到最后点同上操作。如图10-62、图10-63所示。

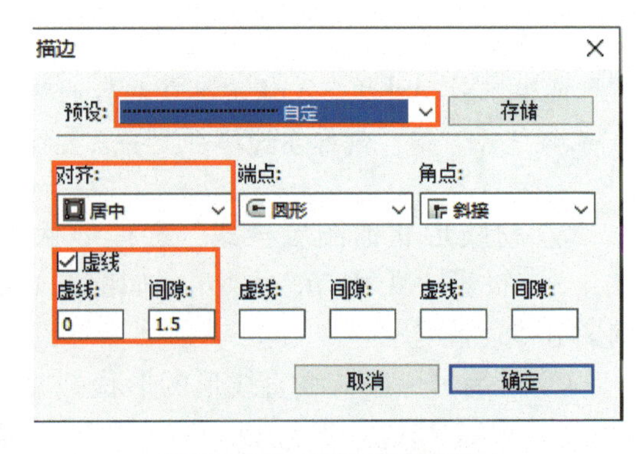

图10-62　描边类型参数4

⑫ 选择形状图层→鼠标左键单击图层面板下方*fx*［图层样式］→［投影］距离10，大小4，如前图10-55所示→［斜面和浮雕］大小15，软化0，如前图10-61所示。

⑬ 完成所有操作，园林道路分析图成图如图10-64所示。

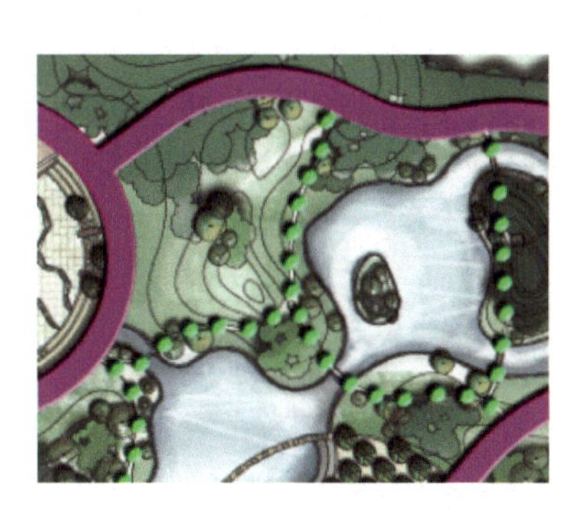

图10-63　绿线曲线效果

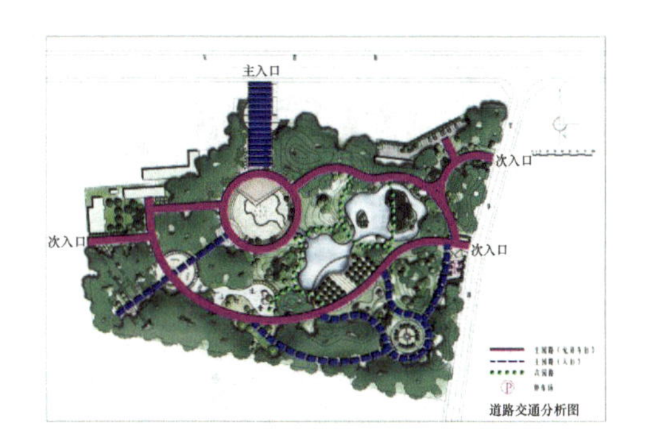

图10-64　园林道路分析图成图

注意

［钢笔工具］使用时，绘制一条曲线，从另一起点绘制另一条曲线时需注意，绘制完一条线，鼠标左键单击［路径选择工具］后在空白处鼠标左键单击，则取消上条曲线路径编辑状态。再鼠标左键单击［钢笔工具］，从另一起点绘制另一条曲线。否则会从上条曲线路径终点处开始绘制，不会从另一个起点开始绘制。

项目十一
园林景观立（剖）面效果图制作

任务1　制作廊架立面效果图

任务目标

园林立面效果图的绘制主要是练习移动、选择工具、移动复制、粘贴、渐变工具、图像选取和复制、图层排列的基本操作及熟练工具的相互衔接操作。

任务解析

1.打开文件

打开附盘文件“PS素材-项目十一-某园林廊架立面图-廊架底图”。如图11-1所示。

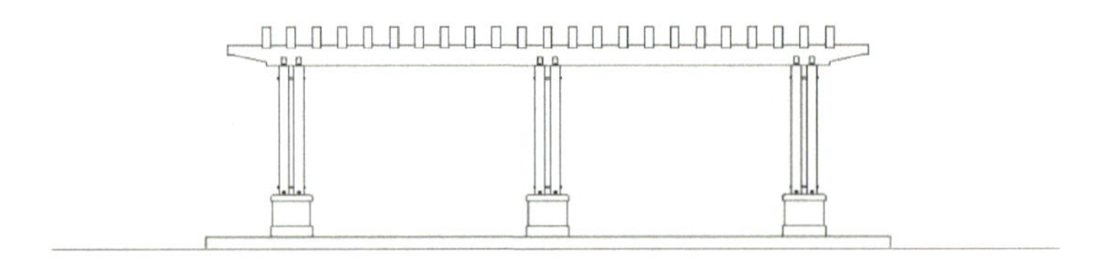

图11-1　廊架方案底图

2.廊架填色

廊架方案底图→选择［图层面板］的背景图层，使用［魔棒工具］加选横梁部分→执行［新建图层］→设置［前景色］→［Alt+Delete］填色。分别对廊架其他部分执行以上操作。如图11-2所示。

> **注意**
>
> 魔棒工具再次选择选区时，需要回到［图层面］选择背景图层，否则不能选择到相应选区，因为线稿在背景图层。

说明

魔棒工具选择原理：选择颜色相近并相连的区域作为选区。在图11-1中，背景图层的线稿图像，相近相连的区域是白色，被黑色线框分隔，所以能准确地选择对应区域。

魔棒工具运算方式的快捷方法：按住“Shift”键-加选、加按Alt键-减选；加按“Shift+Alt”键-交叉选。

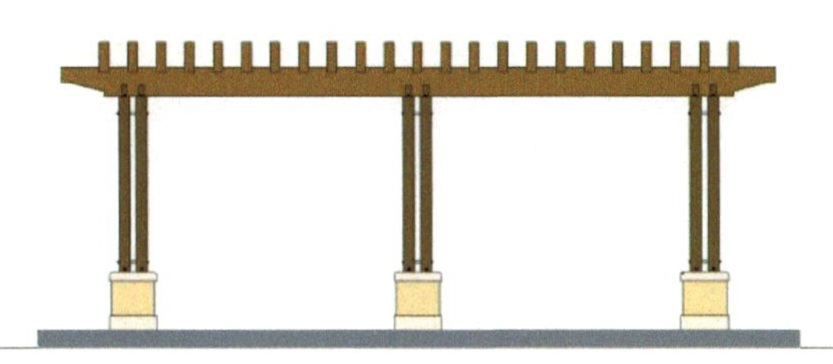

图11-2　廊架方案填色图

3.廊架更换图案纹理

打开附盘文件“项目三-任务3-某园林廊架立面图-立面效果素材-木材1”，菜单栏［编辑］→［定义图案］→鼠标左键单击“确认”。再次回到廊架方案填色图，选择［图层面板］横梁部分所在图层→选择［*fx*］→鼠标左键单击［图案叠加］→进行图案选择，下拉三角形→选择上述所定义的图案→进行缩放、不透明度调整，同样方法，分别将其他部分进行上述处理。如图11-3所示。

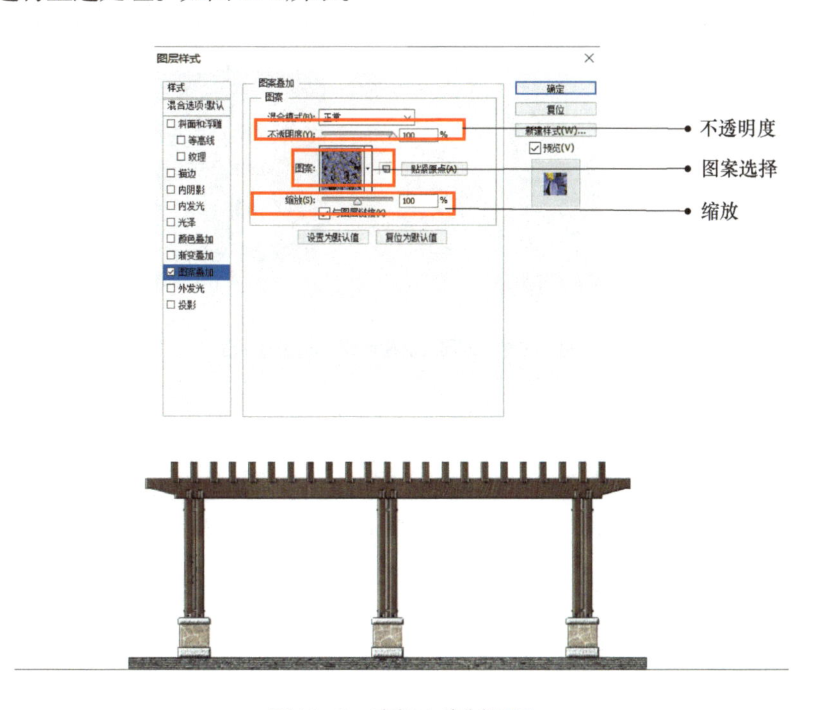

图11-3　廊架方案材质图

说明

定义图案时是否制作选区：在使用的时候，可以制作选区，选择想要的图案。如果是素材，整个图像都想定义图案，也可以不用制作选区。

定义画笔和定义图案的区别：定义图案是带有彩色色彩信息的，定义画笔是无彩色色彩信息的，只有黑白灰信息。

注意

改变图层样式时，需要选择编辑的图层。

快速进入图像图层的方法：移动工具下，在图像上方单击鼠标右键，选择要进入的图层名称。

4.廊架背景制作

地面背景：矩形选框工具，选择廊架以下部分→［新建图层］→设置［前景色］R185、G185、B185→［快捷键：Alt+Delete］填色。

天空背景：矩形选框工具，选择廊架以上部分→［新建图层］→设置［前景色］R168、G181、B251和［背景色］R255、G255、B255→鼠标左键单击［渐变工具］渐变方向为由上到下。如图11-4（a）所示。

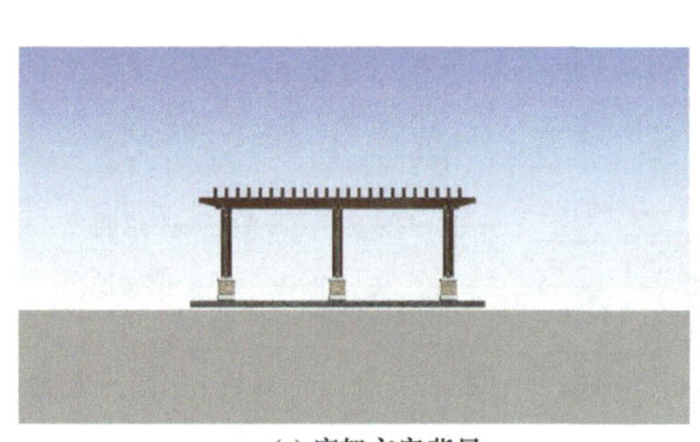

(a) 廊架方案背景

(b) 调节图层

图11-4　廊架背景制作与图层调节

说明

渐变工具在使用时要选择线性渐变方式，如未设置前景色，可进行以下操作：选择前面颜色区，打开渐变编辑器，鼠标左键单击颜色控制块，设置颜色，确认即可。

5.调节图层

选择［图层面板］中廊架所有部分所在图层，单击鼠标右键［合并图层］，在图层名称上双击鼠标左键→重命名为廊架→按住鼠标左键长按图层进行拖移→调节图层可见顺序［图11-4（b）］。其余图层同样进行重命名和调节。

注意

图层合并时需谨慎处理，超过历史记录数量时，是不可以恢复的。

说明

图层排列的快捷方式：置为顶层“Shift+Ctrl+］”
前移一层“Ctrl+］”
后移一层“Ctrl+［”
置为底层“Shift+Ctrl+［”

6.添加配景

附盘文件“PS-任务3-某园林廊架立面图-立面效果素材-植物和人”，选择［移动］→在图像上方单击鼠标右键，选择最上面图层名称，进入图层→选择图像进行复制→移动到廊架背景图→［Ctrl+T］调整植物大小→［图层面板］调节图层透明度。把所需要的其他素材同样按上述操作执行。［图层面板］→调节图层顺序。如图11-5、图11-6所示。

图11-5　廊架方案成图

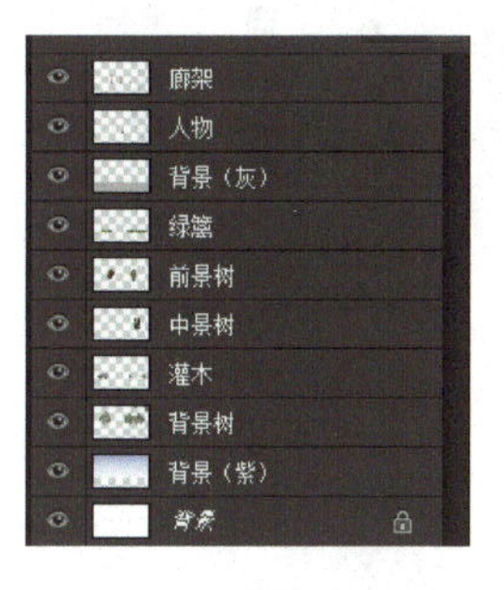

图11-6　图层顺序

说明

图像复制的方法如下。
方法1　移动复制：移动工具下，按Alt+移动工具操作。
方法2　图层复制：图层面板中，将图层拖曳到新建图层图标上，松开即可。

注意

调节植物等素材大小，一定要等比例调整，否则素材会变形。
方法1　按Shift+拖曳四角控制点。
方法2　自由变换工具栏 W: 100.00% H: 100.00%，鼠标左键单击中间链接，调整W或H尺寸。

任务2　制作园林剖面效果图

任务目标

园林剖面效果图的绘制主要是练习移动、选择工具、移动复制、粘贴、钢笔工具、套索工具、图像选取和复制、定义图案、橡皮擦、图层排列等的基本操作及熟练工具的相互衔接操作。

任务解析

1.新建相应文件

［新建］宽1665mm、高1000mm，分辨率200的文件。

2.打开原文件

打开附盘文件“PS素材-项目十一-某园林剖面图-剖面效果图绘制成图、剖面效果图素材”，如图11-7、图11-8所示。

图11-7　剖面效果图绘制成图

图11-8　剖面效果图素材

3.绘制剖切线

［钢笔］工具→设置工具栏参数，［工具模式］形状，［填充］无；［描边］黑R0、G0、B0；［描边线宽］10；［描边类型］对齐居中、实线→起始处鼠标左键单击第一点，单击第二点，单击第三点按住鼠标左键不放向外拖曳出贝斯柄后调整曲率，按“Alt”键鼠标左键单击第二点去掉一侧贝斯柄→第三到最后点同上操作。如图11-9所示。

4. 填色

绘制湖面范围，并填色，快捷键为“Alt+Delete”，用［多边形套索］选择湖面范围→新建图层，选择蓝色填充→调整图层顺序。如图11-10所示。

说明

［钢笔］工具的用法如下。

绘制直线或折线：鼠标左键单击第一点，鼠标左键单击第二点绘制直线；折线，接着鼠标左键单击第三点即可。

绘制曲线：鼠标左键单击第一点，鼠标左键单击第二点，按住鼠标左键不放向外拖曳出贝斯柄后调整曲率，按“Alt”键鼠标左键单击第二点，去掉一侧贝斯柄→第三到最后点同上操作。

绘制水平线和垂直线：第一点，按Shift+鼠标左键单击第二点。

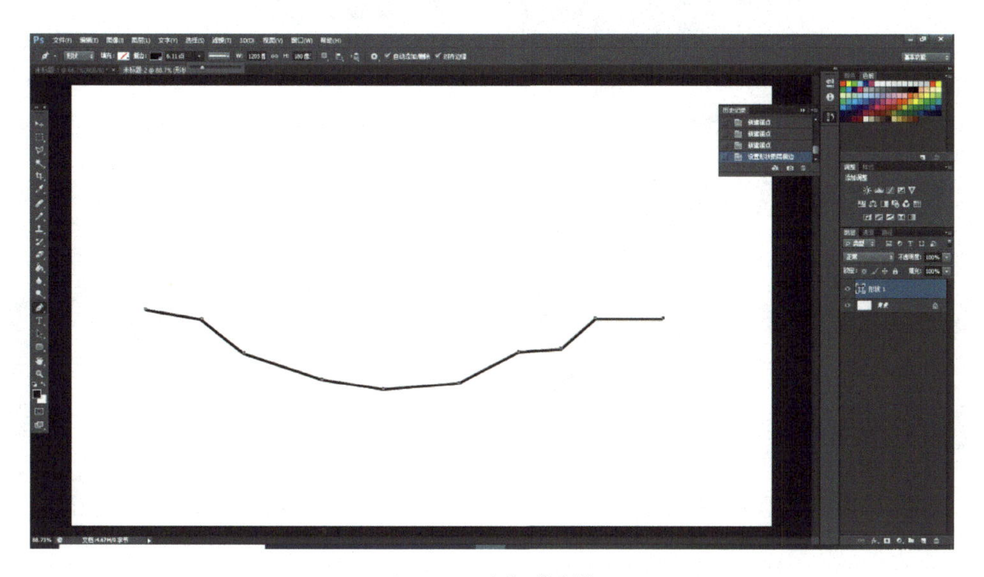

图11-9　剖切线制作

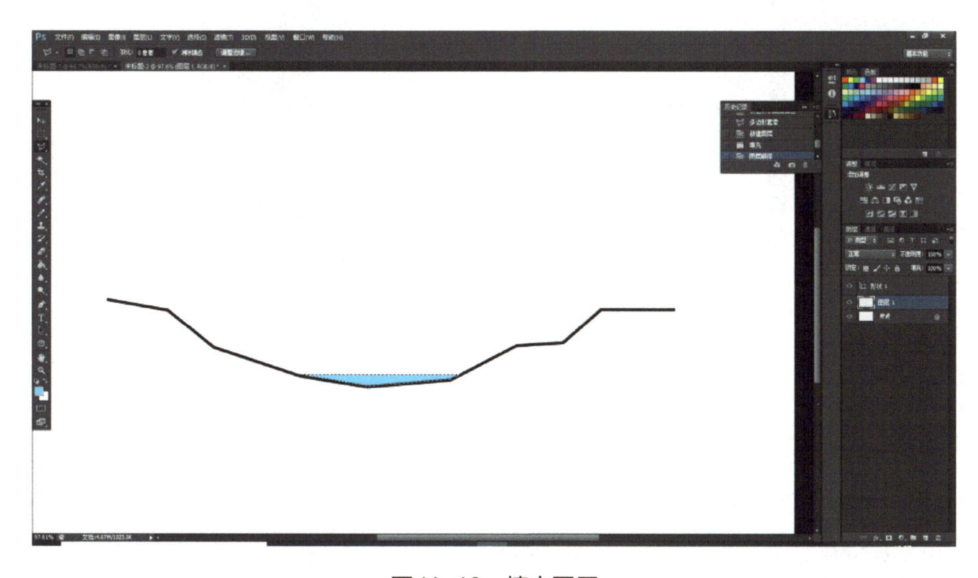

图11-10　填充图层

5.添加配景树，调整远景树、近景树、草丛

打开附盘文件“项目三-任务3-某园林剖面图-剖面效果图素材-植物和人、水生植物”，鼠标左键单击植物所在图层→用［多边形套索］工具框选植物→鼠标左键单击［移动］命令→移动到剖面图中→［Ctrl+T］采用自由变换命令调整合适的位置和大小→调整配景树、远景树、近景树的不透明度。如图11-11～图11-15所示。

图11-11 选择植物素材

图11-12 选择水生植物、水面素材

图11-13 选择花灌木素材

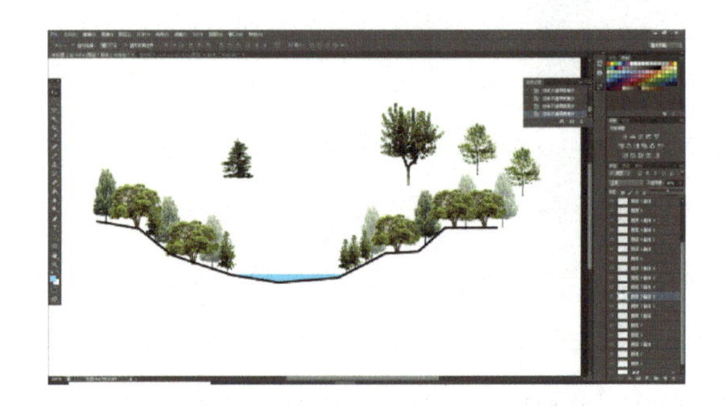

图11-14 移动植物素材位置

图11-15 植物布置成图

6.填充水面

① 打开附盘文件“项目三-任务3-某园林剖面图-剖面效果图素材-水面”，在Photoshop CS6中打开→鼠标左键单击［编辑］菜单栏→选择［定义图案］，如图11-16所示。

② 鼠标左键单击水面所在图层→鼠标左键单击图案叠加 fx →调整缩放比例，如图11-17、图11-18所示。

注意

① 等比例调节素材：调节植物等素材大小，一定要等比例调整，否则素材会变形。可按Shift+拖曳四角控制点。

② 及时调整图层排列顺序。

③ 同类型素材，图像不重叠，可及时合并。

④ 树木不透明度的调整依据是近实远虚，近景不透明度高，远景不透明度低，正好和背景天边的白色叠色，形成近处树木清楚、颜色深，远处树木模糊、颜色浅的效果。

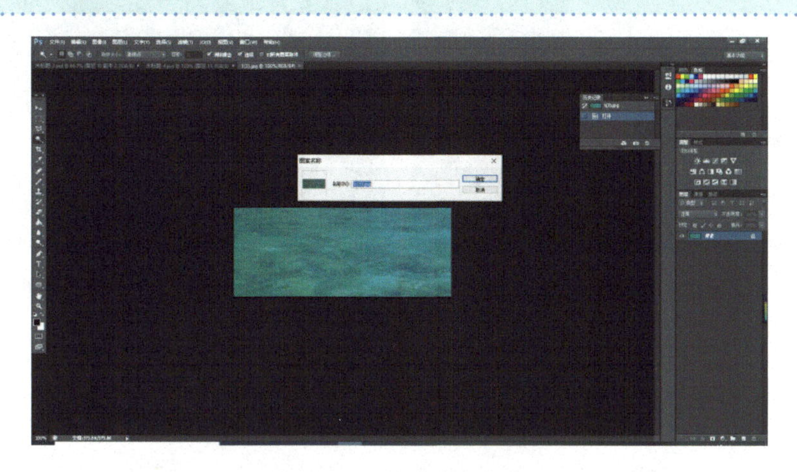

图11-16　定义水面图案

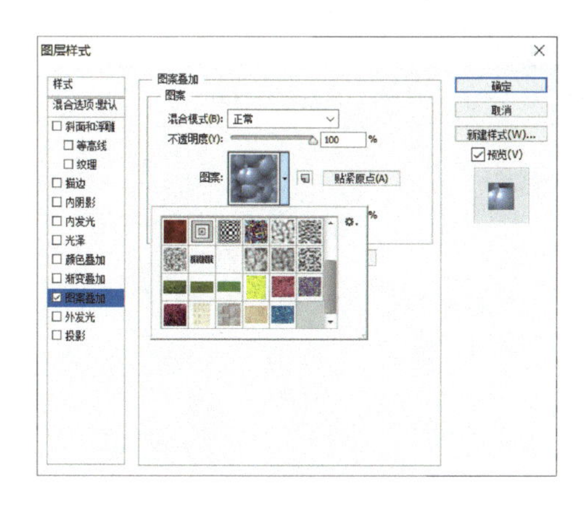

图11-17　设置图案叠加参数

图11-18　加入水面图案成图

7.添加地质、天空效果

① 打开附盘文件“项目三-任务3-某园林剖面图-剖面效果图素材-地质”→移动到剖面图中→鼠标左键单击所在图层→[Ctrl+T]采用自由变换命令调整合适的位置和大小→复制图层，如图11-19所示→鼠标左键单击[仿制图章]，弱化两个图像拼接的痕迹→鼠标左

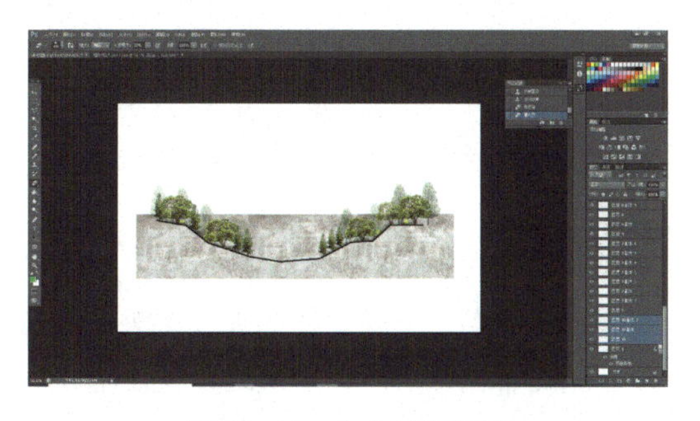

图11-19　加入地质图案

键单击［橡皮擦］工具→更改笔刷→更改不透明度和流量，擦除到想要的效果，如图11-20所示。

② 打开附盘文件“项目三-任务3-某园林剖面图-剖面效果图素材-天空”→移动到剖面图中→鼠标左键单击所在图层→［Ctrl+T］采用自由变换命令调整合适的位置和大小→鼠标左键单击［橡皮擦］工具→更改笔刷→更改不透明度和流量，擦除到想要的效果→裁剪到合适的尺寸，如图11-21、图11-22所示。

图11-20 （橡皮擦）工具擦除部分地面

图11-21 天空图案处理

图11-22 剖面效果图

说明

仿制图章的用法如下。

快捷键：“S”。

作用：用来复制取样的图像。

使用方法：在工具箱中选取仿制图章工具→参数栏中选择硬度是0的笔刷→取样，把鼠标放到要被复制的图像的窗口上，按住“Alt”键，鼠标左键单击一下进行定点选样→然后松开“Alt”键，调整工具栏上的参数，笔刷的大小（快捷键：“[”是缩小或“]”是放大）、不透明度、流量、模式（选择正常）→把鼠标放到要粘贴处的图像上，鼠标左键单击→再次取样，再次涂抹。

注意

橡皮擦在使用时，须先进入需要擦除的图层，否则将擦除掉其他图层。

橡皮擦在使用时，建议选择硬度是0的柔边圆笔刷。这样擦除的痕迹柔和，不生硬。

8.添加人物、大雁

打开附盘文件“项目三-任务3-某园林剖面图-剖面效果图素材-人物剪影-02，大雁”→移动到剖面图中→鼠标左键单击所在图层→［Ctrl+T］采用自由变换命令调整合适的位置和大小→调整不透明度和颜色，如图11-23、图11-24所示。

图11-23 添加人和大雁

图11-24 剖面效果图成图

注意

人物大小的调整要符合场景的相对尺寸，如人高1.70m左右，大乔木10m左右，相对尺寸关系要合理。

项目十二

园林设计方案文本制作与出图

任务1　园林设计方案文本

任务目标

园林汇报文本的制作主要是利用已成形的局部效果图、鸟瞰效果图、平面效果图、分析图等图纸，将这些图用优美的文字穿插起来合理排版到A3、A4版面大小的文件内，精工细做，形成书册的每张页面。如何合理美观地安排这些图纸，如何将园林说明绘制到文件上，在Photoshop CS6中常用的命令为标尺、显示、对齐、参考线、文字、图像大小、画布大小等工具。

任务解析

1.标尺、参考线、网格线、标尺工具的使用

（1）标尺和参考线的使用

① 标尺和参考线　用于辅助图像处理操作，如将图像放入指定位置、对齐操作、对称操作等，提高工作效率。光标捕捉参考线或网格绘制、吸附的效果。

② 操作

a. 标尺：[视图] 菜单栏 - 标尺；快捷键“Ctrl+R”；标尺（0，0）点处用移动工具鼠标左键单击，按住鼠标左键拖动即可改变（0，0）位置，鼠标左键双击即可恢复；单位为厘米，如图12-1所示。

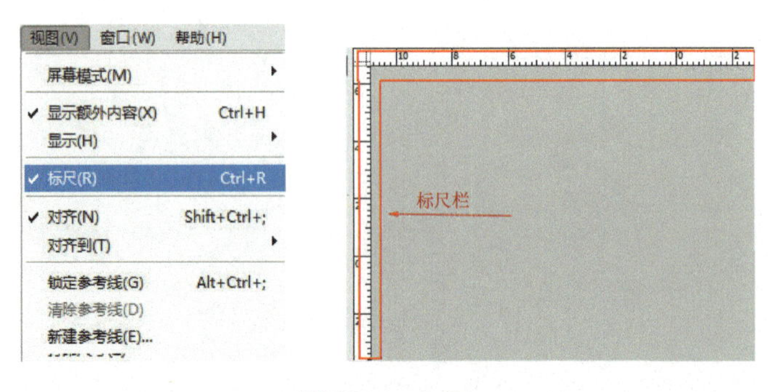

图12-1　标尺

b.参考线：鼠标左键单击标尺并按住鼠标左键拖动，可拖出水平或垂直参考线；移动工具可移动参考线；按住“Alt”键并鼠标左键单击参考线可改变参考线的方向；视图-清除参考线，可清除参考线；视图-对齐或对齐到参考线，如图12-2所示。

c.重设标尺和参考线：[编辑]菜单栏-首选项-参考线与网格-设置其线型和颜色。

（2）网格线

[视图]菜单栏-显示-网格线；[视图]菜单栏-对齐或对齐到网格线。如图12-3所示。

图12-2　添加参考线效果

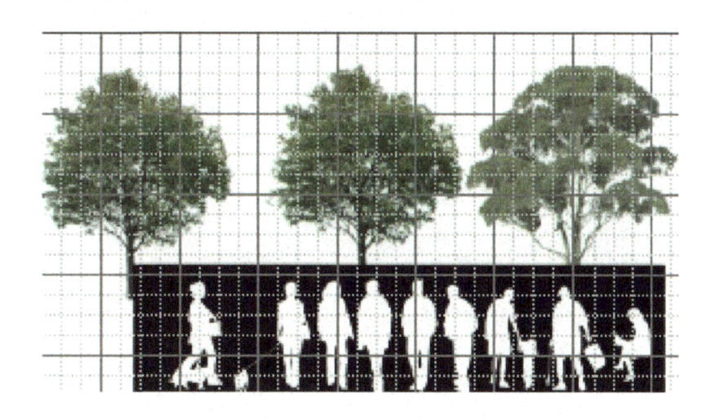

图12-3　添加网格线效果

（3）标尺工具

① 标尺工具 是对某部分图像的长度或角度进行精确测量，测量的数据显示在标尺工具属性栏和“信息”面板中。可测量任意两点之间的距离和角度，如图12-4所示。

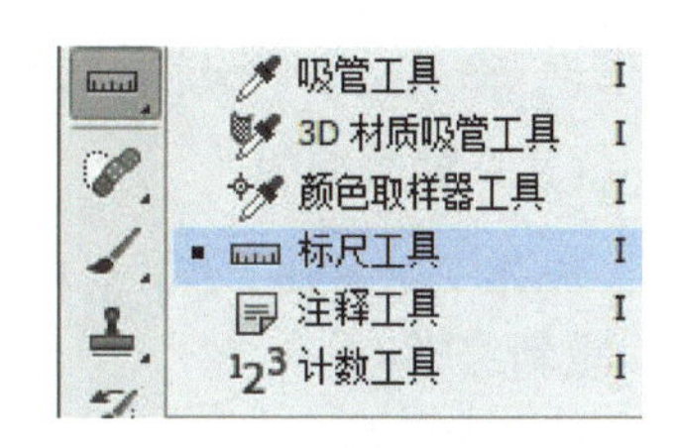

图12-4　标尺工具

② 距离的测定　工具箱-[标尺]工具 -在测量的起点处鼠标左键单击，然后拖动光标至要测量的终点，在信息面板处显示结果。

③ 角度的测定　工具箱-[标尺]工具 -在测量的角的顶点处，鼠标左键单击并按住，移动鼠标到第一条边线后，按下“Alt”键，待光标变为角度时，在测量的角的顶点处，鼠标左键单击并按住画出第二条测量线，在信息面板处显示结果。

说明

工具箱里的标尺工具和菜单栏视图里的标尺工具的区分：

工具箱里面的标尺是用来测量的，而视图菜单下面的标尺工具的意思是，是否打开标尺显示，这个标尺是在文件窗口边缘出现的标尺。

2.文字工具、“字符”面板

（1）文本输入

① 工具箱-[文字]工具T（横向文字和纵向文字工具）-图像中鼠标左键单击-输入文字-回车或工具属性栏（√），文字工具快捷键是“T”。如图12-5所示。

② 文字工具属性栏　文字排列方向、设置字体、设置字型、字体大小、平滑度、段落对齐方式、创建变形文本（名称、弯曲参数、水平与垂直扭曲）、显示字符和段落面板、取消（ESC）和提交（回车）当前操作。如图12-6所示。

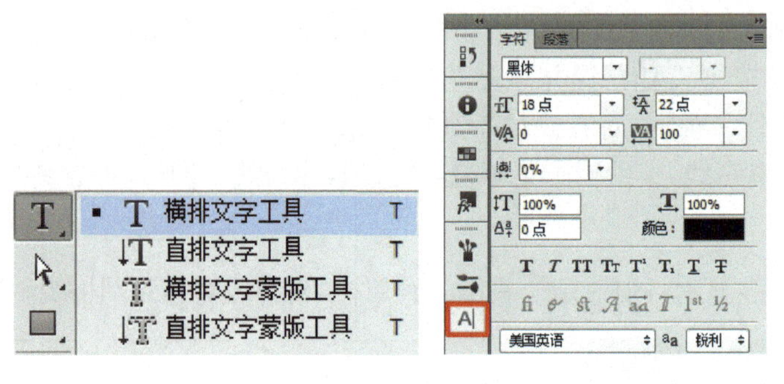

图12-5　文字工具

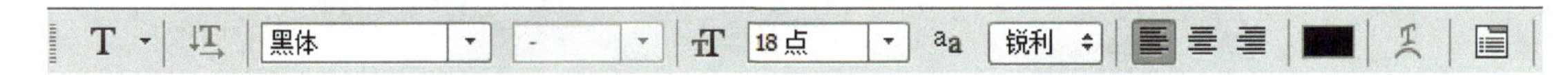

图12-6　文字工具属性栏

③［移动］工具-移动字体或［文字］工具状态下按Ctrl变成移动标识，自动产生文本图层。

（2）段落文本输入

操作：工具箱-［文字］工具T（横向文字和纵向文字工具）-图像中鼠标左键单击拖拉矩形框-输入文字-系统会自动完成段落文本输入-回车或工具属性栏（√）。

（3）文本编辑

操作：工具箱-文字工具T-文本图像上双击鼠标左键或单击鼠标左键-进入编辑文本状态-重新编辑-提交。

（4）字符面板

①［字符］面板　主要用于设置点文本。点文本包括：使用横排文字工具创建及编辑文字，使用直排文字工具创建及编辑文字，默认情况下，在Photoshop的文档窗口中是不显示“字符”面板的。

②操作　选择［窗口］菜单栏-鼠标左键单击［字符］命令，或者鼠标左键单击文字工具选项栏中的［切换字符和段落面板］按钮，即可打开［字符］面板。

说明

文字工具提交的快捷键是“Ctrl+Enter”。

任务2　改变图像的大小和分辨率、修改画布大小、旋转与翻转画布

任务目标

在平时使用图像时用户常常希望根据自己的意愿和要求来对图像的大小尺寸、画布的大

小或者分辨率进行更改，甚至对图像的方向进行调整，便于用户操作和使用，Photoshop提供了相关工具和命令来完成以上要求。相应的工具和命令有：改变图像的大小和分辨率、修改画布大小、旋转与翻转画布。

任务解析

1. 改变图像的大小和分辨率

① 作用　改变图像的显示尺寸、打印尺寸和分辨率。

② 操作　［图像］菜单栏-［图像大小］菜单栏-对话框内容。

③ 对话框内容参数　a. 像素大小（显示尺寸）；b. 文档大小（打印尺寸和分辨率，改变此数值即可）；c. 约束比例（更改图像的宽度和高度时，系统将按比例调整宽度或高度，保持比例不变）；d. 重新确定图像像素（在更改图像的打印尺寸时，系统将自动调整显示尺寸，分辨率保持不变）。如图12-7所示。

2. 修改画布大小

① 作用　对图像进行裁剪或增加空白区。

② 操作　［图像］菜单栏-［画布大小］-对话框-对话框内容。

③ 对话框内容参数　a. 文件原来尺寸；b. 设置画布尺寸；c. 设置裁剪方位。如图12-8所示。

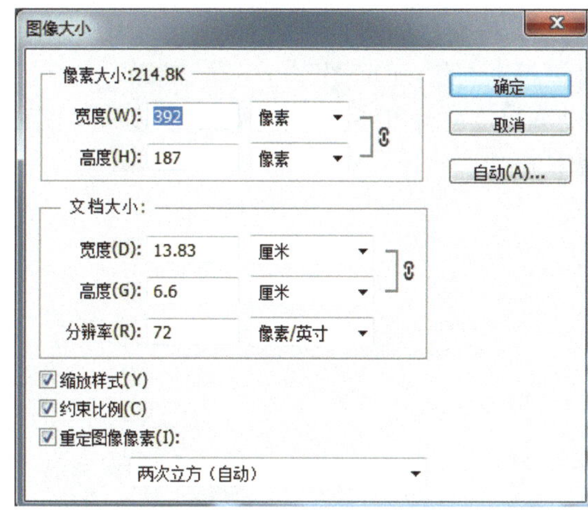

图12-7　图像大小

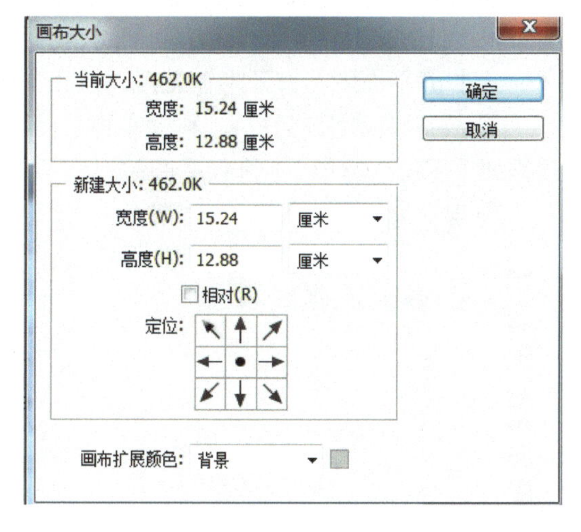

图12-8　画布大小

3. 旋转与翻转画布

① 作用　对图像进行旋转与水平或垂直翻转。

② 操作　［图像］菜单栏-［旋转画布］-90度、180度、水平翻转、垂直翻转。如图12-9所示。

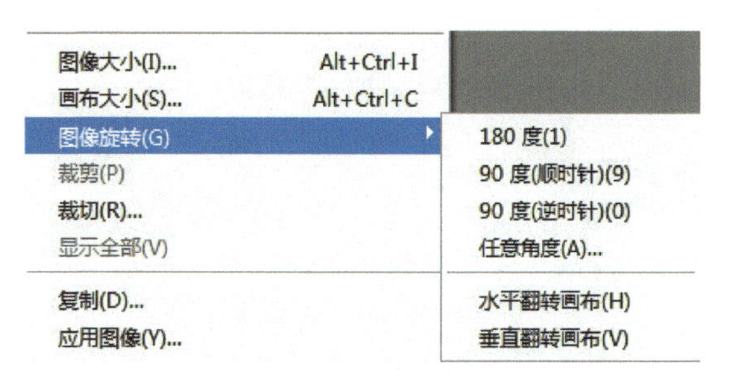

图12-9　旋转画布

任务3　园林汇报本制作

任务目标

园林汇报本（图）是园林项目汇报文本的表现形式，通过图纸和文字，直观和具象性地表达作者的园林设计方案。

任务解析

1.封皮

①新建文件　［文件］菜单→［新建］高420mm、宽297mm、分辨率200。

②生成参考线　［视图］菜单→打开［标尺］→［移动］从上方、左侧拖曳出参考线。

③填色　［矩形选框］工具制作深灰色选区→［新建图层］→设置［前景色］R205、G205、B205→［Alt+Delete］→［取消选择］；中灰色区域操作同上，R227、G227、B227；浅灰色区域操作同上，R241、G241、B241。

④英文文字　［文字］工具鼠标左键单击空白处输入site plan→字体Britannic Bold，大小100点，字间100，字色R207、G52、B52，提交→［自由变换］→旋转90度（顺时针）。

⑤中文文字　［文字］工具鼠标左键单击标题空白处，输入“开放多元艺术互动商业空间景观设计方案”→字体、大小、字间、字色可自定，提交。如图12-10所示。

⑥打开平面图　打开附盘文件“任务3-园林汇报本制作-平面图”。

⑦放置平面图到封皮　［移动］将平面图移动到封皮文件里→［自由变换］缩放→调节图层排列［图层］菜单→［排列］调整→［移动］调整位置。

⑧保存为封皮。如图12-11所示。

图12-10　添加文字效果

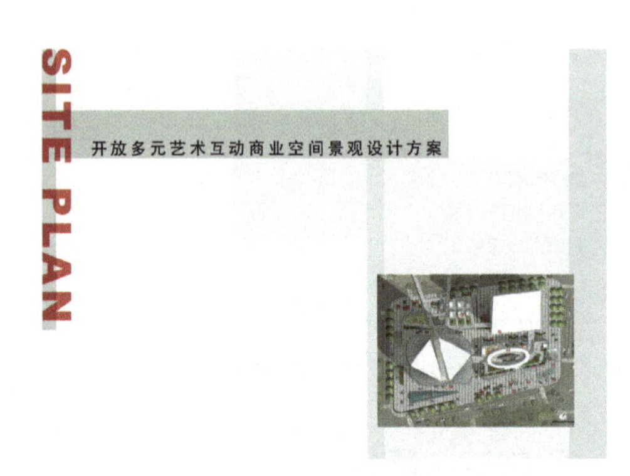

图12-11　封皮最终效果

说明

清除参考线操作如下。

情况1　全部清除：菜单栏［视图］-清除参考线。

情况2　部分清除：在［移动］工具下，将参考线拖曳到［标尺］上，松开鼠标左键即可。

注意

文字工具对已有文字进行修改时，鼠标左键单击［文字］工具，鼠标放到文字上方，光标发生变化无虚线时，即可鼠标左键单击进入原来文字，进行编辑。光标不发生变化，即新建文字。

2.内页1

① 内页图底制作1　打开封皮文件PSD格式→快速选择多余灰色的图层，［移动］在多余的灰色图像上单击鼠标左键进入图层→［图层面板］下面的［删除］按钮删除当前选择图层→删除完毕。

② 内页图底制作2　快速选择标题底深灰色的图层，［移动］在深灰色图像上单击鼠标左键进入图层→［矩形选框］工具制作深灰色选区→删除选区内容→［矩形选框］新建选区→上下左右键移动选区→删除选区内容→内页制作完成。

③ 打开平面图　打开附盘文件“任务3-园林汇报本制作-平面图”，如图12-12所示。

④ 放置平面图到内页　［移动］将平面图移动到封皮文件里→［自由变换］缩放→调节图层排列［图层］菜单→［排列］调整→［移动］调整位置。

⑤ 文字修改　［文字］工具放到“开放多元艺术互动商业空间景观设计方案”字上边，鼠标左键单击进入编辑文字状态→重新输入“商业空间景观设计方案——平面图”→鼠标左键向前选取→之后修改字体、大小、字间、字色，可自定，提交。

⑥ 保存为“内页1”。如图12-13所示。

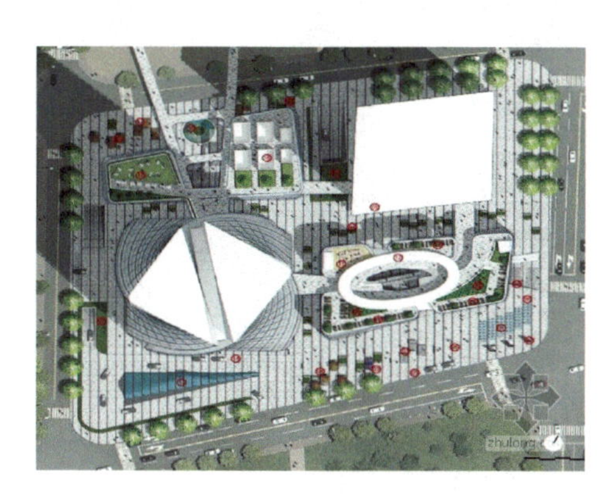

图12-12　汇报本平面图

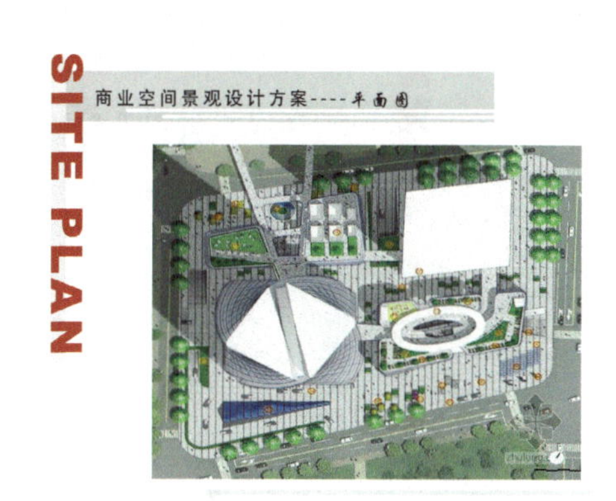

图12-13　内页1最终效果

3.内页2

① 内页图底制作　打开内页文件PSD格式→快速选择平面图的图层→［图层面板］下面的［删除］按钮删除当前选择图层→删除完毕。

② 生成参考线　［视图］菜单→打开［标尺］→［移动］从上方、左侧拖曳出参考线确定效果图位置。

③ 打开效果图文件　打开附盘文件“任务3-园林汇报本制作-效果图4个”，如图12-14所示。

④ 放置效果图到内页　［移动］将效果图4个移动到内页文件里→［自由变换］缩放→调

节图层排列［图层］菜单→［排列］调整→［移动］调整位置。

⑤ 修改文字 ［文字］工具放到“商业空间景观设计方案——平面图”字上边，鼠标左键单击进入编辑文字状态→重新输入“商业空间景观设计方案——效果图”→提交。

⑥ 保存为“内页2”。如图12-15所示。

图12-14 汇报本效果图

图12-15 内页2最终效果

模块四 课程思政教学点

<table>
<tr><th>教学内容</th><th>思政元素</th><th>育人成效</th></tr>
<tr><td rowspan="3">项目九
Photoshop CS6 基本操作
项目十
Photoshop CS6 园林平面效果图和景观分析图制作
项目十一
园林景观立(剖)面效果图制作
项目十二
园林设计方案文本制作与出图</td><td>审美意识</td><td>在进行平面、立面效果图及方案文本制作过程中，培养学生图纸布局合理、色彩美观协调的审美意识，以及前景、背景和配景制作协调等方面的美学引导，强化学生的审美意识</td></tr>
<tr><td>团队协作</td><td rowspan="2">方案文本制作阶段注重培养学生的小组合作能力，通过图纸设计、探讨、布局、绘制，不断提高学生团队协作的精神和人际交往、沟通能力</td></tr>
<tr><td>沟通能力</td></tr>
</table>

模块五 Adobe Illustrator CS6

Adobe Illustrator，常被称为“AI”，是一款专业图形设计工具，广泛应用于印刷出版、专业插画、多媒体图像处理和互联网页面的制作等方面，也可以为线稿提供较高的精度和控制，从一般小型设计到大型的复杂项目都非常实用。Adobe Illustrator是业界标准矢量绘图软件，可在媒体间进行设计，通过形状、色彩、效果及印刷样式，展现用户的创意想法。即使处理大型复杂的档案，也能保持一定的速度及稳定，并且可在Adobe创意应用程序间有效率地移动设计。为了使读者能够更好地学习该软件，在本模块中我们将以普遍且常见的园林案例为载体，进行项目式教学安排，希望通过基础知识与实例相结合的方式，让初学者以最有效的方式来尽快掌握Adobe Illustrator CS6。

项目十三 Adobe Illustrator CS6 基本操作

本项目主要介绍Adobe Illustrator CS6的工作界面、常用工具、图形文件的基本操作、系统选项设置、图层的创建与设置等，这些都是在真正开始绘图前需要熟悉和掌握的知识。

任务1 Adobe Illustrator CS6的工作界面

任务目标

1. 认识Adobe Illustrator CS6软件，熟悉Adobe Illustrator CS6的工作界面。
2. 熟悉并运用Adobe Illustrator CS6的主要工具。

任务解析

Adobe Illustrator CS6中文版软件的功能十分强大，窗口、面板、菜单和指令比较复杂，现在先从工作界面开始介绍。Adobe Illustrator CS6中文版的默认工作界面简介如下。如图13-1所示。

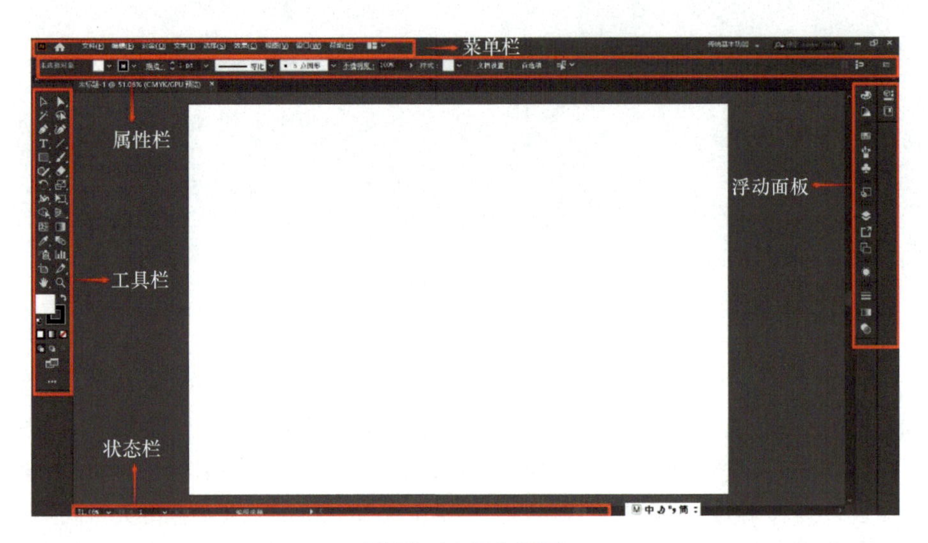

图13-1　工作界面

1. 属性栏

属性栏位于Adobe Illustrator CS6窗口菜单栏的下方，用于调节一些操作素材的属性。如图13-2所示。

图13-2　属性栏

2. 菜单栏

Adobe Illustrator CS6的菜单栏由文件、编辑、对象、文字、选择、效果、视图、窗口和帮助等下拉菜单组成，通过这些菜单命令可以完成文件的打开、保存，对象的编辑和调整，图形的造型、图像的排序和特效处理等操作。如图13-3所示。

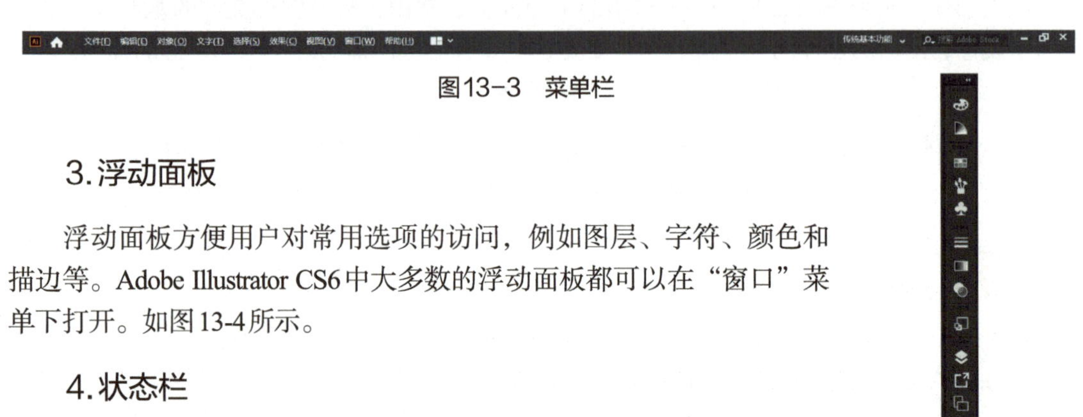

图13-3　菜单栏

3. 浮动面板

浮动面板方便用户对常用选项的访问，例如图层、字符、颜色和描边等。Adobe Illustrator CS6中大多数的浮动面板都可以在“窗口”菜单下打开。如图13-4所示。

图13-4　浮动面板

4. 状态栏

状态栏位于导航器的下方，它能提供显示页面大小比例和页面标识等信息。如图13-5所示。

图13-5　状态栏

5. 文档工作区域

文档工作区域是绘制并调整页面内容的区域，只有在此区域内的图形才会被打印出来。如图13-6所示。

图13-6　文档工作区

6. 工具栏

工具栏通常位于页面的左侧，执行“窗口”-“工具”菜单命令即可显示或关闭工具栏，工具栏中放置了经常使用的编辑工具。如图13-7所示。

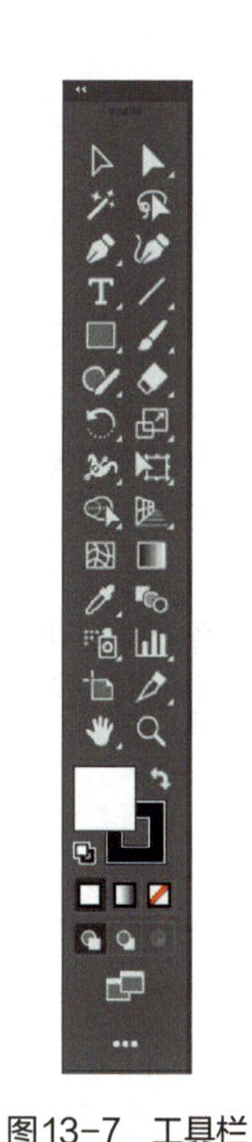

图13-7　工具栏

下面介绍 Adobe Illustrator CS6在使用中常用到的几种工具。常用工具可以分为以下几个类型：选取工具、制作工具、变形工具和其他工具四种类型，每种类型的工具都具有不同的功能。

① 选取工具　此工具用来选择、移动、缩放图形图像以及框架和成组的对象。

② 直接选取工具　此工具是使用频率非常高的一个工具，用来选择单个节点或某段路径做单独修改，也可以选择成组图形内的节点或路径做单独修改。

③ 编组选取工具　选择成组图形内的子图形。

④ 钢笔工具　用于绘制各种路径的最常用工具。

⑤ 添加锚点工具　此工具用来在绘制好的路径上任意增加节点，以方便路径的修改。

⑥ 删除锚点工具　此工具用来将现有的路径上的节点删除。

⑦ 文字工具　此工具用来输入文字。

⑧ 区域文字工具　此工具可以在任意封闭区域内输入文字。

⑨ 路径文字工具　此工具可以在任意开放路径上输入文字，使文字按路径排列。

⑩ 直排文字工具 此工具可以以竖排的方式输入文字。

⑪ 直排区域文字工具 此工具可以在任意封闭图形中按竖排方式输入文字。

⑫ 直排路径文字工具 此工具可以在任意路径上按竖排方式输入文字。

⑬ 基本图形工具 可以分别绘制椭圆形、多边形、星形、矩形和圆角矩形。

说明

① 按下“Tab”键，可以隐藏工具箱和选项板；再次按下“Tab”键，又可以显示工具箱和选项板。

② 选择所需工具只要鼠标左键单击该工具按钮，就可以使用该工具，并且可以重复使用该工具，在鼠标左键单击另外的工具按钮之前，可以一直使用。

③ 工具箱中有的工具按钮的右下角有一个小小的三角形，这些工具按钮包含有展开式工具栏。展开式工具栏中的工具按钮都是功能相近的一组工具，要使用该工具栏中的工具，鼠标左键单击后按住鼠标左键不放，拖动鼠标到所要使用的工具上，松开鼠标左键即可。也可以在选取工具时按下“Alt”键，鼠标左键单击将会在一组工具之间切换。

说明

在绘制椭圆或矩形的同时按住“Shift”键，就可以绘制出圆形或正方形。

⑭ 画笔工具 此工具用来选择画笔调板中的笔刷，可以得到书法效果和任意路径效果。

⑮ 铅笔工具 此工具用来绘制路径线。

⑯ 平滑工具 此工具用来使路径线变得平滑。

⑰ 路径橡皮擦工具 此工具用来清除路径线。

⑱ 旋转工具 此工具用来旋转一个选定的对象。

⑲ 旋转扭转工具 此工具用来使选定的对象螺旋扭转变形。

⑳ 缩放工具 此工具用来放大或缩小选定的对象。

㉑ 镜像工具 此工具用来按镜面反射的方式反射选定的对象。

㉒ 倾斜工具 此工具用来扭曲或者倾斜选定的对象。

㉓ 自由变换工具 此工具用来对选定的对象进行多次变形。

任务2 Adobe Illustrator CS6的基本操作命令

任务目标

1. 学会Adobe Illustrator CS6的保存、打开与新建。
2. 掌握Adobe Illustrator CS6工具栏、菜单栏的基本操作方法。
3. 掌握常用工具的快捷键。

任务解析

Adobe Illustrator CS6基本操作包括新建、打开保存、、导出、置入文件，以及调整窗口大小、调整图片等。

（1）文件的新建

方法1　在开始界面空白文档预设尺寸选择［A3］、方向选择［横向］，其余不变，鼠标左键单击［创建］即可新建，进入Adobe Illustrator CS6工作界面，如图13-8、图13-9所示。

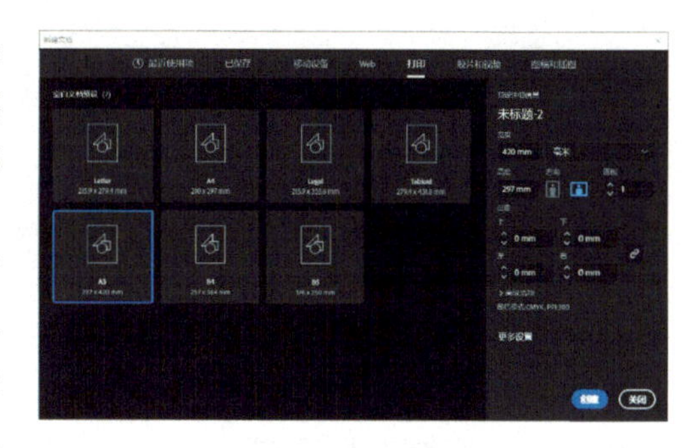

图13-8　启动界面

方法2　在工作界面内鼠标左键单击上方菜单栏，鼠标左键单击［文件-新建］，即可弹出如图13-10所示对话框，同理，空白文档预设选择［A3］、方向选择［横向］，其余不变，鼠标左键单击［创建］即可新建文件，快捷键为“Ctrl+N”。

图13-9　新文档界面

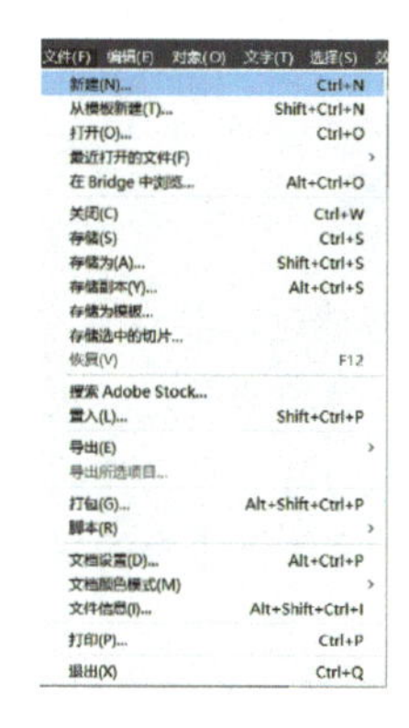

图13-10　菜单栏处新建

说明

对话框内可以设置文件的名称、大小、宽度与高度的数值和单位，色彩显示模式，画板数量以及出血数值。设计者应该知道各种纸张的具体尺寸数值，例如全开、半开等纸张的准确数值等。在纸张类型中有一些纸张的预设尺寸，常规的可以通过选择类型成功设置尺寸。“出血”指在文件制作过程中，为印刷时进行裁切预留的尺寸。尤其需要注意，如果页面边缘有文字或完整图形，靠近此部分的出血尺寸尽量设置稍大一些，这样可以避免印刷后裁切掉页面的重要信息。

（2）文件的打开

在Adobe Illustrator CS6中打开文件方式：

鼠标左键单击上方菜单栏［文件］，在展开的下级菜单栏中鼠标左键单击［打开］，如图13-11所示。在图13-12中可以通过弹出的对话框中自行寻找所需要的编辑文档，然后再次鼠标左键单击对话框下方的［打开］即可，快捷键为“Ctrl+O”。

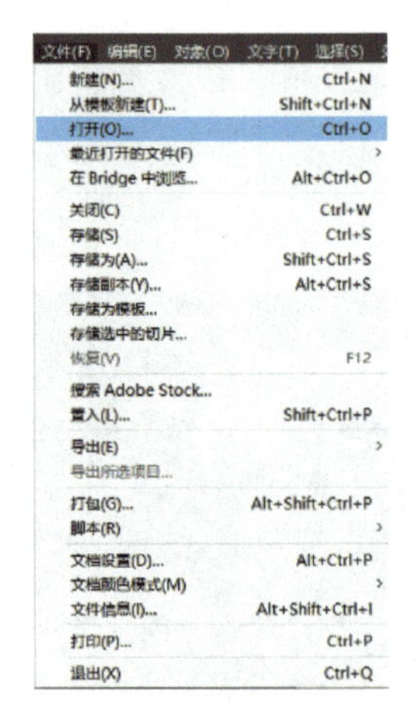

图13-11　菜单栏处打开文件

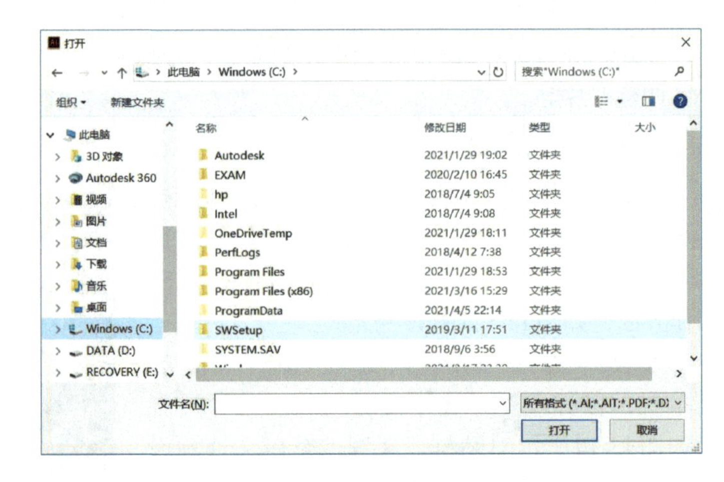

图13-12　打开界面

（3）文件的保存

鼠标左键单击上方菜单栏［文件］，再次鼠标左键单击展开的下级菜单栏内的［存储］，就立刻可以将当前编辑的文件保存，如图13-13所示。

说明

存储时需要注意：鼠标左键单击【存储】意味着对原有文件直接覆盖性存储，之前的文件就被替换为最近一次存储的AI格式文件。【存储为】指可以选择将当前文件改变名称或者模式存储为另一个文件的功能。如果既想另存储一个当前操作的文件，又想让当前文件不会被关闭，则需选择【存储副本】命令。

（4）导出文件

在Adobe Illustrator CS6中，可以将Adobe Illustrator CS6文件以不同的格式导出，且导出的文件可以用相应的作图软件编辑使用。具体操作步骤如下。

首先，输出当前操作文件，鼠标左键单击上方菜单栏的［文件］，再鼠标左键单击展开下级菜单栏内的［导出-导出为］，如图13-14所示，可弹出导出文件对话框，如图13-15所示。其次，在对话框中设置文件保存位置、文件名称、输出格式，完成后鼠标左键单击下方［导出］按钮，会弹出［保存类型］对话框。例如将文件导出成JPEG格式，会弹出［JPEG选项］对话框，如图13-16所示。完成设置后鼠标左键单击［确定］按钮，即可成功导出文件。

（5）置入文件

可以将不同格式文件置入Adobe Illustrator CS6，常用的置入文件格式有AIT、PDF、DWG、GIF、JPG、PNG等。具体操作步骤如下。

首先，鼠标左键单击上方菜单栏［文件］，然后再单击下级菜单栏中的［置入］命令，如图13-17所示。随后可弹出相应对话框，如图13-18所示。在对话框内选择路径以及所需的文件，最终鼠标左键单击下方［置入］，进入工作界面按住鼠标左键不放进行拖曳，拖曳至合适大小即可置入文件，最终如图13-19所示。

图13-13　菜单栏处保存

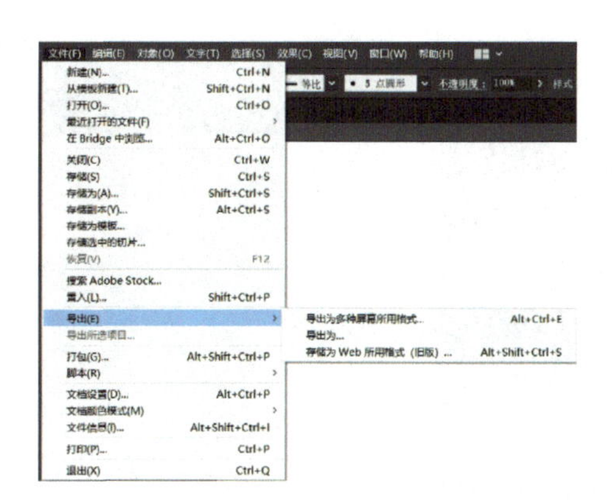

图13-14　菜单栏处导出

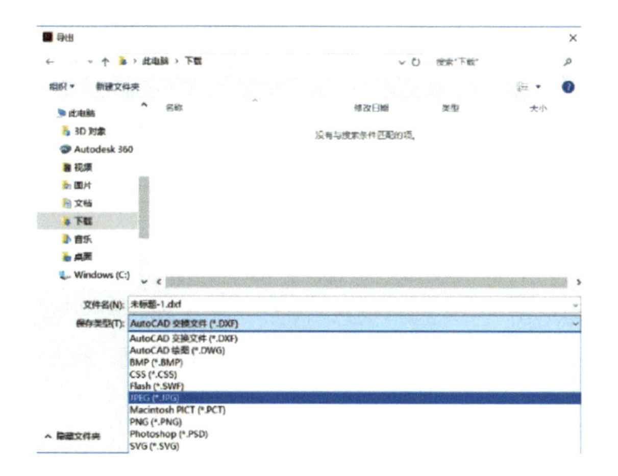

图13-15　导出界面及文件类型

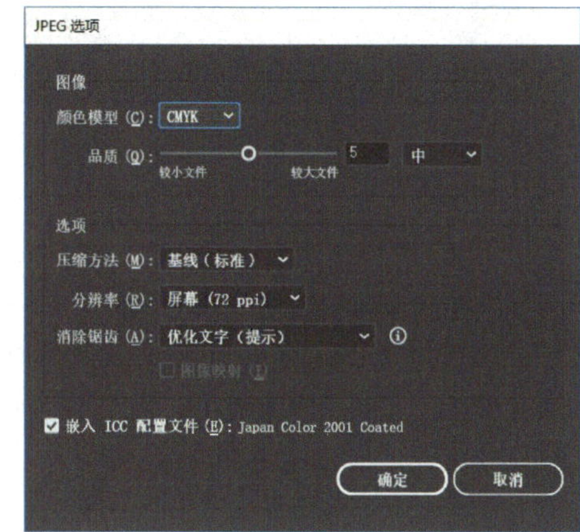

图13-16　导出JPEG格式选项

图13-17　菜单栏处置入

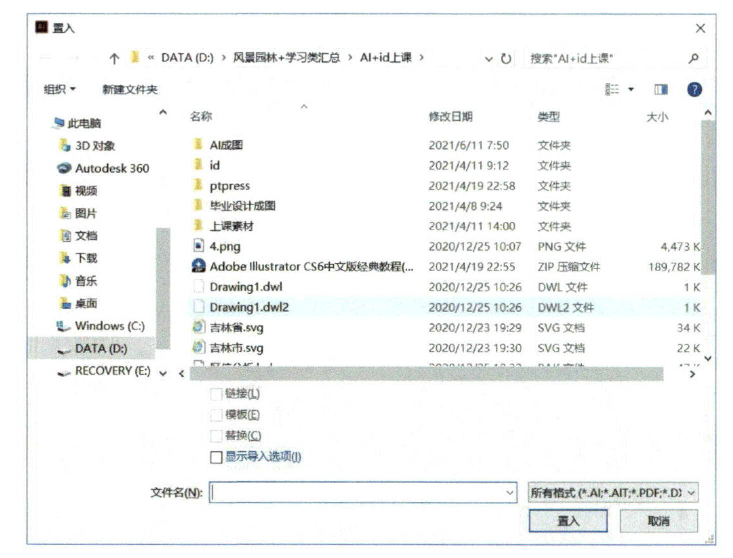

图13-18　置入界面

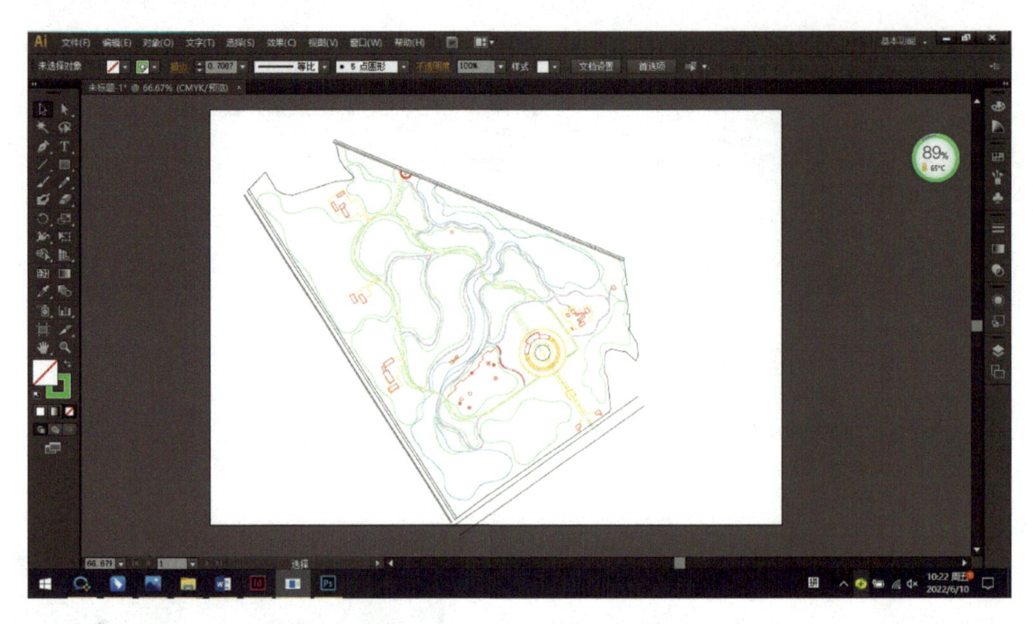

图13-19　置入文件展开界面

（6）调整窗口以及图形大小

在Adobe Illustrator CS6中，按住“Alt”键，上下滑动滚轮，就可以进行视图窗口的大小调整，而进行图形大小的调整则需要鼠标左键单击一下需要调整的图形，使图形边框变蓝且出现八轴点，如图13-20所示。随后鼠标停留在对角点，按住鼠标左键即可进行拖曳，拖曳至合适大小便完成图形大小的调整操作。

说明

按住“Shift”键，同时进行对角点拖曳，是对原图形进行等比例大小调整。

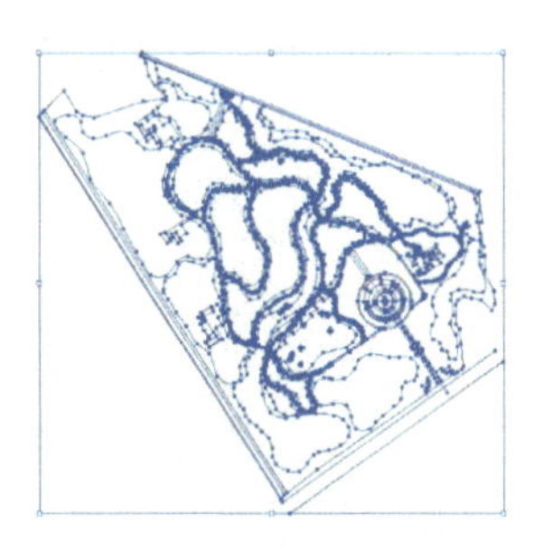

图13-20　图形边框控制点

项目十四
Adobe Illustrator CS6 的主要范例

本项目主要介绍Adobe Illustrator CS6在分析图中的应用，包括分析图的绘制流程，新建、打开、描边、外观、编组图形文件，工具、命令的基本操作和混合使用方法等，这些也都是在真正开始绘图前需要熟悉和掌握的知识。

任务1　基地现状分析图、布局分析图范例演示

任务目标

1. 了解并掌握Adobe Illustrator CS6基地现状分析图、布局分析图、环境分析图绘制流程。
2. 掌握绘制分析图时所使用相关操作快捷键。
3. 掌握图层的设置与使用。

任务解析

1. 基地现状分析图

（1）新建文件

双击Adobe Illustrator CS6桌面快捷方式进入启动页面，等候一段时间后进入开始界面。开始界面空白文档预设尺寸选择［A3］、方向选择［横向］，其余不变，鼠标左键单击［创建］即可新建，进入Adobe Illustrator CS6工作界面，如图14-1所示。

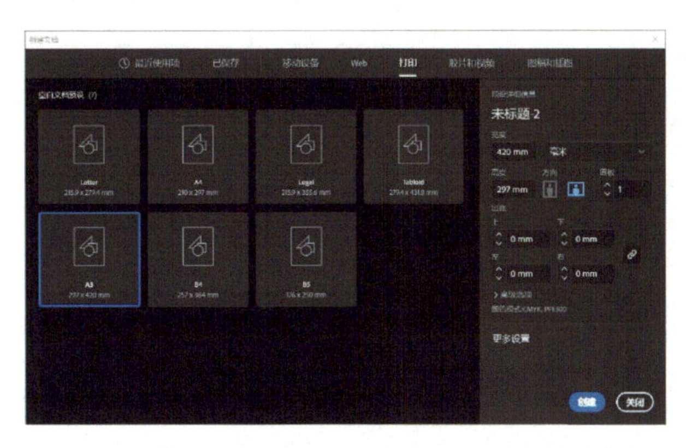

图14-1　启动页面

（2）打开文件

进入工作界面后，在上方菜单栏鼠标左键单击［文件］-［打开］，如前图13-11所示，然后在打开的对话框内选择路径以及要打开的文件素材“卫星图”，选中后鼠标左键单击下方［打开］即可，如图14-2所示。

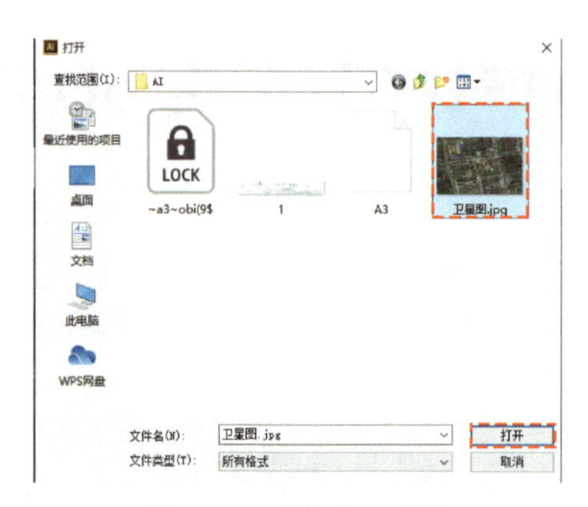

图14-2　选择打开文件

（3）复制、粘贴

在新建面板内鼠标左键单击工具栏［矩形工具］，如图14-3所示，在卫星图上规划区域绘制矩形并调整到合适大小，如图14-4所示；鼠标左键单击工具栏［直接选择工具］，如图14-5所示，对矩形四个控制点调整位置，使其变形，如图14-6所示。

图14-3　矩形工具

图14-4　绘制矩形

图14-5　直接选择工具

图14-6　选择工具调整矩形

（4）描边

下一步为图形设置描边，鼠标左键单击右侧浮动面板区内的描边参数栏，如图14-7所示，设置描边粗细为6，对齐选择使用描边内侧对齐选项。不透明度设置为60%，如图14-8所示。鼠标左键单击左侧工具栏内的描边，设置填色为白色，描边为红色，如图14-9所示，绘制后的场地范围线如图14-10所示。

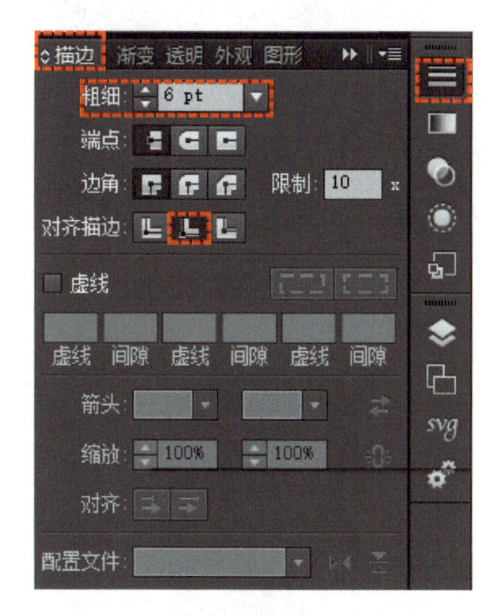

图14-7　浮动面板区描边参数1

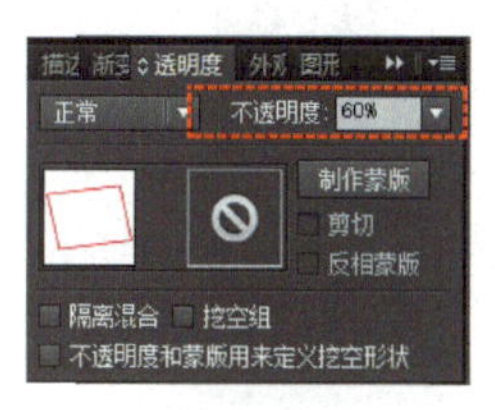

图14-8　调整不透明度参数1

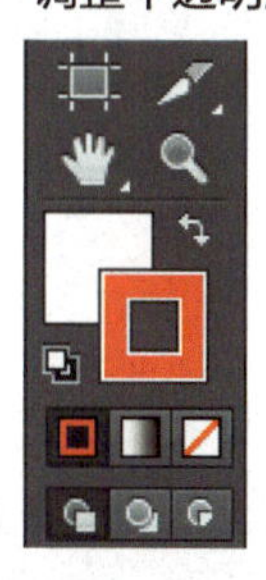

图14-9　设置填色和描边色彩1

（5）绘制范围线

复制场地范围线1，放置到场地范围线2位置，用鼠标左键单击工具栏［直接选择工具］，对矩形四个控制点调整位置，使其变形如图14-11所示，两个场地范围线绘制完成。

图14-10　场地范围线1

图14-11　场地范围线1和场地范围线2

（6）绘制道路分析线

鼠标左键单击工具栏［直线工具］，如图14-12所示，在规划区域绘制直线；为图形设置描边，鼠标左键单击右侧浮动面板区内的描边参数栏，如图14-13～图14-15所示，设置描边粗细为30，对齐选择使用描边居中对齐选项。不透明度设置为60%。鼠标左键单击左侧工具栏内的描边，设置填色为无填色，描边为橘色。绘制后的道路分析线如图14-16所示。依照上述方法绘制其他道路分析线，成图如图14-17所示。

图14-12　直线工具

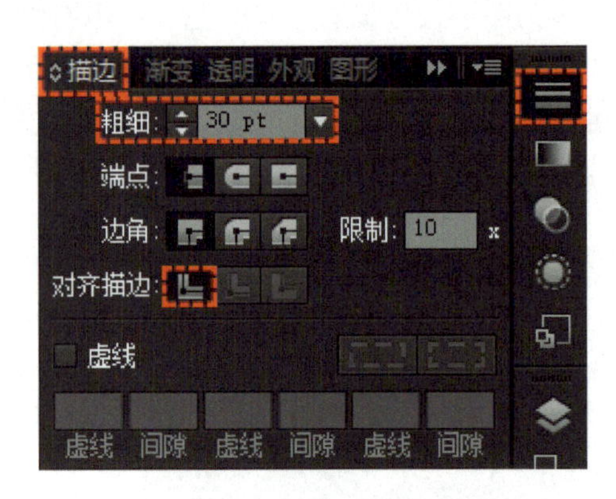

图14-13　浮动面板区描边参数2

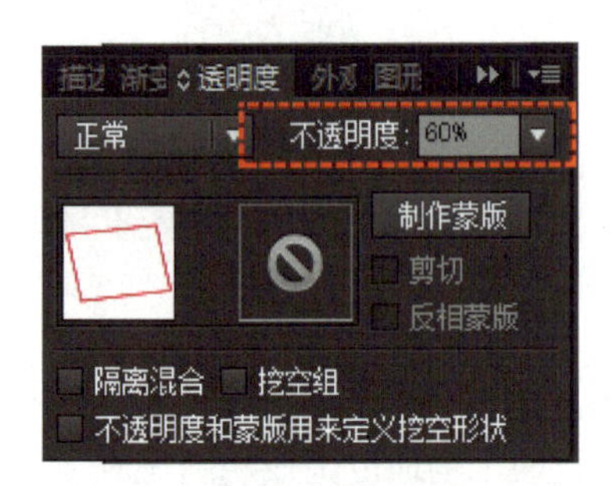

图14-14　调整不透明度参数2

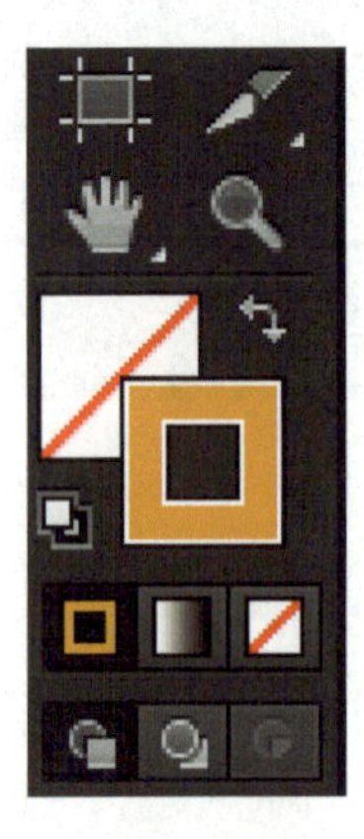

图14-15　设置填色和描边色彩2

图14-16　一条道路分析线

图14-17　所有道路分析线

（7）调整顺序

对场地范围线进行调整图像排列顺序，鼠标左键单击工具栏［选择工具］，在图中选择场地范围线1，鼠标右键单击选择［排列］-［置于顶层］；对另一条场地范围线运用同样的方法进行操作。如图14-18、图14-19所示。

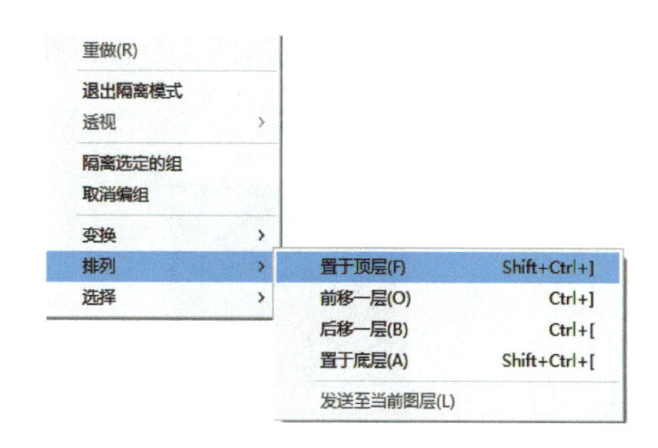

图14-18 调整顺序

图14-19 调整后的结果

（8）添加文字

给图中添加文字，在左侧工具栏处，鼠标左键单击文字工具，在图中鼠标左键单击，输入文字；选取文字，进入绘图面板，拖曳出蓝色文本框，进行文字粘贴。选中文字，在上方属性栏中调节字体、大小、间距等，如图14-20～图14-23所示。

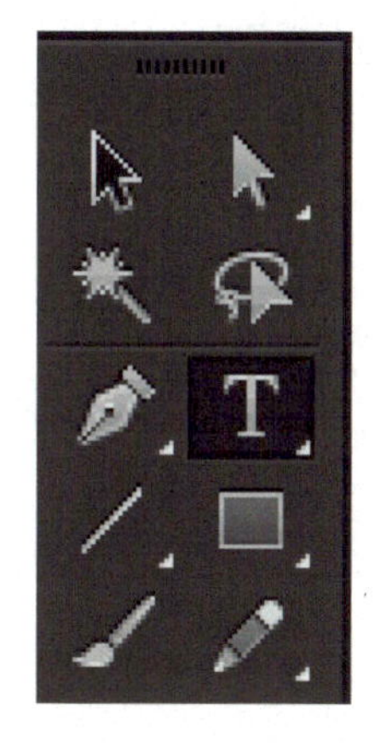

图14-20 文字工具

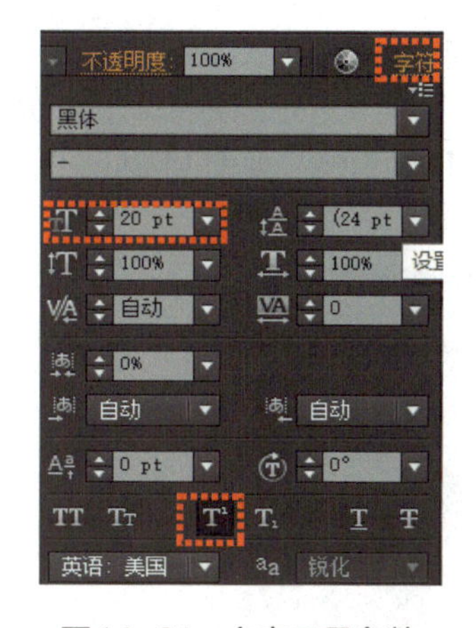

图14-21 文字工具参数

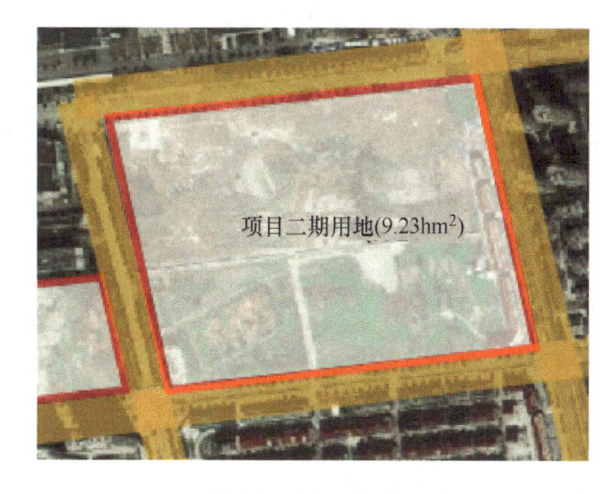

图14-22 输入文字

图14-23 复制并修改文字

2.布局分析图

（1）打开文件

鼠标左键单击菜单栏中［文件］-［打开］，在打开对话框内选择打开对应的布局分析底图，鼠标左键单击工具栏中［选择工具］，将底图调整大小。如图14-24、图14-25所示。

图14-24 打开文件

图14-25 选择工具

（2）调整参数

鼠标左键单击工具栏中［钢笔工具］，在底图中相应位置绘制图形，之后鼠标左键单击工具栏中［选择工具］选中刚刚绘制的图形，属性栏展开，调整属性栏参数，填色为蓝色、描边无、不透明度为50%。如图14-26～图14-28所示。

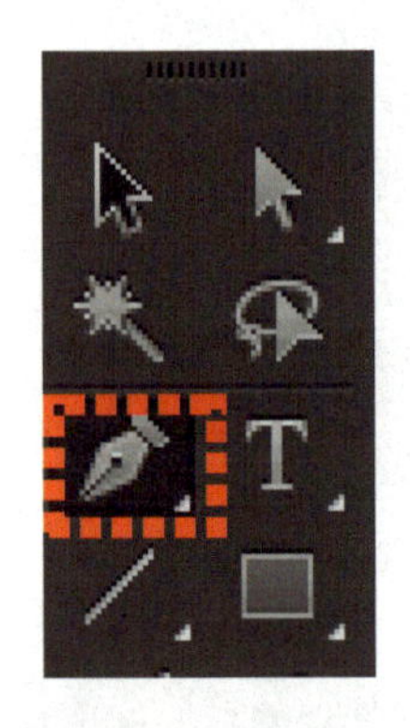

图14-26 钢笔工具

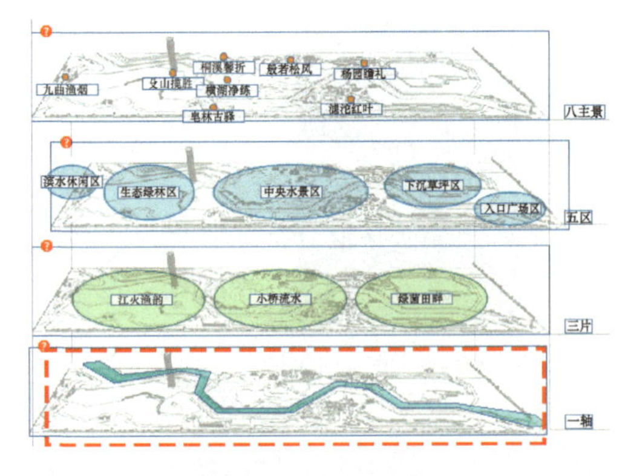

图14-27 图形样式

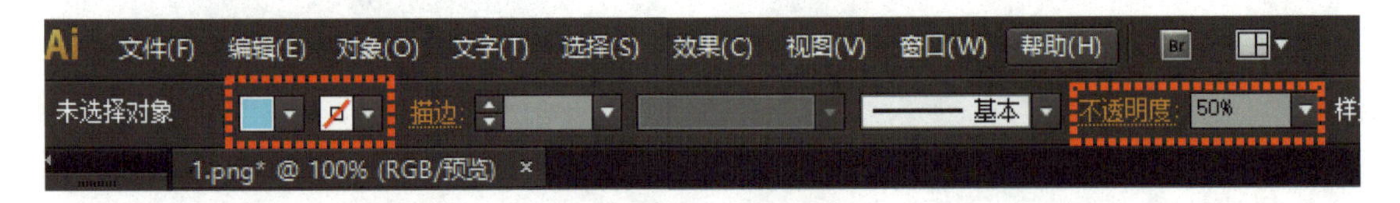

图14-28 路径参数

（3）椭圆图形的制作

鼠标左键单击工具栏中［椭圆工具］，在底图中相应位置绘制椭圆形，之后鼠标左键单击工具栏中［选择工具］选中刚刚绘制的椭圆形，鼠标左键单击右侧［外观］，外观属性栏展开，调整属性栏参数，填色为绿色、不透明度为50%，描边绿色、不透明度为100%。如图14-29所示。

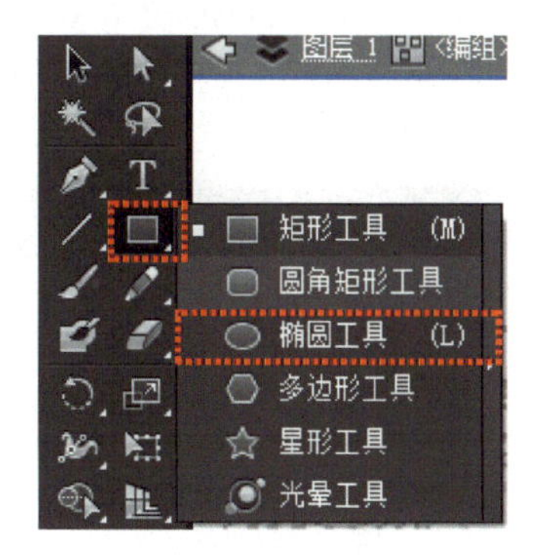

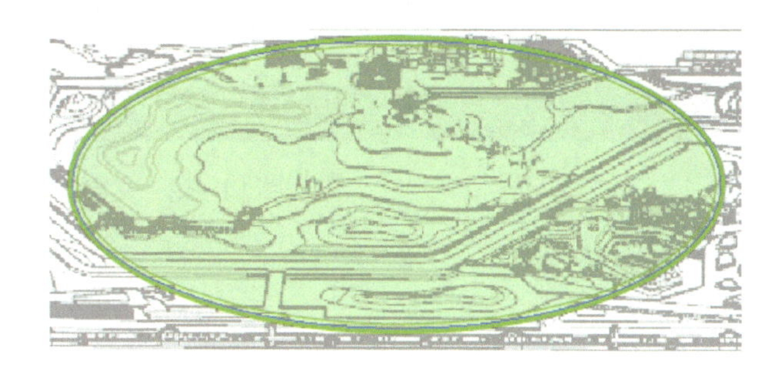

图14-29　椭圆工具和图形样式

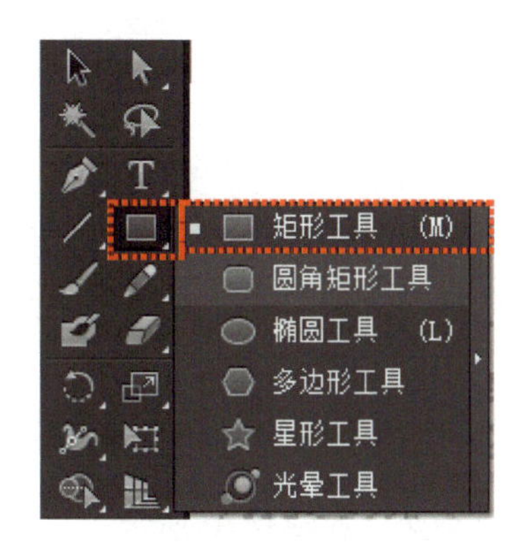

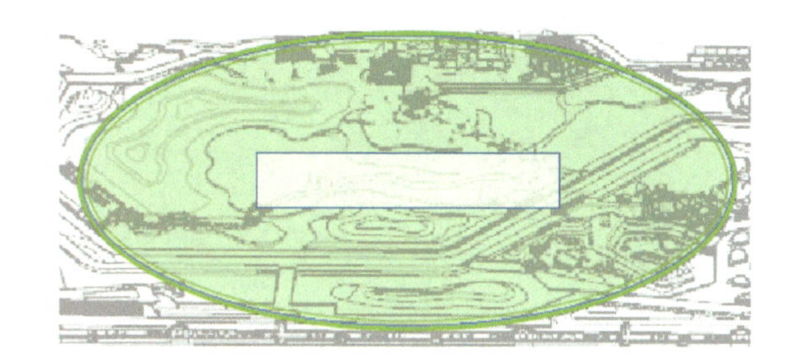

图14-30　矩形工具和图形样式

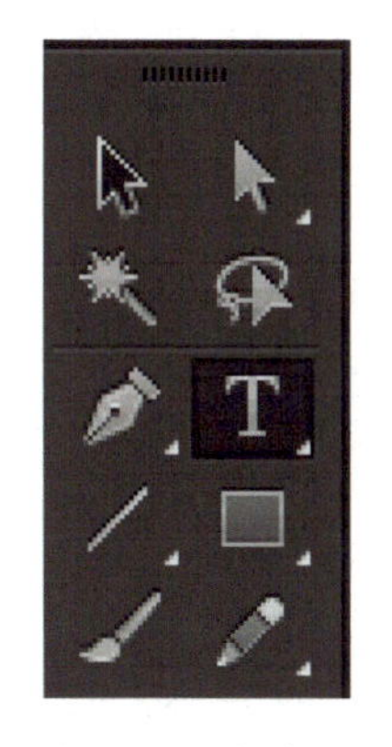

图14-31　文字工具

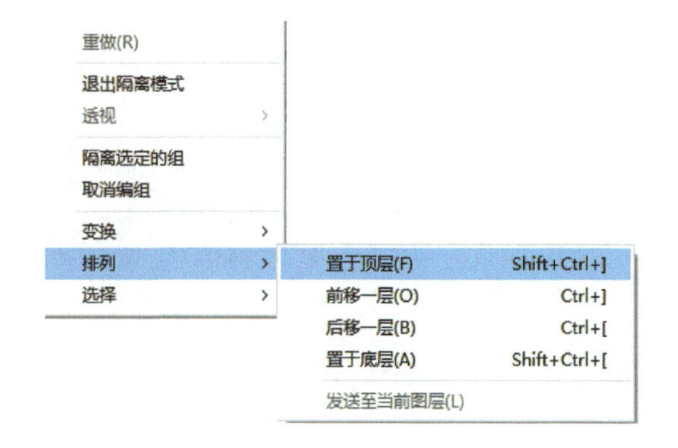

图14-32　图形样式

（4）文字及底图的制作

鼠标左键单击工具栏中［矩形工具］，在底图中相应位置绘制矩形，之后鼠标左键单击工具栏中［选择工具］选中刚刚绘制的矩形，鼠标左键单击右侧［外观］，外观属性栏展开，调整参数，填色为白色、不透明度为50%，描边无、不透明度为100%。鼠标左键单击工具栏中［文字工具］，在矩形上输入文字；鼠标左键单击工具栏中［选择工具］选中文字，属性栏展开，调整属性栏参数，填色为黑色、描边无、字体微软雅黑、字号14pt；调整文字与底图排列顺序，鼠标左键单击工具栏［选择工具］，选择文字，鼠标右键单击选择［排列］-［置于顶层］，如图14-30 ～图14-33所示；最终成图如图14-34所示。

图14-33　文字工具属性栏

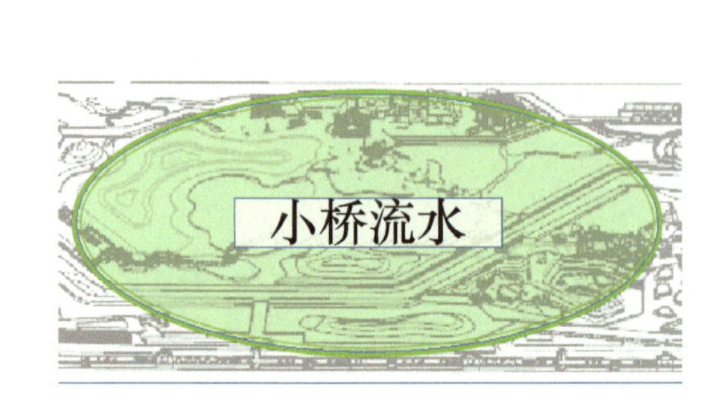

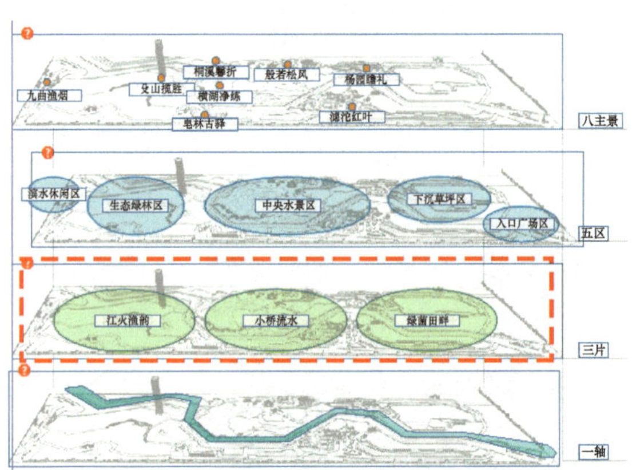

图14-34　最终成图

剩下两个分析图操作步骤同上面操作。最终布局分析图整体效果，如图14-35所示。

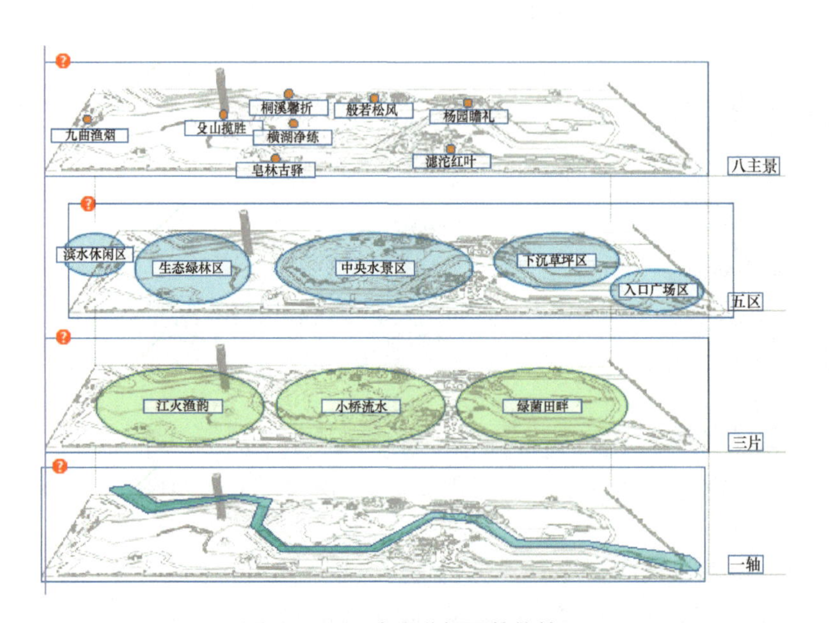

图14-35　布局分析图整体效果

任务2　周边环境分析图范例演示

任务目标

1. 了解并掌握Illustrator周边环境分析图绘制流程。
2. 掌握绘制分析图时所使用的相关操作快捷键。

任务解析

（1）鼠标左键单击菜单栏中［文件］-［打开］，在打开对话框内选择打开对应的环境分析图CAD。如图14-36、图14-37所示。

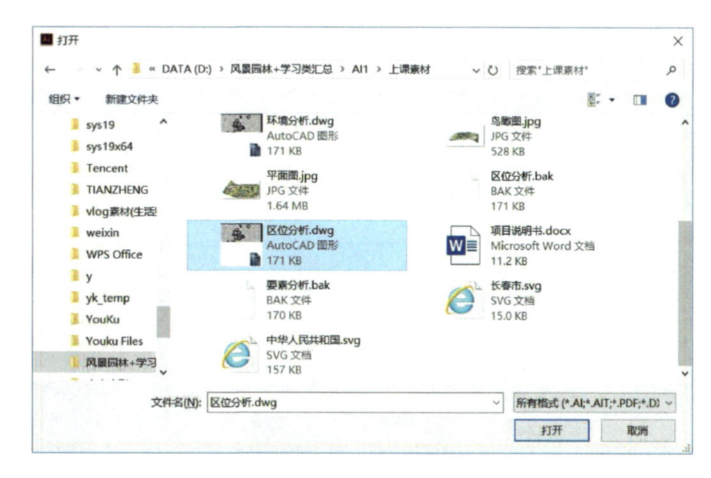

图14-36　打开文件

图14-37　打开结果

说明

周边环境分析图的图纸由以下几部分所组成：底图、分区色块、道路分析线、现状图像。

底图来自于规划云网站；色块的路径来自于底图导入到AutoCAD中的描图。

小知识：AutoCAD绘制完路径后，需另存为AutoCAD 2000版本，否则导入AI中容易不被识别。

（2）调整图层面板，面板由图层条和操作按钮组成，操作按钮包括新建和删除图层等按钮，图层条有显示、全选、路径。按住“Shift”键，鼠标左键单击底图进行减选，减选至如图14-38所示。

（3）鼠标左键单击图层条后方红色方块，按住鼠标左键拖曳到新建图层条相应位置。新建图层：鼠标左键单击图层条全选，按住Shift+鼠标左键单击路径减选，移动路径到新建图层。如图14-39所示。

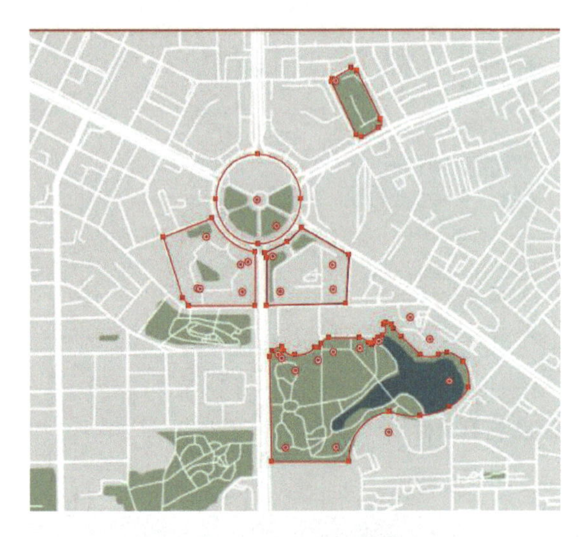

图14-38　选择结果

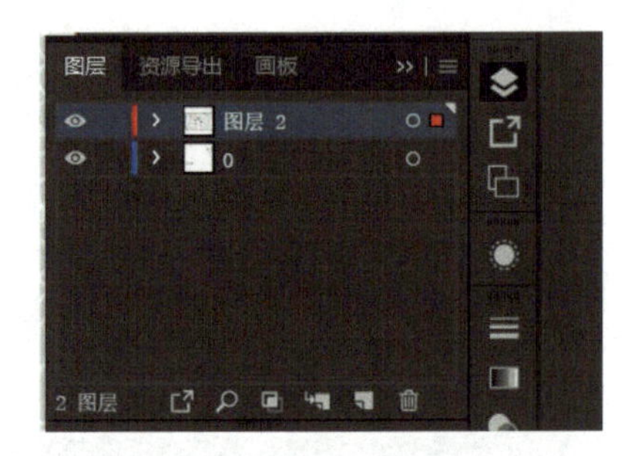

图14-39　图层路径移动结果

（4）图层条上鼠标左键单击圆圈代表全选，填色选择蓝色，描边选择无色。不透明度面板调整参数：鼠标左键单击设计位置图层后，再单击圆圈全选，填色，无描边，不透明度参数调整为40%。如图14-40～图14-42所示。

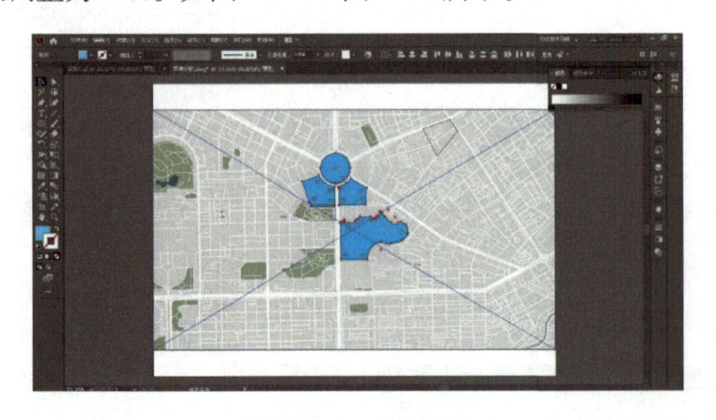

图14-40　选择蓝色

图14-41　透明度参数

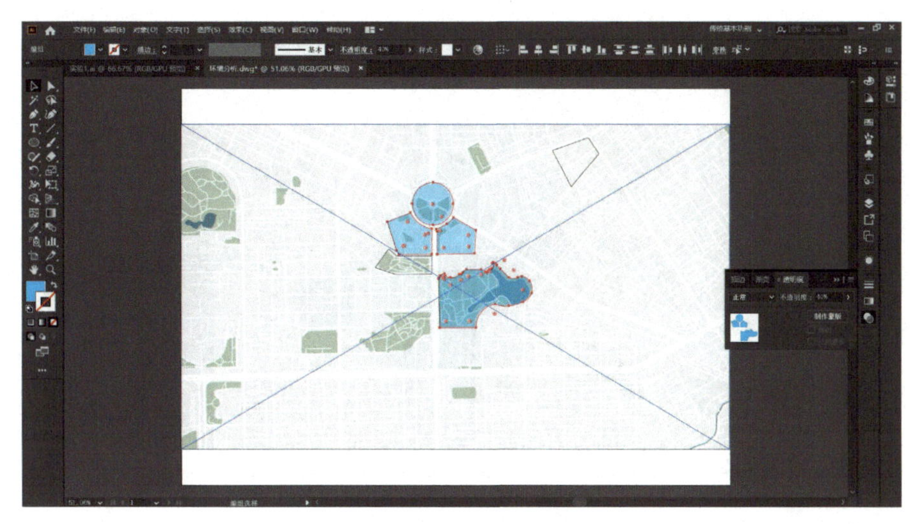

图14-42　调整结果

（5）绘制星形图像，右侧面板新建图层后，鼠标左键单击左侧矩形工具，长按3秒后出现下级工具框，选中星形工具，外观面板填色红色，选择无描边。如图14-43、图14-44所示。

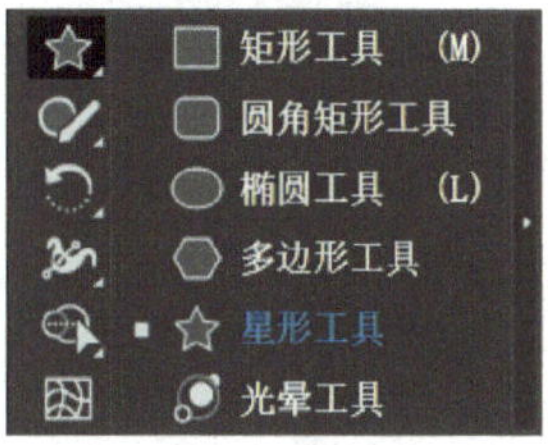

（6）鼠标左键单击钢笔工具绘制一条直线，在右侧描边面板调整颜色、粗细并且在描边面板中调整缩放箭头大小。如图14-45、图14-46所示。

图14-43　星形工具

（7）重复上述步骤接着绘制两条曲线，调整相应参数，修改线型可使用直接选择工具，鼠标左键单击该曲线，选单个锚点进行位置调整。效果如图14-47所示。

图14-44　绘制红色星形

图14-45　钢笔工具

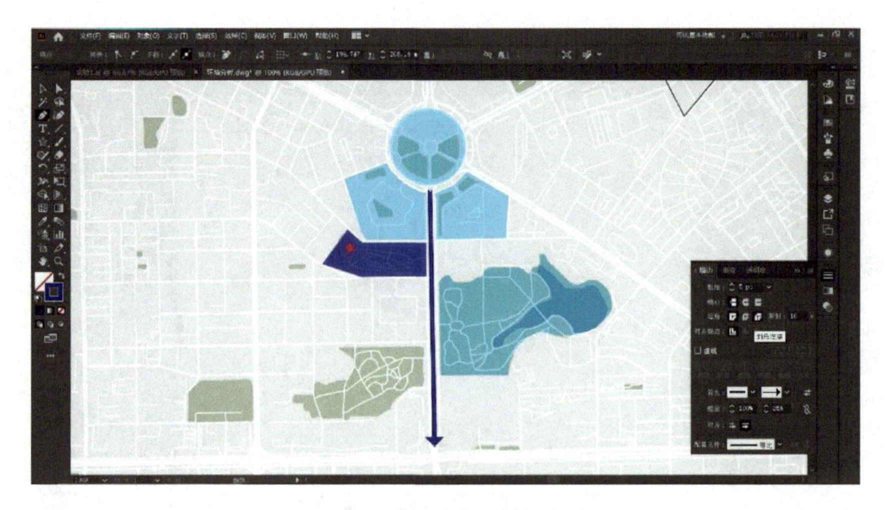

图14-46　绘制蓝线

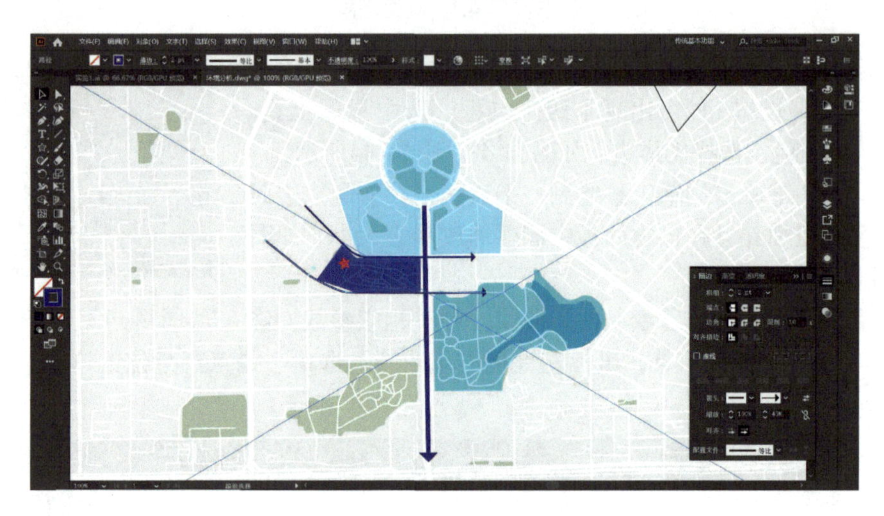

图14-47　绘制蓝色曲线

说明

曲线操作步骤：鼠标左键单击第一点，然后单击第二点，并按住鼠标左键向外拖曳，出现贝斯柄来调整曲度。

（8）绘制圆形分析图框，绘制正圆形，填色白色，描边蓝色，复制图层，缩放工具上鼠标左键双击，等比例缩放80%～90%参数，无描边；选择右侧工具面板中椭圆工具，按住［Shift］键，绘制正圆形。鼠标左键单击右下方填色面板填充白色，描边面板选择蓝色。接着复制图层，鼠标左键双击缩放工具，在参数面板调整参数80%～90%，选择无描边。如图14-48、图14-49所示。

（9）将图片置入圆形图框中，选中要置入图片的圆形框，鼠标左键单击右侧工具栏下方的［内部绘图］按钮，看到如图14-50所示，圆形框内出现正方形虚线框。随后鼠标左键单击菜单栏［文件］-［置入］，在对话框内选中相应置入图片。置入后调整至合适大小。如图14-51、图14-52所示。

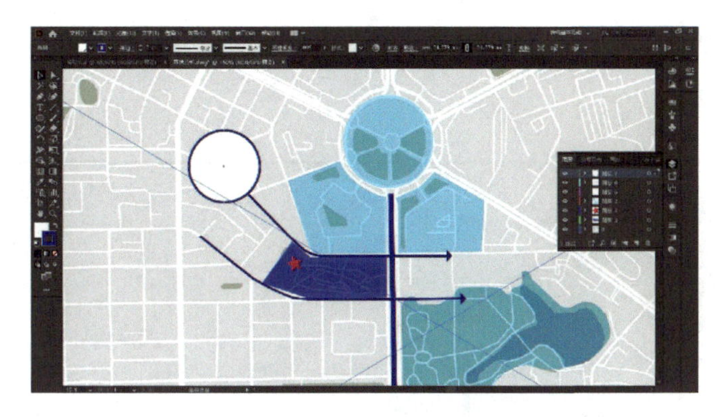

图14-48　绘制圆形图框

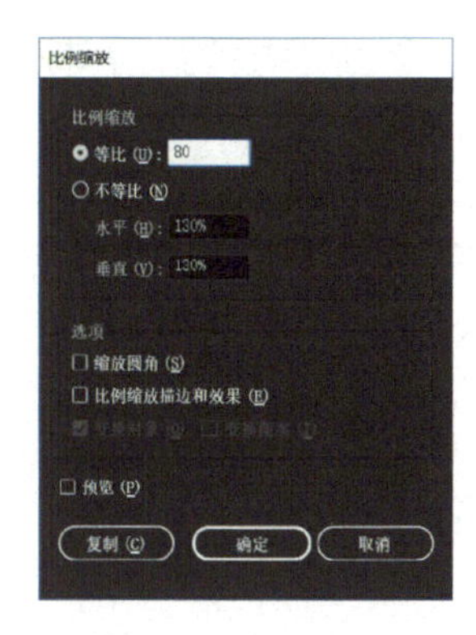

图14-49　缩放面板

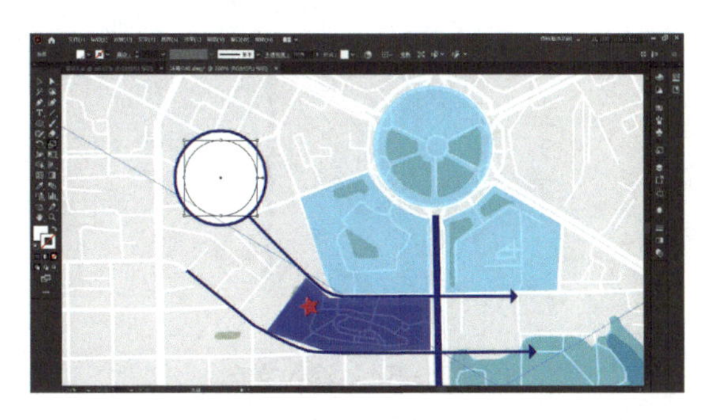

图14-50　内部绘图

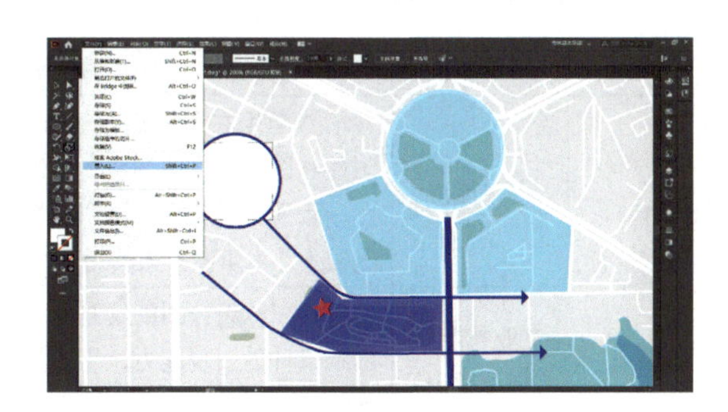

图14-51　置入命令

（10）复制图层，重复上述步骤，绘制同样圆形分析图框。如图14-53所示。

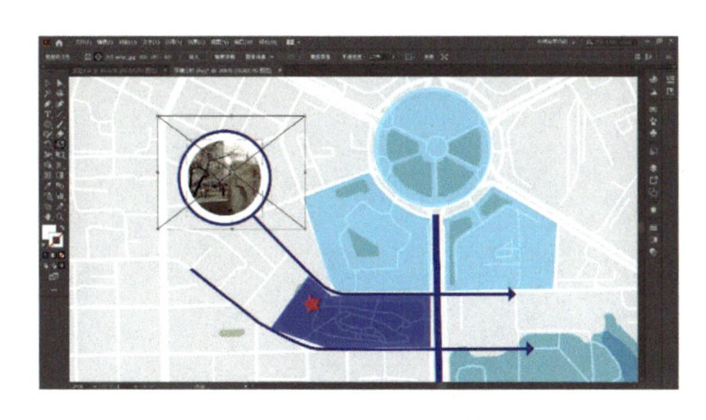

图14-52　置入图片

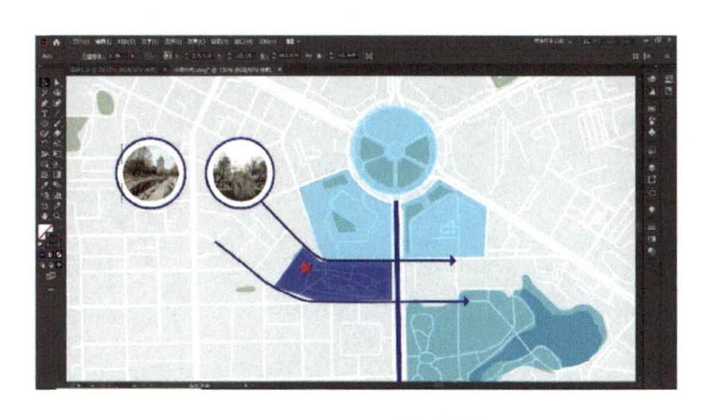

图14-53　重复绘制

（11）选择右侧文字工具，拖曳文本框，输入相应文字，完善图面，最终成图效果如图14-54所示。

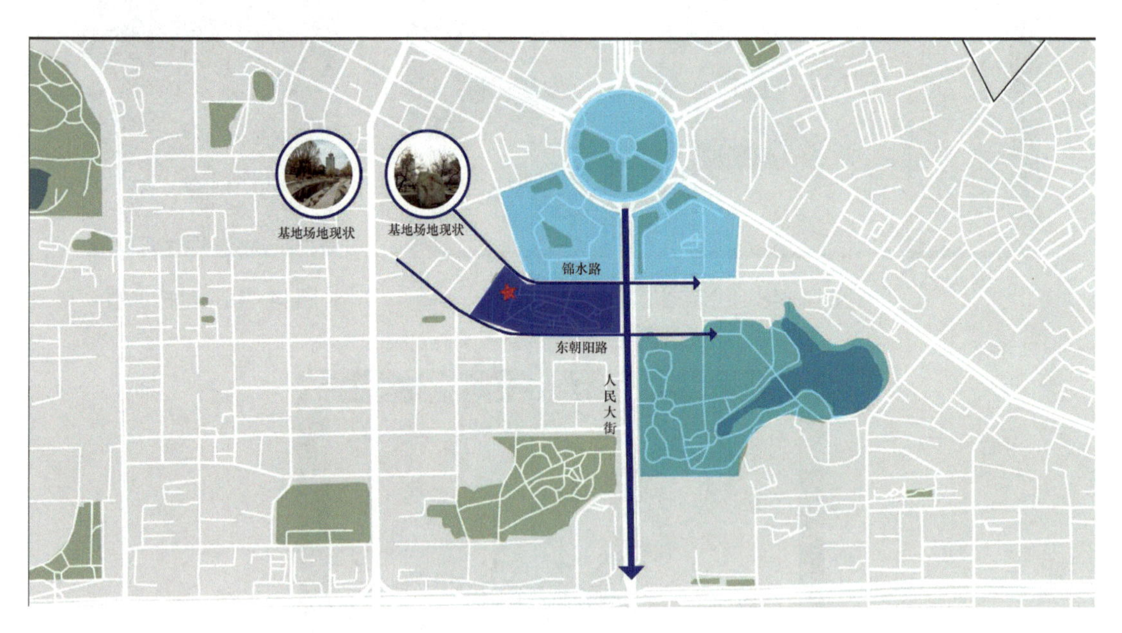

图14-54 输入文字

模块五 课程思政教学点

<table>
<tr><th>教学内容</th><th>思政元素</th><th>育人成效</th></tr>
<tr><td rowspan="2">项目十三
Adobe Illustrator CS6 基本操作

项目十四
Adobe Illustrator CS6 主要范例</td><td>审美能力</td><td>培养学生在图纸绘制过程中，能够正确表达设计意图并和图纸风格协调统一，能合理布局各类型景观效果图，版面布局美观、协调。培养学生图纸表达能力，促进学生艺术审美能力的提升</td></tr>
<tr><td>专业技能、规范意识</td><td>通过园林设计图纸绘制及排版的学习，增强学生园林图纸设计的表现能力，增强学生熟练运用所学知识解决实际问题的能力，增强规范意识</td></tr>
</table>

模块六 Adobe InDesign CC 2019

Adobe InDesign能为印刷和数字出版设计专业的版面，不仅广泛应用于报纸、杂志、图册等印刷品的编排，还可用于名片设计、海报设计等工作，甚至可以用来制作交互式文档与演示文稿。因为该软件和Photoshop同属Adobe公司，在软件界面、操作方式等方面均有很高的一致性，而且文件之间的兼容性也很好。可以说，只要熟悉Photoshop的使用，学习使用Adobe InDesign是比较简单的。本模块中将以常见的园林案例为载体，进行项目式教学讲解。

项目十五 Adobe InDesign CC 2019 核心命令使用要点

本项目主要介绍Adobe InDesign CC 2019的工作界面、常用工具、文件的基本操作、工具使用、视图操作等，这些都是在真正开始绘图前需要熟悉和掌握的知识。

任务1 Adobe InDesign CC 2019 工作界面

任务目标

1.认识Adobe InDesign CC 2019软件，熟悉Adobe InDesign CC 2019的工作界面。

2.熟悉并会运用Adobe InDesign CC 2019的主要工具。

任务解析

启动Adobe InDesign CC 2019软件会自动加载欢迎界面（图15-1）。在欢迎界面中可以快捷地新建文件和打开最近使用过的文件，还可以直接打开帮助教程和Adobe的官方网站。

Adobe InDesign CC 2019的工作界面包括应用程序栏、菜单栏、控制面板、浮动面板、页面操作区、工具箱。

图15-1 Adobe Indesign启动欢迎界面

1. 应用程序栏

应用程序栏位于Adobe InDesign CC 2019最顶端，如图15-1，鼠标左键单击［转至Bridge］按钮，打开工作界面的最上方，主要用于视图显示，其中提供了多种Adobe bridge软件，以进行浏览图像等操作；鼠标左键单击［缩放级别］按钮，可以进行不同比例的缩放图形显示；鼠标左键单击［视图选项］按钮，可以设置不同的视图显示，其中包括“框架边线”“标尺”“参考线”“智能参考线”和“隐藏字符”选项；鼠标左键单击［屏幕模式］按钮，有不同的屏幕显示效果，其中包括“正常”“预览”“出血”“辅助信息区”和“演示文稿”选项；鼠标左键单击［排列按钮］，在弹出的下拉列表中，选择相应选项，可以设置不同的文档排列方式。如图15-2所示。

图15-2 应用程序栏

2. 菜单栏

菜单栏位于应用程序栏的下方，包含“文件”“编辑”“版面”“文字”“对象”“表”“视图”“窗口”和“帮助”9个菜单项。鼠标左键单击任意一个菜单会弹出其包含的命令，Adobe InDesign CC 2019中的绝大部分功能都可以利用菜单栏中的命令来实现。如图15-3所示。

文件(F) 编辑(E) 版面(L) 文字(T) 对象(O) 表(A) 视图(V) 窗口(W) 帮助(H)

图15-3 菜单栏

3. 控制面板

控制面板主要显示当前所选的工具，设置属性栏上的参数可以改变所选工具的状态。利用控制面板可以快速访问与选择对象有关的选项。命令及其他面板：默认情况下，控制面板停放在文档窗口的顶部，但是也可以将它停放在此窗口的底部，或者将它转换为浮动面板，或者完全隐藏起来。控制面板显示的选项根据所选择对象的类型而异。如图15-4所示。

图15-4　控制面板

4.浮动面板

浮动面板位于文档窗口的右侧位置，默认情况下，几个面板放置在一起共用一个控制窗口，各面板被折叠隐藏起来，只显示相应的文字标签。鼠标左键单击浮动面板右上角的“展开面板”按钮，或者鼠标左键单击相应的面板标签，都会显示相应的面板标签。如图15-5所示。

图15-5　浮动面板

5.页面操作区

页面操作区位于界面的中间位置，用于显示排版的对象信息，可以将文档窗口设置为选项式窗口，并且在某些情况下可以进行分组和停放，而且该区域内的对象都可以被打印出来。如图15-6所示。

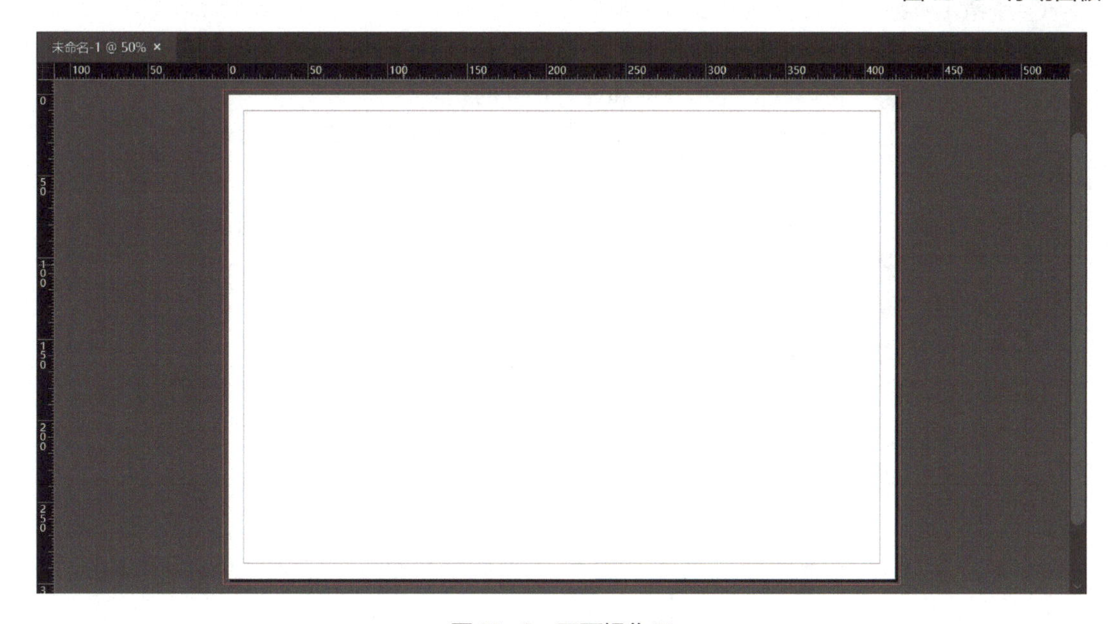

图15-6　页面操作区

说明

页面从外向里有三条框线，第一条是红线，是出血位置线（用于标明装订时裁切掉的多余边部位置，以保证成品裁切时，有色彩的位置能做到色彩完全覆盖到要表达的位置边界）；第二条是黑线，这是A3纸面的真正边线；第三条是蓝线，这是版心的范围线。这三条线在打印或输出时不会被输出。可以看到版心离左边的边线比其他的边线远，这是为了留出装订空间。

6. 工具箱

图15-7　工具箱面板

工具箱位于工作界面的左侧，如图15-7所示，要想从文档窗口中使用工具箱中的工具，只要鼠标左键单击相应工具按钮即可。如果工具按钮的右下角有一个小三角形，则表示该工具按钮还包含其他工具，在该按钮上单击鼠标右键，即会弹出其所隐藏的工具选项。

下面介绍Adobe InDesign CC 2019在使用中常用到的工具。

① 选择工具　可以选择、移动、缩放图形图像以及框架和成组的对象。

② 直接选择工具　可以选择、移动路径、锚点，还可以针对成组对象中的对象和框架内部的图像进行选择和移动。

③ 间隙工具　可以调整对象间的间距。

④ 钢笔工具　可以绘制锚点和路径。

⑤ 文字工具、直排文字工具　可以创建文本框架和选择文本。

⑥ 铅笔工具　可以绘制任意的路径形状。

⑦ 平滑工具　可以使路径变得更平滑。

⑧ 抹除工具　可以任意删除选中的路径。

⑨ 直线工具　可以绘制任意长度和任意角度的线段。

⑩ 矩形框架工具、椭圆形框架工具、多边形框架工具　可以绘制这三种形状的框架。

⑪ 自由变换工具　可以通过拖动八轴点变化旋转、缩放或切变对象。

⑫ 旋转工具　可以以此指定中心点将对象旋转任意角度。

⑬ 缩放工具　可以以此指定中心点将对象任意放大和缩小。

⑭ 渐变工具　可以调整对象中渐变的起点、终点和角度。

⑮ 吸管工具　可以将对象的颜色或文本的属性复制出来应用给其他对象或文本。

⑯ 抓手工具　可以在文档窗口中移动页面视图。

⑰ 放大镜工具　可以放大和缩小页面视图。

任务2　Adobe InDesign CC 2019主要功能介绍及基本操作

任务目标

1. 了解Adobe InDesign CC 2019主要功能并学会文件的保存、打开与新建。
2. 掌握Adobe InDesign CC 2019工具栏、菜单栏的基本操作方法。
3. 学会文件置入、视图缩放等操作。
4. 学会使用常用命令的快捷键。

任务解析

1.主要功能介绍

Adobe InDesign CC 2019功能非常强大，像插入Flash动画、MP3音频、MP4视频，导出交互式PDF、多媒体电子书、网页，等。有不少功能在园林设计中很少用到，这里只挑选出对园林设计方案编排有帮助的一些特色功能来进行介绍。

① 多页面编辑　一套方案文本中的所有页面都可以在一个Adobe InDesign CC 2019文件中显示而且页面的显示非常直观，有助于设计师把控整套文本的编排效果。

② 矢量图绘制　Adobe InDesign CC 2019能读取并且编辑Adobe Illustrator格式的图像，且具有一定的矢量图绘制功能，可以满足园林方案分析图制作的需要。

③ 文件置入　与CorelDraw不同，Adobe InDesign CC 2019在排版时，版面内的素材图像元素都是采用链接方式引入排版文档内的，这样的好处是一方面能有效减少Adobe InDesign CC 2019文档的大小，另一方面一旦修改了原链接文件，图册内的相关内容也可以同步更新。

④ 网格置入　在置入多个文件时，通过鼠标拖动和方向键的组合就能快速更改置入图像的栏数和列数，并等分其间距。这对编排需要应用大量图片的页面很有帮助。

⑤ 主页功能　主页类似于模板，在一个Adobe InDesign CC 2019文件中允许预先制定多个页面模板，让用户在文本编排中能够快速插入不同模板的页面，并且更改主页能实现关联页面的同步修改。

⑥ 自动生成页码和目录　Adobe InDesign CC 2019能根据预先设定的条件为文本自动生成页码与目录，即使对文本页面进行了顺序调整，页码和目录也能自动适应。

⑦ 打包功能　Adobe InDesign CC 2019能把与文本制作中使用到的所有图片和字体的源文件整理到一个文件夹中，便于将相关文件整体转移到不同的计算机中编辑。

⑧ 自动备份功能　Adobe InDesign CC 2019会对编辑中的文件自动生成备份，即使遇到软件崩溃或者计算机断电等情况也能通过备份文件还原，避免出现前功尽弃的情况。

2.软件基本操作

Adobe InDesign CC 2019基本操作包括新建、储存、缩放、移动界面、置入、调整图片等。

（1）Adobe InDesign CC 2019文件的新建

鼠标左键单击［文件］-［新建］-［文档］命令即会弹出新建对话框，需设置以下参数来定位新文件，［对页］前面的［√］去掉。

［主文本框架］保持不选择状态。

［页面大小］按照需要，选择A3幅面，［页面方向］一般情况下应该选择［横向］。［装订］应该选择［从左到右］，其他均采用默认值，选择好后的界面如图15-8所示。在预设对话框中提供了一系列默认常用规格文件的数据；同样这些参数可根据输出需要对文件的尺寸、样式、边界线宽度等数据进行设置。接着单击［边距和分栏］按钮，并采用默认设置的各项参数，如图15-9所示。鼠标左键单击［确定］，进入分析图绘制的工作界面。

（2）Adobe InDesign CC 2019文件的储存

鼠标左键单击［文件存储］命令可储存对当前文件所做的更改，文件格式不变；鼠标

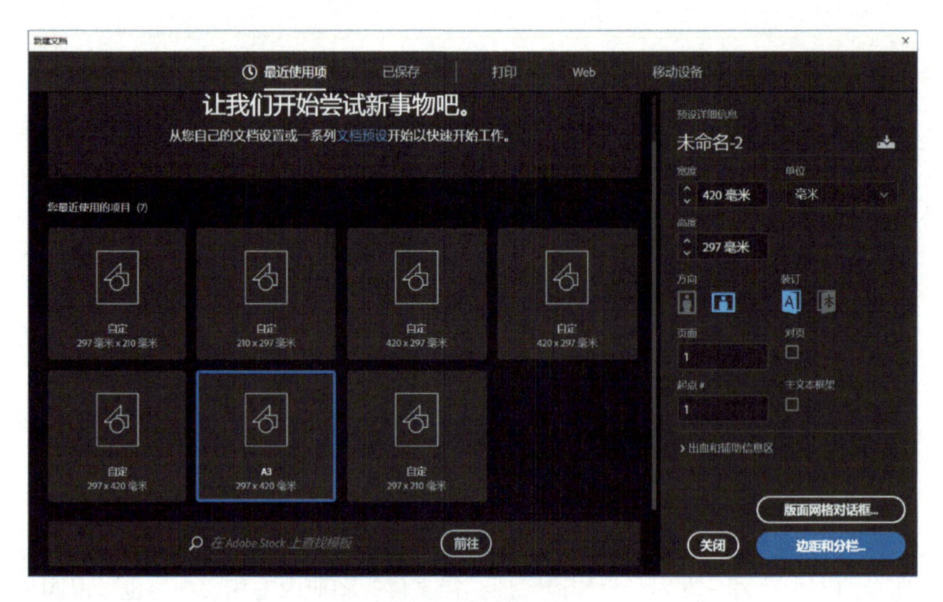

图15-8　新建文档

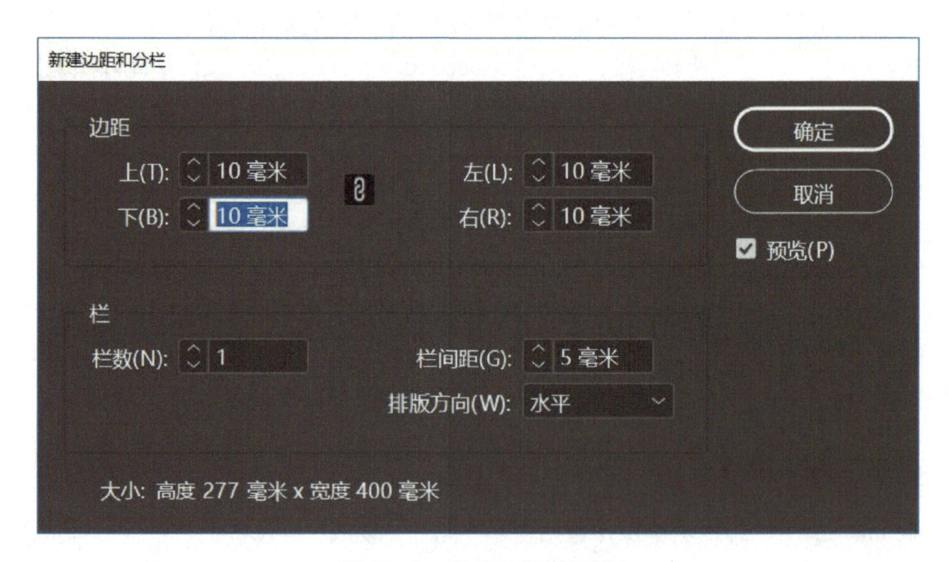

图15-9　边距和分栏面板

左键单击［文件存储为］命令即会弹出［存储为］对话框，可将图像储存至其他位置，或以其他文件格式储存文件，如图 15-10 所示。

说明

“对页”选项适用于双面打印时可以同时看到左页（偶数页）和右页（奇数页）的情况，相当于翻开一本杂志，同时看到左右两页的情况。因为装订成册时，对于左页（偶数页），装订线在右侧，但右页（奇数页）的装订线却是在左侧，“对页”选项就是为了适应这种情况。

【边距】是指绘图边线与图纸边线距离。【分栏】是一张纸中间分栏，杂志需对开页，汇报本不需要。

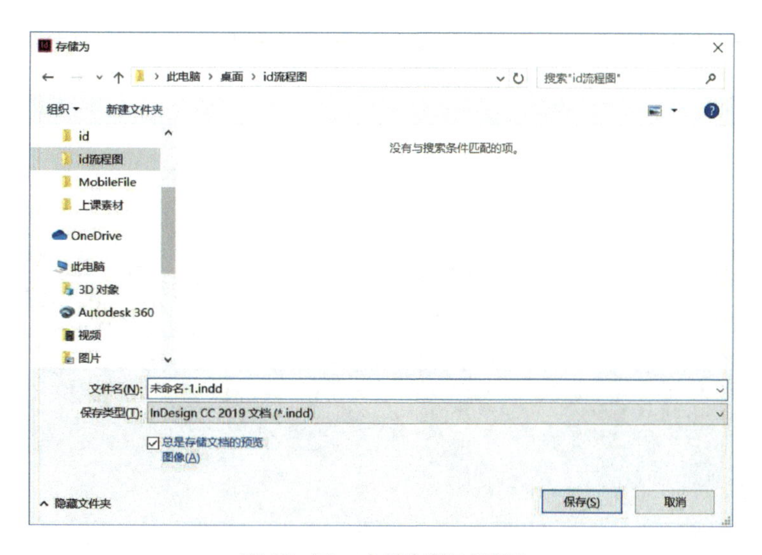

图15-10　文件存储对话框

（3）缩放移动界面

在［工具箱］中鼠标左键单击放大镜工具，光标会自动更改为缩放的放大镜工具，单击鼠标左键即可对界面进行缩放，“Alt”键用于切换放大和缩小。在［工具箱］中鼠标左键单击抓手工具，光标会自动更改为移动手掌，按住鼠标左键即可移动界面。

（4）置入命令

鼠标左键单击［置入］命令或快捷键“Ctrl+D”即会弹出对话框，如图15-11所示。选取所需置入的文件，包括各种格式的图片或者文字信息。光标会自动附着上文件的缩略图，单击鼠标左键即可将文件置入所选位置。

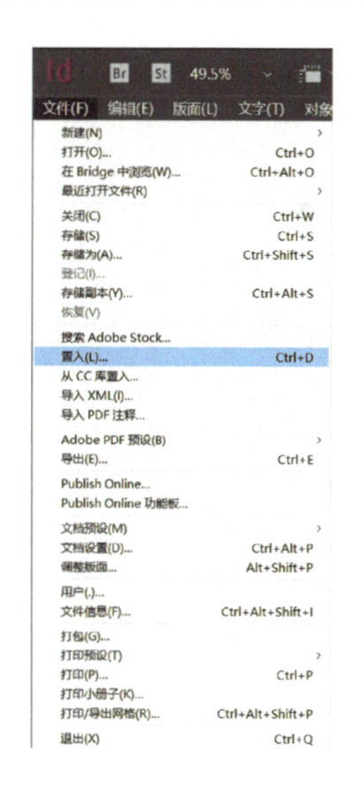
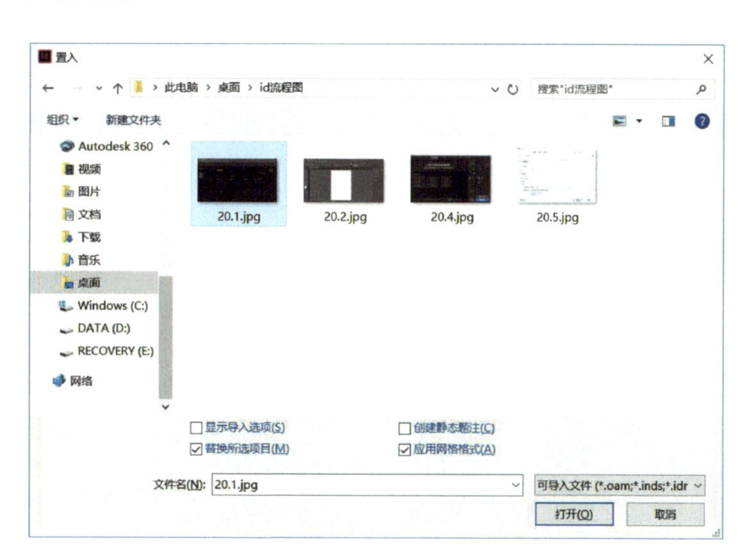

图15-11　置入对话框

（5）调整图片大小

通过鼠标左键单击需要调整的图片并按住鼠标左键不放即可对图像进行位置调整；鼠标

左键单击图片后会自动在图片周围生成八轴点，移动轴点即可对所选图片进行变形调整。如图15-12所示。

图15-12　调整图片

项目十六

Adobe InDesign CC 2019 主要范例

本项目主要介绍Adobe InDesign CC 2019的图册排版制作流程和方法、分析图的制作技巧，同时主要练习新建图册内页、封皮模板和置入、文字等的基本操作及熟练工具的相互衔接操作。

任务1　Adobe InDesign CC 2019图册排版范例

任务目标

1. 掌握Adobe InDesign CC 2019图册排版的基本思路。
2. 了解Adobe InDesign CC 2019图册排版的基本流程。
3. 掌握Adobe InDesign CC 2019制作封面及分析图的操作流程。

任务解析

1. 图册排版的基本思路

用Adobe InDesign CC 2019排版，可以简单地理解为“拼图”的过程。版面中的各种元素如效果图、意向图等可视为“零片”，“零片”可依个人喜好使用Photoshop或者Adobe Illustrator制作，Adobe InDesign CC 2019只负责最后的“拼排”工作。当然，在熟悉Adobe InDesign CC 2019的操作后也可以直接用其软件功能高效制作出优质的“零片”。因为Adobe InDesign CC 2019采用链接的形式引用素材，在这种情况下，排版文档和素材图像文件之间就必须有稳定的目录关系，否则一旦发生文件移动或改名，排版文档就会出现链接文件无法编辑的情况。所以在工作中要养成有序整理各种文件的良好习惯。

（1）准备好所有的排版素材文件

例如已经制作好的各种总平面图、表现图、剖面图、立面图、设计意向参考图，以及各种文字文本材料装饰版面的图形图像元素等。

（2）建立清晰简明的文档及素材目录

实际工作中，往往一个项目由多人分工协作，常常出现的情况是，负责排版的人已经开始编排，但某些素材文件可能还没有完全制作好，或者某些素材文件在排版过程中需要修改等，这时负责排版的人应该养成良好习惯，在计算机中建立清晰的工作目录。

2.图册排版范例演示

（1）启动Adobe InDesign CC 2019并新建排版文档

鼠标左键单击［文件］-［新建］-［文档］命令即会弹出新建对话框，需设置以下参数来定位新文件,［对页］前面的［√］去掉。

［主文本框架］保持不选择状态。

［页面大小］按照需要，选择A3幅面，［页面方向］一般情况下应该选择［横向］。［装订］应该选择［从左到右］，其他均采用默认值，选择好后的界面如前图15-8所示。在预设对话框中提供了一系列默认常用规格文件的数据；同样这些参数可根据输出需要对文件的尺寸、样式、边界线宽度等数据进行设置。接着鼠标左键单击［边距和分栏］按钮，并按照默认设置的各项参数，设置［边距］为10、［分栏数］选择1，如前图15-9所示。鼠标左键单击［确定］，进入分析图绘制的工作界面，工作界面如图16-1所示。

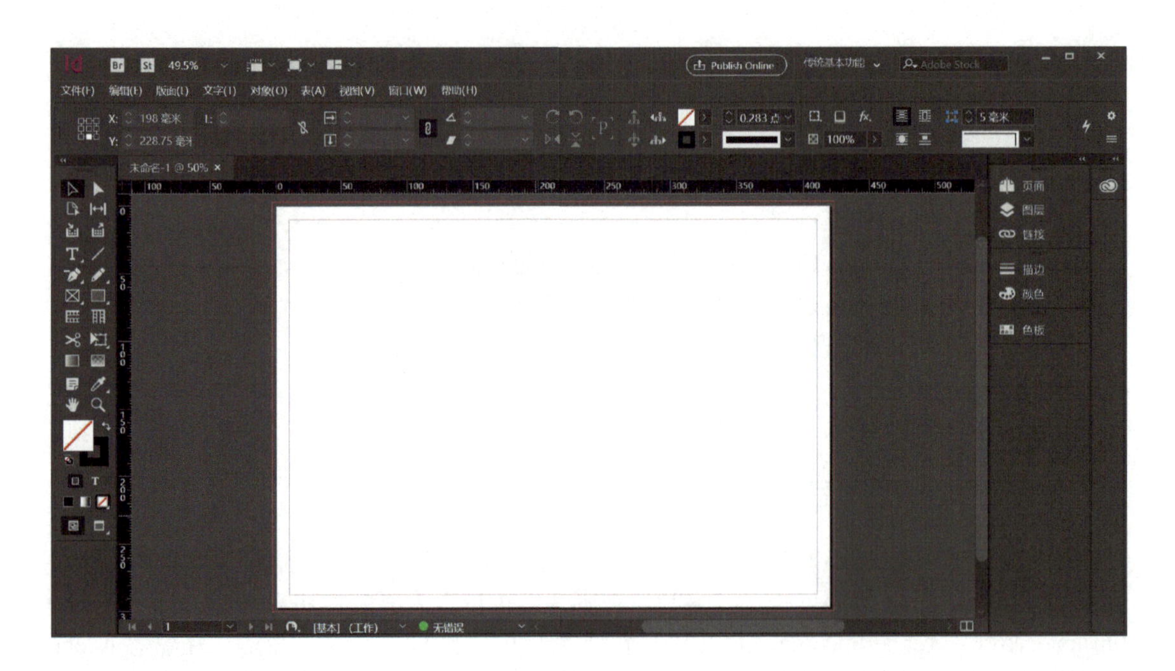

图16-1　新建文档结果

（2）设计图册的封面的绘制

① 打开标尺　鼠标左键单击上方菜单栏［视图］-［显示标尺］。从左侧或上方标尺状边栏处按住鼠标左键拖曳即可生成参考线，参考线可吸附图形使排版对齐。随后拖曳出置入图片所需的两条参考线，如图16-2所示。

② 置入文件　接上述步骤，鼠标左键单击菜单栏中［文件］-［置入］，出现相应对话框，在对话框中选取相应文件鼠标左键单击，最后鼠标左键单击［打开］。如图16-3所示。

③ 缩放图像　鼠标左键单击图像，在图片周围即可出现八角点。拖曳角点移动，即可使边界框缩放；鼠标左键双击图像，框线变黄，拖曳角点即可缩放内部图形。如图16-4～图16-6所示。

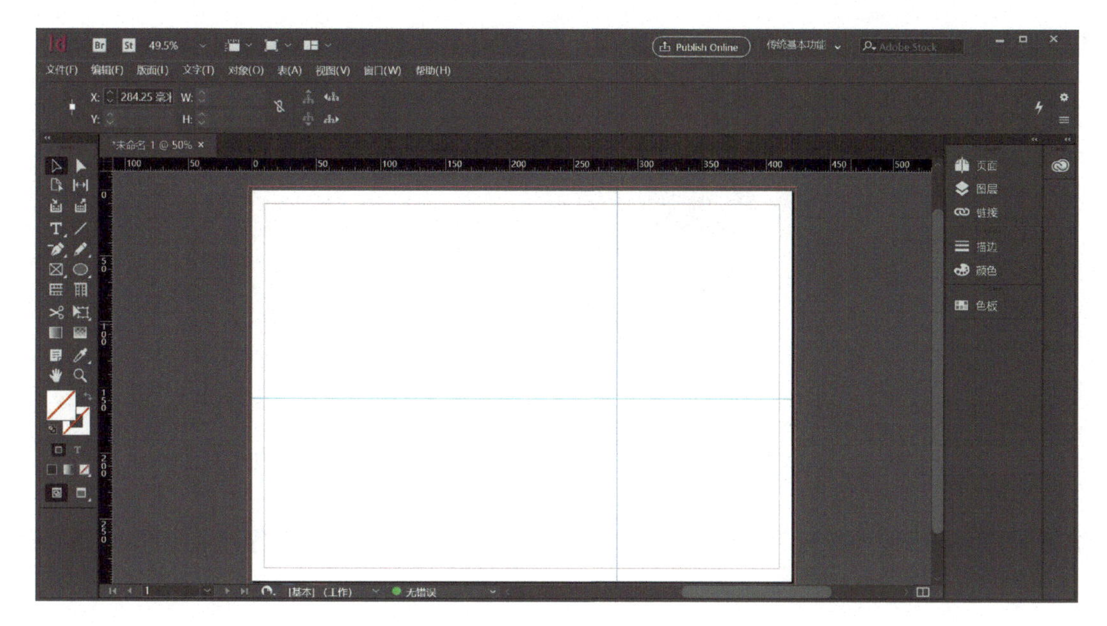

图16-2　生成参考线

图16-3　置入对话框

④ 绘制直线　鼠标左键单击右侧工具栏直线工具，按“Shift”绘制水平直线，鼠标左键单击上方控制面板，调整描边粗细、颜色、透明度等参数。如图16-7、图16-8所示。

⑤ 插入文字　分析图片内容，在右侧工具栏鼠标左键单击文字工具，拖曳文本编辑框，输入相应文字，鼠标左键单击文字进行修改，可修改字体样式、大小、间距等相应参数。如图16-9、图16-10所示。

⑥ 然后选择复制，字体样式选择成英文，调整大小。整体效果如图16-11、图16-12所示。

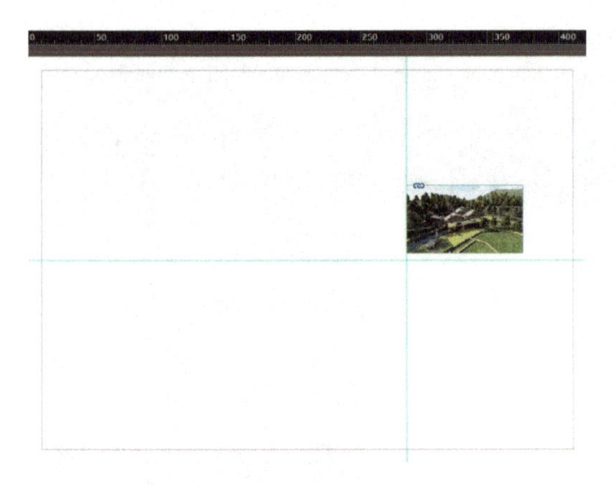

图16-4　置入图片

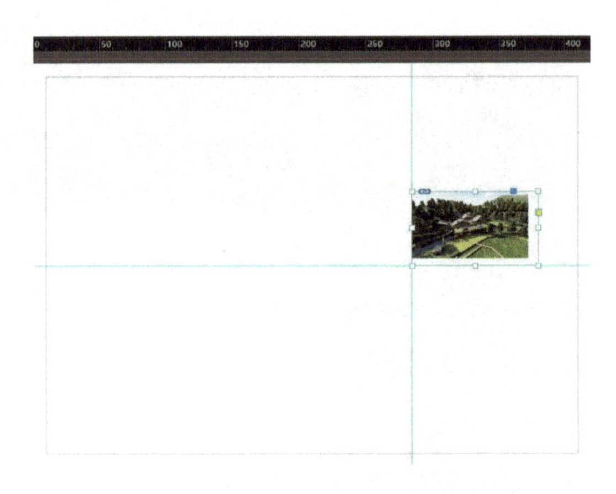

图16-5　边界控制框

图16-6　黄色内部控制框

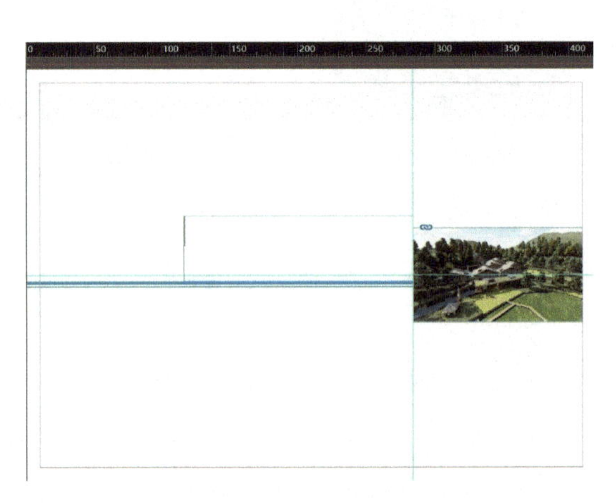

图16-7　绘制直线工具

图16-8　描边参数

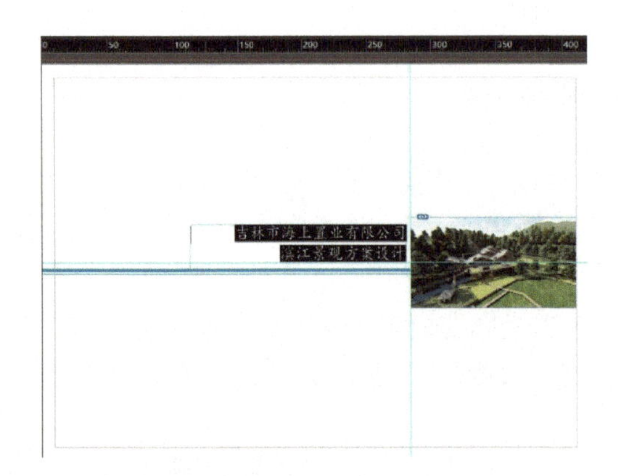

图16-9　插入文字

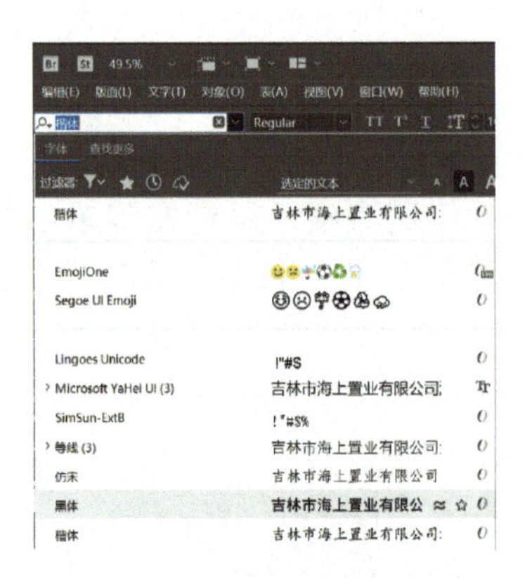

图16-10　文字参数

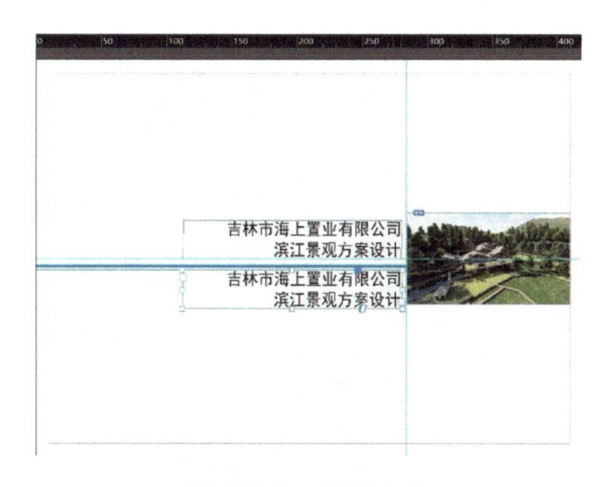

图16-11　复制文字

图16-12　修改文字

（3）设计图册中内页模板的绘制

说明

知识点一，页面：上半部由无和A-主页组成，下半部由一张或数张页面组成。

知识点二，窗口操作，缩放窗口：Alt键+上下滚动鼠标滑轮；平移窗口：空格键+鼠标左键。

① 新增页面　在页面面板空白处单击鼠标右键，选择［插入页面］，如图16-13、图16-14所示。

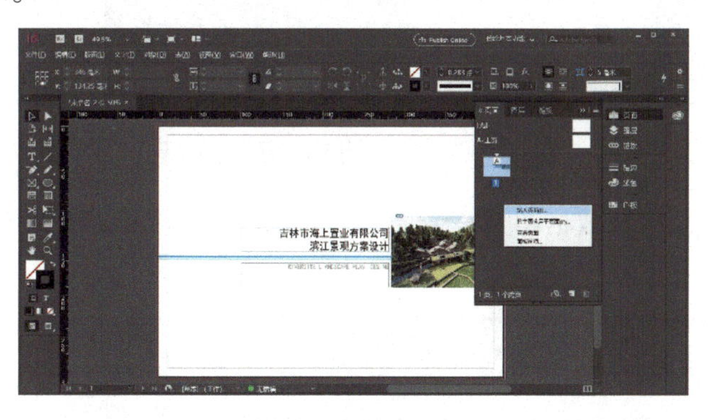

图16-13　新增页面

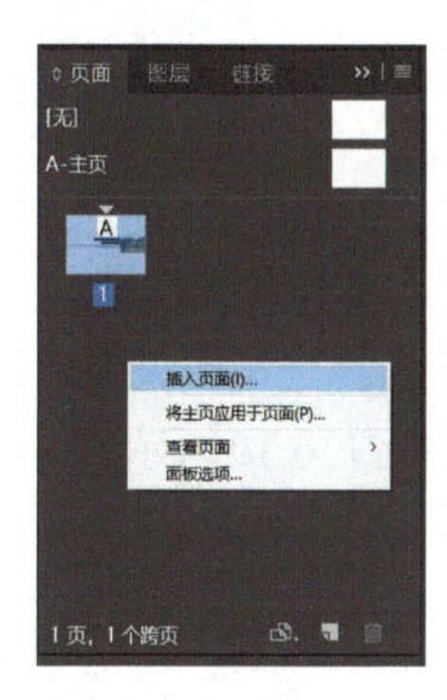

图16-14　插入页面

② 插入页面［页数］选择1页，［插入］选择页面后，［主页］选择A-主页参数。鼠标左键单击A-主页后白色块。鼠标左键双击进入主页编辑模式即模板编辑模式。如图16-15、图16-16所示。

说明

进入模板编辑模式后，上下滚动鼠标滑轮只能停留在模板页。

③ 观察原图，显示标尺，在标尺上鼠标左键单击并拖曳，可生成参考线。如前图16-2所示。

④ 鼠标左键单击矩形工具进行绘制，右侧或上方参数栏调整填色蓝色和描边，选择填充蓝色以及无描边。如图16-17、图16-18所示。

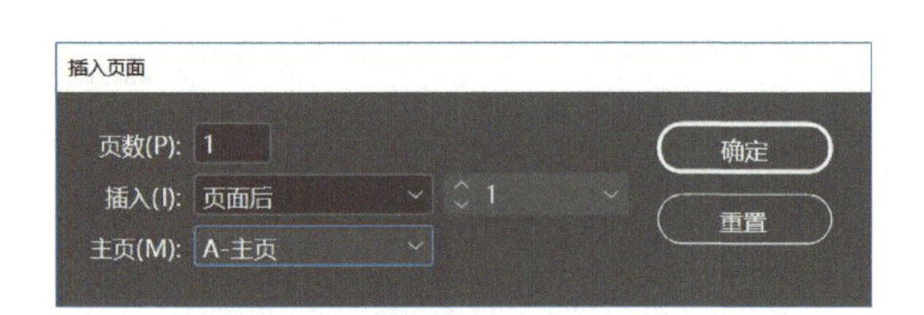

图16-15　插入页面对话框

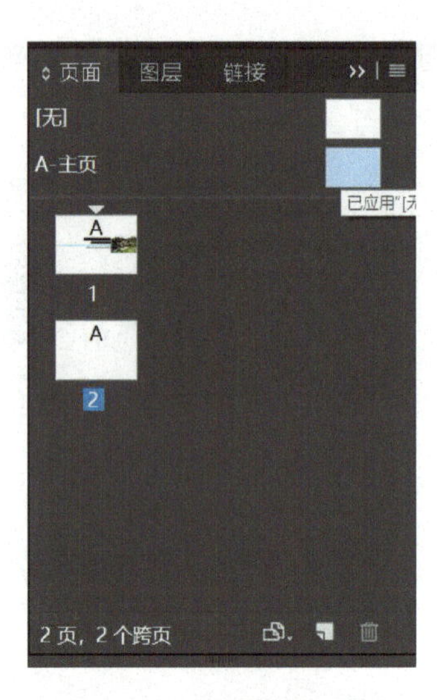

图16-16　主页编辑模式

图16-17　填充蓝色

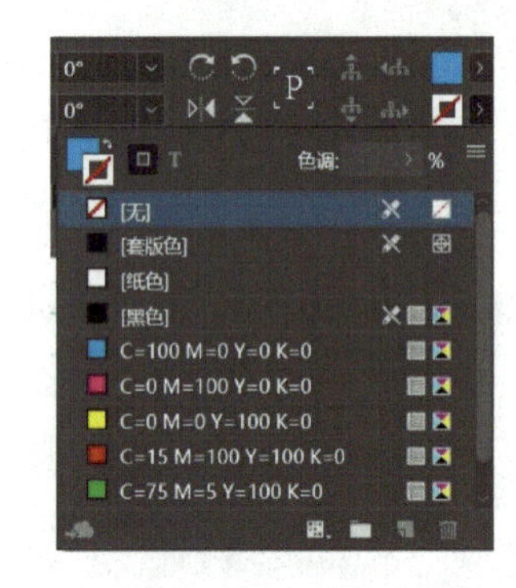

图16-18　描边无

⑤ 再次矩形工具绘制，右侧或上方参数栏调整填色浅蓝色，不透明度调至40% ～ 50%，效果如图16-19所示。

图16-19　绘制矩形及参数调整

⑥ 鼠标左键单击文件菜单，鼠标左键单击［置入］，在弹出窗口内选择路径和图片，置

入模板内后进行复制与大小调整，最终效果如图16-20、图16-21所示。

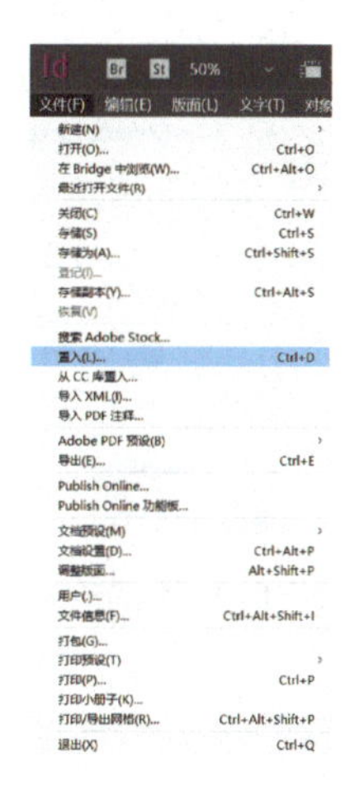

图16-20　菜单栏处置入

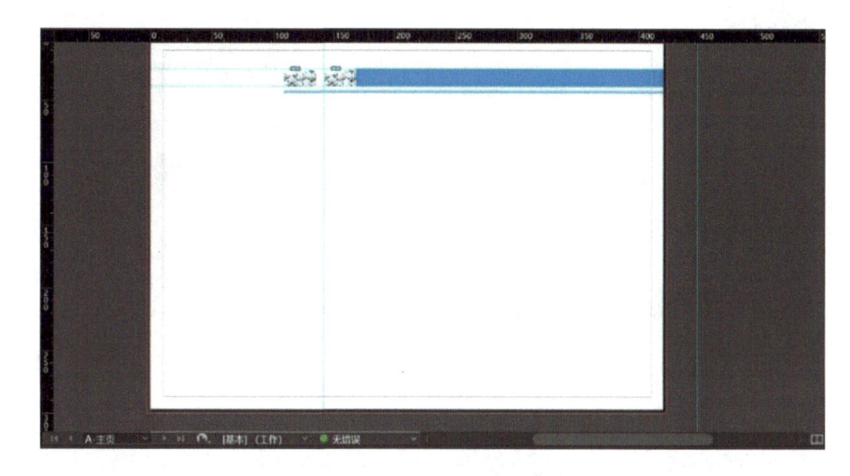

图16-21　图片复制

说明

选择对象后，按住“Alt”键并开始拖动可以复制对象。放开“Alt”键后，在移动过程中通过上下左右方向键可以产生阵列的效果；拖动中按住“Shift”键可以约束对象在水平或垂直方向移动。

⑦ 绘制模板页码，在页码区域鼠标左键单击［矩形工具］，绘制合适大小矩形。如图16-22所示。

⑧ 选用吸管工具，鼠标左键单击已绘制的蓝色色块，将页码矩形颜色更改。复制，调整大小。如图16-23所示。

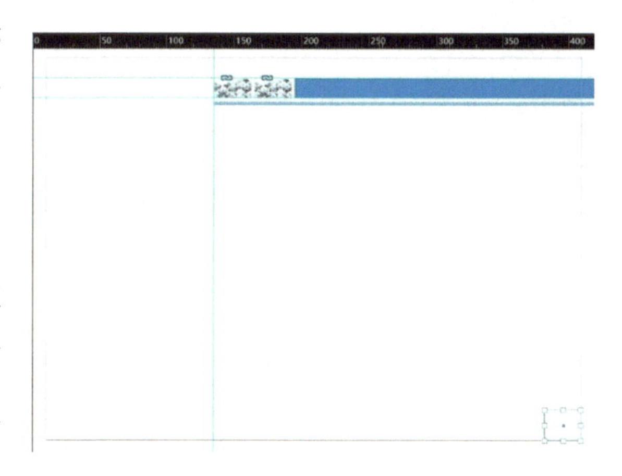

图16-22　绘制页码

⑨ 输入页眉处文字并修改。鼠标左键单击［文字工具］，在页码区域内输入一个字母，按住鼠标左键向前选择文字，执行菜单项［文字］-［插入特殊字符］-［标志符］-［当前页码］，稍后在模板内页码区域呈现“-A-”，即为模板制作完成。在页面面板单击下半部任一页面，退出模板编辑模式，页码便可逐页按次序呈现出来。如图16-24、图16-25所示。

（4）设计图册中目录页的绘制

① 下一步接着上续步骤进行目录的制作，主要包括文字工具、参数调整、复制文字、修改文字操作。首先鼠标左键单击左侧工具栏内［文字工具］，单击后在绘图页面区拖曳选框，尽量大些。随后输入“壹”字，最后在上方参数栏修改字体，设置为［楷体］。效果如图16-26、图16-27所示。

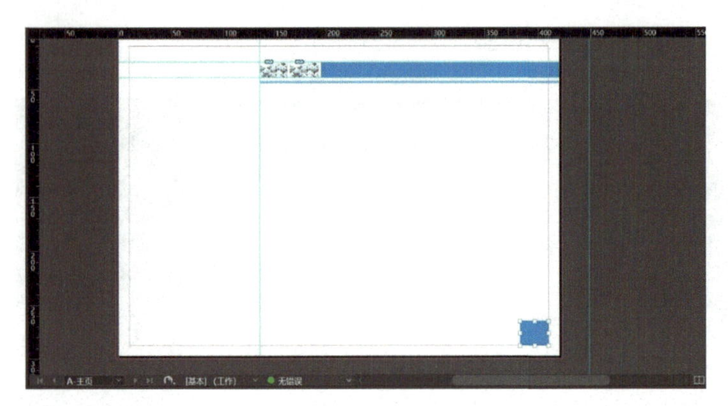

图16-23　绘制矩形

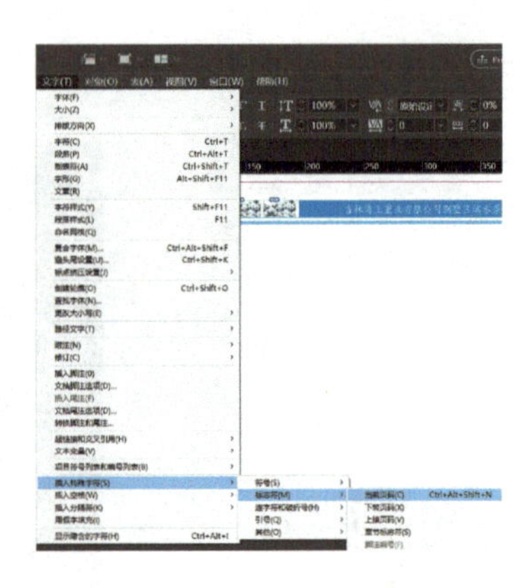

图16-24　插入当前页码

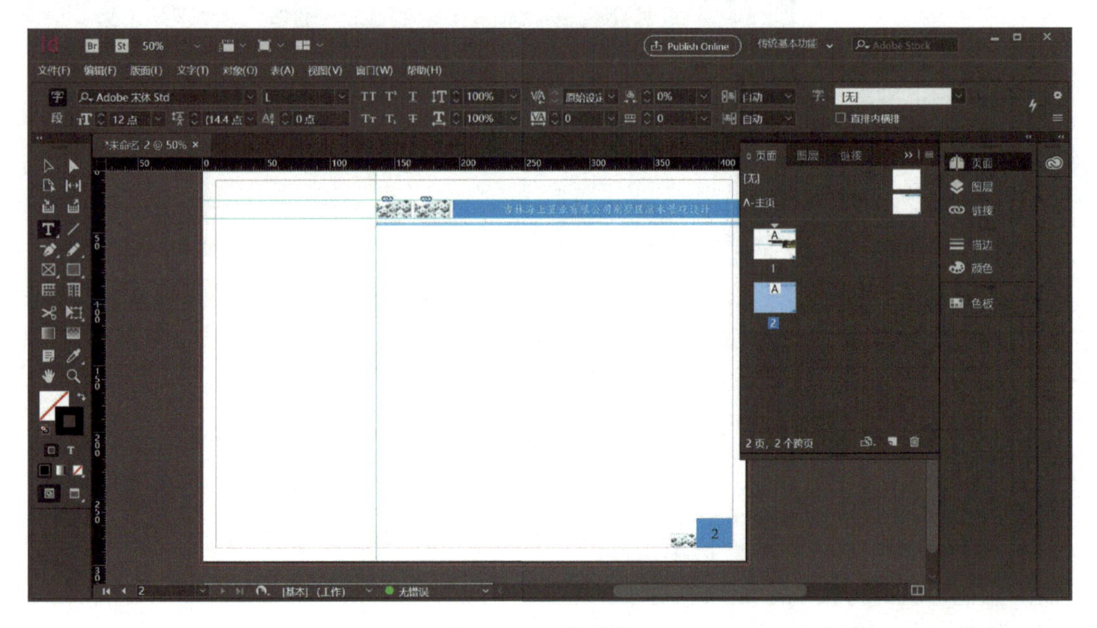

图16-25　生成页码

图16-26　字体设置

图16-27　输入文字

② 下面步骤同上，选择［文字工具］，拖曳出文本框后，在框内输入与目录相关文字，并进行参数大小等调整。随后鼠标左键单击［矩形工具］，鼠标左键单击相应目录左上方的小

矩形，后按住鼠标左键拖曳绘制小矩形，再单击［吸管工具］，单击之前绘制好的矩形，吸取之前矩形颜色。最终目录呈现效果如图16-28所示。

图16-28　输入与目录相关文字

（5）设计图中册现场分析图的绘制

① 鼠标左键单击页面面板后单击第三张或位于最下方的页面，单击鼠标右键选择插入一张页面。［页数］输入1，［插入页面后］选择3或者最新的页面数字。［主页］保持［A-主页］不变。如图16-29、图16-30所示。

图16-29　插入页面

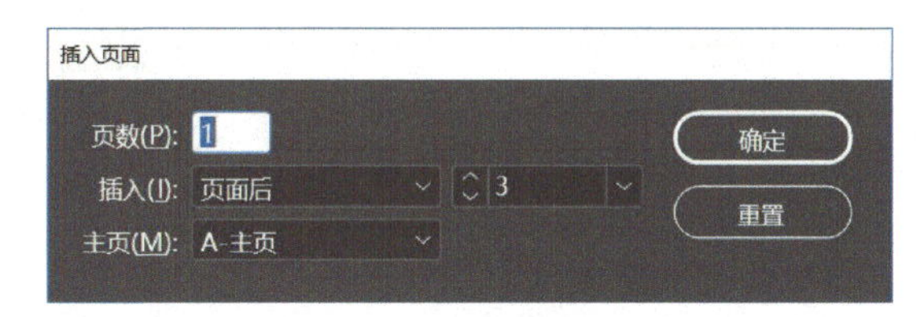

图16-30　插入页面对话框

② 鼠标左键单击上方［文件菜单］，选择命令［置入］，鼠标左键单击后在弹出的对话框中选择路径，在目标文件夹内，选择卫星图置入，如图16-31所示。在绘图页面按住鼠标左键不放进行拖曳，即可将卫星图置入绘图页面，随后鼠标左键双击出现角点即可进行大小调整。如图16-32所示。

③ 下一步进行多张图片置入，要将六张现场图一起置入版面内。首先鼠标左键单击［文件］菜单，选择命令［置入］，在弹出对话框内选择合适路径，选择6张图片，鼠标左键单击［打开］，即可打开。如图16-33所示。

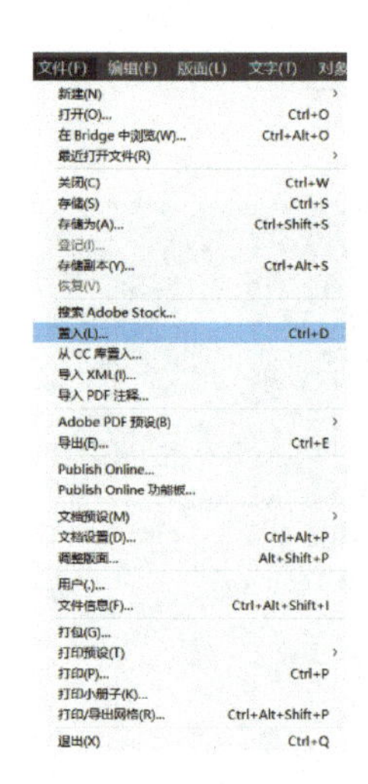

图16-31　菜单栏处置入与对话框

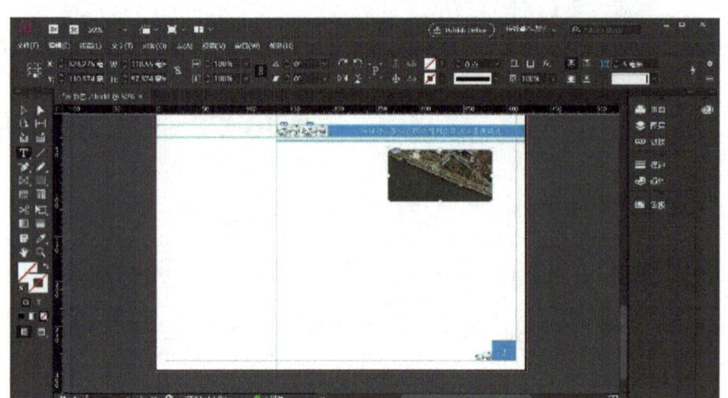

图16-32　置入图片及结果

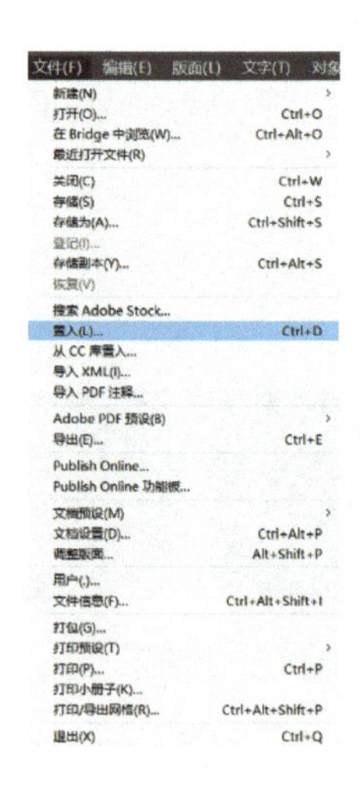

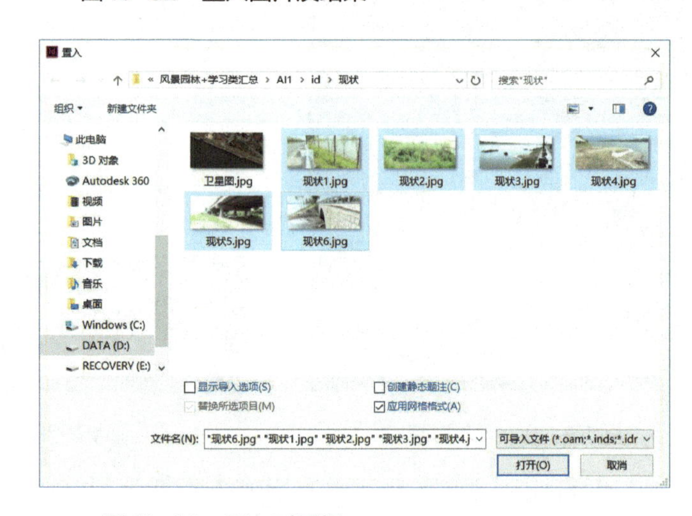

图16-33　置入对话框

说明

多选图片：按住键盘［Shift］键，鼠标左键单击第一张想要选择的图片以及再单击想要选择的最后一张图片，即可选中首张、末张以及在这两张中间的所有图片。

④ 在绘图面板鼠标左键单击并拖曳出合适大小框线，不松手进行拖曳，同时单击键盘“→”两次，“↑”一次，即可出现蓝色图片分隔线，调试拖曳至合适大小比例框线之后再松开鼠标左键。如图16-34所示。

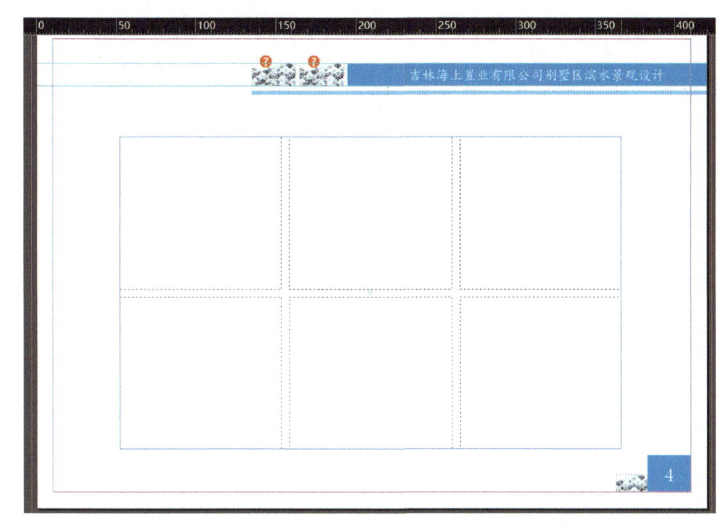

图16-34　同时置入六张图片

⑤ 鼠标左键单击左侧工具栏内［文字工具］，拖曳出合适大小文本框，输入文字，随后找到word文件，选择并复制所需项目现状文字，再次进入Adobe InDesign CC 2019工作界面，鼠标左键单击［文字工具］，鼠标左键单击选中之前输入的文字，快捷键［Ctrl+C］进行复制。接下来在上方参数栏中调整文字参数，如字体、大小、字间距等，最终如图16-35所示。

说明

调整页面顺序：在页面选中一页单击鼠标右键，选择［移动页面］，在弹出对话框内，选择好［移动页面］页数和［目标后］页数2页后面，［当前文档］不动，鼠标左键单击［确定］即可调整页面顺序。

图16-35 输入文字

任务2 Adobe InDesign CC 2019分析图制作范例

任务目标

1. 了解Adobe InDesign CC 2019分析图基本流程。
2. 掌握Adobe InDesign CC 2019分析图绘制的操作技巧。

任务解析

1.设计图册中植物分析图的绘制

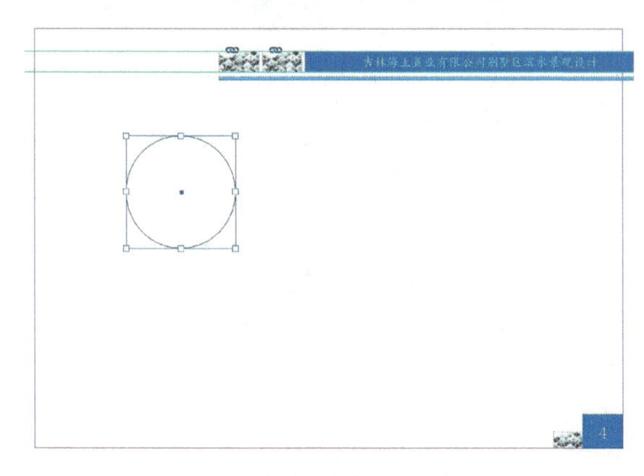

图16-36 绘制正圆形

（1）在左侧工具栏内鼠标左键单击［椭圆工具］，按住［Shift］键不放并单击拖曳即可生成正圆形。如图16-36所示。

（2）选择上方［文件菜单］，在菜单内单击命令［置入］，同理之前步骤，选择好对应路径和植物图片，单击［打开］即可使植物图片以圆形框形式在工作界面内打开。如图16-37所示。

（3）选择并复制使用快捷键［Ctrl+C］，复制出另外的五个圆形框。鼠标左键单击选择第二个圆形框，单击［文件菜单］内的［置入］命令，选择好路径以及图片，单击下方［打开］，完成第二个圆形框内图片替换。如图16-38所示。

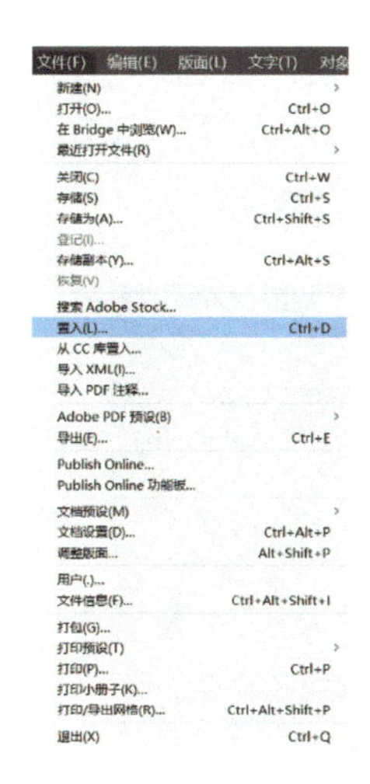

图16-37 置入对话框

（4）接着进行图片大小调整，在需要进行调整的圆形框上鼠标左键双击图片，使图片周边出现黄色八角点控制框，拖曳对角线角点即可按比例进行图片调整。剩余图框内图片调整步骤，同上面步骤。如图16-39所示。

（5）最后使排版对齐，选择所有图形，之后在上方鼠标左键单击［窗口］在展开菜单中选中［对象和版面］，鼠标左键单击即可调出对齐面板。如图16-40所示。

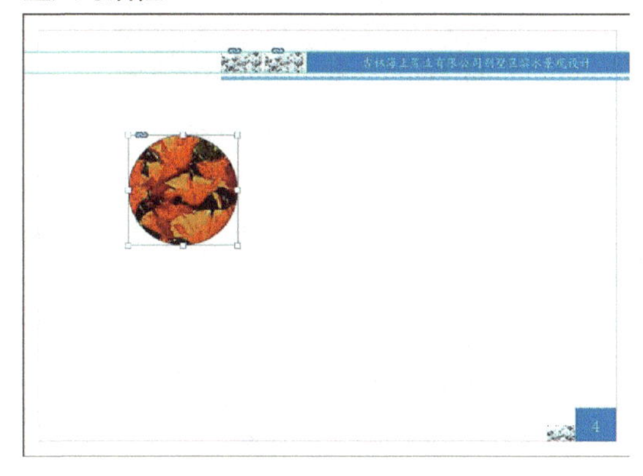

图16-38 置入图片结果

图16-39 调整的圆形框

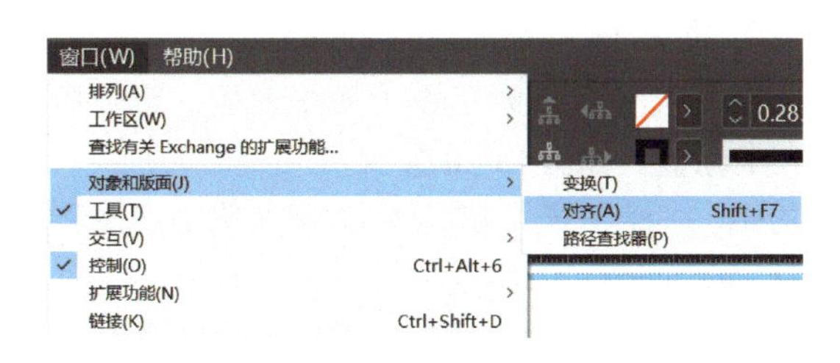

图16-40 菜单栏处对象和版面

（6）在对齐面板内如图16-41所示，［对齐对象］选择单击［顶对齐］，［分布对象］选择按左分布，其余不变。如图16-42所示。

（7）最终植物分析图效果如图16-43所示。

2.设计图册中景色分析图的绘制

（1）首先插入页面，打开Adobe InDesign

CC 2019工作页面，在右侧单击［页面］，在页面下方空白处鼠标右键单击选择［插入页面］，在弹出的对话框内［页数］输入3，［页面后］输入最下方页码数，［A-主页］不变，单击［确定］即可在指定页数后成功插入3张页面。如图16-44、图16-45所示。

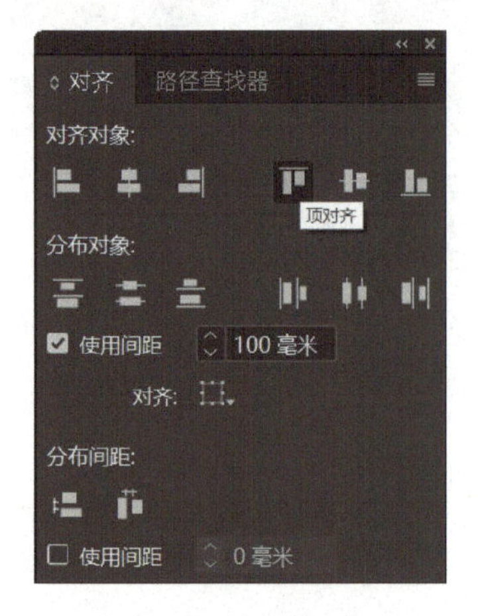

图16-41 顶对齐

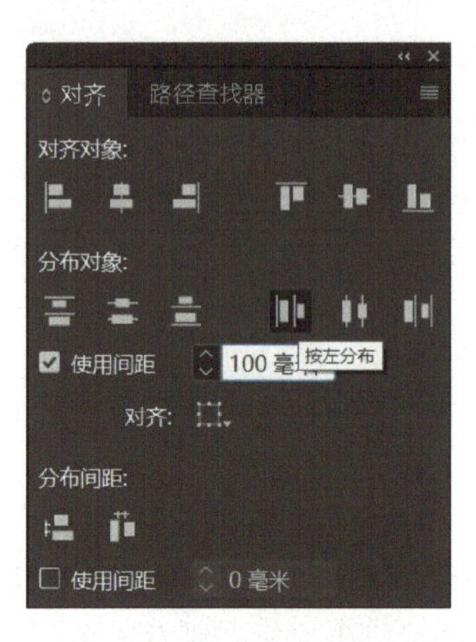

图16-42 左分布

图16-43 植物图例效果

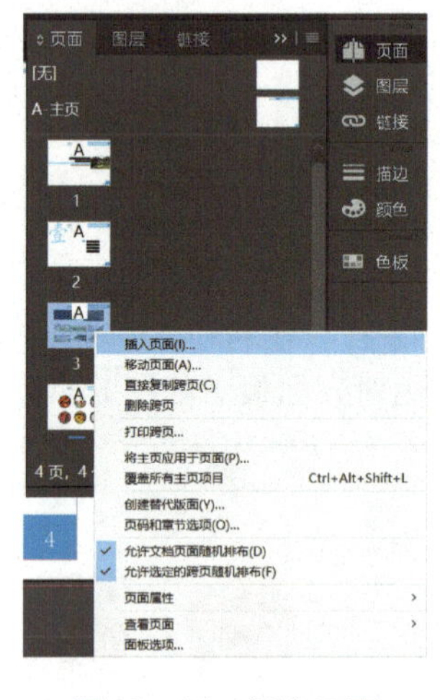

图16-44 插入页面

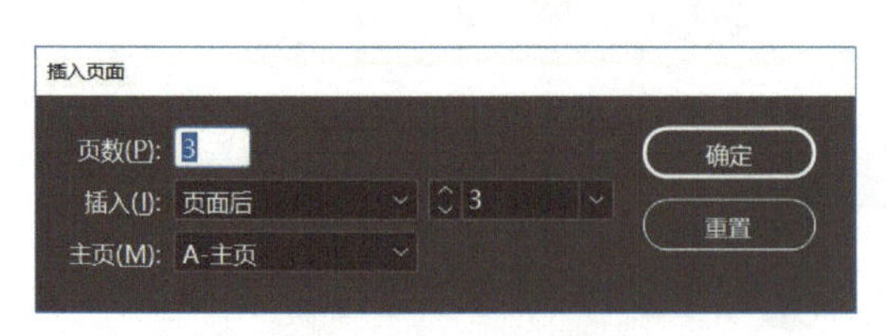

图16-45 插入页面对话框

（2）观察并分析原景色分析图，需要置入一张底图，在上方鼠标左键单击［文件菜单］展开菜单内选择［置入］命令，选择好路径以及相应分析图底图，鼠标左键单击［打开］便使图片置入至Adobe InDesign CC 2019工作界面，接下来单击鼠标左键不松手拖曳，进行图片大小调整。如图16-46所示。

（3）观察分析发现原图颜色较为偏白色，使用［选择工具］鼠标左键单击选中底图图片，在上方参数栏，调整不透明度80%左右。如图16-47所示。

（4）绘制分析图矩形分析框，鼠标左键单击［矩形工具］拖曳绘制矩形，在上方参数栏选择填色无色，描边为粉色，同时设置粗度以及线型如图16-48、图16-49所示。

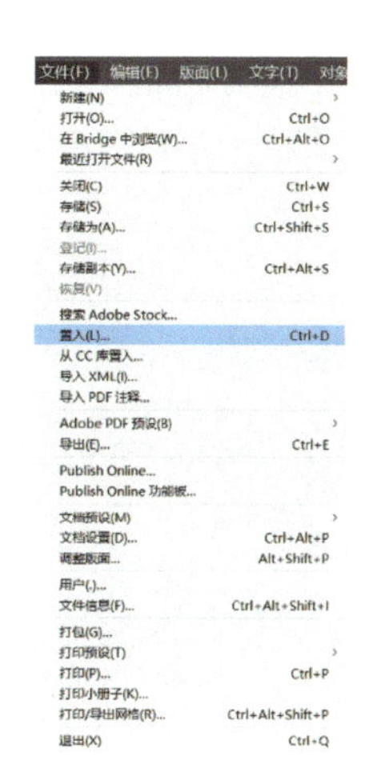

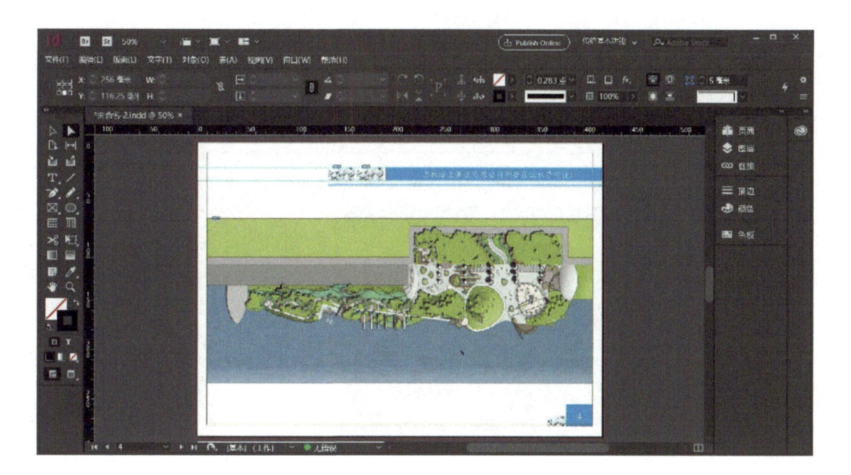

图16-46　置入图片

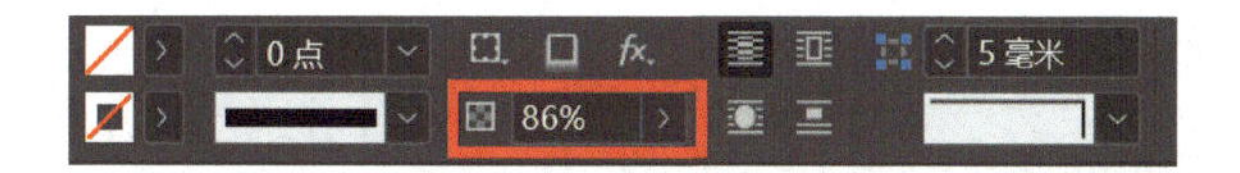

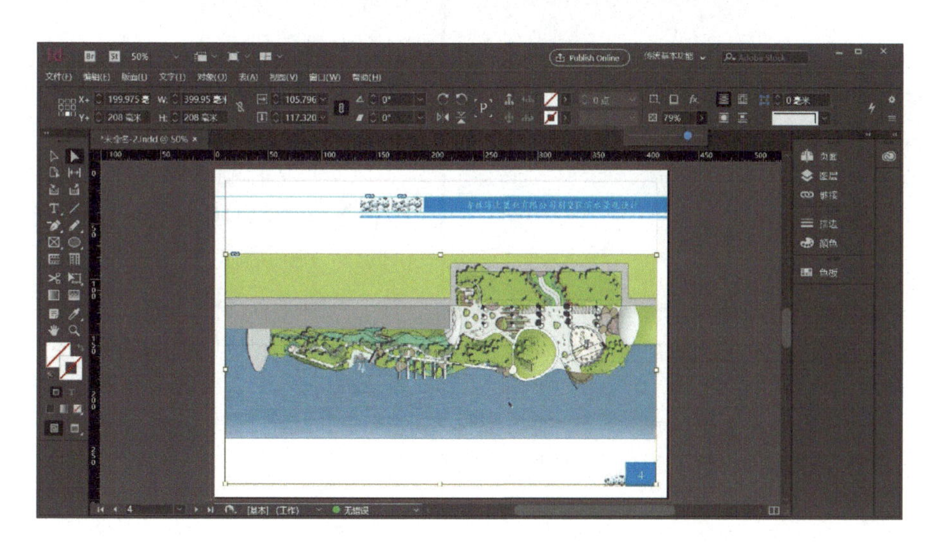

图16-47　调整图片不透明度

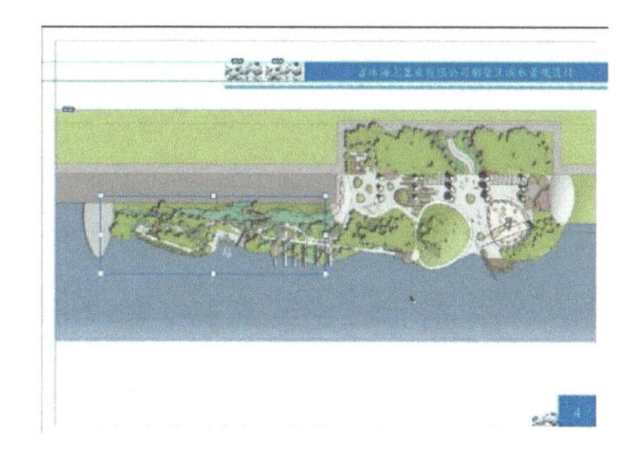

图16-48　绘制矩形分析框

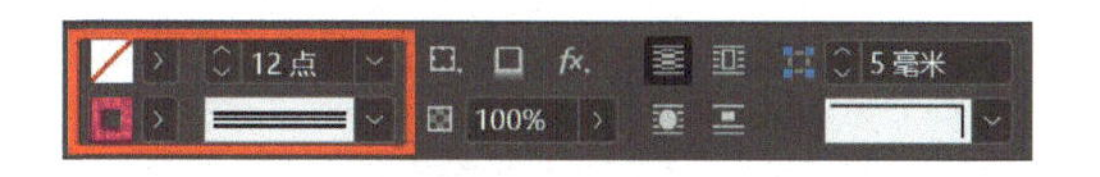

图16-49　参数栏

（5）另两处使用［Ctrl+C］复制并移动，在移动至合适位置后，选中相应分析框，在上方参数栏内调整颜色，选择颜色为蓝色。同理剩余一个矩形分析框颜色为黄色，如图16-50、图16-51所示。

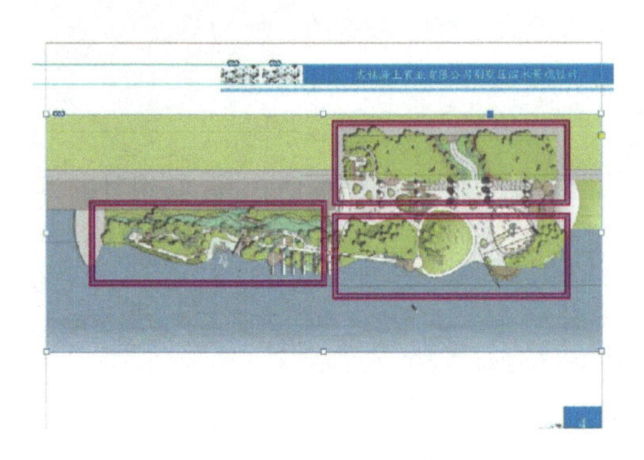

图16-50　复制分析框

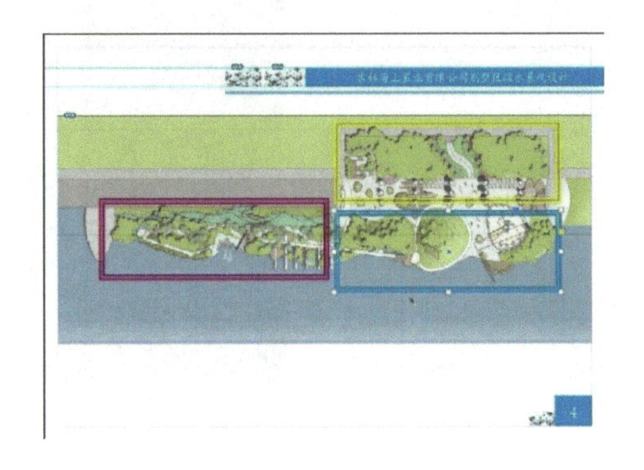

图16-51　更改分析框颜色

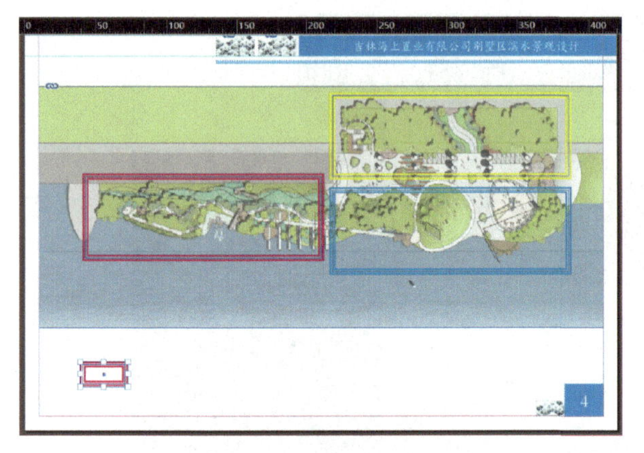

图16-52　绘制矩形图例

（6）绘制图例区分析框，鼠标左键单击［矩形工具］，单击拖曳绘制小矩形分析框，接下来单击［吸管工具］，再次单击上方粉色分析线，将粉色分析线特征吸取过来，即可发现图例区分析框变成粉色分析线框。如图16-52所示。

（7）复制刚刚绘制的粉色图例分析框，按住［Ctrl+C］进行复制，同时按住［Shift］键可保持移动并保持在同一水平线。复制出另外两个后，鼠标左键单击选中其中之一，再次单击左侧工具栏内［吸管工具］对上方蓝色分析线进行吸取。同上操作，将三色图例分析框绘制完毕，最后鼠标左键单击［文字工具］，按照颜色输入“亲水游览景区”“滨水景区”“桥下景区”。如图16-53所示。

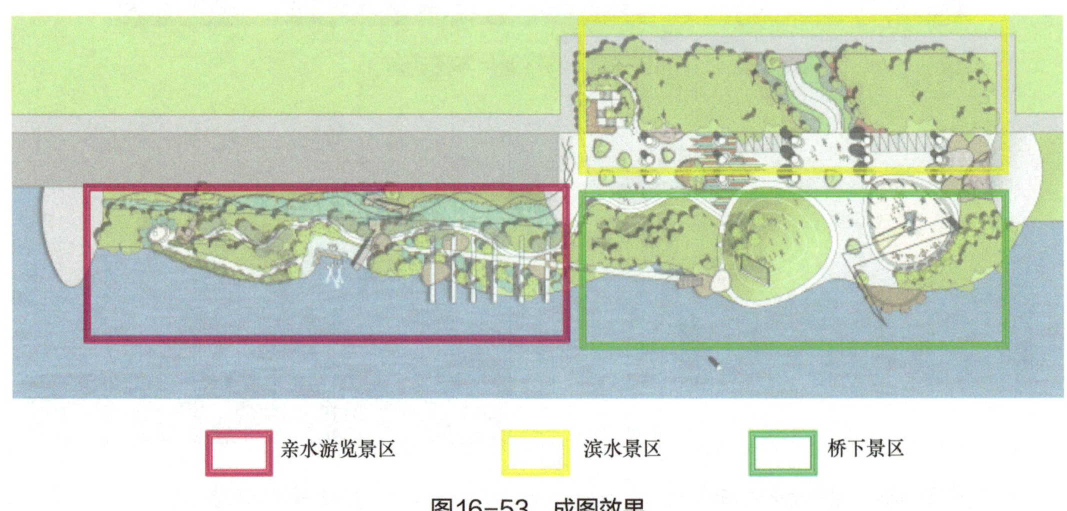

图16-53　成图效果

3.设计图册中道路分析图的绘制

（1）首先，将上页文字和底图选择，并使用［Ctrl+C］进行复制。滑动至新的页面，下一步在上方鼠标左键单击［编辑］菜单栏，在展开的下级菜单栏中单击［原位粘贴］命令，即可得到原位粘贴过来的底图与文字。如图16-54所示。

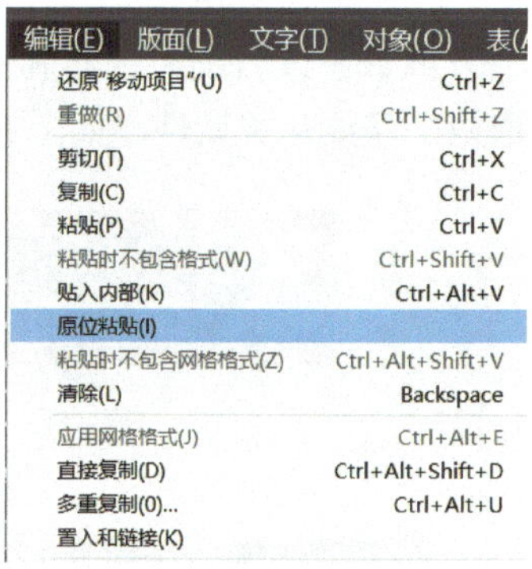

图16-54 菜单栏处原位粘贴

（2）鼠标左键单击［钢笔工具］绘制曲线，单击第一点，单击第二点时按住鼠标左键不放并向外拖曳，可通过拖曳来调整曲度，其中位于拖曳曲线的两个手柄被称为贝斯柄。按住Alt键并鼠标左键单击控制点，可去掉一侧贝斯柄，第三点重复第二点操作即可得到一条曲线。如图16-55所示。

图16-55 绘制曲线

（3）接着在上方参数栏进行描边色彩和大小的调整，如图16-56、图16-57所示。

图16-56 调整参数栏

图16-57 分析线效果

（4）进行道路分析图的第二种线型的绘制，鼠标左键单击［钢笔工具］，画出路径，再在上方参数栏进行描边色彩和大小的调整。同时第三条线绘制，鼠标左键单击［吸管工具］吸取第二条线相关属性。如图16-58、图16-59所示。

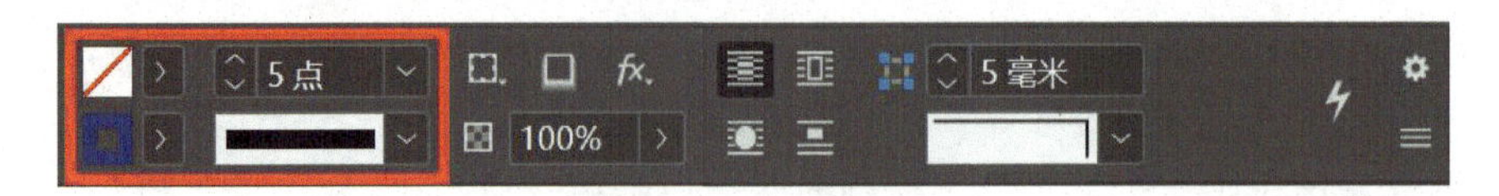

图16-58　路径参数

图16-59　分析线效果

（5）进行箭头的绘制，首先鼠标左键单击［矩形工具］进行矩形绘制，然后单击［删除锚点工具］进行矩形对角线一角锚点删除。接着进行参数栏描边色彩和大小的调整，得到一个三角箭头。其他箭头同上述操作。最终添加文字后，效果如图16-60～图16-65所示。

图16-60　绘制位置

图16-61 删除锚点工具

图16-62 填色色彩

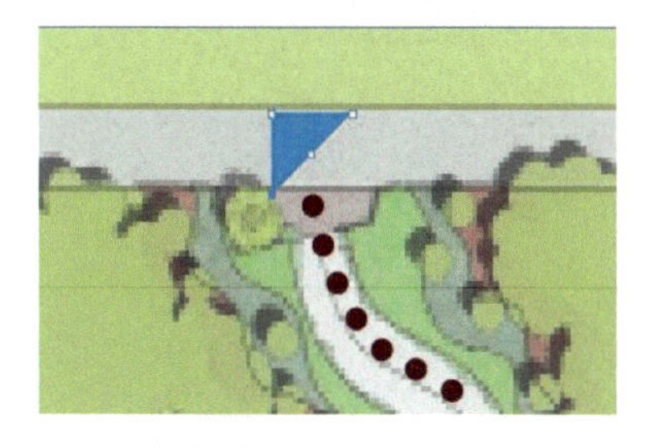

图16-63 绘制三角箭头

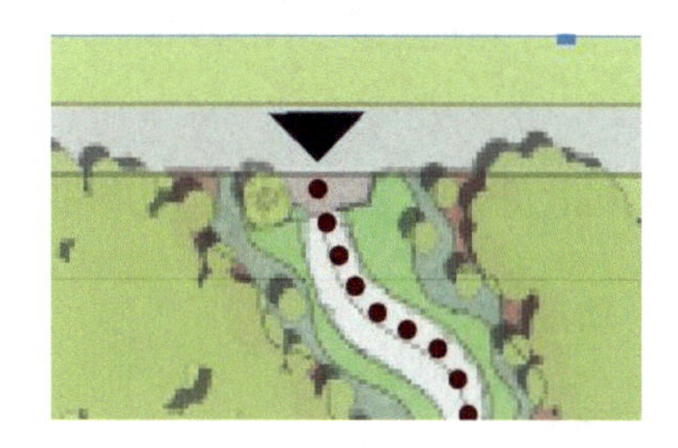

图16-64 旋转位置

图16-65 图例生成效果

模块六 课程思政教学点

教学内容	思政元素	育人成效
项目十五 Adobe InDesign CC 2019核心命令使用要点 项目十六 Adobe InDesign CC 2019主要范例	思维能力	通过Adobe InDesign CC 2019命令使用及文本设计，加强学生绘图的准确性，使学生养成归纳总结的习惯，促进学生思维能力的培养
	协同合作、沟通能力	方案文本设计阶段注重培养学生的团队合作能力、团队协作的精神和人际交往、沟通能力，并养成协同合作的分享精神

附　录

附录一　软件常用快捷键

附录 1.1　AutoCAD 2018 常用功能键和命令缩写

附录 1.1.1　功能键

获取帮助	F1
实现作图窗口和文本窗口的切换	F2
对象自动捕捉开关	F3
数字化仪控制开关	F4
等轴测平面切换	F5
动态 UCS 开关	F6
栅格模式开关	F7
正交模式开关	F8
栅格捕捉模式开关	F9
极轴模式开关	F10
对象捕捉追踪开关	F11
DYN 动态输入控制	F12

附录 1.1.2　快捷键组合

切换全屏显示	Ctrl+0
对象特性	Ctrl+1
CAD 设计中心	Ctrl+2
打开工具选项板窗口	Ctrl+3
打开图样及管理器窗口	Ctrl+4
打开信息选项板窗口	Ctrl+5
数据源	Ctrl+6
标记集管理器窗口	Ctrl+7
快速计算器选项板	Ctrl+8
命令行	Ctrl+9
全部选择	Ctrl+A
栅格捕捉模式控制（F9）	Ctrl+B
将选择的对象复制到剪贴板上	Ctrl+C
坐标	Ctrl+D
等轴测平面	Ctrl+E
对象捕捉（F3）	Ctrl+F
栅格（F7）	Ctrl+G
重复执行上一步命令	Ctrl+J
超级链接	Ctrl+K
新建	Ctrl+N
打开	Ctrl+O
打印	Ctrl+P
退出	Ctrl+Q
保存	Ctrl+S
数字化仪	Ctrl+T
极轴模式控制（F10）	Ctrl+U
粘贴	Ctrl+V
对象跟踪	Ctrl+W
剪切	Ctrl+X
退回	Ctrl+Z
带基点复制	Ctrl+Shift+C
图形另存为	Ctrl+Shift+S
粘贴为块	Ctrl+Shift+V

附录 1.1.3　绘制命令

命令	缩写
直线	L
圆	C
弧	A
椭圆	EL
矩形	REC
圆环	DO
多段线	PL
点	PO
图案填充	H
样条曲线	SPL
双点射线	XL

附录 1.1.4　编辑命令

命令	缩写
删除	E
复制	CO 或 CP
镜像	MI
阵列	AR
移动	M
旋转	RO
比例缩放	SC
折断	BR
剪切	TR
延伸	EX

倒角 CHA
圆角 F
视窗缩放 Z
视窗平移 P
图块定义 B
标注高置 D
插入 -I
拉伸图形 S
偏移 O
炸开 X
单行文字 TEXT
编辑文字 MTEXT（MT）

附录 1.2　SketchUp 2018 常用快捷键

附录 1.2.1　视图类

启动缩放相机视野命令	Z
启动环绕观察命令	O
启动平移命令	H
缩放窗口	Ctrl+Shift+W
缩放范围	Ctrl+Shift+E
充满视窗	Shift+Z

附录 1.2.2　查看类

打开文件菜单	Alt+F
打开编辑菜单	Alt+E
打开视图菜单	Alt+V
打开相机菜单	Alt+C
打开绘图菜单	Alt+R
打开工具菜单	Alt+T
打开窗口菜单	Alt+W
打开帮助菜单	Alt+H
打开 / 关闭雾化	Alt+V+F
显示 / 隐藏坐标轴	Alt+V+A
打开 / 关闭阴影	Alt++V+D+Enter

附录 1.2.3　文件类

保存	Ctrl+S
打开	Ctrl+O
打印	Ctrl+P
导出 -3D 模型	Alt+F+E+3
导出 -2D 图像	Alt+F+E+2
导出剖面	Alt+F+E+S
导出 - 动画	Alt+F+E+A
导入	Alt+F+I
另存为	Alt+F+
另存为模板	Alt+F+T
新建	Ctrl+N

附录 1.2.4　工具类

打开材料面板	B
启动卷尺工具命令	T
路径跟随	Alt+T+F
偏移	F
3D 文字	Alt+T+3
擦除	E
设置坐标轴	Alt+T+X
启动缩放图元比例命令	S
推拉	P
旋转	Q
选择	Space
移动	M

附录 1.2.5　绘制类

矩形	R
两点圆弧	A
圆形	C
直线	L

附录 1.2.6　编辑类

撤销	Ctrl+Z
取消选择	Ctrl+T
复制	Ctrl+C
剪切	Ctrl+X
全选	Ctrl+A
删除	Delete
粘贴	Ctrl+V
制作组件	G
重复	Ctrl+Y

附录 1.3　Lumion 8.0 常用快捷键

附录 1.3.1　选取、复制、移动及对齐物体

方形选区	Ctrl+ 选取操作
复制物体	Alt+ 左键拖曳
移动物体的高度	H
旋转物体	R
临时关掉捕捉	G
法线方向对齐	F
物体方向对齐	Ctrl+F
物体高度对齐	Ctrl+ 相同高度

附录 1.3.2　保存摄像机设置

适用于（天气 / 山水 / 导入 / 物体）模式
保存 10 个摄像机位置 Ctrl+1 至 9 载入所保存的对应的摄像机的位置 1 至 9

附录 1.3.3　导航

适用于天气 / 山水 / 导入 / 物体 / 动画模式（拍照）模式

向前移动摄像机	[W/ 上箭头]

向后移动摄像机	［S/上箭头］
向左移动摄像机	［A/上箭头］
向右移动摄像机	［D/上箭头］
向上移动摄像机	［Q］
向下移动摄像机	［E］
双倍速移动摄像机	［Shift］+［W/S/A/D/Q/E］
高速移动摄像机	［Shift］+Space+［W/S/A/D/Q/E］
摄像机四处环顾	按住鼠标右键+移动鼠标
平移摄像机	按住鼠标中键+移动鼠标
摄像机双倍速四处环顾	［Shift］+按住鼠标右键+移动鼠标
高速平移摄像机	［Shift］+Space+按住鼠标右键+移动鼠标

附录 1.3.4　其他

显示质量 1	［F1］
显示质量 2	［F2］
显示质量 3	［F3］
显示质量 4	［F4］
快速保存（自动覆盖）	［F5］

附录 1.4　Photoshop CS6 常用快捷键

附录 1.4.1　图层应用类

复制图层	Ctrl+J
向下合并图层	Ctrl+E
合并可见图层	Ctrl+Shift+E
激活上一图层	Alt+］
激活下一图层	Alt+［
移至上一图层	Ctrl+］
移至下一图层	Ctrl+［
放大视窗	Ctrl+“+”
缩小视窗	Ctrl+“–”
放大局部	Ctrl+空格键+鼠标单击
缩小局部	Alt+空格键+鼠标单击

附录 1.4.2　区域选择类

全选	Ctrl+A
取消选择	Ctrl +D
反选	Ctrl+Shift+I
选择区域移动	方向键
恢复到上一步	Ctrl+Z
剪切选择区域	Ctrl+X
复制选择区域	Ctrl+C
粘贴选择区域	Ctrl+V
轻微调整选区位置	Ctrl+Alt+方向键
增加图像选区	按住 Shift+选取操作
减少选区	按住 Alt+选取操作
相交选区	Shift+Alt+选取操作

附录 1.4.3　前景色、背景色的设置类

填充为前景色	Alt+Delete
填充为背景色	Ctrl+Delete
将前背景色改为默认设置	D
前背景色互换	X

附录 1.4.4　图像调整类

调整色阶工具	Ctrl+L
调整色彩平衡	Ctrl+B
调节色调/饱和度	Ctrl+U
自由变换	Ctrl+T
自动色阶	Ctrl +Shift+L
去色	Ctrl+Shift+U

附录 1.4.5　画笔调整类

增大笔头大小	］
减小笔头大小	［
增大笔头硬度	Shift+］
减小笔头硬度	Shift+［
使用画笔工具	B

附录 1.4.6　面板及工具使用类

翻屏查看	Page up/Page down
显示额外内容	Ctrl+H
显示或隐藏网格	Ctrl+“
关闭当前窗口	Esc
打开/关闭选项板	Shift+Tab
切换屏幕显示模式	Tab
联机	F1
剪切选择区域	F2（或 Ctrl+X）
复制选择区域	F3（或 Ctrl+C）
粘贴选择区域	F4（或 Ctrl+V）
显示或关闭画笔选项板	F5
显示或关闭颜色选项板	F6
显示或关闭图层选项板	F7
显示或关闭信息选项板	F8
显示或关闭动作选项板	F9
快速图层蒙版模式	Q
渐变工具	G
矩形选框工具	M

附录 1.4.7　文件相关类

打开文件	Ctrl+O
关闭文件	Ctrl+W
文件存盘	Ctrl+S
关闭软件	Ctrl+Q

附录二

附图 1

第八届园博会大连园景观园林工程种植设计说明

一、工程设计依据

1、园林景观方案及硬质景观施工图。

2、中华人民共和国及本地相关规范、法规。

二、工程概况

本施工项目规划面积3375平方米，其中绿化面积约为1447平米，绿化覆盖率约为42.8%。

三、设计说明

1、本施工图标高单位为米。

2、总图方格网尺寸大小采用2m×2m进行定位。

3、苗木规格依据景观效果要求、苗源及工程投资来拟定。

四、施工说明

(一)、施工流程

整地→沉降→消毒杀菌→放线定位→挖穴施肥→采苗→定植→养护

(二)、施工准备

1、施工人员熟悉设计并制定施工方案

(1) 施工人员应首先熟悉设计意图、工程质量的要求和绿化欲达效果，及时进行现场踏勘和调查，并协调甲方及设计人员进行设计交底。

(2) 工程开工前应制定施工方案即施工组织设计，包括各种苗木出圃、到场、栽植时间等，尽量避免假植，争取随挖随运随栽，保障苗木最大成活率；涉及到交叉作业更要合理安排计划，保障施工有序进行。

2、施工前现场清理

覆土0.6m以内所有建筑垃圾及非壤类物质必须全部清除。

3、地形地势整备

(1) 地形整理应做好土方平衡，先挖后垫，表土深层土分类放置，节省投资。

(2) 地势整理要求地面坡度与区域排水趋向一致，确保绿地内雨水自然径流至道路，绿地边缘要低于路面或道牙3～5cm。

(3) 建筑物四周的绿地应比防潮层或散水低5cm，且向外倾斜。

(4) 基地更换回填土时，新填土壤需沉降到设计高度，避免雨后下沉形成洼地不能径流排水。

(5) 土壤沉降可结合自然降水采取分层适当压实和人工灌水的方法。

4、种植土壤要求

(1) 种植土壤以不含建筑垃圾、所含砂石粒径不大于1cm、疏松湿润、排水良好、富含有机质的PH值在6.7-7.2之间的肥沃冲积或轻壤土为佳。

(2) 若基地土质较差，需要清除垃圾后更换种植土。换土最小厚度一般应满足以下要求：草地为

30cm，花卉为50cm，灌木为80cm，浅根性乔木及藤本植物为100cm，深根性乔木为150cm。

(3) 对于树木定植位置上的土壤改良，待定点刨坑后再行解决。

5、基地坑穴挖掘及施肥

(1) 坑穴除按设计放线定位外，应根据根系或土球大小、土质情况来确定坑穴直径大小，一般比规定的根系或土球直径大20～30cm。

(2) 种植穴口径应上下一致，以免植树时根系不能舒展或填土不实。

(3) 坑穴内使用充分腐熟的农家肥与种植土混合后的肥土进行垫底，一般乔木种植穴施肥10公斤/穴、灌木种植穴内施肥5公斤/穴、模纹及绿篱施肥3公斤/平方米、草坪及地被施肥2公斤/平方米。

6、苗源准备

(1) 苗木选择

苗木以乡土苗为主，植物材料应根系发达、生长健壮、规格及形态均符合设计要求。

①乔灌木选择：应保证树形优美、分枝均匀、冠幅饱满，均需带土球移植，土球要求详见“施工技术详图”；为提高成活率，可在保证原树形下适当疏枝，但严禁出现无冠单干乔木，乔木主侧枝不少于4个；对于孤植树应选形态丰满、观赏效果好的植株。

②绿篱、模纹及造型苗木选择：苗木规格严格遵循设计要求，避免选择规格超大苗。

③花卉地被选择：宿根花卉要求根系完整，无腐烂变质；球根花卉要求球根茁壮、无损伤、幼芽饱满；观叶地被要求叶片分布均匀、排列整齐、形状完好、色泽鲜亮。

(2) 苗木掘起

①乔木起苗时应在树干上标明南北朝向，使其在移植时仍能按原朝向栽植，满足其对庇荫及阳光的要求，亦能保证良好的景观效果。

②裸根掘苗主要用于落叶树在休眠期移植，其它情况则需带土球掘苗。

③掘取苗木时根部或土球的规格一般参照苗木的干径和高度来确定。乔木掘取土球的直径为树干胸径的8～10倍，落叶灌木掘取土球直径为垂直投影面积的60%，落地冠常绿树掘取土球直径为地径的8～10倍。

④苗木要保持根系丰满，不劈不裂，对病伤劈裂及过长的主侧根都需进行适当修剪。

⑤带土球的苗木要边挖边包装，确保土球完好。

⑥苗木挖掘包装完后应按时装车运走，如一时不能运走，可在原坑埋土假植。

(3) 苗木运输与假植

①苗木在装卸车时应轻提轻放，不得损伤苗木或造成土球松散。

②土球苗木装车时，将土球朝向车头，树冠朝向车尾方向按顺序码放整齐，装车后应将树干捆牢，并应加垫层防止树干磨损及进行根系保护。

③裸根乔木长途运输时应保持根系湿润，并予遮荫处理，同时叶面喷洒抑蒸腾剂类无公害制剂。

④苗木运到现场后，应当天种植，当天不能种植的苗木可采取根部集中码放，根部喷水、遮阳等保护措施，以防止根系失水影响成活率。对5-7天以上的不能定位栽植的苗木，应做假植处理。

⑤大树移植须参考相关规范做法进行操作。

(4) 苗木修剪

栽植前应进行苗木根系修剪，将劈裂根、病虫根、过长根剪除，并根据根系大小、好坏对树冠进行修剪，保持地上地下部分生长平衡。

①落叶乔木应保持原有树形，适当疏枝，剪除病虫枝、枯死枝、折断枝、徒生枝、内膛枝及捆绑树冠的各种绳索，保持主侧枝分布均匀及正常生长，对保留的主侧枝应在健壮叶芽上方短截，可剪去枝条1/5-1/3，有主枝的乔木应保　持主枝完整。

②常绿针叶树，只剪除病虫枝、枯死枝、生长衰弱枝、过密的轮生枝、折断枝和下垂枝。

③有明显主干型灌木，修剪时应保持原有树型，主枝分布均匀，主枝短截长度应不超过1/3。

④装运竹类时，不得损伤竹竿与竹鞭之间的着生点和鞭芽。

⑤从枝型灌木预留枝条大于30cm，多干型灌木适当疏枝。

⑥用作绿篱、色块、造型的苗木，在栽植后按设计要求整形修剪。

(三)、苗木定植

1、乔灌木

①种植土要堆放在种植穴边，穴底施入混拌种植土的农家肥，上覆一层薄土。

②种植穴须满足设计要求，现场检验合格后方可栽植，乔木栽植土球要高于种植穴5cm。

③相同树种行列栽植要保证形体相近、高低相同，不同种树木组团栽植要高低错落，层次分明，在尽量满足苗木生长朝向前提下将树木较好观赏面朝向主视线方向。

④灌木集栽要注意密度，以满足通风、易修剪及日后生长空间扩张的需求。

⑤对于种植穴、土堰等详细技术要求参见的“施工技术详图”部分或相关规范。

2、栽植按图纸的定点放线位置，乔木树干垂直于地面，遵循“三埋两踩一提苗”的操作程序。

3、苗木栽植踩实后，要及时搭建树木固定支架，并围挡水堰，乔木土堰高度不低于15厘米。

4、浇水：根据苗木特点，栽植后应及时浇透水1-3次，并用围堰土封树穴。

5、为提高苗木成活率，在浇第二遍透水时，应立即使用778生物诱导剂。

6、花卉地被

①花苗的栽植间距要以植株的高低、分蘖的多少、冠丛的大小而定，以栽后不露地面为原则；栽植尚未长成的小苗，应留出适当的空间。

②一般栽植深度，以所埋之土刚好与根茎处相齐为最好；球根类花卉的栽植深度一般应为球根高度的1～2倍。

7、草坪

①草坪地表向四周道牙作≥1.0%的坡度，有利于排水。

②草坪栽植尽量采用铺植法，铺栽草坪用的草卷应规格一致，边缘平直，杂草不得超过1%，草块土层厚度宜为3～5cm，草卷土层厚度宜为1.8 cm～2.5 cm。

③铺植草块时，两个草块之间要留出1cm的缝隙，在缝隙间补足筛细的种植土并踏实，严禁草块相互重叠。

④直播草坪的草种要混合均匀，覆土要松散，表层采用草帘覆盖以保持湿润和保障发芽出苗。

(四)、养护工作

树木移植当年成活率应达98%以上，草坪移植覆盖率达100%，对死亡苗木要及时补植，树木养护达到一级绿地标准。具体详见我院提供的《施工养护指导手册》（YBLH-08001）。

1、施肥

根据植物的生长及开花特性进行合理灌溉和施肥，一般在每年春、秋季的花果期重点施肥，以发酵农家肥和有机复合肥为主。

2、灌溉

树木栽植成活以后，一般乔木需要连续灌水约需3～5年，灌木至少5年，土质不好或逢干旱年份则应延长灌水年限，直到树木根系扎深不灌水也能正常生长为止。

3、修剪

①依据植物生长习性选择休眠期、生长期、花期或花后修剪时段。

②剪去生长位置不当的平行枝、密生枝、徒长枝或带有病虫的枝条，保证树冠内部通风透光。

③绿篱、模纹及造型苗按设计要求及时修剪，秋后修剪应注意防止冻害。

4、病虫害防治

①苗木栽植成活后，进入日常养护及病虫害防治阶段，施工单位需结合我院提供给的《施工养护指导手册》（YBLH-08001）并与甲方协商进行具体工作安排，进行科学的后期养护工作。

②病虫害防治遵循“以防为主、防重于治”，本着“治早、治小、治了”的植保原则进行综合防治办法，发现危害立即除治，为减少环境污染，提倡采用物理无公害防治及生物防治为主。早春对树木草坪及时喷洒石硫合剂或波尔多液，加强养护，提高树势。

(五)、其它施工技术要求

1、本工程施工时须在遵守国家和本地区施工规范、规定的前提下，结合施工图中的“施工技术详图”组织施工。

2、施工现场按要求整理地形及备好种植土，按设计图纸提前挖好种植穴，种植穴、种植槽定点放线应符合设计图纸要求，位置准确，标记明显。

3、挖穴时遇杂物要清走，遇到隐蔽工程问题应与甲方及设计人员协商后于现场合理调整树穴位置。

4、在斜坡上挖穴，应先将斜坡整成一个小平台，然后在平台上挖穴，挖穴的深度应从坡下口开始计算；在新填土方处挖穴，应将穴底适当踩实；土质不好的应加大种植穴的规格。

5、到场苗木严格把好检疫关，严禁有病虫害的树种进场。

6、由于运输造成损伤严重或影响景观效果的苗木应重新按设计要求更换。

7、带土球的苗木，特别是大乔木，由于操作不规范造成散球时，应按设计要求更换。

8、栽植好的苗木根据苗木的生态习性，结合季节和天气状况采取相应措施进行遮荫、挡风、防寒等措施，结合苗木状况喷洒环保型制剂促进苗木生长和抑制苗木蒸发，如缓苗期及生长恢复期等，保障苗木成活率，尤其是非栽植季节施工更应注意。

9、苗木栽植完成后要进行集中清场工作，对场地内的苗木做最后检查，发现有被破坏或死亡的树木及时进行更换，对场地内垃圾全面清理，特别是碱性较强垃圾，更要彻底清理。

10、确定场地内树穴均完全封堰，树木支架牢固，树木更换完毕，场地清理干净，进入养护期。

11、苗木栽植后要及时搭建树木支架及冬季防风障，具体做法参见“施工技术详图”。

五、其它说明

1、植物选择应严格按照植物材料表采购栽植，如有变动，需联系设计人员协商解决。

2、采苗时，常绿乔木规格以高度为主，落叶乔木以胸径为主，灌木以冠幅和分枝数为主；如遇品种短缺或规格不符，视圃地实际情况，施工单位及时联系甲方，根据甲方要求，设计人员进行设计变更。

3、施工过程中，发现图纸未明或与现场未知情况矛盾时，施工单位及时与甲方沟通，设计单位可根据甲方意见进行设计调整。

4、如图纸中树木图例的数量与植物材料表数量不符时，以各分图图例数量为准。

5、其它未尽事宜须遵照国家及省市相关法规、规范、标准执行。

附示意图：

1、树木规格确定示意图

①乔木类规格计量示意

②小乔木类规格计量示意

③灌木类规格计量示意

2、植物标注示意图(标注树种仅为示意)

①乔灌木类就近标注示意

②地被集栽类标注示意

备注

注 册 师 签 章

本图未加盖
大连六环建筑环境设计研究院
出图专用章无效

大连六环景观建筑设计院有限公司
S. R. A. Design & Research Institute
SRA
单位负责人:0411-84338192
办　公:0411-84337555
传　真:0411-84338193
证书编号
A221000791(乙级)
A121000794(甲级)

业　主 CUSTOMER	大连市城建局		
工程名称 PROJECT	第八届园博会大连园景观园林工程		
图纸名称 DRAWING	种植设计说明		
单位负责人	朱文国		
总工程师	张作慧		
所　长	倪长宝		
工程负责人	刘　双		
专业负责人	刘　双		
方案负责人	王　猛		
审　核	刘　双		
校　对	郑　艳		
设　计	路光楠		
设计编号	201108	比　例	
设计阶段	施工图	日　期	2011.01.22
图　号	LS-01	版本号	YBLH-08001

附图 2

植物材料表

分类	序号	图例	植物名称	学名	规格				数量	备注
					高度(m)	胸径(cm)	地径(cm)	冠幅(m)		
常绿乔木	1		雪松	Cedrus deodara(Roxb.)G.Don	≥6.0			3.0～3.5	14	
	2		四季桂	Osmanthus fragrans Lour.‘Semperflorens’	3.5～4.0		≥10	2.0～2.5	7	分枝点1.0m
	3		杜英	Elaeocarpus decipiens Hemsl.	6.0～6.5	≥12		2.0～2.5	3	一个主轴，分枝点3.0m
	4		多头龙柏	Sabina chinensis‘Kaizuca’	3.0		≥10	2.0	10	分枝点1.0m
落叶乔木	5-1		水杉	Metasequoia glyptostroboides Hu et Cheng	9.0～10	≥15		2.0～2.5	16	一个主轴，分枝点3.0m
	5-2		枫香树A	Liquidambar formosana Hance	8.0～8.5	≥30		5.0～5.5	3	分枝点3.0m
	6		枫香树B	Liquidambar formosana Hance	5.0～5.5	≥15		3.0～3.5	6	分枝点2.0m
	7		鹅掌楸	Liriodendron chinense(Hemsl.)Sarg	7.5～8.0	≥25		5.0～5.5	4	分枝点3.0m
	8		鸡爪槭	Acer palmatum Thunb. Var. atropurpureum Scbwer.	2.5～3.0	≥6.0		1.0～1.5	15	分枝点1.5m
	9		紫叶矮樱	Prunus cerasifera Ehrh.cv.Atropurpurea Jacq.	2.0～2.5		≥6.0	1.5～2.0	6	分枝点0.8m
	10		合欢	Albizia julibrissin Durazz.	6.0～6.5	≥15		4.0～4.5	3	分枝点2.5m
	11		白玉兰	Magnolia denudata Desr.	4.0～4.5	≥10		2.5～3.0	8	分枝点2.5m
	12		北美海棠	Malus prunifolia Borkh.	2.5～3.0		≥8.0	1.5～2.0	11	分枝点1.0m
	13		日本晚樱	Cerasus serrulata var.lannrsiana(Carr.)Makino	2.5～3.0	≥8		1.5～2.0	8	分枝点1.3m
常绿灌木	14		红叶石楠	Photinia serrulata	1.5～2.0			≥1.2	8	五个枝条
落叶灌木	15		重瓣榆叶梅	Prunus triloba Lindl.f.plena Dipp	2.0～2.5		≥4.0	≥1.5	11	嫁接独杆
剪型集栽	16		小龙柏	Juniperus chinensis cv.kaizuka	0.5			0.4	101m²	16株/m²
	17		红继木	Loropetalum chinense var.rubrum Yieh	0.6			0.3	70m²	36株/m²
	18		金山绣线菊	Spiraea X bumalda ‘Golden Mound’	0.3			0.3	32m²	36株/m²
	19		金焰绣线菊	Spiraea X bumalda ‘Golden Flame’	0.3			0.2	81m²	42株/m²
	20		大叶黄杨	Euonymus japonicus Thunb.	0.3			0.3	25m²	36株/m²
	21		黄金间壁竹	Bambusa vulgaris Schraderex	5.0～5.5			0.7	108m²	30株/m²
	22		红叶石楠球	Photinia serrulata	1.0			1.0	3	
	23		金叶女贞球	Liguststrumx vicaryi	0.8			0.8	24	
	24		小叶黄杨球	Ligustrum quihoui Carr	0.6			0.6	20	
	25		红继木球	Loropetalum chinense var.rubrum Yieh	1.2			1.2	20	
宿根花卉	26		丛生福禄考	Phlox panicalata L.	0.3			0.3	131m²	25株/m²
	27		吉祥草	Reineckea carnea					205m²	36株/m²
应季草花	28		矮牵牛(蓝紫)						76m²	49株/m²
	29		草坪						632m²	暖季型草坪

附图 3

建 筑
结 构
给排水
暖 通
电 气
环 艺
园 林
N
种植总平面图
1:200
大连六环景观建筑设计院有限公司
S.R.A.Design & Research Institute
本图未加盖
大连六环景观建筑设计院有限公司
出图专用章无效
业 主
CUSTOMER
大连市城建局
工程名称
PROJECT
第八届园博会大连园
景观园林工程
图纸名称
DRAWING
种植总平面图
单位负责人 朱文国
总工程师 张作慧
所 长 倪长宝
工程负责人 刘 双
专业负责人 刘 双
方案负责人 王 猛
审 核 刘 双
校 对 郑 艳
设 计 路光楠
设计编号 201108
设计阶段 施工图
图 号 LS-05
比 例 1:200
日 期 2011.01.22
版本号 YBLH-08001

附图 4

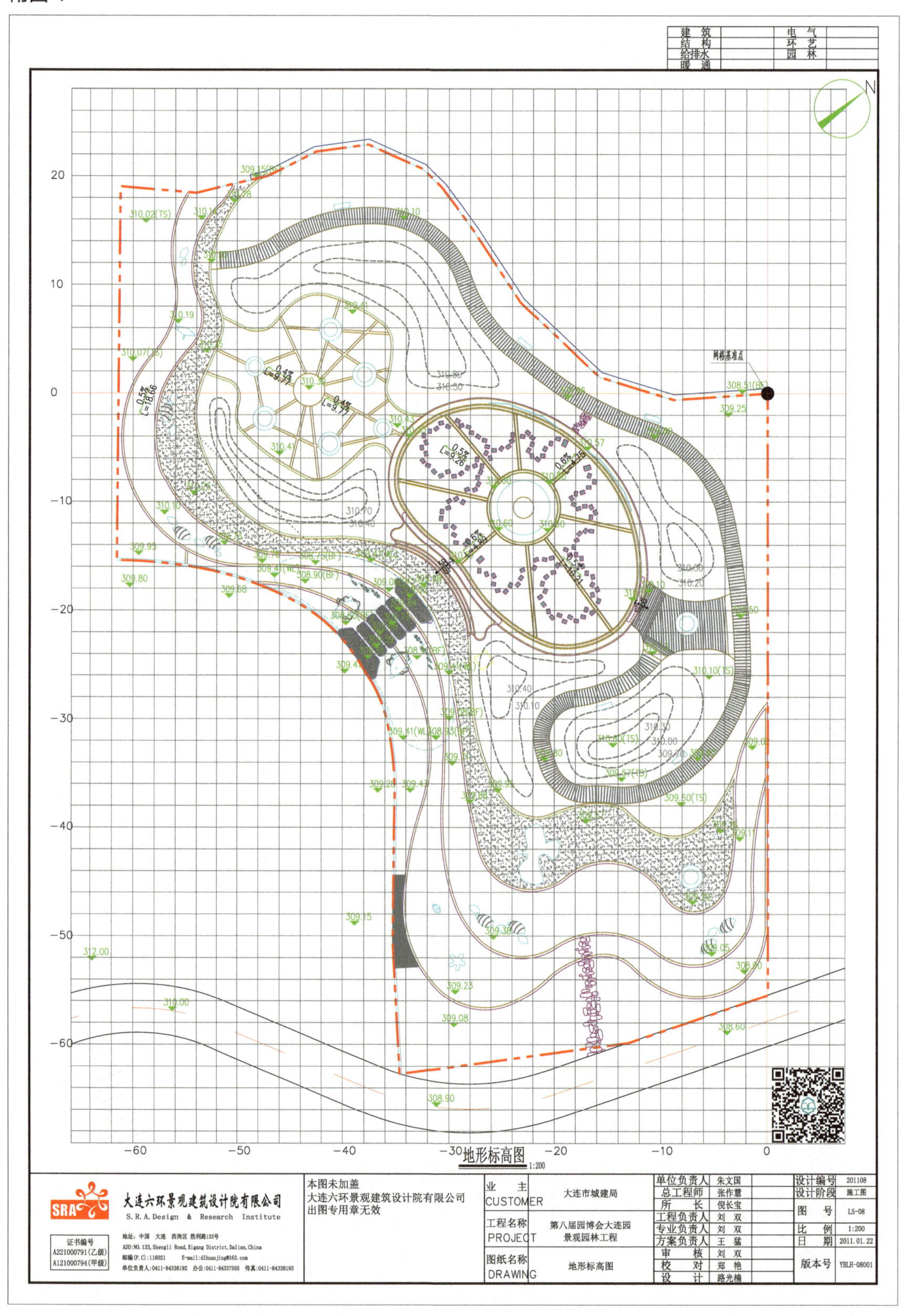
建 筑
结 构
给排水
暖 通
电 气
环 艺
园 林
N
网格基准点
地形标高图 1:200
大连六环景观建筑设计院有限公司
S. R. A. Design & Research Institute
地址：中国 大连 西岗区 胜利路133号
ADD:NO. 133, Shengli Road, Xigang District, Dalian, China
邮编(P. C):116021 E-mail:dlhuanjing@163.com
单位负责人:0411-84338192 办公:0411-84337555 传真:0411-84338193
证书编号
A221000791(乙级)
A121000794(甲级)
本图未加盖
大连六环景观建筑设计院有限公司
出图专用章无效
业 主 CUSTOMER
大连市城建局
工程名称 PROJECT
第八届园博会大连园景观园林工程
图纸名称 DRAWING
地形标高图
单位负责人 朱文国
总工程师 张作慧
所 长 倪长宝
工程负责人 刘 双
专业负责人 刘 双
方案负责人 王 猛
审 核 刘 双
校 对 郑 艳
设 计 路光楠
设计编号 201108
设计阶段 施工图
图 号 LS-08
比 例 1:200
日 期 2011.01.22
版本号 YBLH-08001

附图 5

建 筑
结 构
给排水
暖 通
电 气
环 艺
园 林
N
网格基准点
20
10
0
−10
−20
−30
−40
−50
−60
0
−10
−20
−30
−40
−50
−60
乔、灌木种植图
1:200
大连六环景观建筑设计院有限公司
S.R.A.Design & Research Institute
SRA
证书编号
A221000791(乙级)
A121000794(甲级)
本图未加盖
大连六环景观建筑设计院有限公司
出图专用章无效
业 主
CUSTOMER
大连市城建局
工程名称
PROJECT
第八届园博会大连园
景观园林工程
图纸名称
DRAWING
乔、灌木种植图
单位负责人 朱文国
总工程师 张作慧
所 长 倪长宝
工程负责人 刘 双
专业负责人 刘 双
方案负责人 王 猛
审 核 刘 双
校 对 郑 艳
设 计 路光楠
设计编号 201108
设计阶段 施工图
图 号 LS-06
比 例 1:200
日 期 2011.01.22
版本号 YBLH-08001

附图 6

建筑
结构
给排水
暖通
电气
环艺
园林
网格基准点
地被种植图 1:200
大连六环景观建筑设计院有限公司
S.R.A.Design & Research Institute
证书编号
A221000791(乙级)
A121000794(甲级)
本图未加盖
大连六环景观建筑设计院有限公司
出图专用章无效
业主 CUSTOMER
大连市城建局
工程名称 PROJECT
第八届园博会大连园
景观园林工程
图纸名称 DRAWING
地被种植图
单位负责人 朱文国
总工程师 张作慧
所长 倪长宝
工程负责人 刘双
专业负责人 刘双
方案负责人 王猛
审核 刘双
校对 郑艳
设计 路光楠
设计编号 201108
设计阶段 施工图
图号 LS-07
比例 1:200
日期 2011.01.22
版本号 YBLH-08001

附图 7

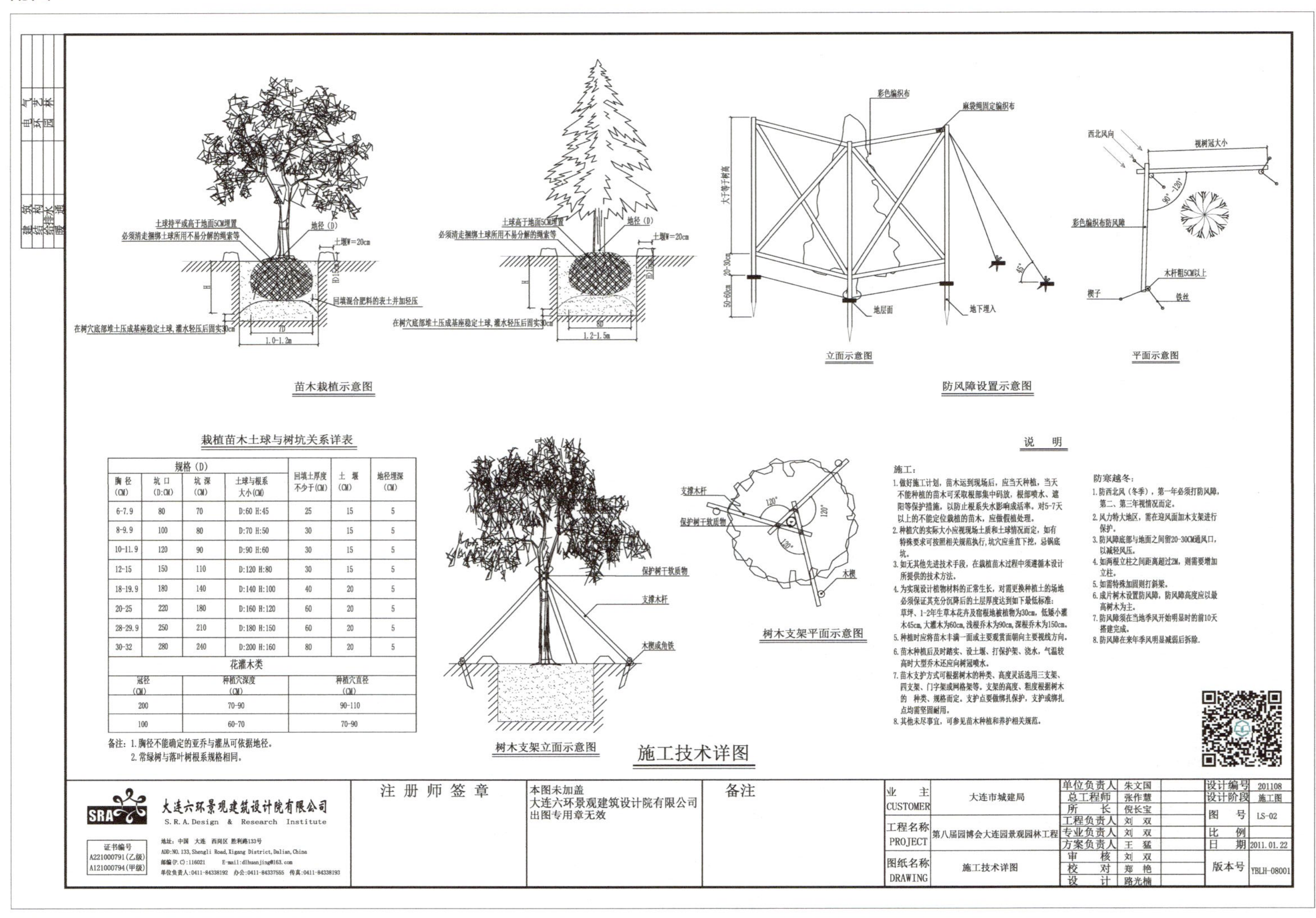

栽植苗木土球与树坑关系详表

规格（D）				回填土厚度不少于(CM)	土 堰(CM)	地径埋深(CM)
胸 径(CM)	坑 口(D:CM)	坑 深(CM)	土球与根系大小(CM)			
6-7.9	80	70	D:60 H:45	25	15	5
8-9.9	100	80	D:70 H:50	30	15	5
10-11.9	120	90	D:90 H:60	30	15	5
12-15	150	110	D:120 H:80	30	15	5
18-19.9	180	140	D:140 H:100	40	20	5
20-25	220	180	D:160 H:120	60	20	5
28-29.9	250	210	D:180 H:150	60	20	5
30-32	280	240	D:200 H:160	80	20	5

花灌木类

冠径(CM)	种植穴深度(CM)	种植穴直径(CM)
200	70-90	90-110
100	60-70	70-90

备注：1. 胸径不能确定的亚乔与灌从可依据地径。
2. 常绿树与落叶树根系规格相同。

说 明

施工：

1. 做好施工计划，苗木运到现场后，应当天种植，当天不能种植的苗木可采取根部集中码放，根部喷水、遮阳等保护措施，以防止根系失水影响成活率。对5-7天以上的不能定位栽植的苗木，应做假植处理。
2. 种植穴的实际大小应视现场土质和土球情况而定，如有特殊要求可按照相关规范执行，坑穴应垂直下挖，忌锅底坑。
3. 如无其他先进技术手段，在栽植苗木过程中须遵循本设计所提供的技术方法。
4. 为实现设计植物材料的正常生长，对需更换种植土的场地必须保证其充分沉降后的土层厚度达到如下最低标准：草坪、1-2年生草本花卉及宿根地被植物为30cm，低矮小灌木45cm，大灌木为60cm，浅根乔木为90cm，深根乔木为150cm。
5. 种植时应将苗木丰满一面或主要观赏面朝向主要视线方向。
6. 苗木种植后及时踏实、设土堰、打保护架、浇水，气温较高时大型乔木还应向树冠喷水。
7. 苗木支护方式可根据树木的种类、高度灵活选用三支架、四支架、门字架或网格架等。支架的高度、粗度根据树木的 种类、规格而定。支护点要做绑扎保护，支护或绑扎点均需坚固耐用。
8. 其他未尽事宜，可参见苗木种植和养护相关规范。

防寒越冬：

1. 防西北风（冬季），第一年必须打防风障，第二、第三年视情况而定。
2. 风力特大地区，需在迎风面加木支架进行保护。
3. 防风障底部与地面之间留20-30CM通风口，以减轻风压。
4. 如两根立柱之间距离超过2M，则需要增加立柱。
5. 如需特殊加固则打斜梁。
6. 成片树木设置防风障，防风障高度应以最高树木为主。
7. 防风障须在当地季风开始明显时的前10天搭建完成。
8. 防风障在来年季风明显减弱后拆除.

大连六环景观建筑设计院有限公司 S. R. A. Design & Research Institute	注 册 师 签 章	本图未加盖大连六环景观建筑设计院有限公司出图专用章无效	备注

业 主 CUSTOMER	大连市城建局	单位负责人	朱文国	设计编号	201108
		总工程师	张作慧	设计阶段	施工图
		所 长	倪长宝	图 号	LS-02
工程名称 PROJECT	第八届园博会大连园景观园林工程	工程负责人	刘 双		
		专业负责人	刘 双	比 例	
		方案负责人	王 猛	日 期	2011.01.22
图纸名称 DRAWING	施工技术详图	审 核	刘 双	版本号	YBLH-08001
		校 对	郑 艳		
		设 计	路光楠		

参考文献

［1］ 于志会，周金梅，杨波．园林计算机辅助设计［M］．吉林：吉林大学出版社，2016.

［2］ 龚卓．计算机辅助园林设计［M］．武汉：华中科技大学出版社，2018.

［3］ 仇同文，李晓君，张菲菲．风景园林数字可视化设计——SketchUp 2018&Lumion 8.0［M］．北京：化学工业出版社，2021.

［4］ 仇同文，李晓君．风景园林计算机辅助设计——AutoCAD 2016&Photoshop CS6［M］．北京：化学工业出版社，2019.

［5］ 朱春阳．AutoCAD 2012 中文版园林设计从入门到精通［M］．北京：清华大学出版社，2012.

［6］ 麓山文化．园林景观效果图表现案例详解［M］．北京：机械工业出版社，2010.

［7］ 吴福明，沈守云，万萃蓉．计算机辅助园林平面效果图设计及工程制图［M］．北京：中国林业出版社，2007.

［8］ 韩亚利，邓洁，武新．园林计算机辅助设计教程［M］．北京：中国农业大学出版社，2015.

［9］ 黄艾，黄金凤．计算机园林景观效果图制作［M］．北京：科学出版社，2016.

［10］ 田婧，黄晓瑜．品悟 SketchUp 8.0 建筑与园林景观设计［M］．北京：人民邮电出版社，2014.

［11］ 李波．SketchUp 2016 草图大师从入门到精通［M］．北京：机械工业出版社，2018.

［12］ 谭俊鹏，边海．Lumion/SketchUp 印象：三维可视化技术精粹［M］．北京：人民邮电出版社，2012.